高 等 学 校 教 材

工业通风与防尘

马中飞　莫根林　编著

第2版

INDUSTRIAL VENTILATION
AND DUST PREVENTION

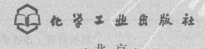

化学工业出版社

·北京·

内 容 简 介

本书共分八章，较为系统地论述了适用于各行业通风防尘的通用基本理论和方法，主要内容涉及作业场所有害气体和粉尘的性质及其危害，空气流动基本原理，通风机与通风设施的构造原理及其运行调节，各类除尘器的除尘理论基础、工作原理、影响因素、结构性能及其选择，典型场所通风系统选择、设计与调节，粉尘综合控制方法及其原理，以及通风与粉尘的相关技术参数测定等。

本书可作为高等院校安全工程、职业健康、环境工程、采矿工程等专业的教材或教学参考书，也可供从事通风防尘工作的工程技术及管理人员参考。

图书在版编目（CIP）数据

工业通风与防尘/马中飞，莫根林编著. —2 版.
—北京：化学工业出版社，2021.7（2024.7重印）
高等学校教材
ISBN 978-7-122-38890-2

Ⅰ.①工⋯　Ⅱ.①马⋯②莫⋯　Ⅲ.①工业建筑-通风除尘-高等学校-教材②工业尘-除尘-高等学校-教材
Ⅳ.①TU834.6②X964

中国版本图书馆 CIP 数据核字（2021）第 063335 号

责任编辑：丁文璇　　　　　　　　　文字编辑：吴开亮
责任校对：李雨晴　　　　　　　　　装帧设计：张　辉

出版发行：化学工业出版社（北京市东城区青年湖南街 13 号　邮政编码 100011）
印　　装：北京盛通数码印刷有限公司
787mm×1092mm　1/16　印张 20½　字数 537 千字　2024 年 7 月北京第 2 版第 4 次印刷

购书咨询：010-64518888　　　　　　售后服务：010-64518899
网　　址：http://www.cip.com.cn
凡购买本书，如有缺损质量问题，本社销售中心负责调换。

定　　价：59.00 元

前　言

时代不断发展，工业通风与防尘技术也不断进步。根据新时代要求，编著者对 2007 年版的《工业通风与防尘》进行了修订。

工业生产过程产生的粉尘不仅危害作业人员的身体健康，引起尘肺病，有的粉尘在一定条件下可以爆炸，导致人身伤亡、财产损失，而且对大气造成污染，影响人类的生存，既危害公民健康，又损坏树木或农作物的生长。工业通风不仅可以稀释或排除生产过程产生的毒害、爆炸气体及其粉尘，给作业场所送入足够数量和质量的空气，而且可以调节作业场所的温度、湿度等气象条件，为作业人员提供舒适的作业环境。因此，工业通风与防尘的知识内容既是安全工程专业的主干专业课程之一，又是环境工程、采矿工程专业的重要专业课程之一。

各行各业的生产条件及工艺是不同的，进行通风防尘的具体方法也有所差异，但其基本理论、方法是相同的。根据新时代高校学生的"厚基础、宽口径、富有创新能力"的培养要求，本书力图系统地阐述适用于各行业通风防尘的通用基本理论、方法，同时，也适当介绍各行业通风防尘的特殊方法、设计及前沿动态。

本书共分八章，主要内容包括：工业空气与粉尘及通风方法、空气流动基本原理、通风机和通风设施、通风网络系统及其风量调节、通风设计、除尘器、粉尘综合控制、通风与粉尘测定等。在本书的编著过程中，引用了许多文献资料，谨向相关作者表示感谢。

由于编著者水平有限，书中不足之处在所难免，恳请专家和读者批评指正。

编著者
2021 年 4 月

目 录

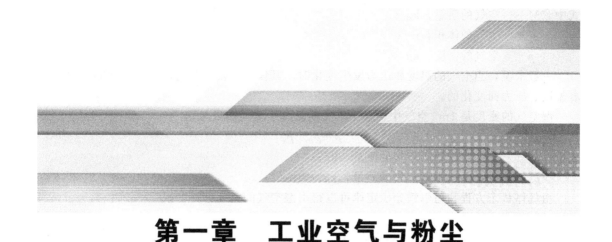

第一章　工业空气与粉尘

工业通风的主要任务之一就是为作业场所提供足够数量和质量的空气，稀释或排除生产过程产生的毒害、爆炸气体及粉尘，调节作业场所的环境参数，保证安全生产。为此，本章着重介绍空气主要物理参数、作业场所空气及其有害气体的基本特征、粉尘及其危害、卫生与环境排放标准。

第一节　空气主要物理参数及其对人体生理的影响

一、空气主要物理参数

空气主要物理参数包括空气的密度与比体积、温度、湿度、黏性、比热容、焓等，现分述如下。

1. 空气的温度

温度是描述物体冷热状态的物理量，是作业场所表征气象条件的主要参数之一。测量温度的标尺简称温标。热力学（绝对）温标的单位为 K(Kelvin)，用符号 T 表示。热力学温标规定纯水三态点温度（即气、液、固三相平衡态时的温度）为基本定点，定义为273.15K，每 1K 为三态点温度的 1/273.15。

国际单位制还规定摄氏温标为实用温标，用 t 表示，单位为摄氏度（℃）。摄氏温标的每1℃与热力学温标的每1K完全相同。它们之间的关系为

$$T = 273.15 + t \tag{1-1}$$

2. 空气密度和比体积

单位体积空气所具有的质量称为空气的密度，一般用符号 ρ 表示。一般认为空气是均质流体，所以，空气的密度公式为

$$\rho = \frac{M}{V} \tag{1-2}$$

1

式中　M——空气的质量，kg；

　　　V——空气的体积，m³；

　　　ρ——空气的密度，kg/m³。

一般来说，当空气的温度和压力发生变化时，其体积会发生变化，所以空气的密度是随着温度、压力而变化的。

湿空气的密度是 1m³ 空气中所含干空气质量和水蒸气质量之和

$$\rho=\rho_d+\rho_v \tag{1-3}$$

式中　ρ_d——1m³ 空气中干空气的质量，kg；

　　　ρ_v——1m³ 空气中水蒸气的质量，kg。

由气体状态方程和道尔顿分压定律可以得出湿空气的密度计算公式

$$\rho=0.003484\frac{p}{273+t}\left(1-\frac{0.378\varphi p_s}{P}\right) \tag{1-4}$$

式中　p——空气的压力，Pa；

　　　φ——空气的相对湿度，用小数表示；

　　　p_s——温度为 t 时的饱和水蒸气分压，Pa；

　　　t——空气温度，℃。

空气的比体积是指单位质量空气所占有的体积，用符号 $\upsilon(\mathrm{m^3/kg})$ 表示，比体积和密度互为倒数，它们是一个状态参数的两种表达方式，则

$$\upsilon=\frac{V}{M}=\frac{1}{\rho} \tag{1-5}$$

在工业通风中，空气流经复杂的通风网络时，其温度和压力将会发生一系列的变化，这些变化都将引起空气密度的变化。在不同的作业场所，其变化规律是不同的。在实际应用中，应考虑什么情况下可以忽略密度的这种变化，而在什么条件下又是不可忽略的。

3. 空气黏性

当流体层间发生相对运动时，在流体内部两个流体层的接触面上，便产生黏性阻力（内摩擦力）以阻止相对运动，流体具有的这一性质，称作流体的黏性。例如，空气在管道内层流流动时，管壁附近的流速较小，向管道轴线方向流速逐渐增大。在垂直流动方向上，设有厚度为 $dy(\mathrm{m})$，速度为 $u(\mathrm{m/s})$，速度增量为 $du(\mathrm{m/s})$ 的分层，在流动方向上的速度梯度为 $du/dy(\mathrm{s^{-1}})$，由牛顿内摩擦定律得

$$F=\mu S\frac{du}{dy} \tag{1-6}$$

式中　F——内摩擦力，N；

　　　μ——动力黏度（或绝对黏度），Pa·s；

　　　S——流层之间的接触面积，m²。

由式(1-6)可知，当流体处于静止状态或流层间无相对运动时，$du/dy=0$，$F=0$。

在工业通风中运动黏度常用符号 $\nu(\mathrm{m^2/s})$ 表示

$$\nu=\frac{\mu}{\rho} \tag{1-7}$$

表 1-1 为几种气体在标准状态下的黏度。

表 1-1　几种气体标准状态下的黏度（0.1MPa，$t = 20℃$）

流体名称	动力黏度 μ/Pa·s	运动黏度 ν/m²·s⁻¹
空气	1.808×10^{-5}	1.501×10^{-5}
氮气（N₂）	1.76×10^{-5}	1.41×10^{-5}
氧气（O₂）	2.04×10^{-5}	1.43×10^{-5}
甲烷（CH₄）	1.08×10^{-5}	1.52×10^{-5}
水	1.005×10^{-3}	1.007×10^{-6}

温度是影响流体黏性的主要因素之一，但对气体和液体的影响不同。气体的黏性随温度的升高而增大；液体的黏性随温度的升高而减小。一般实际应用中，压力对黏性的影响可以忽略不计，在考虑流体的可压缩性时常采用动力黏度 μ 而不用运动黏度。

4. 空气压力

空气的压力是压强在工业通风中的体现，也称为空气的静压，它是空气分子热运动对器壁碰撞的宏观表现，用符号 p 表示。根据物理学的分子运动理论，空气的压力可用下式表示

$$p = \frac{2}{3}n\left(\frac{1}{2}mv^2\right) \tag{1-8}$$

式中　n——单位体积内的空气分子数；

$\frac{1}{2}mv^2$——分子平移运动的平均动能。

由式(1-8) 可知，空气的压力将单位体积内空气分子不规则热运动产生的总动能的三分之二转化为能对外做功的机械能。因此，空气压力的大小可以用仪表测定。

在地球引力场中的大气由于受分子热运动和地球重力场引力的综合作用，其大小取决于在重力场中的位量（相对高度）、空气温度、湿度（相对湿度）和气体成分等参数。空气的压力在不同标高处的大小是不同的，也就是说空气压力还是位置的函数，它服从玻耳兹曼分布规律

$$p = p_0 \exp\left(-\frac{\mu g z}{R_0 T}\right) \tag{1-9}$$

式中　μ——空气的摩尔质量，28.97kg/kmol；

g——重力加速度，m/s²；

z——海拔高度，m，海平面以上为正，反之为负；

R_0——通用气体常数；

T——空气的热力学温度，K；

p_0——海平面处的大气压，Pa。在同一水平面、不大的范围内，可以认为空气压力是相同的，但空气压力与气象条件等因素也有关（主要是温度）。

压力的单位为 Pa（帕斯卡，1Pa＝1N/m²），压力较大时可采用 kPa（1kPa＝10^3Pa）、MPa（1MPa＝10^3kPa＝10^6Pa）。以前采用过的单位还有毫米汞柱 mmHg 和毫米水柱 mmH₂O，1mmHg＝133.322Pa，1mmH₂O＝9.80665Pa。

5. 空气湿度

表示空气湿度的方法有绝对湿度、相对湿度和含湿量三种。

（1）绝对湿度

单位体积空气中所含水蒸气的质量叫空气的绝对湿度。其单位与密度单位相同，用符号 ρ_v 表示

$$\rho_v = \frac{M_v}{V} \tag{1-10}$$

式中 M_v——水蒸气的质量，kg；

V——空气的体积，m^3。

在一定的温度和压力下，单位体积空气所能容纳的水蒸气量是有极限的，超过这一极限值，多余的水蒸气就会凝结出来。这种含有极限值水蒸气的湿空气叫饱和空气，其所含的水蒸气量叫饱和湿度，用 ρ_s 表示。此时的水蒸气分压叫饱和水蒸气分压，用 p_s 表示。

（2）相对湿度

单位体积空气中实际含有的水蒸气量（ρ_v）与其同温度下的饱和水蒸气量（ρ_s）之比称为空气的相对湿度 φ，可用下式表示

$$\varphi = \frac{\rho_v}{\rho_s} \tag{1-11}$$

φ 值可以用小数表示，也可以用百分数表示，也称之为饱和度。φ 值小表示空气干燥，吸收水分的能力强；反之，φ 值大则空气潮湿，吸收水分能力弱。水分向空气中蒸发的快慢和相对湿度直接有关。

不饱和空气随温度的下降，其相对湿度逐渐增大。冷却达到 $\varphi=1$ 时的温度称为露点。再继续冷却，空气中的水蒸气就会因过饱和而凝结成水珠。反之，当空气温度升高时，空气的相对湿度将会减小。

（3）含湿量

含有 1kg 干空气的湿空气中所含水蒸气的质量（kg）称为空气的含湿量 d，可用下式计算

$$d = 0.622 \frac{\varphi p_s}{p - \varphi p_s} \tag{1-12}$$

式中符号的意义和前面一致。

6. 空气比热容

单位物量的物质在准平衡过程中，单位温度变化时所吸收或放出的热量称为比热容。比热容的单位取决于热量单位和物量单位。表示物量的单位不同，比热容的单位也不同。通常采用的物量单位：质量（kg）、标准容积（Nm^3）和千摩尔（kmol）。因此，相应的就有质量比热容、容积比热容和摩尔比热容之分。

质量比热容的符号是 c，表示 1kg 质量的物质升高或降低 1K 时所吸收或放出的热量，单位是 $J/(kg \cdot K)$。容积比热容的符号是 c'，表示 $1Nm^3$ 体积的物质升高或降低 1K 时所吸收或放出的热量，单位是 $J/(Nm^3 \cdot K)$。摩尔比热容的符号是 C，表示 1kmol 物质升高或降低 1K 时所吸收或放出的热量，单位是 $J/(kmol \cdot K)$。

三种比热容的换算关系是

$$c' = \frac{MC}{22.4} = c\rho_0 \tag{1-13}$$

式中 M——气体的分子量；

ρ_0——气体在标准状态下的密度。

7. 空气的焓

焓是一个复合的状态参数，它是内能和压力功之和，焓也称热焓；湿空气的焓是以 1kg 干空气作为基础而表示的，它是单位质量干空气的焓和 d kg 水蒸气的焓的总和，用符号 i 表示，单位为 kJ/kg ，即

$$i=i_d+di_v \tag{1-14}$$

式中　i_d——单位质量干空气的焓，也称空气的显热或感热，$i_d=1.0045t(kJ/kg)$，1.0045 是干空气的平均定压质量比热容；

t——空气的温度，℃；

i_v——1kg 水蒸气的焓，$i_v=2501+1.85t(kJ/kg)$，2501 是水蒸气的汽化潜热，1.85 是常温下水蒸气的平均定压质量比热容。

将干空气和水蒸气的焓值代入式（1-14），可得湿空气的焓为

$$i=1.0045t+d(2501+1.85t) \tag{1-15}$$

在实际的应用中，为了简化计算，可使用焓湿图直接查阅。

二、作业场所气象条件及其对人体生理的影响

作业场所气象是指作业场所空气的温度、湿度和流速这三个参数的综合作用状态，这三个参数的不同组合，便构成了不同的作业场所气象条件。作业场所气象条件对作业人员的身体健康和安全有重要的影响。

人体控制体温有两种途径：其一，人体通过控制新陈代谢获得热量的多少来控制体温；其二，通过改变皮肤表面的血液循环量以控制人体向周围的散热量来控制体温。人体活动量大则新陈代谢率高，因而体内产热量也大，一方面向外界做功，另一方面增加向外散热量。当然，人体新陈代谢率的大小还取决于年龄、性别、体质等条件。而人体向外散热量又受衣着条件、空气环境条件（温度、湿度、风速、周围物体的表面温度等）的影响而有所不同。通常，人体依靠以上两种正常的调节手段可以保持得热和失热相等，此时体温基本稳定在 36.5～37℃。如果由于气象条件不合适，使得人体散热和得热不相等，人体则会感觉不舒适甚至产生疾病。

1. 人体与周围环境的热交换

人体与环境的热交换方式主要有对流、辐射、蒸发三种，这三种方式的换热主要取决于空气温度、湿度、流速及环境温度等因素及其组合情况。

根据传热学原理，对流换热主要取决于皮肤温度和周围空气温度与流速。当周围空气温度低于人体皮肤表面温度时，人体会向周围散热，且空气流速越快，对流换热越强，人体感觉越凉（冷）；反之，当周围空气温度高于人体皮肤表面温度时，人体得热，且此时空气流速越快，人体会感觉越热（暖）。当人体皮肤表面温度等于空气温度时，人体与空气之间没有对流换热。

因为空气是辐射透过体，因此人体与周围的辐射换热主要取决于周围固体表面温度和人体皮肤表面温度，而与周围的空气温度无关。当周围固体表面温度高于人体皮肤表面温度时，人体接收热辐射，反之人体接收冷辐射。

蒸发散热主要取决于空气的流速和相对湿度。当温度一定时，相对湿度越小，空气流速越大，汗液的蒸发量会越大；反之相对湿度越大，流速越小，蒸发量越小。我国南方地区的夏天，对流换热对人体散热非常不利，加之此时人体又不能通过蒸发散热，严重时会导致中暑。

总之，人体的舒适感与气象条件直接相关，如果空气温度过高，人体主要依靠汗液的蒸发来维持热平衡，出汗过多使人体脱水和缺盐，引起疾病。所以，不但要消除粉尘和有害气体以保证一定的空气清洁度，同时还要消除余热和余湿，保证一定的空气流速、温度和相对湿度。

2. 影响作业场所气象条件的基本参数

(1) 空气温度

空气温度是空气物理参数中影响人体生理最重要的因素。

人体对温度的生理调节很有限，如果体温调节系统长期处于紧张工作状态，会影响人的神经、消化、呼吸和循环等多系统的稳定，降低抵抗力，增高患病率。空气温度在 25℃ 时的工作效率为 100%，而 35℃ 时只有 35%。对夏热冬冷地区的调查表明，夏季空气温度不超过 28℃ 时，人们对热环境均表示满意；28~30℃ 时，约 30% 的人感到热，但很少有人感到热得难以忍受；30~34℃ 时，84% 的人感到热，14.5% 的人感到热得难以忍受，无法在室内居住；超过 34℃ 时，100% 的人感到热，42% 的人感到热得难以忍受。此外，卫生医学研究表明，气温在 30~40℃ 时，胃酸分泌减少，胃肠蠕动减慢，食欲下降。

冬季室内空气温度为 18℃ 时，50% 的人感到冷；温度低于 12℃ 时，80% 的人坐着感到冷，而且有人冷得难以忍受，不能坚持久坐，活动着的人也有 20% 以上感到冷，因此卫生学将 12℃ 作为建筑热环境的下限。

(2) 空气湿度

作业场所湿度过高，会阻碍汗液蒸发，影响散热和皮肤表面温度，从而影响人的舒适感。最宜人的湿度与温度相关联：冬天温度为 18~25℃，湿度为 30%~80%；夏天温度一般为 23~28℃，湿度为 30%~60%。在高温、高湿的环境下劳动，除容易发生突发性的高温虚脱现象外，久而久之，还容易患风湿性关节炎。此外，在湿度过大的环境中，粉尘及放射性气溶胶易黏附于人的皮肤、毛孔，阻碍分泌物的排除，引起病变等。

(3) 空气压力

高气压对人体的影响，在不同阶段表现不同。在加压过程中，可引起耳充塞感、耳鸣、头晕等，甚至造成鼓膜破裂。在高气压作业条件下，欲恢复到常压状态时，需要有个减压过程，在减压过程中，如果减压过速，则引起减压病。减压病对人体的危害比较复杂，通俗地讲就是由于减压过快，致使人体组织和血液中产生大量气泡，造成血液循环障碍和组织损伤。

低气压作业对人体的影响是由于低氧性缺氧而引起的损害。如高原病就是发生于高原低氧环境下的一种特发性疾病。根据发病的快慢以及发病的特征表现，临床上将高原病分为急性高原病和慢性高原病两大类：急性高原病又分为急性高原反应、高原肺水肿和高原脑水肿三型；慢性高原病又分为高原心脏病、高原红细胞增多症和高原血压异常三型。

(4) 空气流速

空气的流动对人体有着不同的影响。夏季空气流动可以促进人体散热，冬季空气流速过快会使人体感到寒冷。当空气流动性较差得不到有效换气时，各种有害化学物质不能及时排出，造成作业场所空气品质恶化；由于作业场所气流流动速度慢、气流组织形式不理想，人们在作业场所作业中所排出的有害物聚集，致使作业场所空气质量进一步恶化，足见保持作业场所一定的空气流速的重要性，一般来说，作业场所空气流速以 0.2~0.3m/s 左右为宜。

(5) 新风量

一般而言，新风量越多，对健康越有利。新鲜空气可以改善人体新陈代谢、调节温度、除去过量的湿气，并可稀释作业场所污染物。一般来说，保证每人每小时有 30m³ 的新鲜空气，则作业场所二氧化碳的体积分数可控制在 0.1% 左右。

（6）其他因素

影响气象条件的还有许多其他因素，如热辐射、气流组织的均匀程度、吹风感、着衣程度、活动量等。另外，最新的研究表明，气流的脉动频率也可能造成人体不适，气流脉动频率在 0.2～0.6Hz 范围内波动时，冷气流对人体造成的不舒适度最大。

以上分析了作业场所气象条件单个参数对人体的影响。应该指出，从人体的热交换原理可知，各种因素的组合值对人体会有不同的影响，需要对这些因素组合进行综合分析。

第二节　作业场所空气及其有害气体

一、大气主要成分及其基本性质

大气是由干空气和水蒸气组成的混合气体，通常也将这种组成的空气称为湿空气。干空气是指完全不含水蒸气的空气。干空气是由氧气、氮气、二氧化碳、氩、氖和其他一些微量气体所组成的混合气体，组成成分是比较稳定的。湿空气中只含有少量的水蒸气，但是水蒸气的含量变化对湿空气的物理性质和状态的影响是非常显著的。

各主要成分的基本性质如下。

1. 氧气（O_2）

氧气是维持人体正常生理机能所需要的气体。人类在生命活动过程中，必须不断吸入氧气，呼出二氧化碳。人体维持正常生命过程所需的氧气量取决于人的体质、精神状态和劳动强度等。

当空气中的氧浓度降低时，人体就可能产生不良的生理反应，出现种种不舒适的症状，严重时可能导致缺氧死亡。人体缺氧症状与空气中氧浓度的关系如表 1-2 所示。

表 1-2　人体缺氧症状与空气中氧浓度的关系

氧浓度（体积分数）/ %	主要症状
17	静止时无影响,工作时能引起喘息和呼吸困难
15	呼吸及心跳急促,耳鸣目眩,感觉和判断能力降低,失去劳动能力
10～12	失去理智,时间稍长有生命危险
6～9	失去知觉,呼吸停止,如没有及时抢救几分钟内可能导致死亡

2. 氮气（N_2）

氮气是一种惰性气体，是新鲜空气中的主要成分，它无色、无味、无臭，相对密度为 0.97，不助燃，也不能供人呼吸。在正常情况下，氮气对人体无害，但积存大量的氮气，氧气浓度相对减少，会使人因缺氧而窒息。由于氮气的惰性，可用于消防灭火和防止气体及粉尘爆炸。

3. 二氧化碳（CO_2）

二氧化碳是无色无味或无色无臭而其水溶液略带酸味的气体，相对密度为 1.52，是一种较重的气体，很难与空气均匀混合，故常积存在作业场所的底部，在静止的空气中有明显的分界。二氧化碳不助燃也不能供人呼吸，易溶于水，生成碳酸，使水溶液呈弱酸性，对眼、鼻、喉黏膜有刺激作用。在新鲜空气中，含有微量的二氧化碳对人体是无害的。如果空气中完全不含有二氧化碳，则人体的正常呼吸功能就不能维持。所以在抢救中进行人工输氧时，往往要在氧气中加入 5% 的二氧化碳，以刺激被救者的呼吸机能。但当空气中二氧化碳的浓度过高时，也将使空气中的氧浓度相对降低，轻则使人呼吸加快，呼吸量增加，严重时也可能造成人员中毒或窒息。空气中二氧化碳对人体的危害程度与浓度的关系如表 1-3 所示。

表 1-3　二氧化碳中毒症状与浓度的关系

二氧化碳浓度(体积分数)/%	主要症状
1	呼吸加深，但对工作效率无明显影响
3	呼吸急促，心跳加快，头痛，人体很快疲劳
5	呼吸困难，头痛，恶心，呕吐，耳鸣
6	严重喘息，极度虚弱无力
7～9	动作不协调，大约 10min 可发生昏迷
9～11	几分钟内可导致死亡

二、作业场所主要空气成分

作业场所由于受到污染，其空气成分和性质要发生一系列的变化。如氧浓度降低，二氧化碳浓度增加；混入各种有毒、有害气体和粉尘；空气的状态参数（温度、湿度、压力等）发生改变等。

尽管作业场所与大气相比，在性质上存在许多差异，但其主要成分仍然是氧气、氮气和二氧化碳。

三、作业场所主要有害气体

根据气体（蒸气）类有害物对人体危害的性质，大致可分为麻醉性、窒息性、刺激性、腐蚀性等四类。下面列举几种常见气体（蒸气），说明其对人体的危害。

1. 一氧化碳（CO）

CO 多数来源于燃烧、爆破、爆炸时的产物，或来自煤气的渗漏。

一氧化碳是一种无色、无味、无臭的气体，相对密度为 0.97，微溶于水，能与空气均匀地混合。一氧化碳能燃烧，当空气中一氧化碳浓度在 13%～75% 时有爆炸的危险；浓度达 0.4% 时，在很短时间内人就会失去知觉，抢救不及时就会中毒死亡。一氧化碳与人体血液中血红蛋白的亲和力比氧大 150～300 倍（血红蛋白是人体血液中携带氧气和排出二氧化碳的细胞）。一旦一氧化碳进入人体，首先就与血液中的血红蛋白相结合，因而减少了血红蛋白与氧结合的机会，使血红蛋白失去输氧的功能，从而造成人体血液"窒息"。所以，医学上又将一氧化碳称为血液窒息性气体。由于一氧化碳与血红蛋白结合后，生成鲜红色的碳氧血红蛋白，故一氧化碳中毒最显著的特征是中毒者黏膜和皮肤均呈樱桃红色。中枢神经系统对缺氧最敏感。缺氧引起水肿、颅内压增高，同时造成脑血液循环障碍，部分重症 CO 中毒患者，在昏迷苏醒后，经过 2 天至 2 月的假愈期，会出现一系列神经-精神障碍等迟发性脑病。

值得注意的是，氧气、一氧化碳与血红蛋白之间的反应是可以互相转化的，如下式

$$HbO_2 + CO \longrightarrow HbCO + O_2$$

这说明空气中 CO 含量过高会妨碍人体吸收氧；反之，有足够的氧气也会排出人体内的 CO。因此 CO 中毒时只要吸入新鲜空气就会减轻中毒的程度，所以将 CO 中毒者尽快地转移到新鲜空气中进行人工呼吸，仍可得救。

2. 二氧化硫（SO_2）

二氧化硫是一种无色、有强烈硫磺味的气体，易溶于水，在风速较小时，易积聚于作业场所的底部，对眼睛有强烈刺激作用。二氧化硫与水反应后生成亚硫酸，对眼睛和呼吸器官有腐蚀作用，使得喉咙和支气管发炎，呼吸麻痹，严重时引起肺水肿，当空气中二氧化硫浓度为 0.0005% 时，嗅觉器官能闻到刺激味；二氧化硫浓度为 0.002% 时，有强烈的刺激，可引起头痛和喉痛；二氧化硫浓度为 0.05% 时，引起急性支气管炎和肺水肿，短时间内即死亡。SO_2 主要来自含硫矿物氧化、燃烧，毛和丝的漂白，化学纸浆和制酸等生产过程等，含硫矿层也会涌出 SO_2。

3. 硫化氢（H_2S）

硫化氢无色、微甜、有浓烈的臭鸡蛋味，当空气中浓度达到 0.0001% 即可嗅到，但当浓度较高时，因嗅觉神经中毒麻痹，反而嗅不到。硫化氢相对密度为 1.19，易溶于水，在常温、常压下，一个体积的水可溶解 2.5 个体积的硫化氢。硫化氢能燃烧，空气中硫化氢浓度为 4.3%～45.5% 时有爆炸危险。硫化氢剧毒，有强烈的刺激作用，不但能引起鼻炎、气管炎和肺水肿，而且能阻碍生物的氧化过程，使之缺氧。当空气中硫化氢浓度较低时主要以腐蚀刺激作用为主；浓度较高时能致人迅速昏迷或死亡，腐蚀刺激作用往往不明显。进入体内的 H_2S 在肺泡内很快就被血液吸收，氧化成无毒的硫盐，但未被氧化的 H_2S 则产生毒害作用。H_2S 也很容易溶于黏膜表面的水分中，与钠离子结合成硫化钠，对黏膜有强烈的刺激作用，可引起眼睛的炎症及呼吸道炎症，甚至肺水肿。H_2S 对人体的损害在于它和细胞色素氧化酶的三价铁结合，使酶失去活性，影响细胞氧化，造成人体组织缺氧。空气中 H_2S 浓度过高（$900mg/m^3$ 以上）可直接抑制人体呼吸中枢活动，引起窒息而迅速死亡。急性中毒后遗症是头痛与智力下降，慢性中毒症状是眼球酸痛，有灼伤感，肿胀畏光，并引起气管炎和头痛。

4. 氮氧化物（NO_x）

氮氧化物主要是指 NO 和 NO_2，来源于燃料的燃烧及化工、电镀等生产过程。二氧化氮是一种棕红色的气体，有强烈的刺激气味，相对密度为 1.59，易溶于水。二氧化氮溶于水后生成腐蚀性很强的硝酸，对眼睛、呼吸道黏膜和肺部组织有强烈的刺激及腐蚀作用，严重时可引起肺水肿。二氧化氮中毒有潜伏期，有的人在严重中毒时尚无明显感觉，还可坚持工作。但经过 6～24 小时后发作，中毒者指头出现黄色斑点，并出现严重的咳嗽、头痛、呕吐甚至死亡。NO_2 浓度在 $13mg/m^3$（$\times10^{-4}$%）时，可闻到臭味，浓度眼鼻有急性刺激感及胸部不适；浓度在 $25\sim75mg/m^3$ 时，肺部绞痛；$300mg/m^3$ 以上时，发生支气管炎及肺水肿死亡。NO 对人体的生理影响还不十分清楚，它与血红蛋白的亲和力比 CO 还要大几百倍。动物与高浓度的 NO 相接触，可出现中枢神经病变。

5. 甲烷（CH_4）

甲烷为无色、无味、无臭的气体，对空气的相对密度为 0.55，难溶于水，扩散性较空气高 1.6 倍。虽然无毒，但当浓度较高时，会引起窒息。不助燃，但在空气中具有一定浓度

并遇到高温（650～700℃）能引起爆炸，煤矿中经常发生的瓦斯爆炸事故，其爆炸气体中的主要成分就是甲烷。

6. 甲醛（HCHO）

甲醛又称蚁醛，是无色、有强烈刺激性气味的气体，对空气的相对密度为1.06，略重于空气。几乎所有的人造板材、某些装饰布、装饰纸、涂料和许多新家具都可释放出甲醛，因此它和苯是现代房屋装修中经常出现的有害气体。空气中的甲醛对人的皮肤、眼结膜、呼吸道黏膜等有刺激作用，它也可经呼吸道吸收。甲醛在体内可转变为甲酸，有一定的麻醉作用。甲醛浓度高的居室中有明显的刺激性气味，可导致流泪、头晕、头痛、乏力、视物模糊等症状，检查可见结膜、咽部明显充血，部分患者听诊呼吸音粗糙或有干性啰音。较重者可有持续咳嗽、声音嘶哑、胸痛、呼吸困难等症状。

7. 汞蒸气（Hg）

汞是一种液态金属，但在常温下非常容易挥发成汞蒸气，是一种剧毒物质。它通过呼吸道或胃肠道进入人体后人体便产生中毒反应。急性汞中毒主要表现在消化器官和肾脏，慢性汞中毒则表现在神经系统，产生易怒、头痛、记忆力减退等病症，或造成营养不良、贫血和体重减轻等症状。职业中毒中慢性中毒较多。

8. 铅蒸气（Pb）

铅是一种有毒的金属，温度达400～500℃时会产生大量蒸气。铅蒸气在空气中可以迅速氧化和凝聚成氧化铅微粒。铅不是人体必需的元素，铅及其化合物通过呼吸道及消化道进入人体后，再由血液输送到脑、骨骼及骨髓，损害骨髓造血系统。铅对神经系统也会造成损害，引起末梢神经炎，出现运动和感觉异常。儿童经常吸入或摄入低浓度的铅，会影响儿童智力发育和产生行为异常。

9. 锰蒸气（Mn）

锰是一种脆而硬的灰白色金属，在自然界以氧化物或盐类形式存在。锰蒸气在空气中很快氧化成黑灰色的MnO及棕红色的Mn_3O_4。在工业生产中，锰主要以锰尘及烟雾的形态经呼吸道进入人体。锰的化合物进入人体主要损害神经系统，伴有精神症状。

10. 苯（C_6H_6）

苯属芳香烃类化合物，在常温下为带特殊芳香味的无色液体，极易挥发。苯在工业上用途很广，作为原料用于燃料工业和农药生产，又作为溶剂和黏合剂用于造漆、喷漆、制药、制鞋及苯加工业、家具制造业等。苯蒸气主要产生于焦炉煤气及上述行业的生产过程。苯进入人体的途径是从呼吸道或从皮肤表面渗入。短时间内吸入大量苯蒸气可引起急性中毒。急性苯中毒主要表现为中枢神经系统的麻醉作用，轻者表现为兴奋、欣快感，步态不稳，以及头昏、头痛、恶心、呕吐等，重者可出现意识模糊，由浅昏迷进入深昏迷或出现抽搐，甚至导致呼吸、心跳停止。长期接触低浓度的苯可引起慢性中毒，主要是对神经系统和造血系统的损害，表现为头痛、头昏、失眠，白细胞持续减少、血小板减少而出现出血倾向。

11. 氡（Rn）

氡主要在铀矿开采中产生。自然界存在着很多放射性元素，它们在不断地进行衰变，并不断放出α、β、γ射线。一种原子核放出射线后，变成另一种原子核，称为放射性衰变。现已查明，自然界存在铀、钍、锕三个衰变系，它们都有一个在常温常压下以气体形式存在的放射性元素，其中铀系中的氡容易对工作人员造成危害。氡是一种惰性气体，对人体无直接危害，但氡子体呈固体微粒形式，大小为0.001～0.05μm，它具有一定的电荷性，具有很强的附着能力，因此在空气中很容易与粉尘结合形成"放射性气溶胶"。被吸入人体后，氡及其子体继续衰变放出 α 射线，长期作用能使支气管和肺组织产生慢性损伤，引起病变，被认为是产生肺癌的原因之一。

第三节　作业场所粉尘及其危害

一、粉尘的概念及分类

1. 粉尘的概念及来源

粉尘泛指因机械过程（如破碎、筛分、运输等）和物理化学过程（如冶炼、燃烧、金属焊接）而产生的、粒径一般在 1mm 以下的微细固体颗粒的总称。其中，因物理化学过程而产生的微细固体粒子又称为烟尘。在采矿、冶金、机械、建材、轻工、电力等许多工业部门的生产中均产生大量粉尘。

粉尘的来源主要有以下几个方面：

① 固体物料的机械破碎和研磨，例如采矿、选矿、耐火材料车间的矿物破碎过程和各种研磨加工过程；

② 粉状物料的混合、筛分、包装及运输，例如水泥、面粉等的生产和运输过程；

③ 物质的燃烧，例如煤燃烧时产生的烟尘量占燃煤量的 10% 以上；

④ 物质被加热时产生的蒸气在空气中的氧化和凝结，例如矿石烧结、金属冶炼等过程中产生的锌蒸气，在空气中冷却时，会凝结、氧化成氧化锌固体微粒。

2. 粉尘的分类

粉尘可以根据许多特征进行分类。对于与通风防尘有关的一些常用分类方法，主要分为以下几种。

① 按粉尘的成分可分为以下几类。

a. 无机粉尘。包括矿物性粉尘（如石英、石棉、滑石粉等）、金属粉尘（如铁、锡、铝、锰、铍及其氧化物等）和人工无机性粉尘（如金刚砂、水泥、耐火材料、石墨等）。

b. 有机粉尘。包括植物性粉尘（如棉、亚麻、谷物、烟草等）、动物性粉尘（如毛发、角质、骨质等）和人工有机粉尘（如炸药、有机染料等）。

c. 混合性粉尘。包括数种粉尘的混合物。大气中的粉尘通常都是混合性粉尘，因此在进行空气过滤器实验时所采取的人工试验尘中除了有无机粉尘，通常还要加入少量棉尘。

② 按粉尘的颗粒大小可分为以下几类。

a. 可见粉尘。用眼睛可以分辨的粉尘，粒径大于 $10\mu m$。

b. 显微粉尘。在普通显微镜下可以分辨的粉尘，粒径为 $0.25\sim10\mu m$。

c. 超显微粉尘。在超倍显微镜或电子显微镜下才可以分辨的粉尘，粒径小于 $0.25\mu m$。

在工程技术中有时用到超微米粉尘（亚微米粉尘）的名词，指的是粒径在 $1\mu m$ 以下的粉尘。

③ 根据卫生学角度可分为以下几类。

a. 全尘。悬浮于空气中粉尘的总量，也称总粉尘。

b. 呼吸性粉尘。由于呼吸作用能进入人体肺泡并沉积在肺泡内的粉尘，其一般指颗粒直径小于 $5\mu m$ 的粉尘。

④ 按有无爆炸性可分为以下几类。

a. 爆炸性粉尘。经过粉尘爆炸性鉴定，确定悬浮在空气中在一定浓度和有引爆热源的条件下，本身能发生爆炸和传播爆炸的粉尘，如煤尘、硫磺粉尘。

b. 无爆炸性粉尘。经过粉尘爆炸性鉴定，确定不能发生爆炸和传播爆炸的粉尘，如石灰石粉尘。

⑤ 按粉尘的存在状态，可分为浮尘和落尘。

浮尘是指悬浮在空气中的粉尘，也称飘尘；落尘是指沉积在器物表面、地面及有限空间四周的粉尘，也称积尘。浮尘和落尘在不同的条件下可相互转化。

二、粉尘的主要物理参数

1. 个体粉尘粒径

粉尘的颗粒大小（粒径）是其重要的物理性质之一，许多其他性质也都与其有关，例如，粉尘对光的散射强度随粉尘的颗粒大小不同而不同。粉尘对人体的危害在很大程度上取决于颗粒大小。对粉尘的吸捕、从气流中清除粉尘等都要考虑粉尘的粒径大小。因此粉尘的粒径是通风除尘中的基础特性，对粉尘大小的意义及其表示方法要有明确的概念。

球形尘粒是用其直径（粒径）来表示大小的。对于非球形粒子，一般也用"粒径"来衡量其大小，然而此时的粒径有不同的含义。一般来说有三种形式的粒径：投影径、几何当量直径和物理当量直径。

（1）投影径

投影径是指尘粒在显微镜下所观察到的粒径。这时有四种粒径的表示方法。

a. 面积等分径（Martin 径）。指将粉尘的投影面积二等分的直线长度。Martin 径与所取的方向有关，通常采用等分线与底边平行。

b. 定向径（Feret 径）。指尘粒投影面上两平行切线之间的距离，Feret 径可取任意方向，通常取其与底边平行。

c. 长径。不考虑方向的最长径。

d. 短径。不考虑方向的最短径。

（2）几何当量直径

几何当量直径是指取粉尘的某一几何量（面积、体积等）相同时的球形粒子的直径，例如：

a. 等投影面积径 d_A。与粉尘的投影面积相同的某一圆面积的直径。

b. 等体积径 d_v。与粉尘体积相同的某一圆球体直径。

c. 等表面积径 d_s。与尘粒的外表面积相同的某一圆球的直径。

d. 体面积径 d_{sv}。粉尘的外表面积与体积之比相同的圆球的直径。

e. 周长径 d_L。粉尘投影面上的周长与圆的周长相同的圆直径。

（3）物理当量直径

取尘粒的某一物理量相同时的球形粒子的直径，例如：

a. 阻力径 d_d。在相同黏性的气体中，速度 u 相同时，粉尘所受到的阻力 p_D 与圆球受到的阻力相同时的圆球直径。

b. 自由沉降径 d_f。特定气体中，在重力影响下，密度相同的尘粒因自由沉降所达到的末速度与圆球所达到的末速度相同时的球体直径。

c. 空气动力径 d_a。在静止的空气中，尘粒的沉降速度与密度为 $1g/cm^3$ 的圆球的沉降速度相同时的圆球直径。

另外，还可以根据粉尘的其他物理量（如质量、透气率、扩散率等）来定义粉尘的粒径。同一粉尘按不同定义所得的粒径，在数值上是不同的，因此在使用粉尘的粒径比时必须清楚了解所采用的粒径的含义。不同的粒径测试方法得出不同概念的粒径，例如，用显微镜法测得的是投影径，而用光散射法测定时为等体积径等。

2. 粉尘粒度

粉尘粒度指所有粉尘颗粒的平均直径或中位径，也称粉尘粒径，单位为 μm。

通风除尘中所研究的粉尘都是由许多大小不同粉尘粒子所组成的聚合体。当这些粒子都具有同一粒径时，称为均一性粉尘或单分散性粉尘；而粒径各不相同时，则称为非均一性粉尘或多分散性粉尘。在实际中所遇到的粉尘大多数为多分散性粉尘，这种粉尘由于"平均""中位"的方法不同，其平均粒径、中位径也有不同的定义。

对于通风防尘具有重要作用的平均粒径及中位径，主要有以下几种。

a. 算术平均径 $\overline{d}_{10}$。指粉尘直径的总和除以粉尘的颗粒数。

b. 平均表面积径 $\overline{d}_{20}$。指粉尘表面积的总和除以粉尘的颗粒数，平均表面积径特别适用于研究粉尘的表面特性。

c. 体积（或重量）平均径 $\overline{d}_{30}$。指各粉尘的体积（重量）的总和除以粉尘的颗粒数。

d. 质量中位径 d_{m50}。指直径大于 d_{m50} 的所有粉尘的质量等于直径小于 d_{m50} 的所有粉尘的质量。

e. 计数中位径 d_{n50}。指中位径系将所有粉尘分成为数量相等的两部分。

f. 几何平均径 $\overline{d}_g$。是指 n 个粉尘粒径的连乘积的 n 次方根。

3. 比表面积

比表面积是指粉尘单位质量的表面积，用 m^2/kg 或 cm^2/g 表示。因此比表面积也是从另一角度衡量粉尘颗粒大小的一个指标。

对于单一粉尘，比表面积为

$$S_{ss} = \frac{A}{m} \tag{1-16}$$

式中　S_{ss}——比表面积，m^2/kg；

　　　A——粉尘表面积，m^2；

　　　m——粉尘的质量，kg。

对于球形颗粒粉尘群，比表面积为

$$S_{ss} = \frac{\sum(n_i \pi d_i^2)}{\sum\left(n_i \rho_P \frac{1}{6}\pi d_i^3\right)} = \frac{6\sum(n_i d_i^2)}{\rho_P \sum(n_i d_i^3)} \tag{1-17}$$

式中　d_i——粉尘粒径；

　　　ρ_P——粉尘密度。

4. 密度

粉尘密度有真密度和假密度之分。

粉尘的真密度是指单位实际体积粉尘的质量。这里指的粉尘实际体积，不包括粉尘之间的空隙，因而称之为粉尘的真密度 ρ_P，单位为 kg/m^3 或 g/cm^3。在一般情况下，粉尘的真密度与组成此种粉尘的物质的密度是不相同的，因为粉尘在形成过程中，粉尘的表面，甚至其内部可能形成某些孔隙。只有表面光滑而又密实的粉尘的真密度才与其物质密度相同。通常物质密度比粉尘真密度要大 20%～50%。粉尘的真密度在通风防尘中有广泛用途。许多除尘设备的选择不仅要考虑粉尘的粒度大小，而且要考虑粉尘的真密度。例如，对于颗粒粗、真密度大的粉尘可以选用沉降室或旋风除尘器，而对于真密度小的粉尘，即使颗粒粗也不宜采用这种类型的除尘设备。

粉尘假密度 ρ_B 也称堆积密度或表现密度，它是指粉尘呈自然扩散状态时单位容积中粉尘的质量，单位为 kg/m³ 或 g/cm³。这里的单位容积包含了尘粒之间存在的空隙，因此堆积密度要比粉尘的真密度小。

$$\rho_B = \frac{粉尘质量}{粉尘占据的空间}(\text{kg/m}^3) \tag{1-18}$$

粉尘的堆积密度对通风除尘也有着重要意义，如灰斗容积的设计依据不是粉尘的真密度或物质密度，而是粉尘的堆积密度。在粉尘的气力输送中也要考虑粉尘的堆积密度。

粉尘的相对密度指粉尘的质量与同体积标准物质的质量之比，因而是无因次的，通常都采用压力为 1.013×10^5 Pa 和温度为 4℃时的纯水作为标准物质。由于在这种状态下 1cm³ 的水的质量为 1g，因而粉尘的相对密度在数值上就等于其密度。但是相对密度和密度是两个不同的概念。

5. 浓度和分散度

单位体积空气中所含浮尘的数量称为粉尘浓度，其表示方法有两种。

① 质量法。单位体积空气中所含浮尘的质量，单位为 mg/m³ 或 g/m³。

② 计数法。单位体积空气中所含浮尘的颗粒数，单位为 粒/cm³ 或 粒/m³。

我国规定采用质量法来计量粉尘浓度。计数法因其测定复杂且不能很好地反映粉尘的危害性，因而在国外使用也越来越少。粉尘浓度的大小直接影响着危害的严重程度，是衡量作业环境的劳动卫生状况和评价防尘技术效果的重要指标。

粉尘是由各种不同粒径的粒子组成的集合体，显然单纯用"平均"粒径来表征这种集合体是不够的。在气溶胶力学中经常采用"分散度"这一概念。

粉尘分散度又称粒度分布，指的是在不同粒径范围内粉尘所含的个数或质量占总粉尘的百分数，可分为数量分散度和质量分散度两种表示方法。数量分散度是以粉尘颗粒数为基准计量的，用各粒级区间的颗粒数占总颗粒数的百分数表示；质量分散度是以粉尘的质量为基准计量的，用各粒级区间粉尘的质量占总质量的百分数表示。粒径较小的粉尘所占比例越大，表示其分散度越高。

粉尘分散度的表示方法很多，最简单和最常用的是列表法，即将粒径分成若干个区段，然后分别给出每个区段的颗粒数或质量，用绝对数或百分数表示。粒径区段的划分是根据粒度大小和测试目的确定的。我国工矿企业将粉尘粒径区段划分为 4 级：小于 $2\mu m$、$2～5\mu m$、$5～10\mu m$ 和大于 $10\mu m$。

6. 比电阻

粉尘比电阻是指单位面积、单位厚度粉尘的电阻，此概念在电除尘中经常用到。

影响粉尘比电阻的主要因素是粉尘的成分、温度和湿度。导电性能好的粉尘，比电阻小，反之则大；水是导电物质，湿度大，比电阻小，反之则大；在温度较低的范围内，粉尘比电阻是随温度升高而提高的，当温度达到一定值时，粉尘比电阻达到某一最大值，之后又随温度的升高而下降。

7. 安置角与滑动角

粉尘自然并连续落到水平板上，会堆积成圆锥体，圆锥体的母线同水平面的夹角，即圆锥体的锥体角，称为粉尘的安置角，也叫休止角、堆积角、安息角等。

滑动角系指光滑平面倾斜时粉尘开始滑动的倾斜角。安置角与滑动角表达同样的性质。

粉尘的安置角及滑动角是评价粉尘流动特性的重要指标，是设计除尘器灰斗锥度、除尘管路倾斜度等的主要依据。安置角小的粉尘，其流动性好，反之则流动性差。

影响粉尘安置角和滑动角的因素有：粉尘粒径、含水率、粒子形状、粒子表面光滑程度、粉尘黏性等。粉尘粒径减小，其接触表面增大，相互吸附力增大，安置角增大；粉尘含水率增加，安置角增大；球形粒子和球形系数接近于 1 的粒子比其他粒子的安置角小；表面光滑的粒子比表面粗糙的粒子安置角小；黏性大的粉尘安置角大等。

三、粉尘的性质

1. 悬浮性

粉尘的悬浮性是指粉尘可在空气中长时间悬浮的特性。粉尘粒度越小，重量越轻，粉尘比表面积越大，吸附空气能力越强，从而形成一层空气膜，不易沉降，可以长时间悬浮在空气中。一般来说，静止的空气中，粒径大于 $10\mu m$ 的粉尘呈加速沉降，粒径为 $0.1 \sim 10\mu m$ 的粉尘呈等速沉降，粒径小于 $0.1\mu m$ 的粉尘基本不沉降。

2. 凝聚与附着性

凝聚是指细小颗粒粉尘尘粒互相结合成新的大尘粒的现象，附着是指尘粒和其他物质结合的现象。粉尘体积小，重量轻，比表面积大，增强了尘粒间的结合力。当粉尘间的间距非常小时，由于分子引力的作用，就会产生凝聚；当粉尘与其他物体间距非常小时，由于分子引力的作用，就会产生附着。如尘粒间距离较大，则可通过外力作用使尘粒间碰撞、接触，促使其凝聚与附着。这些力包括粒子热运动（布朗运动）、静电力、超声波、紊流脉动速度等。

3. 湿润性

粉尘的湿润性是指粉尘与液体亲和的能力。液体对固体表面的湿润程度主要取决于液体分子对固体表面作用力的大小，而对于同一粉尘尘粒来说，液体分子对尘粒表面的作用力又与液体的力学性质即表面张力的大小有关。表面张力越小的液体，对尘粒越容易湿润，例如，酒精、煤油的表面张力小，对粉尘的浸润就比水好。另外，粉尘的湿润性还与粉尘的形状和大小有关，球形颗粒的粉尘湿润性要比不规则的尘粒差；粉尘越细，亲水能力越差。如石英的亲水性好，但粉碎成粉末后的亲水能力大大降低。

粉尘的湿润性可以用润湿速度、接触角、表面张力等参数来表征。对于润湿速度，通常取润湿时间为 20min，测出此时间的润湿高度 h_{20}(mm)，于是润湿速度 v_{20} 为

$$v_{20} = \frac{h_{20}}{20}$$

对于粉尘接触角和表面张力，可用粉尘接触角测定仪和表面张力测定仪测定。

湿润性决定采用液体除尘的效果，容易被水湿润的粉尘称为亲水性粉尘，不容易被水湿润的粉尘称为疏水性粉尘。对于亲水性粉尘，当尘粒被湿润后，尘粒间相互凝聚，尘粒逐渐增大、增重，其沉降速度加速，从气流中分离出来，可达到除尘目的。工业常用的喷雾洒水和湿式除尘器就是利用了粉尘的湿润性。对于疏水性粉尘，一般不宜采用湿式除尘，如要采用，则多采用水中添加湿润剂、增加水滴的动能等方法进行湿式除尘。

4. 自燃性和爆炸性

固体物料破碎以后，其表面积急剧增加。例如每边长 1cm 的立方体物料粉碎成每边长

$3\mu m$ 的微粒，总表面积由 $6cm^2$ 增大到 $6m^2$。随着粉尘比表面积增加，系统中粉尘的自由表面能也随之增加，从而提高了粉尘的化学活性，尤其提高了氧化产热的能力，在一定的条件下会燃烧。粉尘自燃是由于放热反应时散热速度超过系统的排热速度，氧化反应自动加速造成的。

在封闭或半封闭的空间内可燃性悬浮粉尘的燃烧会导致爆炸。爆炸是急剧的氧化燃烧现象，产生高温、高压、冲击波，同时产生大量的 CO 等有毒有害气体，对安全生产有极大危害。

5. 粒度及分散度特性

此特性是指粉尘的粒度及分散度大小与粉尘危害的关系特性。

粉尘的比表面积与粒度成反比，与分散度成正比，粒度越小，分散度越高，比表面积越大，危害性越大。原始物质破碎成细微的尘粒后：一是其比表面积增加，化学活性、溶解性和吸附能力明显增加，容易参与理化反应，致使参与爆炸活力高，人体吸入后，发病快，病变也严重，其危害也增大；二是粗的粉尘（大于 $5\mu m$）在通过鼻腔、喉头、气管上呼吸道时，被这些器官的纤毛和分泌黏液所阻留，经咳嗽、喷嚏等保护性反射作用而排出，只有 $5\mu m$ 以下粒径的细粉尘会深入和滞留在肺泡中；三是粉尘越细，在空气中停留时间越长，被吸入的机会也就越多。

6. 荷电性与导电性

粉尘的荷电性是指粉尘可带电荷的特性，电除尘就是利用此特性来除尘的。尘粒在其产生和运动过程中，因天然辐射、空气的电离、尘粒之间的碰撞、摩擦等作用，都可能使尘粒获得正电荷或负电荷。如非金属和酸性氧化物粉尘常带正电荷，金属和碱性氧化物粉尘常带负电荷。美国亚利桑那大学研究表明，粒径小于 $3\mu m$ 的呼吸性粉尘一般带负电荷，大颗粒粉尘带正电荷或呈中性。如在气体电离化的电场内，粒子会从气体离子获得电荷，大粒子是与气体离子碰撞而获得电荷，小粒子则由于扩散而获得电荷。尘粒荷电后，将改变它的某些物理性质，如凝聚性、附着性以及在气体中的稳定性。如带有相同电荷的尘粒，互相排斥，不易凝聚沉降，带有异电荷时，则相互吸引，加速沉降。因此，有效利用粉尘的这种荷电性，也是降低粉尘浓度，减少粉尘危害的方法之一。

粉尘的导电性通常以比电阻表示。粉尘的导电不仅包括靠粉尘颗粒本体内的电子或离子发生的所谓容积导电，也包括靠颗粒表面吸附的水分和化学膜发生的所谓表面导电。对于比电阻率高的粉尘，在较低温度下，主要是表面导电；在较高温度下，容积导电占主导地位。

7. 光学特性

光线射到粉尘粒子以后，有两个不同过程发生：粒子接收到的能量可被粒子以相同的波长再辐射，再辐射可发生在所有方向上，但不同方向上有不同的强度，这个过程称为散射；另外，辐射到粒子上的辐射能可变为其他形式的能，如热能、化学能或不同波长的辐射，这个过程称作吸收。粉尘的光学特性包括粉尘对光的反射、吸收和透光等。在测尘技术中，常常用到这一特性。当光线穿过含尘介质时，由于尘粒对光的散射、吸收和透光等，光强被减弱，其减弱程度与粉尘浓度、粒径、透明度、形状有关。

8. 磨损性

粉尘的磨损性是指粉尘在流动过程中对器壁或管壁的磨损性能。

粉尘的磨损性除了与其硬度有关外，还与粉尘的形状、大小、密度等因素有关。表面具有尖棱形状的粉尘（如烧结尘）比表面光滑的粉尘的磨损性大。微细粉尘比粗粉尘的磨损性小。一般认为小于 $5\sim10\mu m$ 的粉尘的磨损性是不严重的，然而随着粉尘颗粒增大，磨损性增强，但增加到某一最大值后便开始下降。

粉尘的磨损性与气流的速度的 $2\sim3$ 次方成正比。在高气流速度下，粉尘对管壁的磨损显得更为严重。气流中粉尘浓度增加，磨损性也增加。但当粉尘浓度达到某一程度时，由于粉尘粒子之间的碰撞而减轻了与管壁的碰撞摩擦。

为了减轻粉尘的磨损，需要适当地选取除尘管道中的气流速度和选择壁厚。但是对于易于磨损的部位，例如管道的弯头旋风除尘器的内壁最好是采用耐磨材料作为内衬，除了一般的耐磨涂料外，还可以采用铸石、铸铁等材料。

四、粉尘的扩散与传播原理

任何一个尘源所产生的粉尘，都要以空气为媒介，经过扩散和传播过程进入人体，危害健康。

1. 粉尘的扩散

粉尘从静止状态进入运动状态并且悬浮在周围空气中的过程称为"一次尘化"，或简称"尘化"，它只造成局部作业环境的空气污染。下面介绍几种尘化作用的情况。

（1）诱导空气的尘化作用

机动设备或块、粒状物体在空气中运动时，能带动其周围空气一起运动，这部分空气称为诱导空气。诱导空气分为单向和多向，它能使粉尘扬起，如汽车、火车及其他物体运动时涡流卷吸作用使粉尘扬起。用砂轮抛光金属件时，其切向甩出的金属屑及砂尘会产生诱导空气，使磨削下来的细粉尘随其扩散，这些含尘空气带有明显的方向性。用钢錾凿击石块时也会造成尘化，飞溅的石粒所产生的诱导空气具有多向性。

（2）剪切压缩造成的尘化作用

铸造车间的振动落砂机、筛分物料用的振动筛工作时，上下往复振动能使疏松物料间隙中的空气挤压出来。在这些气流向外高速运动时，气流和粉尘之间剪切作用又同时将粉尘带出。

（3）综合作用时的尘化作用

实际的尘化情况比较复杂。如皮带运输机输送的物料从高处下落到低处时，由于气流和粉尘间的剪切作用，被物料挤压出来的高速气流会带着粉尘向四周飞溅。此外，物料在下落过程中，由于剪切和诱导空气作用，高速气流也会使部分粉尘飞扬。

（4）上升热气流造成的尘化作用

当锅炉、电炉、加热炉以及金属浇铸等加热设备表面的空气被加热上升时，也会带出粉尘和有害气体。

2. 粉尘在空气中的传播

一次尘化作用，使粉尘从静止状态进入周围空气呈运动状态。通常把引起一次尘化作用的气流称为尘化气流，一次尘化作用造成局部作业地点的空气污染。悬浮于空气中的粉尘受气流作用在作业场所传播，形成范围广泛的空气污染。

与一般作业场所的气流速度（$0.2\sim0.35m/s$）相比，粉尘的沉降速度是很小的。这说明，粉尘本身在空气中几乎没有独立运动的能力，它受作业场所气流的支配并随之一起运动。

细小粉尘本身没有独立运动的能力，一次尘化的粉尘由静止状态进入周围空气，造成局部地点的空气污染。只有在作业场所二次气流（常称横向气流）的作用下，粉尘才能随其一起运动并传播到整个作业场所，造成大范围的空气污染。由此可见，只要控制尘源周围的气流流动，就可以控制粉尘在作业场所的扩散传播，从而改善作业场所的空气环境。这是用通风方法控制工业有害物污染的基本知识，是作业场所通风设计的基本原理之一。

五、粉尘危害

粉尘具有很大的危害性，表现在以下几个方面。

① 污染工作场所，危害人体健康，引起职业病。工人长期吸入粉尘后，轻者会导致呼吸道炎症、皮肤病，重者会导致尘肺病。有些粉尘还具有致癌性，如石棉、铬、砷、镍及放射性矿尘致癌已被确认。

② 某些粉尘（如谷物、煤、铝、织物纤维、硫化物等粉尘）在一定条件下可以爆炸，导致人身伤亡、财产损失。第一次有记载的粉尘爆炸发生在 1785 年意大利的一个面粉厂，至今已有 200 多年。据日本 1952～1979 年粉尘爆炸灾害的统计，共发生 209 起事故，死伤 546 人，一次灾害财产损失超过 1 亿日元的已不止一次。美国在 1970～1980 年间有记载的工业粉尘爆炸有 100 起左右，平均每年因此而引起的直接财产损失为 2000 万美元（不包括粮食粉尘爆炸的损失）。据美国劳工部统计，只 1977 年一年，就发生了 21 起粮食粉尘爆炸，死亡多人，财产损失超过 5 亿美元。据报道，1906 年 3 月 10 日，法国柯利尔煤矿发生的煤尘爆炸事故，死亡 1099 人，财产损失巨大。1987 年 3 月 15 日，国内某亚麻厂粉尘大爆炸，死伤 230 多人，直接经济损失上千万元。

③ 降低工作场所能见度可能增加工伤事故的发生。粉尘会使作业环境的能见度和光照度降低，当粉尘浓度很高时，作业场所能见度较低，影响作业环境中人员的视野，往往会导致误操作，造成人身的意外伤亡。

④ 影响生产。粉尘会降低产品的质量及机器设备的工作精度，例如粉尘加速机械磨损，缩短精密仪器使用寿命；在集成电路、化学试剂、医药、感光胶片、精密仪表等生产部门，粉尘的危害不仅使产品质量降低，甚至还会导致产品报废。

⑤ 对大气造成污染，影响人类的生存。粉尘不仅危害公众健康，而且会破坏树木或农作物的生长。

六、尘肺病

尘肺病是职业生产作业人员的职业病，也称肺尘埃沉着病，一旦患病很难彻底治愈，又因其发病缓慢，得病后容易引起结核，形成合并结核，使尘肺病恶化，加速患者的死亡。尘肺病不仅给患者造成巨大的病痛，更是大大缩短了患者的寿命。因此，在工业生产过程中应采取有效措施，更好地预防尘肺病的发生，减轻其危害。

1. 尘肺病的分类

根据人体吸入粉尘成分的不同，尘肺病可分为 5 类。

① 硅肺。硅肺是由于人体在工作场所吸入大量游离 SiO_2 含量较高的粉尘所引起的。游离 SiO_2 粉尘即硅尘，以石英为代表，约 95% 的矿山岩石中含有石英，因此，在矿山岩石采掘、开山筑路、开凿隧道、采石等作业中，均能接触含有石英的粉尘。此外，工厂（如石英粉厂、玻璃厂、耐火材料厂等）生产中的原料破碎、研磨、筛选等加工过程，机械制造业中的型砂准备和铸件清砂等生产过程，钢铁冶金业的矿石原料加工过程，陶瓷业中的原料准备、加工过程中均可接触硅尘。

② 硅酸盐尘肺。硅酸盐尘肺是人体吸入硅酸盐粉尘引起的尘肺。硅酸盐由 SiO_2、金属氧化物和结晶水组成，在自然界分布很广，地壳主要由各种硅酸盐岩石构成。它还可分为天

然和人造两类，有纤维性和非纤维性两种形态。纤维性硅酸盐主要有石棉、耐火材料、滑石等；非纤维性硅酸盐有黏土、水泥、高岭土、矾土、云母等。

多数硅酸盐粉尘均可引起尘肺。不同的硅酸盐可引起各种不同的硅酸盐尘肺。纤维性硅酸盐粉尘特别是石棉尘，不仅能引起石棉肺，还能诱发肺癌或间皮瘤。硅酸盐尘肺有许多种，包括石棉肺、滑石肺、水泥尘肺、云母尘肺、高岭土尘肺、硅藻土尘肺、蜡石尘肺等。

③ 炭系尘肺。炭尘是自然界中以单质碳或元素碳形式存在的一组粉尘的总称，极少或基本不含 SiO_2 和硅酸盐。常见的炭尘有煤、炭黑、石墨和活性炭等，能引起煤尘肺、炭黑尘肺、石墨尘肺和活性炭尘肺等。

④ 混合尘肺。在生产活动中，接触单一性质粉尘的机会是很少的，大多是两种或两种以上的粉尘混合在一起，如 SiO_2 粉尘和煤尘、铁尘、锅尘等粉尘混合，即形成混合性粉尘。混合性粉尘能引起混合尘肺，常见的混合尘肺有：电焊工尘肺、铸工尘肺、石膏尘肺、磨工尘肺等。

⑤ 金属尘肺。金属矿山在冶炼加工过程中产生的金属及其氧化物粉尘，如铝、铁、钡、锡、锑等及其氧化物，工人长期吸入会引起金属尘肺。常见的金属尘肺有铝尘肺、白刚玉尘肺、碳化硅尘肺、金刚砂尘肺、铁尘肺、钡尘肺、锡尘肺和锑尘肺等。其中铝尘肺已被列入我国职业病名单。

2. 尘肺病的发病机理

尘肺病的发病机理至今尚未完全研究清楚。多数学者认为，进入人体呼吸系统的粉尘大体上经历以下四个过程。

① 在上呼吸道的咽喉、气管内，含尘气流由于沿程的惯性碰撞作用，使大于 $10\mu m$ 的尘粒首先沉降在其内，经过鼻腔和气管黏膜分泌物黏结后形成痰排出体外。

② 在上呼吸道的较大支气管内，通过惯性碰撞及少量的重力沉陷作用，使 $5\sim10\mu m$ 的尘粒沉积下来，经气管、支气管上皮的纤毛运动，咳嗽随痰排出体外。因此，真正进入下呼吸道的粉尘，其粒度均小于 $5\mu m$，所以，目前比较一致的看法是，空气中 $5\mu m$ 以下的粉尘是引起尘肺病的有害部分。

③ 在下呼吸道的细小支气管内，由于支气管分支增多，气流速度减慢，使部分 $2\sim5\mu m$ 的尘粒依靠重力沉降作用沉积下来，通过纤毛运动逐级排出体外。

④ 其余的细小粉尘进入呼吸性支气管和肺内后，一部分可随呼气排出体外；另一部分沉积在肺泡壁上或进入肺内。残留在肺内的粉尘仅占总吸入量的 $1\%\sim2\%$。残留在肺内的细小粉尘，表面活性很强，并被肺泡中的吞噬细胞吞食，使吞噬细胞崩解死亡，使肺泡组织形成纤维病变出现网眼，逐步失去弹性而硬化（即纤维化），无法担负呼吸作用，使肺功能受到损害，降低了人体抵抗能力，并容易诱发其他疾病，如肺结核、肺心病等。在发病过程中，由于游离的 SiO_2 表面活性很强，加速了肺泡组织的死亡，因此硅肺病是各种尘肺病中发病期最短、病情发展最快也最为严重的一种。

3. 尘肺病的发病症状

尘肺病的发展有一定的过程，轻者影响劳动生产力，严重时丧失劳动能力，甚至死亡。这一发展过程是不可逆转的，因此要及早发现，及时治疗，以防病情加重。从自然症状上，尘肺病分为三期。

第一期：重体力劳动时，呼吸困难、胸痛、轻度咳。

第二期：中等体力劳动或正常工作时，感觉呼吸困难，胸闷、干咳或带痰咳嗽。

第三期：做一般工作甚至休息时，也感到呼吸困难、胸痛、连续带痰咳嗽，甚至咯血和行动困难。

4. 影响尘肺病的发病因素

① 粉尘的成分。能够引起肺部纤维病变的粉尘，多半含有游离 SiO_2，其含量越高，发病工龄越短，病变的发展程度越快。对于炭尘，引起炭系尘肺的主要因素是它的有机质含量，有机质含量越高，发病越快。

② 粉尘粒度及分散度。尘肺病变主要是发生在肺脏的最基本单元即肺泡内。粉尘粒度不同，对人体的危害性也不同。$5\mu m$ 以上的粉尘对尘肺病的发生影响不大；$5\mu m$ 以下的粉尘可以进入下呼吸道并沉积在肺泡中，最危险的粒度是 $2\mu m$ 左右的粉尘。由此可见，粉尘的粒度越小，分散度越高，对人体的危害就越大。

③ 接触粉尘的时间。在含粉尘的环境中连续工作的时间越长，吸尘越多，发病率越高。据统计，工龄在 10 年以上的工人比同工种 10 年以下的工人发病率高 2 倍。

④ 粉尘浓度。尘肺病的发生和进入肺部的粉尘量有直接的关系，也就是说，尘肺的发病工龄和作业场所的粉尘浓度成正比。粉尘浓度越高，被吸入肺部的量越多，患尘肺病越快。事实表明，在粉尘浓度为 $1000mg/m^3$ 的环境中工作 $1\sim3$ 年即能致病，而在国家规定的粉尘浓度以下的环境中工作几十年，肺部积尘总量也达不到致病的程度。国外的统计资料表明，在高粉尘浓度的场所工作时，平均 $5\sim10$ 年就有可能导致硅肺病，如果粉尘中的游离 SiO_2 含量达 $80\%\sim90\%$，甚至 $1.5\sim2$ 年即可发病。

⑤ 个体方面的因素。人的机体条件，如年龄、营养、健康状况、生活习性、卫生条件等，对尘肺的发生、发展有一定的影响。

七、粉尘爆炸

根据可燃粉尘的爆炸特性，又可将粉尘分为两大类，即活性粉尘和非活性粉尘。其基本区别是：非活性粉尘是典型的燃料，本身不含氧，故只有分散在含氧的气体中（如空气）时才有可能发生爆炸；而活性粉尘本身含氧，故含氧气体并不是发生爆炸的必要条件，它在惰性气体中也可爆炸，而且在活性粉尘的浓度与爆炸特性的关系中表现出不存在浓度上限的情形。显而易见，火药、炸药和烟火剂粉尘属于活性粉尘，而其他粉尘，如金属、煤、粮食、塑料及纤维粉尘等属于非活性粉尘。这里主要介绍非活性粉尘爆炸的相关内容。

1. 粉尘爆炸的条件及爆炸过程

（1）粉尘爆炸的条件

粉尘爆炸必须同时具备以下四个条件。

① 粉尘本身具有爆炸性。这是粉尘爆炸的必要条件，粉尘爆炸的危险性必须经过试验确定。

② 粉尘悬浮在一定氧含量的空气中，并达到一定浓度。爆炸只在一定浓度范围内才能发生，这一浓度称为爆炸的浓度极限，它又有爆炸上限和下限之分，前者是指粉尘能发生爆炸的上限浓度，后者则是指能发生爆炸的下限最低浓度，粉尘浓度处于上下限浓度之间则有爆炸危险，而在此之外的粉尘浓度不可能发生爆炸，属于安全范围。

③ 有足以引起粉尘爆炸的起始能量，即点火能。如煤尘爆炸的引燃温度在 $610\sim1050℃$ 之间，一般为 $700\sim800℃$，最小点火能为 $4.5\sim40mJ$，这样的温度条件，几乎一切火源均可达到，如爆破火焰、电气火花、机械摩擦火花、气体燃烧或爆炸、火灾等。

④ 悬浮粉尘处于相对封闭的空间内。

以上四个条件缺任何一个都不可能造成粉尘的爆炸。

（2）爆炸过程

粉尘爆炸是粉尘粒子表面和氧作用的结果，此时有可燃气体产生。不过粉尘爆炸是个非常复杂的过程，受很多物理因素的影响。一般认为，粉尘爆炸经过以下发展过程：

① 粉尘粒子表面通过热传导和热辐射，从点火源获得点火能量，使表面温度急剧增高；

② 粒子表面的分子由于热分解或干馏作用，在粒子周围生成气体；

③ 这些气体与空气混合，使生成爆炸性混合气体，遇火产生火焰；

④ 另外，粉尘粒子本身从表面一直到内部相继发生熔融和汽化，迸发出微小的火花成为周围未燃烧粉尘的点火源，使粉尘着火，从而扩大了爆炸范围；

⑤ 由于燃烧产生的热量，更进一步促进粉尘的分解，不断地放出可燃气体和空气混合而使火焰继续传播。

这是一种连锁反应，当外界热量足够时，火焰传播进度越来越快，最后引起爆炸；若热量不足，火焰则会熄灭。这个过程与可燃气体爆炸相似，但有两点区别：一是粉尘爆炸所需的点火能要大得多；二是在可燃气体爆炸中，促使温度上升的传热方式主要是热传导，而在粉尘爆炸中，热辐射起的作用更大。

2. 粉尘爆炸的特性

与气体爆炸相比，粉尘爆炸有如下特性。

① 粉尘爆炸的感应期长，可达数十秒，为气体爆炸的数十倍，这是因为粉尘燃烧是一种固体燃烧，其过程比气体燃烧复杂。

② 点燃粉尘所需的初始能量大，为气体爆炸的近百倍。

③ 破坏力比气体爆炸强。粉尘密度比气体大，爆炸时能量密度也大，爆炸产生的温度、压力很高，冲击波速度快，例如，煤尘的火焰温度为 $1600 \sim 1900℃$，火焰速度可达 1120 m/s，冲击波速度可达 2340m/s；初次爆炸的平均理论爆炸压力为 736kPa。

④ 粉尘爆炸时发生二次爆炸或多次连续爆炸的可能性较大，且爆炸威力跳跃式增大。由于初次粉尘爆炸的冲击波速度快，可扬起沉积的粉尘，在新空间形成爆炸浓度而产生二次爆炸或多次连续爆炸，且爆炸压力随着离开爆源距离的延长而跳跃式增大。爆炸过程中如遇障碍物，压力将进一步增加，尤其是二次爆炸或多次连续爆炸，后一次爆炸的理论压力将是前一次的 $5 \sim 7$ 倍。

⑤ 粉尘易发生不完全燃烧，爆炸产物气体中 CO 含量比气体爆炸大。如煤尘爆炸时产生的 CO，在灾区气体中的浓度可达 $2\% \sim 3\%$，甚至高达 8% 左右。爆炸事故中的受害者大多数（$70\% \sim 80\%$）是由于 CO 中毒造成的。

⑥ 多半会产生"黏渣"，并残留在爆炸现场附近。粉尘爆炸时因粒子一面燃烧一面飞散，一部分粉尘会被焦化，黏结在一起，残留在爆炸现场附近，如气煤、肥煤、焦煤等黏结性煤的煤尘爆炸，会形成煤尘爆炸所特有的产物——焦炭皮渣或黏块，统称"黏焦"。

3. 影响粉尘爆炸的主要因素

粉尘爆炸比可燃气爆炸要复杂，影响因素也较多，可以分为粉尘自身性质和外部条件两大方面的影响。下面择其主要分述之。

（1）粉尘的化学组分及性质

这是引起粉尘爆炸的内因。粉尘的化学结构及反应特性对能否引起粉尘爆炸具有决定性作用，此外，燃烧热大的粉尘，爆炸性强；粉尘中含有的挥发成分（可燃气体成分）越多，越易爆炸。

（2）粒度及分散度

粒度对爆炸性的影响极大。粉尘粒度越细越易飞扬，且粒度细的粉尘比表面积大，表面活性大，爆炸性强。粒径 1mm 以下的粉尘粒子都可能参与爆炸，而且爆炸的危险性随粒度的减小而迅速增加，75μm 以下的粉尘，特别是 20～75μm 的粉尘爆炸性最强。

（3）氧含量

粉尘和空气混合物中，气相中氧含量的多少对其爆炸特性影响很大。粉尘爆炸体系是一个缺氧的体系，所以气相中氧含量增加，粉尘的爆炸下限浓度降低，上限浓度增高，爆炸范围扩大。在纯氧中的爆炸下限浓度只为在空气中爆炸下限的 1/4～1/3，而能发生爆炸的最大颗粒尺寸则加大到空气中相应值的 5 倍。

（4）灰分及水分

灰分是指不燃性物质，能吸收能量，阻挡热辐射，破坏链反应，降低粉尘的爆炸性。水的吸热能力大，能促使细微尘粒聚结为较大的颗粒，减少尘粒总表面积，同时还能降低落尘的飞扬能力。粉尘中含水量越大，粉尘爆炸的危险性越小。

（5）可燃气体含量

可燃气体存在使粉尘爆炸浓度下限下降，最小点燃能量也降低，增加了粉尘爆炸的危险。

（6）点火能量

随着火源的能量强弱不同，粉尘爆炸浓度下限将发生变化，火源能量大时，爆炸下限较低。

（7）粉尘粒子形状和表面状态

在自然界或工业生产过程中产生的粉尘，不仅形状不规则，而且其粒度分布范围也广。当这些尘粒都具有同一粒径时称为均一性粉尘或单分散性粉尘，而粒径各不相同时则称为非均质性粉尘或多分散性粉尘。在实际中遇到的粉尘大多数为多分散性粉尘，往往采用粉尘的平均直径表示。但即使平均粒径相同的粉尘，其形状和表面状态不同时，爆炸危险性也不一样。扁平状粒子爆炸危险性最大，针状粒子次之，球形粒子最小。粒子表面新鲜，暴露时间短，则爆炸危险性高。

第四节　作业场所卫生与环境排放标准

一、职业安全卫生标准和职业接触限值

为了贯彻执行《中华人民共和国职业病防治法》要求，体现"预防为主"的安全卫生工作方针，保证工业企业建设项目的设计符合卫生要求，控制生产过程产生的各类职业危害因素，改善劳动条件以保障职工的身体健康，促进生产发展，我国制定了《工业企业设计卫生标准》（GBZ 1—2010）和《工作场所有害因素职业接触限值》（GBZ 2—2007）两个标准，这两个标准是工业企业设计及预防性和经常性监督检查、监测的依据。现将应用有害物和气象方面职业安全卫生标准时的相关内容介绍如下。

1. 有害物浓度卫生标准和职业接触限值

《工作场所有害因素职业接触限值》（GBZ 2—2007）中，职业接触限值是职业性有害因素的接触限制量值，指劳动者在职业活动过程中长期反复接触对绝大多数接触者的健康不引起有害作用的容许接触水平。化学因素的职业接触限值可分为时间加权平均容许浓度、最高

容许浓度和短时间接触容许浓度三类。时间加权平均容许浓度指以时间为权数规定的 8h 工作日的平均容许接触水平。最高容许浓度指工作地点、在一个工作日内、任何时间均不应超过的有毒化学物质的浓度。短时间接触容许浓度（pemissible concentration-short term exposure limit，PC-STEL）指一个工作日内，任何一次接触不得超过的 15min 时间加权平均的容许接触水平。工作场所指劳动者进行职业活动的全部地点。工作地点指劳动者从事职业活动或进行生产管理过程而经常或定时停留的地点。

"作业场所空气中粉尘容许浓度"和"作业场所空气中有毒物质最高容许浓度"可见附录3、附录5。

在制定这些标准时，职业接触限值都留有较大的安全系数。如空气中 CO 浓度达 0.04% 时 1h 内才出现轻微的中毒症状，而该标准的 CO 短时间接触容许浓度为 0.0024%（30mg/m³）。

应当指出，有害气体和蒸气的浓度分质量浓度和体积浓度两种。质量浓度为每 1m³ 空气中含有有害气体和蒸气的质量，通常用 mg/m³ 表示。体积浓度为每 1m³ 空气中含有有害气体或蒸气的体积，单位为 mL/m³。附录的浓度采用质量浓度。

标准状态下的质量浓度和体积浓度按下式换算

$$y = \frac{mc}{22.4} \tag{1-19}$$

式中　y——有害气体的质量浓度，mg/m³；

　　　m——有害气体的摩尔质量，g/mol；

　　　c——有害气体的体积浓度，mL/m³。

【例 1-1】　标准状态下二氧化硫的体积浓度为 15mL/m³，试问其质量浓度为多少？

解　查知二氧化硫的摩尔质量 $m = 64g/mol$，所以质量浓度

$$y = \frac{mc}{22.4} = \frac{64 \times 15}{22.4} = 42.9 (mg/m^3)$$

2. 气象条件卫生标准和职业接触限值

《工作场所有害因素职业接触限值》标准还规定了地面和地下工作场所气象条件卫生标准。

地面作业场所综合温度（℃）规定的限值可见表 1-4，地下采掘作业地点气象条件的限值可见表 1-5。

表 1-4　地面作业场所综合温度上限值

体力劳动强度指数	夏季通风室外计算温度(℃)分区*	
	<30℃地区	≥30℃地区
≤15	31	32
~20	30	31
~25	29	30
≥25	28	29

注：* 所示温度为干球温度。

表 1-5　地下采掘作业地点气象条件的限值

干球温度/℃	相对湿度/℃	风速/(m/s)	备注
≤28	不规定	0.5~1.0	上限
≤26	不规定	0.3~0.5	合适
≥18	不规定	不大于 0.3	增加工作服保暖量

二、环境排放标准

环境排放标准是用以限制污染物对外排放的数量，其表示形式大致可以分为三种

形式。

① 按排出气体中的有害物浓度（mg/m³）。目前大多数国家采用这种标准。有害物浓度可直接通过测定求得而不需经过换算。然而由于可能用加大风量进行稀释，会出现虚假的结果。例如当排出气体的有害物浓度为 300mg/m³ 时，若将抽风量加大一倍，有害物浓度下降为 150mg/m³，但实际上排放到室外的有害物并不减少。

② 按单位时间的排放量（kg/h）。例如前捷克斯洛伐克：对水泥及石灰窑，当产量小于 25t/h 时，排放标准为 120kg/h；25～50t/h 时为 160kg/h；50～100t/h 时为 250kg/h；100～150t/h 时为 270kg/h。采用这种标准需要根据设备的能力进行划分（否则对大设备不利），因而显得烦琐，采用的国家不多。

③ 按单位产品的排放量［kg/t 产品或 kg/kcal 热（kcal，1kcal＝4184J）或 kg/J 等，根据产品的性质确定］。这种形式的规定是严格的，考虑了设备的能力、产量的大小，因而也是比较合理的，采用的国家比较多。其缺点是不便于直接测试，必须将粉尘浓度测试结果经过折算才能得出单位产品的排放量。

2012 年，我国在原有的基础上，修改颁布了《环境空气质量标准》（GB 3095—2012）。除此之外，还有《大气污染物综合排放标准》（GB 16297—1996）及其他不同行业的相应标准，比如《水泥工业大气污染物排放标准》（GB 4915—2013）、《工业炉窑大气污染物排放标准》（GB 9078—1996）、《炼焦化学工业污染物排放标准》（GB 16171—2012）、《火电厂大气污染物排放标准》（GB 13223—2011）。这些标准是为了保护环境，防治工业废气对大气等的污染，保证人民身体健康，促进工农业生产的发展而制定的，并逐步更新。排放标准是在卫生标准的基础上制定的，《大气污染物综合排放标准》（GB 16297—1996）规定了 33 种大气污染物的排放限值，其指标体系包括最高允许排放浓度、最高允许排放速率和无组织排放监控浓度限值等。不同行业的相应标准的要求比《大气污染物综合排放标准》（GB 16297—1996）中的规定更为严格。在实际工作中，对于已制定行业标准的生产部门，应以行业标准为准。

第五节　工业通风作用及其方法

一、工业通风及其作用

所谓通风，泛指空气流动，通风系统是指促使空气流动的动力、通风风路及其相关设施等的组合体。工业通风是指：既将外界的新鲜空气送入有限空间内，又将有限空间内的废气排至外界。这里的"有限空间"指的范围较广，既可以指建筑物，又可以指隧道、地下巷道、坑道、硐室，还可指容器等。

工业通风的作用主要有三个方面：

① 稀释或排除生产过程产生的毒害、爆炸气体及粉尘，促进工业安全生产；

② 给作业场所送入足够数量和质量的空气，供作业人员呼吸；

③ 调节作业场所的温度、湿度等气象条件，为作业人员提供舒适的作业环境。

二、工业通风方法

工业通风方法较多，可按下面三种进行分类。

1. 按通风动力分类

按通风动力可分为自然通风、机械通风、自然-机械联合通风。

（1）自然通风

自然通风是指因自然因素作用而形成的通风现象，亦即由于有限空间内外空气的密度差、大气运动、大气压力差等自然因素引起有限空间内外空气能量差后，促使有限空间的气体流动并与大气交换的现象。如锅炉或电厂中的烟囱，它依靠烟囱内外空气的密度差引起有限空间内外空气能量差后，促使烟囱的气体流动并与大气交换；再如建筑内开启多个窗口使得空气对流。

自然通风不需要另外设置动力设备，是一种经济、有效的通风方法，但它受外界空气气象条件影响，通风效果不稳定，某些情况下自然通风对安全不利，如建筑物发生火灾时自然通风助长火势扩大灾情。

（2）机械通风

机械通风是指依靠通风机械设备作用使空气流动，造成有限空间通风换气的方法，包括叶轮旋转式通风机通风和流体射流通风。叶轮旋转式通风机通风通过电机带动叶轮旋转产生风量和风压，是一种使用广泛的方法，流体射流通风通过压力水、压缩空气、压气水等流体在射流管射流产生风量和风压，是近来对于爆炸场所能显示其优越性的新型通风方法。机械通风的风量和风压可根据需要确定，能控制有限空间内的气流方向和速度，对进风和排风进行必要的处理，使有限空间空气达到所要求的参数。其缺点是：机械通风系统需要消耗电能以维持通风，通风机和风道等设备要占用一定建筑面积和空间，工程造价相对较高，维护费用相对高，安装和管理也相对复杂。

（3）自然-机械联合通风

自然-机械联合通风是指自然因素和通风机械设备联合作用而形成的通风现象，即在自然因素作用而形成的空气流动的区域再通过通风机械设备使得空气按人为方向流动的方法。应当注意，自然-机械联合通风方法中，有时自然因素和通风机械设备共同促使空气按人为方向流动，有时则自然因素阻止空气按人为方向流动，在通风设计时应当注意。

2. 按通风的作用范围分类

按通风的作用范围，可以分为局部通风和全面通风。

局部通风和全面通风是针对指定的空间而言的。在指定的空间内，对整个空间均进行通风换气的方法称为全面通风，局部地点或区域进行通风换气的方法称为局部通风。如对于一幢有许多房间的高层建筑来说，对整幢建筑所有房间或绝大多数房间进行通风换气的方法，称为全面通风；对其中部分房间进行通风换气的方法称为局部通风。再如一座有不同生产工序的大型厂房，对整个厂房或绝大多数空间均进行通风换气的方法，称为全面通风；对其中部分空间进行通风换气的方法称为局部通风。再如一个矿井，对整个矿井或绝大多数空间均进行通风换气的方法，称为全面通风；对其中部分空间进行通风换气的方法称为局部通风。

局部通风一般用于全面通风未能达到安全、卫生要求的局部地点，或没有必要全面通风的区域。如对于操作人员少、面积大的车间，用全面通风改善整个车间的空气环境，既困难又不经济，而且也没有必要，这时可用局部通风向局部工作地点送风，在局部地点造成良好的空气环境。炼钢、铸造等高温车间经常采用这种通风方法。

3. 按通风机械设备工作方法分类

按通风机械设备工作方法，可分为压入式通风、抽出式通风、混合式通风。

（1）压入式通风

将通风机械设备提供的大于外界空气压力的空气送入到待通风换气区域的通风方法称为

压入式通风，如图 1-1 所示。其特征是：待通风换气区域的空气压力大于外界空气压力，通风设备的出口与待通风换气的区域相连，通风设备的入口与外界空气相连。在地面通风中，压入式通风也称为送风。

（2）抽出式通风

通风机械设备产生负压或真空后，待通风换气区域的污浊空气由通风机械设备吸出并送至外界，这种通风方法称为抽出式通风，如图 1-2 所示。其特征是：待通风换气区域的空气压力低于外界空气压力，通风设备的入口与待通风换气的区域相连，通风设备的出口与外界空气相连，待通风换气区域的新鲜空气通过通风机械设备产生负压或真空来补充。在地面通风中，抽出式通风也称为排风，或称为吸风。

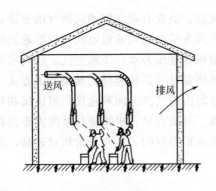 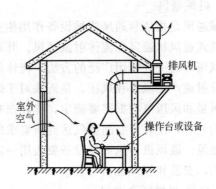

图 1-1　压入式通风示意图　　　　　图 1-2　抽出式通风示意图

（3）混合式通风

混合式通风是压入式和抽出式两种通风方法的联合运用，兼有压入式和抽出式特点，其中，压入式将通风机械设备提供的大于外界空气压力的新鲜空气送入到待通风换气区域，抽出式由通风机械设备将待通风换气区域的污浊空气吸出并送入外界。图 1-1 和图 1-2 联合起来就是混合式通风。

在实际工作中，根据现场条件和安全、卫生及环境的要求，上述通风方法往往联合使用。如全面通风和局部通风联合使用，自然通风和机械通风联合使用。

思考题与习题

1. 简述干洁空气中氧气、氮气、二氧化碳的所占比例及其基本性质。
2. 试述 SO_2、NO_x、C_6H_6、CO 的理化性质及其对人体的危害。
3. 表示空气湿度的方法有哪几种？
4. 试推导空气密度的计算公式。
5. 简述空气物理参数对人体的生理有哪些影响。
6. 粉尘的概念及来源是什么？按粉尘的颗粒大小，粉尘可分为哪几类？
7. 粉尘密度真密度和假密度有何区别？
8. 粉尘有哪些基本性质？有哪些危害？
9. 简述粉尘浓度和分散度的表示方法。何种情况粉尘分散度低？
10. 试述粉尘进入人体的过程，并分析影响尘肺病的影响因素。
11. 粉尘爆炸应具备哪些条件？影响粉尘爆炸的主要因素有哪些？

12. 已知某气样换算成标准状态下二氧化碳的体积分数为 0.38%，试问其质量浓度为多少？

13. 工业通风有哪些作用？

14. 简述空气温度对人体的生理影响。

15. 按通风动力、通风机械设备工作方法，可分为哪几类通风方法？

16. 根据以往的分析知道，由破碎过程产生的粉尘的粒径分布符合对数正态分布，为此在对该粉尘进行粒径分布测定时只取了四组数据（见下表），试确定几何平均直径。

粉尘粒径 $d_P/\mu m$	0~10	10~20	20~40	>40
质量频率 $g/\%$	36.9	19.1	18.0	26.0

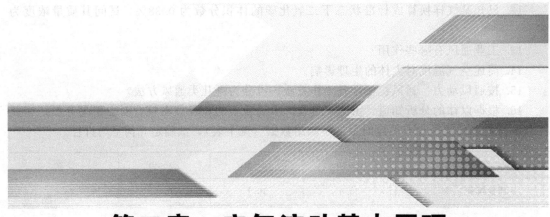

第二章 空气流动基本原理

空气流动的基本原理主要研究空气流动过程中宏观力学参数的变化规律以及能量的转换关系。本章将介绍风流流态与风道断面的风速、空气流动压力、空气流动基本方程、通风阻力、通风网络中风流流动基本定律、风道通风压力分布、自然通风原理、流体射流通风原理和特性、置换通风原理和特征等内容。

第一节 风流流态与风道断面的风速

一、风道风流流态

1883 年英国物理学家雷诺（O. Reynolds）通过实验发现，同一流体在同一管道中流动时，不同的流速会形成不同的流动状态。当流速较低时，流体质点互不混杂，沿着与管轴平行的方向做层状运动，称为层流（或滞流）。当流速较大时，流体质点的运动速度在大小和方向上都随时发生变化，成为互相混杂的紊乱流动，称为紊流（或湍流）。因此，气体在管道内低速流动时，气体各层之间相互滑动而不混合，这种流动为层流。如果流速继续增加，当其达到某一速度时，气体质点在径向也得到附加速度，流动发生混合，正常的层流被破坏，流动状态发展为紊流。

管道内流动状态的变化，可用无因次量雷诺数 Re 来表征

$$Re = \frac{vD\rho}{\mu} \tag{2-1}$$

式中　v——气流速度，m/s；

　　　D——管道直径，m；

　　　ρ——气体密度，kg/m³；

　　　μ——气体动力黏性系数，Pa·s。

实验表明，流体在直圆管内流动时，当 $Re < 2320$（下临界雷诺数）时，流动状态为层流；当 $2300 \leqslant Re \leqslant 4000$ 时，流动处于层流到紊流的临界区；当 $4300 < Re \leqslant 26.98\left(\frac{D}{K}\right)^{8/7}$

时，流动处于紊流光滑区；当 $26.98\left(\dfrac{D}{K}\right)^{8/7}<Re\leqslant\dfrac{191.2}{\sqrt{\lambda}}\left(\dfrac{D}{K}\right)$ 时，流动处于紊流光滑区到变

阻力平方区（或称紊流粗糙区）之间的过渡区；当 $Re>\dfrac{191.2}{\sqrt{\lambda}}\left(\dfrac{D}{K}\right)$ 时，流动处于阻力平

方区。

在实际工程计算中，为简便起见，通常以 $Re=2300$ 作为管道流动流态的判定准数。

二、风道断面的风速分布

在工业通风中，空气流速简称为风速。由于空气黏性和风道壁面摩擦影响，风道断面上风速分布是不均匀的。

1. 层流风速

对于半径为 R 的层流态圆形管风流，由流体力学知识可知，对于半径为 r 处的切应力为

$$\tau=\frac{r}{2}\rho gJ \tag{2-2}$$

式中 J——常数。

另由牛顿内摩擦定律，即 $\tau=-\mu\dfrac{\mathrm{d}v}{\mathrm{d}t}$，不难解出在半径为 r 处的风速为

$$v=\frac{\rho gJ}{4\mu}(R^2-r^2) \tag{2-3}$$

根据式(2-3)可作出如图 2-1(a) 所示的层流风道断面风速分布。可以看出，对于层流流态风流，断面上的流速分布为抛物线分布。

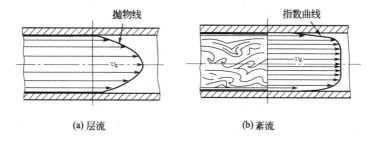

(a) 层流   (b) 紊流

图 2-1 风流流态与风道断面风速分布示意图

若在半径为 r 处取环状微元断面积 $2\pi r\,\mathrm{d}r$，则风流通过圆形管道整个断面的流量 Q 为

$$Q=\int_0^R\frac{\rho gJ}{4\mu}(R^2-r^2)\,2\pi r\,\mathrm{d}r=\frac{\pi\rho gJ}{8\mu}R^4 \tag{2-4}$$

平均风速为

$$\bar{v}=Q/(\pi R^2)=\frac{\rho gJ}{8\mu}R^2 \tag{2-5}$$

分析式(2-4)和式(2-5)，不难看出，断面最大风速 $v_{\max}$ 处于半径为零处，即风道中心最大速度 $v_{\max}$ 为平均流速 $\bar{v}$ 的 2 倍。

2. 紊流风速

紊流风道中风流质点的运动状态是极其复杂的，流体质点互相混杂、碰撞，速度快的质点流向速度慢的质点处时，运动较快的质点就会推动运动慢的质点层，使慢层的流动速度加

29

快，而运动慢的质点会阻碍运动较快的质点层，使快层质点的流动速度减慢，动量交换的结果是过流断面上各点的速度趋向均匀，速度梯度变小。

如图 2-1（b）所示，在紊流状态下，断面上的流速分布发生改变，管道内流速的分布取决于 Re 的大小。在贴近壁面处仍存在层流运动薄层，即层流边界层。其厚度 δ 随 Re 增加而变薄，它的存在对流动阻力、传热和传质过程有较大影响。在层流边界层以外，即紊流核心区，从风道壁向轴心方向，风速逐渐增大，距管中心 r 处的流速 v 与管中心（$r=0$）最大流速 $v_{\max}$ 的比值服从指数定律

$$\frac{v}{v_{\max}} = \left(1 - \frac{r}{R}\right)^m \qquad (2\text{-}6)$$

式中　m——取决于 Re 的指数：当 $Re=50000$ 时，$m=1/7$；$Re=200000$ 时，$m=1/8$；$Re=2000000$ 时，$m=1/10$。

设断面上任一点风速为 v_i，则风道断面的平均风速 $\bar{v}$ 为

$$\bar{v} = \frac{1}{S} \int_s v_i \, ds \qquad (2\text{-}7)$$

式中　S——断面积；

$\int_s v_i \, ds$——通过断面 S 上的风量 Q。

断面上平均风速 $\bar{v}$ 与最大风速 $v_{\max}$ 的比值称为风速分布系数（速度场系数），用 K_v 表示

$$K_v = \frac{\bar{v}}{v_{\max}} \qquad (2\text{-}8)$$

其值与风道粗糙程度有关。风道壁面愈光滑，K_v 值愈大，即断面上风速分布愈均匀。

应当指出，对于条件比较复杂的风道，由于受断面形状和壁面粗糙程度的影响，以及局部阻力物的存在，最大风速不一定在风道的轴线上，风速分布也不一定具有对称性。

第二节　空气流动压力

尽管风流压力和能量是两个不同的概念，但它们密切联系。风流之所以能在系统中流动，其根本的原因是系统中存在着促使空气流动的能量差。当空气的能量对外做功，有力的表现时，就把它称为压力，空气压力是可以感测的。为了解决实际工业通风问题，方便应用能量方程，通常将在风道流动的空气压力分成静压、动压、位压三个部分，且将静压与动压之和称为全压。下面主要介绍在风道流动的空气静压、位压、动压、全压及其相应关系。

一、静压

1. 静压的概念

由分子运动理论可知，无论空气是处于静止还是流动状态，空气的分子无时无刻不在作无秩序的热运动。这种由分子热运动产生的分子动能的一部分转化的能够对外做功的机械能叫静压能，用 E_p 表示（J/m³）。当空气分子撞击到器壁上时就有了力的效应，这种单位面积上力的效应称为静压力，简称静压，用 p 表示（N/m²，即 Pa）。

在工业通风中，静压的概念与物理学中的压强相同，即单位面积上受到的垂直作用力。

2. 静压的特点

① 无论静止的空气还是流动的空气都具有静压；

② 风流中任一点的静压各向同值，且垂直作用面；

③ 风流静压的大小（可以用仪表测量）反映了单位体积风流所具有的能够对外做功的静压能的多少。如果风流的压力为101332Pa，则指每 $1m^3$ 风流具有 101332J 的静压能。

3. 静压的表示方法

根据压力的测算基准不同，静压有绝对静压和相对静压之分。

① 绝对静压：以真空为测算零点（比较基准）而测得的压力称为绝对静压，用 p 表示。

② 相对静压：以当地当时同标高的大气压力为测算基准（零点）测得的压力称为相对压力，即通常所说的表压力，用 h 表示。

风流的绝对静压（p）、相对静压（h）和与其对应的大气压（p_0）三者之间的关系为

$$h = p - p_0 \tag{2-9}$$

某点的绝对静压只能为正，它可能大于、等于或小于该点同标高的大气压 p_0，因此相对静压则可正可负。相对静压为正，称为正压，相对静压为负，称为负压。图 2-2 比较直观地反映了绝对静压、相对静压和大气压的关系。设有 A、B 两点同标高，A 点绝对静压 p_A 大于同标高的大气压 p_0，h_A 为正值；B 点的绝对静压 p_B 小于同标高的大气压 p_0，h_B 为负值。

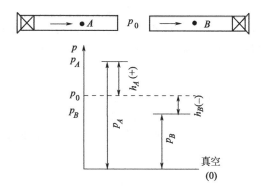

图 2-2　绝对静压、相对静压和大气压之间的关系

二、动压

1. 动压的概念

当空气流动时，除了位压和静压外，还有空气定向运动的动能，用 E_v 表示，J/m^3；其单位体积风流的动能所转化显现的压力叫动压或称速压，用符号 h_v 表示，单位是 Pa。

2. 动压的计算

设某点 i 的空气密度为 $\rho_i(kg/m^3)$，其定向运动的流速亦即风速为 $v_i(m/s)$，则单位体积空气所具有的动能为

$$E_{vi} = \frac{1}{2}\rho_i v_i^2$$

E_{vi} 对外所呈现的动压

$$h_{vi} = \frac{1}{2}\rho_i v_i^2 \tag{2-10}$$

由此可见，动压是单位体积空气在作宏观定向运动时所具有的能够对外做功的动能的多少。

3. 动压的特点

① 只有作定向流动的空气才具有动压，因此动压具有方向性。

② 动压总是大于零。垂直流动方向的作用面所承受的动压最大（即流动方向上的动压真值），当作用面与流动方向有夹角时，其感受到的动压值将小于动压真值，当作用面平行流动方向时，其感受的动压为零。因此在测量动压时，应使感压孔垂直于运动方向。

③ 在同一流动断面上，由于风速分布的不均匀性，各点的风速不相等，所以其动压值不等。

④ 某断面动压即为该断面平均风速计算值。

三、位压

1. 位压的概念

单位体积风流对于某基准面具有的位能称为位压 h_Z。物体在地球重力场中因地球引力的作用，由于位置的不同而具有的一种能量，叫重力位能，简称位能，用 E_{p0} 表示，如果把质量为 $M(\text{kg})$ 的物体从某一基准面提高 $Z(\text{m})$，就要对物体克服重力做功 $MgZ(\text{J})$，物体因而获得同样数量（MgZ）的重力位能，即

$$E_{p0} = MgZ$$

当物体从此处下落时，该物体就会对外做功 MgZ（指同一基准面）。

这里需要强调指出的是，重力位能是一种潜在的能量，只有通过计算才能得出。

2. 位压的计算

位压的计算应该有一个参照基准。

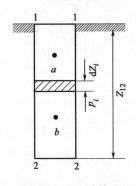

图 2-3　位压计算图

在图 2-3 所示的井筒中，欲求 1—1、2—2 两断面间的位压，则取 2—2 点为基准面（2—2 断面的位能为零）。

计算 1—1、2—2 断面间位压

$$h_Z = E_{p012} = \int \rho_i g \, dZ_i \qquad (2\text{-}11)$$

此式是位压的数学定义式，即 1—1、2—2 断面间的位压就等于 1—1、2—2 两断面间单位面积上的空气柱重量。

在实际测定时，可在 1—1、2—2 断面间再布置若干测点（测点间距视具体情况而定），如图 2-3 所示加设了 a、b 两点。分别测出这四点的静压（p）、温度（t）、相对湿度（φ），计算出各点的密度和各测段的平均密度。再由式（2-11）计算出 1—1、2—2 断面间的位压

$$E_{p012} = \rho_{1a} Z_{1a} g + \rho_{ab} Z_{ab} g + \rho_{b2} Z_{b2} g = \sum \rho_{ij} Z_{ij} g \qquad (2\text{-}12)$$

测点布置得越多，计算的位压越精确。

3. 位压与静压的关系

当空气静止时（$v=0$），如图 2-3 所示的系统，由空气静力学可知，各断面的机械能相等。设 2—2 断面为基准面：

1—1 断面的总机械能为　　　　　　$E_1 = E_{p01} + p_1$

2—2 断面的总机械能为　　　　　　$E_2 = E_{p02} + p_2$

由 $E_1 = E_2$ 得　　　　　　　　　$E_{p01} + p_1 = E_{p02} + p_2$

由于 $E_{p02}=0$（以 2—2 断面为基准面），$E_{p01}=\rho_{12}gZ_{12}$，所以

$$p_2=E_{p01}+p_1=\rho_{12}gZ_{12}+p_1 \tag{2-13}$$

式(2-13)就是空气静止时位能与静压之间的关系。它说明 2—2 断面的静压大于 1—1 断面的静压，其差值是 1—2 断面间、单位面积上的空气柱重量，或者说 2—2 断面静压大于 1—1 断面静压，其差值是由 1—2 断面位能差转化而来的。

应当注意，当空气流动时，又多了动压和流动损失，各能量之间的关系会发生变化，式 (2-13)将要进行相应的变化。

4. 位压的特点

① 位压是相对某一基准面而具有的能量，它随所选基准面的变化而变化。在讨论位压时，必须首先选定基准面。一般应将基准面选在所研究系统风流流经的最低水平处。

② 位压是一种潜在的能量，常说某处的位能是对某一基准面而言，它在本处对外无力的效应，即不呈现压力，故不能像静压那样用仪表进行直接测量。只能通过测定高差及空气柱的平均密度来计算。

③ 位压和静压可以相互转化，当空气由标高高的断面流至标高低的断面时位压转化为静压；反之，当空气由标高低的断面流至标高高的断面时部分静压转化为位压。在进行能量转化时遵循能量守恒定律。

四、风流的全压

风流中某一点的动压与静压之和称为全压。根据静压的两种不同的计算基准，静压可以分为绝对静压（p）和相对静压（h），同样的道理，全压也有绝对全压（p_t）和相对全压（h_t）之分。

绝对全压可用下式表示

$$p_{ti}=p_i+h_{vi} \tag{2-14}$$

式中　p_{ti}——风流中 i 点的绝对全压，Pa；

　　　p_i——风流中 i 点的绝对静压，Pa；

　　　h_{vi}——风流中 i 点的动压，Pa。

由于 $h_v>0$，所以由式(2-14)可知，在风流中的任一点的绝对全压恒大于绝对静压，风流中任一点的相对全压有正负之分，它与通风方式有关。而对于风流中任一点的相对静压，其正负不仅与通风方式有关，还与风流流经的风道断面变化有关。

五、风流机械能

根据能量的概念，单位体积风流的机械能为单位体积风流的静压能、动能、位能之和，因此，从数值上来说，单位体积风流的机械能 E 等于静压、动压和位压之和，或等于全压和位压之和，即

$$E=p_i+h_{vi}+h_Z \tag{2-15}$$

或

$$E=p_t+h_Z \tag{2-16}$$

第三节　空气流动基本方程

空气流动基本方程主要包括风流运动的连续性方程和能量方程等。

当空气在风道中流动时，将会受到通风阻力的作用，消耗其能量；为保证空气连续不断

地流动，就必须有通风动力对空气做功，使得通风阻力和通风动力相平衡。空气在其流动过程中，由于自身的因素和流动环境的综合影响，空气的压力、能量和其他状态参数沿程将发生变化。本节主要介绍工业通风中空气流动的压力和能量变化规律，导出风道风流流动的连续性方程和能量方程。

一、风流流动连续性方程

一般来说，垂直于流动方向的各截面上的流动参数（如速度、压力、温度、密度等）不随时间变化的流动称为定常流动，反之，则为非定常流动。风流在风道中的流动一般可以看作是定常流。在做定常流动（即在流动过程中不漏风又无补给）的风道中任意一控制体，进口断面为 1，出口断面为 2，取 1、2 断面，并假设风道表面没有流体的流进和流出，且不存在点源或点汇，则经过 $d\tau$ 时流进控制体的质量是 $\rho_1 v_1 S_1 d\tau$，流出控制体的质量是 $\rho_2 v_2 S_2 d\tau$。根据质量守恒定律，两个过流断面的空气质量流量相等，即

$$\rho_1 v_1 S_1 d\tau = \rho_2 v_2 S_2 d\tau \tag{2-17}$$

式中　ρ_1, ρ_2——1、2 断面上的平均密度，kg/m^3；

　　　v_1, v_2——1、2 断面上的平均流速，m/s；

　　　S_1, S_2——1、2 断面的断面积，m^2。

设任一过流断面的质量流量为 $M_i(kg/s)$，则根据 1、2 的任意性，有

$$M_i = \rho_i v_i S_i = const \tag{2-18}$$

这就是空气流动的连续性方程。

对于密度为参数的流体流动，根据式(2-17)，当 $S_1 = S_2$ 时，空气的密度与其流速成反比，也就是流速大的断面上的密度比流速小的断面上的密度要小。

对于密度为常数的流体流动，则通过任一断面的体积流量 $Q(m^3/s)$ 相等，即

$$Q = v_i S_i = const \tag{2-19}$$

式(2-19)说明，对于密度为常数的定常流动，在流量一定的条件下，风道断面上风流的平均流速与过流断面的面积成反比，空气在断面大的地方流速小，在断面小的地方流速大。空气流动的连续性方程为风道风量的测算提供了理论依据。

根据空气流动的连续性方程，可得出通风空间空气平衡关系，即空气流入某一空间时，单位时间内进入此空间的空气量 Q_j 与同一时间内排出的空气量 Q_h 保持相等，其结果是保证通风房间的压力维持常压，即

$$\sum Q_j = \sum Q_h \tag{2-20}$$

二、风流流动能量方程

先考察可压缩空气单位质量（1kg）流量的能量方程。

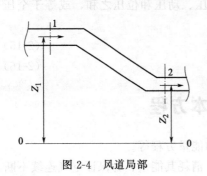

图 2-4　风道局部

风流之所以能在系统中流动，其根本的原因是系统中存在着促使空气流动的能量差。空气在风道流动时，风流的能量由静压能、动能、位能和内能组成，常用 1kg 空气或 $1m^3$ 空气所具有的能量表示。其中静压能表示空气静压所做的功。假设风流在如图 2-4 所示的风道中由 1 断面流至 2 断面，风流流动中的过程指数 n 为常数，空气的比体积为 $v(m^3/kg)$，其间无其他动力源，设 1kg 空气克服流动阻力消耗的能量为 $L_R(J/kg)$，周围介质传递给空气的热量为 $q(J/kg)$，设1、2断面的参数分别

为风流的绝对静压 p_1、p_2(Pa)，风流的平均流速 v_1、v_2(m/s)，风流的内能 u_1、u_2(J/kg)，风流的密度 ρ_1、ρ_2(kg/m³)，距基准面的高 Z_1、Z_2(m)，风流克服通风阻力消耗的能量所转化的热能 q_R(J/kg)，则根据能量守恒定律有

$$\frac{p_1}{\rho_1}+\frac{v_1^2}{2}+gZ_1+u_1+q_R+q=\frac{p_2}{\rho_2}+\frac{v_2^2}{2}+gZ_2+u_2+L_R \tag{2-21}$$

其中

$$\frac{p_2}{\rho_2}-\frac{p_1}{\rho_1}=p_2v_2-p_1v_1=\int_1^2 d(pv)=\int_1^2 p\,dv+\int_1^2 v\,dp \tag{2-22}$$

$$pv^n=\frac{p}{\rho^n}=\frac{p_1}{\rho_1^n}=\frac{p_2}{\rho_2^n}=\cdots=\text{const} \tag{2-23}$$

对式(2-23)微分可解得

$$n=\frac{\ln(p_1/p_2)}{\ln(\rho_1/\rho_2)} \tag{2-24}$$

根据热力学第一定律，传给空气的热量等于增加的空气内能与使空气膨胀对外做功之和，即

$$q_R+q=u_2-u_1+\int_1^2 p\,dv \tag{2-25}$$

联列式(2-21)、式(2-22)和式(2-25)，整理得

$$L_R=\frac{n}{n-1}\left(\frac{p_1}{\rho_1}-\frac{p_2}{\rho_2}\right)+\left(\frac{v_1^2}{2}-\frac{v_2^2}{2}\right)+g(Z_1-Z_2) \tag{2-26}$$

式(2-26)就是单位质量可压缩空气在无其他动力源的风道中流动时的能量方程。同理可证明，如由 1 断面流至 2 断面时有其他动力源并产生风压 L_t，则单位质量可压缩空气能量方程为

$$L_R=\frac{n}{n-1}\left(\frac{p_1}{\rho_1}-\frac{p_2}{\rho_2}\right)+\left(\frac{v_1^2}{2}-\frac{v_2^2}{2}\right)+g(Z_1-Z_2)+L_t \tag{2-27}$$

在工业通风中，习惯采用单位体积空气流动时的能量方程，而绝大多数的过程指数 n 较大，可认为 $\frac{n}{n-1}\approx 1$，为计算方便，将式(2-26)、式(2-27)变化为单位体积空气流动时的能量方程可采用如下形式

$$h_R\approx(p_1-p_2)+\left(\frac{v_1^2}{2}\rho_1-\frac{v_2^2}{2}\rho_2\right)+g(Z_1\rho_1-Z_2\rho_2) \tag{2-28}$$

$$h_R\approx(p_1-p_2)+\left(\frac{v_1^2}{2}\rho_1-\frac{v_2^2}{2}\rho_2\right)+g(Z_1\rho_1-Z_2\rho_2)+H_t \tag{2-29}$$

式(2-28)和式(2-29)就是在没有和有其他动力源（H_t）时单位体积可压缩空气的能量方程近似式，H_t 为其他动力源产生的风压。式(2-29)的物理意义是单位体积空气在流动过程中的能量损失等于两断面间的机械能差，其中，h_R 为单位体积空气在流动过程中的能量损失；等式右边第一项为静压差；等式右边第二项是 1、2 两断面上的动能差；等式右边第三项为 1、2 断面的位能差。

三、使用单位体积流体能量方程的注意事项

从能量方程的推导过程可知，方程是在一定的条件下导出的，并对它做了适当的简化。因此，在应用能量方程时应根据实际条件，正确理解能量方程中各参数的物理意义，灵活应用。其注意事项包括以下内容。

① 由于风道断面上风速分布的不均匀性和测量误差，从严格意义上讲，用实际测得的断面平均风速计算出来的断面总动能与断面实际总动能是不等的，用实际测得的断面平均风速计算出来的断面总动能应乘以动能系数加以修正。动能系数 K_v 是断面实际总动能与用实际测得的断面平均风速计算出的总动能的比值，即

$$K_v = \dfrac{\int_s \frac{1}{2}\rho v_1^2 v_1 \mathrm{d}s}{\frac{1}{2}\rho v^2 v S} = \dfrac{\int_s v_1^3 \mathrm{d}s}{v^3 S} \tag{2-30}$$

式中　v_1——断面积为 S 上微小面积 $\mathrm{d}s$ 的风速。

据研究资料，K_v 值一般为 1.02～1.1，所以，在实际工业通风应用中，由于动能差项很小，在应用能量方程时，可取 $K_v=1$；在进行空气动力学研究时，一般要实际测定 K_v 值，此时应将断面分成若干微小面积，并分别测出每一微小面积上的 v_{1i} 和 s_i，然后计算 K_v

$$K_v = \dfrac{\sum\limits_{i=1}^{n} v_i^3 s_i}{v^3 S} \tag{2-31}$$

② 在工业通风中，一般其动能差较小，可分别用各自断面上的密度代替 ρ_m 计算其动能差。

③ 风流流动必须是稳定流，即断面上的参数不随时间的变化而变化，所研究的始、末断面要选在缓变流场上。

④ 风流总是从总能量（机械能）大的地方流向总能量小的地方。在判断风流方向时，应用始末两断面上的总能量来进行，而不能只看其中的某一项。如不知风流方向，列能量方程时，应先假设风流方向，如果计算出的能量损失为正，说明风流方向假设正确，如果为负，则风流方向假设错误。

⑤ 在始、末断面向有压源时，压源的作用方向与风流的方向一致，压源为正，说明压源对风流做功；如果两者方向相反，压源为负，则压源成为通风阻力。

⑥ 单位质量或单位体积流量的能量方程只适用 1、2 断面间流量不变的条件，对于流动过程中有流量变化的情况，应按总能量的守恒定律列方程。

第四节　通风阻力

当空气沿风道运动时，由于风流的黏滞性和惯性以及风道壁面等对风流的阻滞、扰动作用而形成通风阻力，它是造成风流能量损失的原因。因此，从数值上来说，某一风道的通风阻力等于风流在该风道的能量损失。从通风阻力的产生来看，通风阻力又包括摩擦阻力（也称沿程阻力）和局部阻力，摩擦阻力是由于空气本身的黏滞性及其和风道壁之间的摩擦而产生的沿程能量损失；局部阻力是空气在流经风道时由于流速的大小或方向变化及随之产生的涡流造成的比较集中的能量损失。

一、摩擦阻力通用计算式与无因次系数

1. 摩擦阻力通用计算式

根据流体力学原理，无论是层流还是紊流，圆形风管的摩擦阻力为

$$h_r = \lambda \frac{L}{D} \rho \frac{v^2}{2} \tag{2-32}$$

式中　λ——摩擦阻力无因次系数；

　　　v——风管内空气的平均流速，m/s；

　　　ρ——空气的密度，kg/m³；

　　　L——风管长度，m；

　　　D——圆形风管直径，m。

如将风管长度为 1m 摩擦阻力称为比摩阻，并以 h_b 表示，则

$$h_b = \lambda \frac{1}{D} \rho \frac{v^2}{2} \tag{2-33}$$

如风管断面为非圆形的其他形状，则上述的圆形风管直径应以当量直径代入。所谓当量直径，即是指与非圆形风管有相等比摩阻值的圆形风管直径。当量直径有流速当量直径和流量当量直径两种，工程中一般用流速当量直径 D_e 计算。流速当量直径是假想一圆形风管中的空气流速与矩形风管的空气流速相等且单位长度摩擦阻力（比摩阻）也相等的情况下计算的圆形风管直径。根据这一定义，流速当量直径 D_e 与断面积 S、断面周长 U 的关系为

$$D_e = 4 \frac{S}{U} \tag{2-34}$$

对于不同形状的通风断面，其周长 U 与断面积 S 的关系可表示为

$$U = C\sqrt{S} \tag{2-35}$$

式中　C——断面形状系数，梯形 $C=4.16$，三心拱 $C=3.85$，半圆拱 $C=3.90$。

2. 摩擦阻力无因次系数

管壁的粗糙度分为绝对粗糙度和相对粗糙度，绝对粗糙度 K 是指管壁凹凸不平的平均高度，相对粗糙度是指绝对粗糙度 K 与管径 D 的比值 K/D。尼古拉斯在各种不同粗糙度的管道上进行实验，发现摩擦阻力无因次系数 λ 与流体流动状态和管壁的粗糙度有关：当 $Re < 2300$ 时，λ 与 K/D 无关，仅与 Re 有关；当 $2300 \leqslant Re \leqslant 4000$ 时，λ 随 Re 增大而增大，与 K/D 无明显关系；当 $4300 < Re \leqslant 26.98\left(\dfrac{D}{K}\right)^{8/7}$ 时，λ 仍与 K/D 无明显关系，仅与 Re 有关；当 $26.98\left(\dfrac{D}{K}\right)^{8/7} < Re \leqslant \dfrac{191.2}{\sqrt{\lambda}}\left(\dfrac{D}{K}\right)$ 时，λ 与 Re、K/D 均有关系；当 $Re > \dfrac{191.2}{\sqrt{\lambda}}\left(\dfrac{D}{K}\right)$ 时，λ 只与 K/D 有关，与 Re 无关。

紊流光滑区向紊流粗糙过渡区的 λ 经验公式较多，其中我国于 1976 年编制的《全国通用通风管道计算表》采用的经验公式是

$$\frac{1}{\sqrt{\lambda}} = -2\lg\left(\frac{K}{3.71D} + \frac{2.51}{Re\sqrt{\lambda}}\right) \tag{2-36}$$

式中　K——风管内壁的当量绝对粗糙度，mm；

　　　D——风管直径，mm。

紊流粗糙区的 λ 可用经验公式计算

$$\lambda = \left(1.74 + 2\lg\frac{D}{2K}\right)^{-2} \tag{2-37}$$

或

$$\lambda = 0.11\left(\frac{K}{D}\right)^{0.25} \tag{2-38}$$

二、流动处于紊流光滑向粗糙过渡区的摩擦阻力计算

在实际通风系统中，除风管直径很小、表面粗糙的砖、混凝土通风管道外，一般的通风管道的空气流动状态大多属于紊流光滑向粗糙过渡区亦即流动处于紊流光滑区到紊流粗糙区之间的过渡区，即使高速风管的流动状态也处于此过渡区。因此，一般通风管道基本按式(2-36)计算 λ。

在设计通风管道时，为了避免烦琐的计算，可以按式(2-36)制成各种形式的表格或线算图。图 2-5 则是根据式(2-36)得到的线算图，适用于 $K = 0.15\text{mm}$ 薄钢板风管。运用线算图或计算表，只要已知流量、管径、流速、阻力四个参数中的任意两个，即可求得其余两个参数。但是必须指出，各种线算图或计算表格，都是在一些特定的条件下作出的，使用时必须注意。例如我国采用的《全国通用通风管道计算表》，适用于以大气压为 $p_0 = 101.33\text{kPa}$、温度为 $t_0 = 20℃$ 的空气标准状态，空气运动黏滞系数 $v_0 = 15.06 \times 10^{-6}\,\text{m}^2/\text{s}$，空气密度 $\rho_0 = 1.204\text{kg/m}^3$。当量绝对粗糙度的取值为：对于钢板制风管，$K = 0.15\text{mm}$；对于塑料板制风管，$K = 0.01\text{mm}$。当实际条件与图表条件相差较大时，应加以修正。

1. 空气温度和大气压力的修正

如果空气的压力、温度与线算图或计算表不一致，可按下式修正

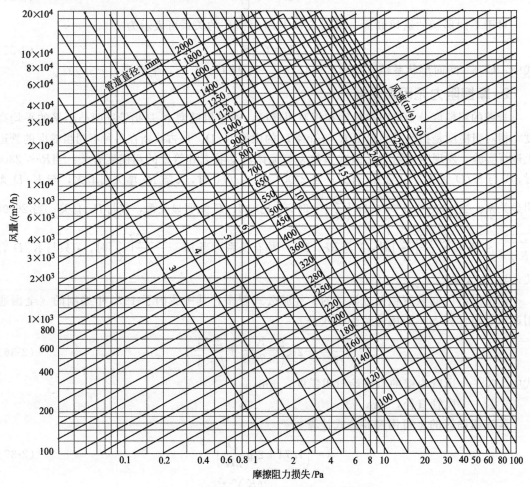

图 2-5　通风管道单位长度摩擦阻力线解图

$$h_b = K_t K_B h_{b0} \tag{2-39}$$

$$K_t = \left(\frac{273+20}{273+t}\right)^{0.825}, \quad K_B = \left(\frac{B}{101.3}\right)^{0.9} \tag{2-40}$$

式中　K_t——温度修正系数；

t——实际的空气温度，℃；

K_B——大气压力修正系数；

B——实际的大气压力，kPa。

K_t 和 K_B 也可直接由图 2-6 查得。从图 2-6 可以看出，在 0～100℃ 的范围内，可近似把温度和压力的影响看作是直线关系。

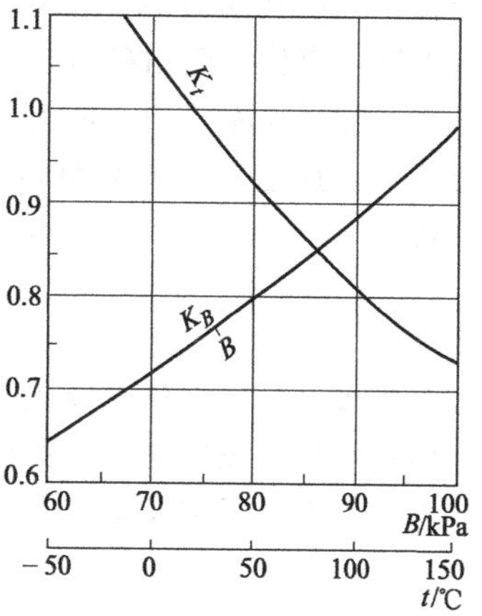

图 2-6　温度与大气压的修正系数

2. 粗糙度的修正

摩擦阻力无因次系数 λ 不仅与表征流动状态的雷诺数 Re 有关，还与管壁当量绝对粗糙度有关。粗糙度增大时摩擦阻力系数或比摩阻随之增大。通风防尘工程中使用多种材料制作风管，这些材料的粗糙度各不相同，参考采用的数值列于表 2-1。

表 2-1　各种材料制作风管的粗糙度

风管材料	粗糙度 K/mm	风管材料	粗糙度 K/mm
薄钢板或镀锌钢板	0.15～0.18	胶合板	1.0
塑料板	0.01～0.05	砖砌体	3～6
矿渣石膏板	1.0	混凝土	1～3
矿渣混凝土板	1.5	木板	0.2～1.0

当风管管壁的粗糙度 $K \neq 0.15$mm 时，可先由图 2-5 查出 h_{b0}，再近似按下式修正。

$$h_b = K_r h_{b0} \tag{2-41}$$

$$K_r = (Kv)^{0.25} \tag{2-42}$$

式中　h_b——实际比摩阻，Pa/m；

h_{b0}——图 2-5 上查出的比摩阻，Pa/m；

K_r——管壁粗糙度修正系数；

K——管壁粗糙度，mm；

v——管内空气流速，m/s。

3. 密度和黏度的修正

如果空气的压力、温度与线算图或计算表不一致，但空气的密度和运动黏度不同，则按下式修正

$$h_b = h_{b0}\left(\frac{\rho}{\rho_0}\right)^{0.91}\left(\frac{v}{v_0}\right)^{0.1} \tag{2-43}$$

式中　ρ——实际的空气密度，kg/m³；

v——实际的空气运动黏度，m²/s。

三、紊流粗糙区通风风道摩擦阻力及计算

由前述，流动处于紊流粗糙区（阻力平方区）时，λ 只与 K/D 有关，与 Re 无关。一

般来说，风道直径很小、表面粗糙的砖、混凝土风管内和隧道及地下风道的流动状态属于阻力平方区（或称紊流粗糙区）。

在实际通风系统中，紊流粗糙区的风道如为非圆形，在式（2-32）中，用当量直径 D_e 代替 D，且用通过的风量 Q 除以断面积 S 代替风速 v，则得到紊流粗糙区风道的摩擦阻力计算式

$$h_r = \frac{\lambda \rho}{8} \frac{LUv^2}{S} = \frac{\lambda \rho}{8} \frac{LUQ^2}{S^3} \tag{2-44}$$

应当指出，用当量直径代入式（2-32）计算非圆管的摩擦阻力，并不适用于所有断面形状，但对常见的风道而言，造成的误差很小，可不予考虑。

不难看出，对于风道壁面及几何尺寸已定型的紊流粗糙区通风风道，可视 λ 为定值，故可令

$$\alpha = \frac{\lambda \rho}{8} \ , \ R_r = \alpha \frac{LU}{S^3} \tag{2-45}$$

式中　α——摩擦阻力系数，kg/m^3 或 $N \cdot s^2/m^4$，α 值在阻力平方区是风道相对粗糙度和空气密度的函数，在地下风道、隧道的 α 值一般是通过实测和模型实验得到；

　　　　R_r——巷道的摩擦风阻，kg/m^7 或 $N \cdot s^2/m^8$，R_r 是空气密度、风道粗糙程度、断面、周长、沿程长度诸参数的函数。

将式（2-45）代入式（2-44）得

$$h_r = \alpha \frac{LU}{S^3} Q^2 = R_r Q^2 \tag{2-46}$$

此式就是紊流粗糙区（或称阻力平方区）下的摩擦阻力定律。当摩擦风阻一定时，摩擦阻力与风量的平方成正比。

前人通过大量实验和实测所得的、在标准状态（$\rho_0 = 1.2 kg/m^3$）条件下的各类井巷的摩擦阻力系数，即所谓标准值 α_0 值，见附录10。当空气密度 $\rho_0 \neq 1.2 kg/m^3$ 时，其 α 值应按下式修正

$$\alpha = \alpha_0 \frac{\rho}{1.2} \tag{2-47}$$

隧道及地下风道设计时的摩擦阻力计算方法，通过下面例子说明。

【例 2-1】　某设计风道为梯形断面 $S = 8m^2$，$L = 1000m$，采用工字钢棚支护，支架截面高度 $d_0 = 14cm$，纵口径 $\Delta = 5$，计划通过风量 $Q = 1200m^3/min$。预计风道中空气密度 $\rho = 1.25 kg/m^3$，求该段风道的通风摩擦阻力。

解　根据所给的 d_0、Δ、S 值，由附录10查得

$$\alpha_0 = 284.2 \times 10^{-4} \times 0.88 = 0.025 (N \cdot s^2/m^4)$$

则风道实际摩擦阻力系数

$$\alpha = \alpha_0 \frac{\rho}{1.2} = 0.025 \times \frac{1.25}{1.2} = 0.026 (N \cdot s^2/m^4)$$

风道摩擦风阻

$$R_r = \alpha \frac{LU}{S^3} = 0.026 \times \frac{1000 \times 4.16 \times \sqrt{8}}{8^3} = 0.598 (N \cdot s^2/m^8)$$

风道摩擦阻力

$$h_r = R_r Q^2 = 0.598 \times \left(\frac{1200}{60}\right)^2 = 239.2 (Pa)$$

四、局部阻力及计算

在通风系统中常常存在风道断面变化、通风方向变化以及风流分岔或汇合等局部阻力物的部位，风流流过这些部位时，或改变方向，或改变速度大小，或二者兼有，因此风流的正常流动受到干扰，从而产生撞击、分流、旋涡等现象，在局部区域产生较大的能量损失，这个损失就是局部阻力产生的。

1. 局部阻力产生的原因

下面主要分析三种典型局部阻力的产生。

如图 2-7 所示为突然扩大的局部阻力物。由于气体质点有惯性，气体质点的运动轨迹不可能按照管道的形状突然转弯扩大，即整个气体在离开小截面管后只能向前继续流动，逐渐扩大，这样在管壁拐角处流体与管壁脱离形成旋涡区。旋涡区外侧气体质点的运动方向与主流的流动方向不一致，形成回转运动，因此气体质点之间发生碰撞和摩擦，产生局部阻力，消耗流体的一部分能量。同时旋涡区本身也不是稳定的，在气体流动过程中旋涡区的流体质点将不断被主流带走，也不断有新的气体质点从主流中补充进来，即主流与旋涡之间的流体质点不断地交换，发生剧烈的碰撞和摩擦，产生局部阻力，产生较大的能量损失，这些能量损失转变为热能而消失。

如图 2-8 所示为突然缩小的局部阻力物。气体从大直径的管道流往小直径的管道时，流线必须弯曲，流束必定收缩。当流体进入小直径管道后，由于流体有惯性，流体将继续收缩直至称为缩颈的最小截面 A_c，而后又逐渐扩大，直至充满整个小直径截面 A_2。在缩颈附近的流束与管壁之间有一充满小旋涡的低压区。在大直径截面与小直径截面连接的凸肩处，也常有旋涡形成。所有旋涡运动产生了局部阻力，消耗了能量；在流线弯曲、流体的加速和减速过程中，流体质点碰撞、速度分布变化等也产生局部阻力，造成能量损失。由于流体沿突然缩小管道的流动是先收缩后扩展，故它的能量损失，即局部阻力，也由两部分组成。

如图 2-9 所示为弯管的局部阻力物。流体由直管进入弯管前，截面 AA' 处的压力是均一的，进入弯管后，外侧由 A 到 B 的流动为增压过程（压力梯度为正），B 点压力最高，从 B 到 D'，压强逐渐下降；内侧由 A' 到 C，压强逐渐下降，C 点压强最低，从 C 到 D 的流动为增压过程，直至流体进入直管后，截面 DD' 处的压力又趋于均一。在 AB 和 CD 这两段增压过程中，都有可能因边界层能量被黏滞力所消耗而出现边界层分离，形成旋涡，产生局部阻力而造成能量损失。同时，流体在弯管中流动时，流速高的离心惯性大，这样，便发生两个旋转运动，并与主流相结合，便产生了双螺旋流动，增加了局部流速，产生局部阻力，从而增加了损耗。

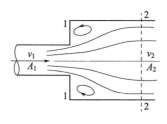

图 2-7　风道截面突然扩大

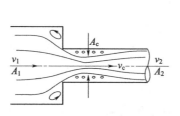

图 2-8　风道截面突然缩小

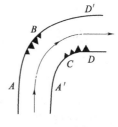

图 2-9　弯管

综上所述，局部的能量损失主要和旋涡区的存在相关。旋涡区愈大，能量损失愈多。仅仅流速分布的改变，能量损失是不会太大的。在旋涡区及其附近，主流的速度梯度增大，也增加能量损失，在旋涡被不断带走和扩散的过程中，使下游一定范围内的紊流脉动加剧，增加了能量损失，这段长度称为局部阻力物的影响长度，在它以后，流速分布和紊流脉动才恢复到均匀流动的正常状态。

2. 局部阻力计算

由于局部阻力所产生风流速度场分布的变化比较复杂，对局部阻力的计算一般采用经验公式。和摩擦阻力类似，局部阻力 h_1 一般也用动压的倍数来表示

$$h_1 = \xi \frac{\rho v^2}{2} = \xi \frac{\rho}{2S^2} Q^2 \tag{2-48}$$

式中　ξ——局部阻力系数，无因次，通过实验确定。

大量实验证明，在紊流范围，局部阻力系数 ξ 只取决于局部构件的形状，因此，一般不需要考虑管壁相对粗糙度和雷诺数的影响，且对于已定型的风道，S 为已知，故可参照摩擦阻力方法，令

$$R_1 = \xi \frac{\rho}{2S^2} \tag{2-49}$$

式中　R_1——局部风阻，将式(2-49)代入式(2-48)，则有

$$h_1 = R_1 Q^2 \tag{2-50}$$

此式就是紊流流动下的局部阻力定律。它表示，当局部风阻一定时，局部阻力与风量的平方成正比。

不难看出，计算局部阻力时，关键在于确定局部阻力物的阻力系数 ξ，因此，实际计算局部阻力时，一般先确定局部阻力物的阻力系数 ξ，再按照式(2-49)进行计算。附录8列出了常见构件通过实验得出的局部阻力系数。注意，在计算局部阻力时，必须注意局部阻力系数 ξ 值对应于哪一个断面的气流速度。

五、减少通风阻力的措施

降低通风阻力，对保证工业安全生产和提高经济效益都具有重要意义。无论是工业通风设计还是工业通风技术管理工作，都要做到尽可能地降低通风阻力。

应该强调的是，系统中各段风道的阻力 h 为此段中的摩擦阻力 h_r 和局部阻力 h_1 之和，即

$$h = h_r + h_1 \tag{2-51}$$

而整个通风系统的阻力等于该系统最大阻力路线上的各分支的摩擦阻力和局部阻力之和，因此，降阻之前必须首先确定通风系统的最大阻力路线，通过阻力测定和分析，调查最大阻力路线上阻力分布，找出阻力超常的分支，对其实施降低摩擦阻力和局部阻力措施。如果不在最大阻力路线上降阻则是无效的，有时甚至是有害的。

1. 减少通风摩擦阻力措施

减少摩擦阻力对于工业通风系统合理运行，特别是摩擦阻力占主要部分的处于粗糙流动区、摩擦阻力比例较大、风道线路长的隧道和地下风道，有着重要意义。由式(2-32)、式(2-44)可知，降低摩擦阻力的措施主要有以下几方面。

① 减小相对粗糙度。相对粗糙度减少，就减少了摩擦阻力无因次系数 λ，减少了摩擦阻力系数 α。这就要求在工业设计时尽量选用相对粗糙度较小的风道壁面，施工时要注意保证施工质量，尽可能使风道壁面平整光滑。

② 选用断面周长较小的风道。在风道断面相同的条件下，圆形断面的周长最小，拱形

断面次之，矩形、梯形断面的周长较大。因此，从减少摩擦阻力角度，应尽量按照圆形断面，拱形断面，矩形、梯形断面的顺序。

③ 保证有足够大的风道断面。在其他参数不变时，风道断面扩大，通风阻力和能耗可减少。断面增大将增加基建投资，但要同时考虑长期节电的经济效益。从总经济效益考虑的风道合理断面称为经济断面。在通风设计时应尽量采用经济断面。在工业生产单位改善通风系统时，对于主风流线路上的高阻力区段，常采用这种措施。例如把某段风道（断面小阻力大的"卡脖子"地段）的断面扩大。

④ 避免风道内风量过于集中。风道的摩擦阻力与风量的平方成正比，风道内风量过于集中时，摩擦阻力就会大大增加。

⑤ 减少风道长度。因风道的摩擦阻力和风道长度成正比，故在进行通风系统设计和改善通风系统时，在满足生产需要的前提下，要尽可能缩短风道的长度。

2. 减少局部通风阻力措施

减少局部通风阻力对于工业通风系统合理运行同样有重要意义，尤其是管道通风系统，其局部阻力占系统总阻力的比例较大，有时甚至高达80%。由式(2-48)可知，局部阻力与ξ值成正比，与断面的平方成反比，同时从前述的局部通风阻力成因及附录8中的局部阻力系数表也可看出，要减少局部通风阻力，主要可采取如下措施。

① 尽量避免风道断面的突然变化。由于风道断面的突然变化使气流产生冲击，周围出现涡流区，造成局部阻力，因此，为了减少损失，当风道断面需要变化时，应尽量避免风道断面的突然变化，用渐缩或渐扩风道代替突然缩小或突然扩大，如图2-10所示，中心角最好在8°～10°，不要超过45°。

② 风流分叉或汇合处连接合理。流速不同的两股气流汇合时的碰撞，以及气流速度改变时形成涡流是造成局部阻力的原因。所以，在风流分叉或汇合点的三通风道，应减少分支两个风道的夹角，当有几个分支管风路汇合于同一总风道时，汇合点最好不要在同一个断面，同时还应尽量使主管和干管内的流速保持相等，如图2-11所示。

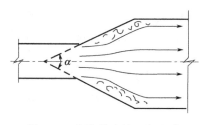

图 2-10 渐扩管内的空气流动

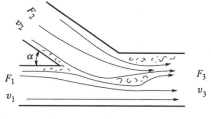

图 2-11 合流三通

③ 尽量避免风流急转弯。布置风道时，风流拐弯处尽量避免风道90°或以上急转弯；对于必须直角转弯的地点，可用弧弯代替直角转弯，在转弯处的内侧和外侧要做成圆弧形，且曲率半径一般应大于（0.5～1）倍风道当量直径，在曲率半径因受条件限制而过小时，应在转弯处设置导风板或导流片。几种弯头局部阻力系数可见图2-12。

④ 降低排风口出口流速，以减小出口的动压损失。同时应减小气流在风道进口处的局部阻力，如图2-13所示。

气流从风管出口排出时，其在排出前所具有的能量全部损失。当出口处无阻挡时，此能量损失在数值上等于出口动压。当有阻挡（如风帽、网格、百叶）时，能量损失将大于出口动压，就是说局部阻力系数会大于1。因此，只有与局部阻力系数大于1的部分相应的阻力才是出口局部阻力（即阻挡造成），等于1的部分是出口动压损失。为了降低出口动压损失，

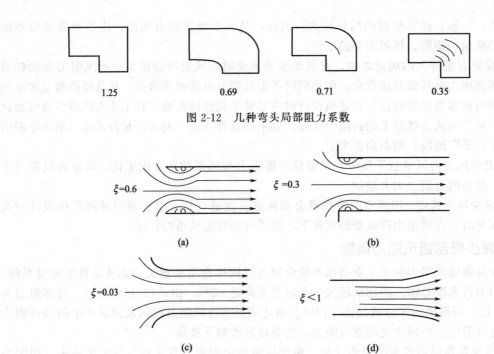

图 2-12　几种弯头局部阻力系数

图 2-13　进出口风道阻力

有时把出口制作成扩散角较小的渐扩管，ξ 值会小于 1，如图 2-13(d) 所示。应当说明，这是相对于扩展前的管内气流动压而言的。

气流进入风管时，由于产生气流与管道内壁分离和涡流现象造成局部阻力。对于不同的进口形式，局部阻力相差较大，如图 2-13(a)～(c) 所示。

⑤ 风管与通风机的连接应当合理。保证气流在进出风机时均匀分布，避免发生流向和流速的突然变化，以减小阻力（和噪声）。

为了使通风机（简称风机）运行正常，减少不必要的阻力，要尽量避免在接管处产生局部涡流，最好使连接通风机的风管管径与通风机的进、出口尺寸大致相同。如果在通风机的吸入口安装多叶形或插板式阀门，最好将其设置在离通风机进口至少 5 倍于风管直径的地方，避免由于吸口处气流的涡流而影响通风机的效率，在通风机的出口处避免安装阀门，连接通风机出口的风管最好用一段直管。如果受到安装位置的限制，需要在通风机出口处直接安装弯管时，弯管的转向应与通风机叶轮的旋转方向一致。

第五节　通风网络中风流流动基本定律

所谓通风网络，是指若干风路按照各自的风流方向、顺序相连而成的网状线路。不难看出，风流在通风网络流动时，符合质量守恒定律和能量守恒定律。

通风网络中风流的基本定律包括风量平衡定律、风压平衡定律、通风阻力定律、热平衡定律。

一、风量平衡定律

现将两条风路或两条以上风路的交点定义为节点，如某通风房间、某一风道、风管交叉处、地下风道交叉处等，汇合处每条支风路定义为分支，由两条或两条以上分支首尾相连形成的闭合线路称为回路。则根据质量守恒定律，在稳态通风条件下，单位时间流入某节点的空气质量等于流出该节点的空气质量，或者说，流入与流出某节点的各分支的质量流量的代数和等于零，即

$$\sum M_i = 0 \tag{2-52}$$

若不考虑风流密度的变化，一般取流入的风量为正，流出的风量为负，则流入与流出某节点或回路的各分支的体积流量（风量）的代数和等于零，即

$$\sum Q_i = 0 \tag{2-53}$$

如图 2-14(a) 所示，节点 4 可以是某通风房间、某一风道、风管交叉处、地下风道交叉处等，当不考虑风流密度变化时，图中节点 4 处的风量平衡方程为

$$Q_{1-4} + Q_{2-4} + Q_{3-4} - Q_{4-5} - Q_{4-6} = 0$$

对于图 2-14(b) 所示闭合回路的情况，同样有

$$Q_{1-2} + Q_{3-4} = Q_{5-6} + Q_{7-8}$$

或者

$$Q_{1-2} + Q_{3-4} - Q_{5-6} - Q_{7-8} = 0$$

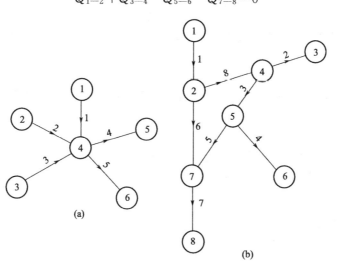

图 2-14 风流汇合及回路示意图

二、风压平衡定律

如任何一回路中没有附加动力，则根据能量平衡定律，不同方向的风流的风压或通风阻力必然平衡或相等。对于图 2-14(b)，可得

$$h_{2-4} + h_{4-5} + h_{5-7} = h_{2-7}$$

现取顺时针方向的风压为正，逆时针方向的风压为负，则

$$h_{2-4} + h_{4-5} + h_{5-7} - h_{2-7} = 0$$

不难看出，对于任何一回路，都有

$$\sum_{i=1}^{n} h_i = 0 \tag{2-54}$$

式中 h_i——第 i 段分支的风压或阻力。

式(2-54) 表明，如取顺时针方向的风压为正（负），逆时针方向的风压为负（正），没有附加动力回路中，不同方向的风流，它们的风压或阻力代数和等于零。这就是风压平衡定律。

同样道理，如回路中有附加动力，根据能量平衡定律，不难推导出它们的风压或阻力代数和等于附加动力产生风压的代数和，即

$$\sum_{i=1}^{n} h_i = H_j \tag{2-55}$$

式中　H_j——附加动力产生风压的代数和。

式(2-54)、式(2-55)就是风压平衡定律。

三、通风阻力定律

通风阻力定律包括紊流流动局部阻力定律、阻力平方区（紊流粗糙区）流动的摩擦阻力定律、阻力平方区流动的总阻力定律。

阻力平方区流动摩擦阻力定律、紊流流动局部阻力定律已在第四节介绍，阻力平方区流动摩擦阻力定律为：风流流动处于紊流粗糙区时，如摩擦风阻一定，摩擦阻力与风量的平方成正比，即

$$h_r = R_r Q^2$$

紊流流动局部阻力定律为：紊流流动下，如局部风阻一定，局部阻力与风量的平方成正比，即

$$h_1 = R_1 Q^2$$

现令 $h = h_r + h_1$ 为某通风系统分支的通风总阻力；$R = R_r + R_1$ 为某通风系统的通风总风阻，则式 h_r 与 h_1 相加后得

$$h = RQ^2 \tag{2-56}$$

式(2-56)是紊流粗糙区流动总阻力定律，它说明，风流流动处于紊流粗糙区时，如总风阻一定，则通风阻力与风量的平方成正比。式(2-46)、式(2-50)、式(2-56)就是紊流粗糙区流动阻力定律。

四、热平衡定律

由热力学第三定律可知，对于任意一个空间，如通风房间、地下风道、隧道、峒室等，要使该空间内的空气温度保持不变，必须使该空间内的吸收的总热量 $\sum Q_x$ 等于放出的总热量 $\sum Q_f$，也就是保持该空间处于热平衡，即

$$\sum Q_f = \sum Q_x \tag{2-57}$$

式(2-57)就是空气流动热平衡方程式。

第六节　风道通风压力分布

能量方程是通风工程的理论基础，应用极广。通风工程中的各种技术测定与技术管理无不与它密切相关，正确理解、掌握和应用能量方程是至关重要的。本节将结合通风工程中的实际应用，介绍风道通风压力（能量）分布及分析。

一、水平风道通风压力（能量）分布及分析

对于通风机-水平风道通风系统，气体在风道内流动，是由风道两端气体的压力差引起的，它从高压端流向低压端。气体流动的能量来自通风机，通风机产生的能量是风压。

气体在流动过程中，要不断克服由于气流内部质点相对运动出现的切应力而做功，将一部分压能转化为热能而形成能量损失，这就是管道的阻力。因为流动阻力是造成能量损失的

原因，因此能量损失的变化必定反映流动压力的变化规律。研究风道系统内气体的压力和能量分布，可以更深刻地了解气体在系统内的运动状态。

风机未开动时，整个风道系统内气体压力处处相等，都等于大气压力，管内气体处于相对静止状态。开动通风机后，通风机吸入口和压出口处出现压力差，即把通风机所产生的能量传给气体，而这一能量又消耗在使风道内气体流动、克服沿程的各种阻力。

在图 2-15 所示的通风机-水平风道通风系统中，在风道上选取 11 个测点，分别在各个测点测出风流的相对静压、有关断面的动压、风道断面积及与风道同标高的大气压，计算出各点的相对全压。以纵坐标为压力（相对压力或绝对压力），横坐标为风流流程。将各测点的相对静压和相对全压与其流程的关系描绘在坐标图中，最后将图上的同名参数点用直线或曲线连接起来，并得到如图 2-15 所示的压力（能量）分布线。

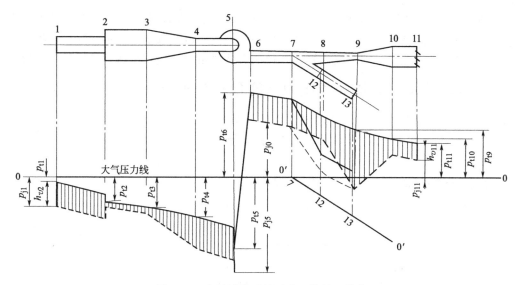

图 2-15 水平风道通风压力（能量）分布

现在风速为零的大气中取离 1 断面最近的铅垂面，即 0—0 断面，读者可应用能量方程公式，分别列出 0～11 之间各断面的单位体积的能量方程，再分析图 2-15，就不难看出：

① 由于风道是水平的，各断面间无位能差，除有通风机动力的 5—6 段外，任意两断面间的通风阻力就等于两断面的全压损失（全压差）。

② 绝对全压（相对全压）沿程是逐渐减小的。绝对静压（相对静压）沿程分布随压的大小变化而变化，在全压一定的条件下，风流在流动过程中，其静压和动压（注意在非水平风道还有位能）可以相互转换。在断面小的地方，将有一部分静压转化为动压；反之，在断面大的地方，将有一部分动压转化为静压。所以静压坡度线沿程是起伏变化的，而非单调下降，这在能量（压力）坡度线上可清楚地看出。因此，在判断风流流动方向时，水平风道应用全压，倾斜风道使用全能量。

③ 风机的全压 H_t 等于风机进、出口的全压差，或者说等于风道的总阻力及出口动压损失之和

$$H_t = p_{t5} - p_{t6} \qquad (2-58)$$

$$H_t = h_{0-12} + h_{v12} \qquad (2-59)$$

也就是说，通风机全压是用以克服风道通风阻力和出口动能损失，如把通风机用于克服风道阻力的那一部分能量叫通风机的静压 H_s，则有

$$H_s = h_{0-12} = H_t - h_{v12} \tag{2-60}$$

式(2-60)表明，H_s一定，出口动压越小，所需要的通风机全压也越小，通风机消耗的电能也越小。因此，通风工程中，只要条件允许，一般在风流出口加设一段断面逐渐扩大的风道（称为扩散器），使得出口风速变小。

④ 风机吸入段的全压和静压均为负值，在风机入口处负压最大；风机压出段的全压均是正值，在风机出口全压最大。因此，风管连接处不严密，会有空气漏入或逸出，以致影响风量分配或造成粉尘和有害气体向外泄漏。而压出段静压则不一定，如压出段上断面9，由于断面9收缩得很小，使流速大大增加；如动压大于全压时，该处的静压出现负值。若在断面9开孔，将会吸入空气而不是压出空气，有些压送式气力输送系统的受料器进料和诱导式通风就是这一原理的运用。

⑤ 各并联分支的阻力总是相等。在管道通风中，如果设计时各支管阻力不相等，在实际运行时，各支风路会按其并联风路特性自然平衡，同时改变预定的风量分配，使抽出风量达不到设计要求，因此，必须改变风管的直径或安装风量调节装置来达到设计风量的要求。

二、包含非水平风道通风压力（能量）分布及分析

以已简化的包含非水平风道的地下通风系统（图2-16）为例，介绍包含非水平风道通风压力（能量）分布及分析。

1. 风流压力（能量）分布线的绘制

先沿风流流程布设若干测点，即1、2、3、4点，测出各点的绝对静压、风速、温度、湿度、标高等参数；然后以最低水平2—3为基准面，计算出各断面的总压能（包括静压、动压和相对基准面的位能）；再是选择坐标

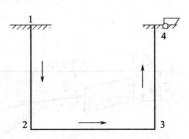

图2-16　已简化的地下通风系统

系和适当的比例，以压能为纵坐标，风流流程为横坐标，把各断面的静压、动压和位能描在图2-17的坐标系中，即得1、2、3、4断面的总能量，分别用a、b、c、d点表示，以a_1、b_1、c_1、d_1分别表示各断面的全压，其中a、b和a_0、b_1重合；a_2、b_2、c_2、d_2点分别表示各断面的静压；最后在压能（纵坐标）-风流流程（横坐标）坐标图上描出各测点，将同名参数点用折线连接起来，即得1—2—3—4流程上的压力（能量）分布线，如图2-17所示。

2. 包含非水平风道风流压力（能量）分布分析

从图2-17可看出：

① 全能量沿程逐渐下降，从入风口至各断面的通风阻力就等于该断面上全能量的下降值，任意两断面间的通风阻力等于这两个断面全能量下降值的差；全能量坡度线的坡度反映了流动路线上的通风阻力分布状况，坡度越大，单位长度风道上的通风阻力越大。

② 绝对全压和绝对静压坡度线的变化与全能量坡度线的变化不同，其坡度线变化有起伏，如1—2段风流由上向下流动，位能逐渐减小，静压逐渐增大；在3—4段压力坡度线变化正好相反，静压逐渐减小，位能逐渐增大。这充分说明，风流在有高差变化的风道流动时，其静压和位能之间可以相互转化。

③ 1、2断面的位能差（$E_{p01} - E_{p04}$）是自然风压（H_N），自然风压（H_N）和通风机全压（H_t）共同克服风道通风阻力和出口动能损失。

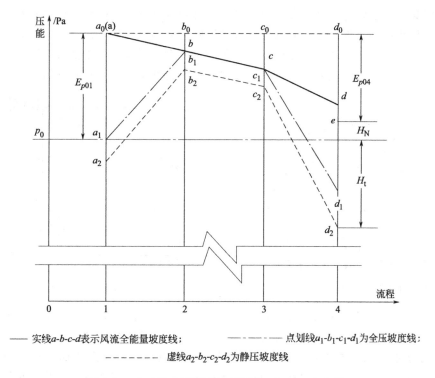

—— 实线a-b-c-d表示风流全能量坡度线；　　— · — · — 点划线a_1-b_1-c_1-d_1为全压坡度线；

— — — — — — 虚线a_2-b_2-c_2-d_2为静压坡度线

图 2-17　包含非水平风道通风压力（能量）分布线

第七节　自然通风原理

一、自然通风产生原理

自然通风产生原理以几个例子说明。

案例一：烟囱内外密度差形成的自然通风。当烟囱内有高温气体时，烟囱内部温度大于烟囱外部的温度，内部空气的密度要小于外部空气的密度，这样在烟囱的底部的水平面上，就会使得烟囱外部的气压大于内部的气压，产生内外气压差（这就是自然风压），这种气压差会推动空气由烟囱的底部进入烟囱，形成一股上升的气流，沿着烟囱由烟囱的上端排出，这样自然通风就产生了，这就是通常所说的烟囱效应，这个内外气压差就是自然风压。

案例二：工业厂房密度差形成的自然通风。如图 2-18 所示的建筑物，厂房内有一定温度的热源，在外墙的不同高度上设有窗孔，设底处窗孔为 a，高处窗孔为 b，它们的高差为 h，窗孔外的静压分别为 p_a 和 p_b，窗孔内的静压分别为 p_a' 和 p_b'，厂房内外的空气密度和温度分别为 ρ_n、t_n 和 ρ_w、t_w，由于 $t_n > t_w$，所以 $\rho_n < \rho_w$，这时，作用在底处窗孔 a—a 平面的厂房外 h 高度的单位面积空气柱重量大于厂房内 h 高度的单位面积空气柱重量，即 a—a 平面的厂房外的静压大于厂房内的静压，其压力差使得房外的低温大气从窗孔 a 源源不断流入厂房内，并与厂房内热源进行热交换，产生气体膨胀，这样，在空气浮力作用下，低温气体产生热膨胀向上运动，并从窗孔 b 流出，即产生了自然通风。

案例三：矿井密度差形成的自然通风。图 2-19 所示为一个简化的矿井通风系统，2—3 为水平巷道，0—5 为通过系统最高点的水平线。如果把地表大气视为断面无限大、风阻为零的假想风路，则通风系统可视为一个闭合的回路。在冬季，由于空气柱 0—1—2 比 5—4—3 的平均温度较低，平均空气密度较大，导致两空气柱作用在 2—3 水平面上的重力不等。其重力之差就是该系统的自然风压。它使空气源源不断地从井口 1 流入，从井口 5 流出。在夏季时，若空气柱 5—4—3 比 0—1—2 温度低，平均密度大，则系统产生的自然风压方向与冬季相反。地面空气从井口 5 流入，从井口 1 流出，即由密度差产生了自然通风。

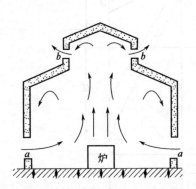

图 2-18　工业厂房密度差形成的自然通风

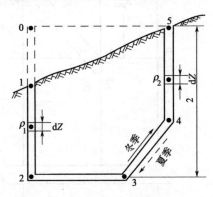

图 2-19　矿井密度差形成的自然通风

案例四：大气运动形成的自然通风。如图 2-20 所示，室外大气运动气流与建筑物相遇时，其气流由于受阻而绕流通过，经过一定距离之后，气流才恢复绕流前的流动情况。在气流绕流建筑物时，建筑物四周的室外气流压力分布将发生变化，迎风面气流受阻，动压降低，静压升高，形成正压；侧面和背风面由于产生局部涡流，静压降低，形成负压。和远处未受干扰的气流相比，这种静压的升高或降低称为风压。静压升高，风压为正；静压降低，风压为负。风压为负值的区域称为空气动力阴影区。建筑物在风的作用下，由于其各表面上形成的压力不同，空气就会从压力较高的窗孔进入室内，从压力较低的窗孔流向室外，从而形成大气运动作用下的建筑物内的自然通风，如图 2-21 所示。

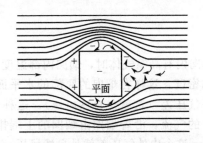

图 2-20　大气运动形成自然通风压差分析

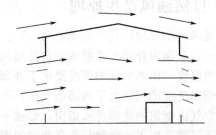

图 2-21　大气运动形成的室内自然通风

从上面四个例子可看出，如某一有限空间存在与大气相连且具有一定高度差的两个通道，且其空气密度与大气密度不同或者大气运动时，就会产生自然通风。当有限空间空气温度与大气温度不同时，其密度不同，高、低温侧空气作用在与大气相连的通道的底部平面的空气柱重量即静压也不同，低温侧空气静压大，高温侧空气静压小，低温侧空气则会从底部通道流入高温侧空间，并与高温侧空间热源进行热交换，产生气体膨胀。这样，在空气浮力作用下，低温气体产生热膨胀向上运动，并从顶部通道流出，即产生自然通风；大气运动与建筑物（含矿山、隧道等特殊建筑物）相遇时，其气流绕流建筑物，建筑物迎风面气流受阻，静压升高，而建筑物侧面和背风面由于产生局部涡流，静压降低，空气就会从静压较高的通道进入建筑物内，从压力较低的通道流向建筑物外，从而形成大气运动作用下的建筑物内的自然通风。

二、自然风压的计算

1. 密度差形成的自然风压计算

由案例一～三可见，在一个有高差的闭合回路中，只要有限空间内外的空气的温度或密度不等，该回路就会产生自然风压。根据自然风压定义，图 2-19 所示系统的自然风压 H_N 可用下式计算

$$H_N = \int_0^2 \rho_1 g \, dZ - \int_3^5 \rho_2 g \, dZ \tag{2-61}$$

式中　Z——与大气温度或密度不等的有限空间高度，m；

　　　g——重力加速度，m/s^2；

ρ_1，ρ_2——分别为 0—1—2 和 5—4—3 空间的 dZ 段空气密度，kg/m^3。

由于空气密度受多种因素影响，与高度 Z 成复杂的函数关系。因此利用式(2-61)计算自然风压较为困难。为了简化计算，一般以最低水平为界，分别测算出较大密度有限空间和较小密度有限空间的空气密度平均值 ρ_{m1} 和 ρ_{m2}，分别代替式(2-61)中的 ρ_1 和 ρ_2，则式(2-61)可写为

$$H_N = Zg(\rho_{m1} - \rho_{m2}) \tag{2-62}$$

式(2-62)同样适用案例一、例二等其他密度差形成的自然通风。

2. 大气运动形成的自然风压计算

建筑物周围的风压分布与该建筑物的几何形状及风向有关。风向一定时，建筑物外表面上某一点的风压大小和室外气流的动压成正比，H_N 表示为

$$H_N = A \frac{\rho_w v_w^2}{2} \tag{2-63}$$

式中　A——空气动力系数；

　　　v_w——室外空气风速，m/s；

　　　ρ_w——室外空气密度，kg/m^3。

空气动力系数 A 值为正，说明该点的风压为正值；A 值为负，说明该点的风压为负值。不同形状的建筑物在不同方向的风力作用下，空气动力系数的分布是不同的。其值可在风洞内通过模型试验得到。一般来说，在正方形或矩形的建筑物的迎风侧 A 值为 $0.5\sim0.9$；背风侧 A 值为 $-0.6\sim-0.3$；在平行风向的侧面或与风向稍有角度的侧面 A 值为 $-0.9\sim-0.1$；倾角在 $30°$ 以下的屋面前缘 A 值为 $-1.0\sim-0.8$；其余部分 A 值为 $-0.8\sim-0.2$；大倾角屋面迎风侧 A 值为 $0.2\sim0.3$；背风侧 A 值为 $-0.7\sim-0.5$。

式(2-63)表明，在同一建筑物的外围结构上，如果有两个风压值不同的窗孔，则空气动力系数大的窗孔将会进风，空气动力系数小的窗孔将会排风，形成贯通室内的空气流，这种自然通风模式称为穿堂风。

3. 密度差与大气运动合成的自然风压计算

其合成的自然分压为式(2-62)和式(2-63)相加

$$H_N = Zg(\rho_{m1} - \rho_{m2}) + A \frac{\rho_w v_w^2}{2} \tag{2-64}$$

三、自然风压的影响因素

1. 密度差形成自然风压的影响因素

由式(2-62)可见，影响自然风压的决定性因素是两侧空气柱的密度差，而空气密度又

受温度 T、大气压 p、气体常数 R 和相对湿度 φ 等因素影响。因此，影响自然风压的因素可用下式表示

$$H_N = f(\rho Z) = f[\rho(T, p, R, \varphi)Z] \tag{2-65}$$

① 某一回路中两侧空气柱的温差是影响 H_N 的主要因素。影响气温差的主要因素是大气气温和风流与有限空间内的热交换。大陆性气候的山区浅井及地面有限空间，自然风压大小和方向受地面气温影响较为明显，一年四季，甚至昼夜之间都有明显变化。对于地下比较深的通风通道，其自然风压受围岩热交换影响比浅井显著，一年四季的变化较小，有的可能不会出现负的自然风压。

② 空气成分和湿度。空气成分和湿度影响空气的密度，因而对自然风压也有一定影响，但影响较小。

③ 与大气温度或密度不等的有限空间高度。由式(2-62)可见，当两侧空气柱温差一定时，自然风压与回路最高与最低点（水平）间的高差 Z 成正比。

④ 大气压力。因大气压力影响空气的密度，因而对自然风压也有一定影响。

2. 大气运动（风压）形成自然风压的影响因素

由式(2-63)可见，影响自然风压的因素有空气动力系数、室外空气流速、室外空气密度，不同形状的建筑物在不同方向的风力作用下，空气动力系数的分布是不同的，空气密度又受温度 T、大气压 p、气体常数 R 和相对湿度 φ 等因素影响。所以，形成自然风压的影响因素有以下几个。

① 室外空气风速。由式(2-63)可知，自然风压与室外空气风速的平方成正比。

② 室外温度 T、大气压 p 和相对湿度 φ。因温度、大气压和相对湿度与室外空气密度有关，温度越高，大气压越低，相对湿度越小，则室外空气密度越大，自然风压也越大。

③ 建筑物形状、风向。如上所述，建筑物形状、风向是影响空气动力系数 A 值的主要因素，直接面对风向的迎风侧窗孔，其 A 值、自然风压大，背风侧窗孔 A 值、自然风压小。

应当指出，自然界中，由于风向和风速在不断地变化，大气压力基本稳定，因此在通风设计中，为保证通风的效果，自然通风仅以密度差形成自然风压作用计算。

第八节　流体射流通风原理和特性

流体射流通风是通过压力水或压缩空气或压气水通过喷嘴在射流管喷射形成通风风流的方法，根据射流流体的不同，流体射流通风包括压力水射流通风、压气射流通风和气水射流通风，相应的装置称为压力水射流通风器、压气射流通风器和气水射流通风器。与传统电动叶轮式通风机通风比，流体射流通风内部无机械旋转部件，不用电，安全可靠，运行的过程中不会由于机械碰撞、摩擦而产生火源，从根本上消除了机械叶轮旋转式风机产生的机械旋转碰撞的火花及其电气部件的失爆产生的电火花，其本身具有很高的安全性，且结构简单；其缺点是通风效率较电动叶轮式通风机低。因此，流体射流通风用在风量不太大的有爆炸性粉尘场所、爆炸性气体场所的局部通风，将显示出明显的优越性。

一、流体射流通风工作原理

图 2-22 所示为典型的流体射流通风装置结构示意图，它由喷嘴、集风器、射流管、喉管、扩散管以及吸入室等组成。其工作原理与射流泵相似，是通过各部件的综合作用来完成。

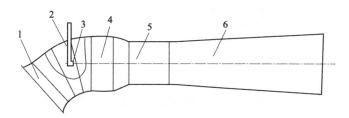

图 2-22　射流通风结构示意图

1—集风器；2—射流管；3—喷嘴；4—吸入室；5—喉管；6—扩散管

如图 2-23 所示，首先，压力水、压缩空气或压气水等射流流体通过喷嘴高速喷射出时，与静止的空气存在速度不连续的间断面，间断面受到不可避免的干扰，失去稳定而产生涡旋，涡旋卷吸周围空气进入射流，同时不断移动、变形、分裂，产生紊动，这样，由于喷嘴出口处射流边界层的紊动扩散及黏滞作用，射流流体与吸入体产生动量交换，使之产生负压而将外界气体从吸入室及外界卷吸到喉管；其次，射流流体到达喉管时，因喉管断面最小，射流在喉管处的速度增至最高，其气压也降到最低，这样，由于喉管入口处的气压低于吸入室及外界的气压，其气压差促使吸入室内及外界空气向喉管流动；再次，射流在喉管运动中，射流体和吸入体呈多相混合运动，它们进行能量和质量的传递，射流体速度减小，被吸空气速度增大，结果又使外界及吸入室的气体增加；最后，射流体在扩散管运动时，射流体和吸入体也已经基本一致，由于扩散管断面呈增大趋势，速度减小，使得射流体和被吸入体混合物的部分动能转化成压能，又增加了抽吸和压缩的效果。

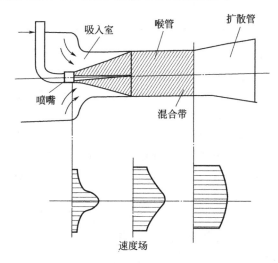

图 2-23　射流管内流动示意图

二、流体射流通风基本特性

在外部没有粉尘的情况下，忽略流体的体积力和黏性项，流体射流通风微分方程可由轴对称、稳定湍流的柱坐标（x，y，r）的雷诺运动方程和连续性方程表示。同时根据旋转射流的边界层近似有：径向速度梯度远大于轴向速度梯度，轴向和切向分量为同一量级，且远大于径向分量。忽略径向分量沿 x 和 r 方向的梯度，则方程可表示为

$$\bar{U}\frac{\partial \bar{U}}{\partial x}+\bar{V}\frac{\partial \bar{U}}{\partial r}=-\frac{1}{\rho}\frac{\partial \bar{p}}{\partial x}-\frac{\partial}{\partial r}uv-\frac{\partial}{\partial r}\bar{u}^2-\frac{uv}{r} \tag{2-66}$$

$$-\frac{\bar{W}^2}{r}=-\frac{1}{\rho}\frac{\partial p}{\partial r}-\frac{\partial}{\partial r}\bar{v}^2-\frac{\bar{v}^2}{r}+\frac{\bar{w}^2}{r} \tag{2-67}$$

$$\bar{U}\frac{\partial \bar{W}}{\partial x}+\bar{V}\frac{\partial \bar{W}}{\partial r}+\frac{\bar{V}\bar{W}}{r}=-\frac{\partial}{\partial r}\overline{vw}-2\frac{\overline{vw}}{r} \tag{2-68}$$

式中　$\bar{U}$，$\bar{V}$，$\bar{W}$——射流的轴向、径向和切向的时均速度分量；

　　　　u，v，w——速度的湍流分量。

在实用中，往往对上述方程进行简化，形式为

$$h=\psi_1^2[2\psi_2'k_j/m-A_j(1+q)/m^2] \tag{2-69}$$

$$q=\frac{Q}{Q_0}=\frac{\text{吸入气流量}}{\text{射流体流量}} \tag{2-70}$$

式中　h——压力比；

　　ψ_1，ψ_2'——喷嘴、喉管的速度系数；

　　　　m——喉管与喷嘴面积比；

　　k_j，A_j——与面积比 m、喉管长度 L、扩散角 α_2、喉嘴距有关的系数，通过试验确定。

射流通风的风量与射流半径及管内各部分之间的尺寸存在着最佳匹配关系，主要与以下因素有关。

① 喷嘴结构。喷嘴结构方面，旋流实心锥体喷嘴的吸风量最大，线束型喷嘴的抽吸风量次之，旋流空心锥体喷嘴的吸风量最小。

② 射流流体（如压气量、水量、气水量）流量和压力。射流流体流量及压力越大，风量也越大。

③ 喉管直径 d_1。喉管直径对吸入气体流量比 q 的影响是相当大的，不难看出，一定范围内，流量比 q 随喉管直径 d_1 的增加而增大，从这一点来看喉管的直径越大越好。从流速系数、流量系数来看，在一定范围内，喉管直径与系数 ψ_2' 成正比，当然，与吸风量也成正比关系。但是，若喉管直径过大，将引起动量系数计算式中第二项以及动量修正系数 δ 的减少。因此，喉管直径的选取应与射流半径相匹配。

④ 喉管长度 L。从流速系数 ψ_2' 看，L 与 ψ_2' 成反比，对吸风量也成反比例关系，但从速度 ψ_3 和动量系数 k_2'、δ 来看，L 的增大会引起流速比 M 的增大，相关修正系数 ψ_3、扩散管入口分布系数 k_2' 的减少，这样，对 k_2'、δ、ψ_3 都是有利的。这一点也说明喉管长度存在一个使得吸入气体流量比为最大的最优长度。

⑤ 喉嘴距。喉嘴距主要对系数 k_j、A_j 有影响，通过相关试验，在一些范围内，喉嘴距与风量成正比关系，而在另一些范围内成反比，喉嘴距存在一个最佳参数。

⑥ 扩散角 α_2。扩散角 α_2 的影响主要是流速系数 ψ_3，因扩散角 α_2 与 ψ_3 近似成抛物线关系，在一些范围成正比关系，而在另一些范围成反比。因此，扩散角 α_2 也有其最佳值。

第九节　置换通风原理与特征

一、置换通风原理

置换通风是以挤压的原理来工作的（图 2-24），置换通风以较低的温度从地板附近把空气送入室内，风速的平均值及紊流度均比较小。由于送风层的温度较低，密度较大，故会沿着整个地板面蔓延开来。房间内的热源（人、电气设备等）在挤压流中会产生浮升气流（热

烟羽），浮升气流会不断卷吸室内的空气向上运动，并且，浮升气流中的热量不再会扩散到下部的送风层内。因此，在室内某一位置高度会出现浮升气流量与送风量相等的情况，这就是热分离层。热分离层下部区域为单向流动区，上部为混合区。室内空气温度分布和有害物浓度分布在这两个区域有非常明显差异，下部单向流动区存在明显的垂直温度梯度和有害物浓度梯度，而上部紊流合区温度场和有害物浓度场则比较均匀，接近排风的温度和浓度。因此，从理论上讲，只要保证热分离层高度位于人员工作区以上，就能保

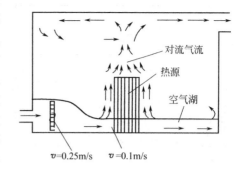

图 2-24　置换通风原理

证人员处于相对清洁、新鲜的空气环境中，大大改善人员工作区的空气质量。另外，只需满足人员工作区的温湿度即可，人员工作区上方的冷负荷可以不予考虑，因此，相对于传统的混合通风，置换通风具有节能的潜力（空间高度越大，节能效果越显著）。

二、置换通风的特性

有别于传统的混合通风的稀释原理，置换通风以浮力控制为动力，以人为本。由此在通风动力源、通风技术措施、气流分布等方面及最终的通风效果上发生了一系列的变化，具有气流扩散浮力提升、小温差、低风速、送风紊流小、温度/浓度分层、空气品质接近于送风、送风区为层流区等特点。

（1）置换通风房间内的自然对流

置换通风房间内的热源有工作人员、办公设备及机械设备三大类。在混合通风的热平衡设计中，仅把热源的量作为计算参数而忽略了热源产生的上升气流。置换通风的主导气流是依靠热源产生的上升气流及烟羽，借此来驱动房间内的气流流向，站姿人员产生的热上升气流如图 2-25 所示。关于热源引起的上升气流流量，欧洲各国学者都进行了研究，由于实验条件的不同所得的资料不尽相同。

（2）置换通风房间的热力分层

置换通风是利用空气密度差在室内形成的由下而上的通风气流。新鲜空气以极低的流速从置换通风器流出，通常送风温度低于室温 2~4℃，送风的密度大于室内空气的密度，在重力作用下送风下沉到地面并蔓延到全室，在地板上形成一层薄薄的冷空气层，称为空气湖。空气湖中的新鲜空气受热源上升气流的卷吸作用、后续新风的推动作用及排风口的抽吸作用而缓缓上升，形成类似活塞流的向上单向流动，因此，室内热浊的空气被后续的新鲜空气抬升到房间顶部并被设置在上部的排风口排出。

热源形成的烟羽因密度低于周围空气而上升，烟羽沿程不断卷吸周围空气并流向顶部，如果烟羽流量在近顶棚处大于送风量，根据连续性原理，必将有一部分热浊气流下降返回，因此顶部形成一个热浊空气层。根据连续性原理，在任一个标高平面上的上升气流流量等于送风量与返回气流流量之和。因此，必将在某一个平面上烟羽流量正好等于送风量，该平面上返回空气量等于零。在稳定状态时，这个接口将室内空气在流态上分成两个区域，即上部紊流混合区和下部单向流动清洁区。置换通风热力分层情况如图 2-26 所示。

在置换通风条件下，下部区域空气凉爽而清洁，只要保证分层高度（地面到接口大的高度）在工作区以上，就可以确保工作区优良的空气质量，而上部区域可以超过工作区的容许浓度，该区域不属于人员停留区从而对人员无妨。

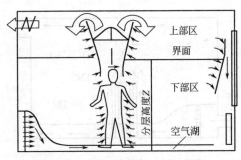

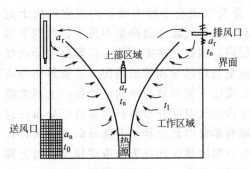

图 2-25　站姿人员产生的上升气流　　　图 2-26　置换通风热力分层

（3）置换通风房间室内空气温度、速度与有害物浓度的分布

由于热源引起的上升气流使热气流浮向房间的顶部，因此，房间在垂直方向上形成温度梯度，即置换通风房间底部温度低、上部温度高，室内温度梯度形成了脚寒头暖的局面，这种现象与人体的舒适性规律有悖。因此，应控制离地面 0.1m（脚踝高度）至 1.1m 之间温差不能超过人体所容许的程度。置换通风出口风速约为 0.25m/s，随着高度增加风速越来越低。置换通风房间的有害物浓度梯度的趋势与温度分布相似，即上部有害物浓度高，下部有害物浓度低，在 1.1m 以下的工作区的有害物浓度远低于上部的有害物浓度。

三、置换通风的应用

1978 年，柏林的一家铸造车间首次采用了置换通风系统，从这以后，置换通风系统逐渐在工业建筑、民用建筑及公共建筑中得到了广泛的应用。特别是北欧斯堪的纳维亚半岛，现在大约 50% 的工业通风系统采用了置换通风系统，大约 25% 的办公室通风系统采用了置换通风系统。在中国，也有一些工程开始采用置换通风系统，并取得了一些效果。

1. 落地式置换通风末端装置在工业厂房的应用

落地式置换通风在工业厂房的应用如图 2-27 所示。

2. 落地式置换通风在会议厅的应用

落地式置换通风末端装置在会议厅应用，分层高度在坐姿人员头部以上，下部区为新鲜空气，上部区为污浊空气，排风口设置在房间上部。

3. 架空式置换通风器在办公室的应用

架空式置换通风器在办公室的应用如图 2-28 所示，架空式置换通风器的出风以低流速向下沉降并在地面形成空气湖，在热源的浮力作用下新鲜空气向上流动，热浊的污染空气在顶部并经排风口排出。

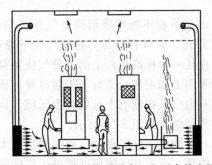

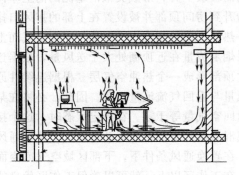

图 2-27　落地式置换通风在工业厂房的应用　　　图 2-28　架空式置换通风器在办公室的应用

思考题与习题

1. 风流为层流、紊流时风速断面分布有何特征？

2. 空气的静压是怎样产生的？其物理意义和单位如何？为什么风道入口断面的绝对全压可以认为等于入口外面的大气压（或绝对静压），风道出口断面的绝对静压等于出口外面的大气压（或绝对静压）？

3. 简述绝对压力和相对压力的概念。为什么在正压通风中断面上某点的相对全压大于相对静压，而在负压通风中断面某点的相对全压小于相对静压？

4. 风道的空气静压、位压、动压有何特点？位压、动压如何计算？

5. 简述风流全压和机械能概念。如果通风机做抽出式工作，在抽出段测得某点相对静压力为 600Pa，动压为 150Pa，在压入段测得相对静压为 600Pa，动压为 150Pa，风道外与测点同标高点的大气压力为 101324Pa，求抽出段和压入段测点的相对全压、绝对静压和绝对全压。

6. 简述风流运动的连续性方程及其物理意义。

7. 对于不同的雷诺数的风流，其摩擦阻力无因次系数如何？

8. 摩擦阻力 h_f 和摩擦风阻 R_f 有何区别？

9. 局部阻力如何产生？如何计算？

10. 通风网络中风流基本定律内容包括哪些？

11. 自然通风产生的原因和计算方法如何？自然风压的影响因素有哪些？

12. 流体射流通风的工作原理和特性如何？

13. 置换通风原理和特性如何？

14. 如图 2-29 所示的抽出式通风筒中某点 i 的 $h_i = 100Pa$，$h_{vi} = 150Pa$，风筒外与 i 点同标高的 $p_{0i} = 101332.3Pa$，求：（1）i 点的绝对静压 p_i；（2）i 点的相对全压 h_{ti}；（3）i 点的绝对全压 p_{ti}。

15. 已知矩形风管的断面尺寸为 $400mm \times 200mm$，管长 10m，风量为 $0.88m^3/s$，在 20℃ 条件下工作。如果分别采用薄钢板或混凝土（$K = 3.0mm$）制风管，试计算其摩擦阻力。如果空气在夏天冷却到 10℃，冬季加热到 50℃，矩形风管的摩擦阻力有何变化？

16. 有一矿渣混凝土板通风管道，宽 1.2m，高 0.6m，管内风速 8m/s，空气温度 20℃，计算其单位长度摩擦阻力。

17. 有一矩形镀锌薄钢板风管（$K = 0.15mm$），断面尺寸 $500mm \times 400mm$，流量 $300m^3/h$，气温 20℃，分别用流速当量直径和流量当量直径法，求该风管的单位长度摩擦阻力。如果采用矿渣混凝土板（$K = 1.5mm$），再求该风管的单位长度摩擦阻力。如果空气温度 60℃，其单位长度摩擦阻力有何变化？

18. 有一圆截面通风三通，如图 2-30 所示，$d_1 = d_2 = 210mm$，$d_3 = 280mm$，$q_{v_1} = q_{v_2} = 1900m^3/h$，$q_{v_3} = 3800m^3/h$，试计算其局部阻力。

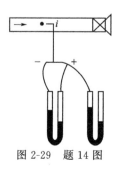

图 2-29 题 14 图

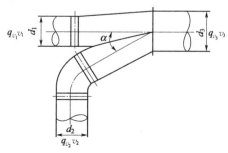

图 2-30 题 18 图

19. 在一段断面不同的水平巷道中，用压差计法测定两断面的静压为 70Pa，断面 1 的断面积为 8m²，其平均风速 35m/s，断面的断面积为 5m²，空气的平均密度为 125kg/m³，求该段巷道的通风阻力。

20. 绘出图 2-31 所示的通风系统压力分布示意图。

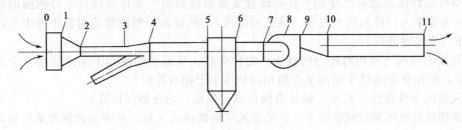

图 2-31　题 20 图

0—空气进口；1，2—吸风罩；3，5—水平直管；4，7—三通；6—除尘器；

8—弯管；9—通风机；10—渐扩管；11—出口

21. 已知某梯形风道摩擦阻力系数 $\alpha = 0.0177$N·s²/m⁴，风道长 $L = 200$m，净断面积 $S = 5$m²，通过风量 Q 为 720m³/min，试求摩擦风阻与摩擦阻力。

22. 图 2-32 为一圆形通风管道系统的局部，大断面管径为 600mm，小断面管径为 400mm，今在断面变化处附近测得大小断面之间的静压差为 550Pa（两测点距离小于 1m），大断面的平均动压为 100Pa，空气密度为 1.2kg/m³，试求该处的局部阻力系数。

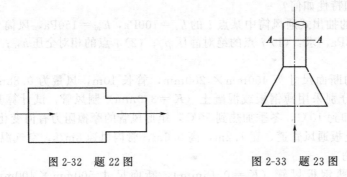

图 2-32　题 22 图　　　　　　　　　　图 2-33　题 23 图

23. 某集气罩结构如图 2-33 所示，连接管直径 $D = 250$mm，在 $t = 30℃$ 时测得 $A—A$ 断面的相对静压为 -36Pa，平均动压为 40Pa。求此集气罩的流量系数和排风量。

第三章 通风机和通风设施

通风机是提供空气流动能量的设备之一，通风设施是保证风流按生产、生活要求的数量和方向流动的设施，它们是工业通风的主要内容之一。本章主要介绍通风机类型及构造、通风机运行及其特性曲线和通风设施等内容。

第一节 通风机类型与工作原理

通风机是各个工业领域中不可缺少的设备，通风机类型非常多，应用面积极其广泛而且量大。据统计，通风机用电量占全国发电量的 10% 左右。

一、通风机的分类

1. 按气流运动方向分类

（1）离心式通风机

气流进入旋转的叶片通道，在离心力作用下气体被压缩并沿着半径方向流动，如将流道出口处风流相对速度 ω_2 的方向与圆周速度 u_2 的反方向夹角称为叶片出口构造角，以 β_2 表示，如图 3-1 所示，则根据出口构造角 β_2 的大小，离心式通风机又可分为以下三类。

① 前向叶轮式。叶片出口几何构造角大于 90°（$\beta_2 > 90°$）的离心式叶轮。前向叶轮一

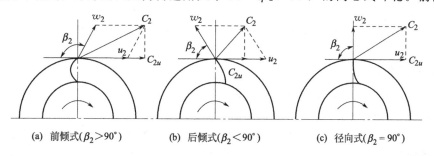

(a) 前倾式（$\beta_2 > 90°$）　　(b) 后倾式（$\beta_2 < 90°$）　　(c) 径向式（$\beta_2 = 90°$）

图 3-1 叶片出口构造角与风流速度图

般采用圆弧形叶片，较后向和径向叶轮获得的压力大，但效率较低。如果对通风机压力要求较高，转速或圆周速度又受到一定限制时，往往选用前向叶轮通风机。

② 径向叶轮式。叶片出口几何构造角等于 90°（$\beta_2 = 90°$）的离心式叶轮。径向叶轮通风机压力系数较高（仅次于多叶通风机），小型轻量，适用于磨损较严重的场合。效率略低于后向叶轮通风机。

③ 后向叶轮式。叶片出口几何构造角小于 90°（$\beta_2 < 90°$）的离心式叶轮。后向叶轮通风机在离心通风机中效率最高，适用于风量范围宽的场合。

（2）轴流式通风机

气流轴向进入风机叶轮后，在旋转叶片的流道中沿着轴线方向流出的通风机。相对于离心式通风机，轴流式通风机具有流量大、体积小、压头低的特点，用于有灰尘和腐蚀性气体场合时需注意。

（3）斜流式（混流式）通风机

在通风机的叶轮中，气流的方向处于轴流式和离心式之间，近似沿锥面流动，故可称为斜流式通风机。这种风机的压力系数比轴流式通风机高，而流量系数比离心式通风机高。

（4）横流式通风机

横流式通风机，也称贯流式通风机，其内有一个筒形的多叶叶轮转子。气流沿着与转子轴线垂直的方向，从转子一侧的叶栅进入叶轮，然后穿过叶轮转子内部，通过转子另一侧的叶栅，将气流排出。这种风机具有薄而细长的出口截面，不必改变流动方向等特点，适于装置在各种扁平或细长形的设备里。这种风机动压较高，气流不乱，但效率较低。

2. 按通风机服务范围分类

按通风机服务范围，可分为主要通风机和局部通风机。主要通风机是指为整个通风系统服务的通风机，局部通风机是指为通风系统局部地段服务的通风机。对主要通风机和局部通风机的区分，以矿井为例说明，安设在地面为整个矿井服务的通风机为主要通风机，为矿井施工地点服务的通风机为局部通风机。

3. 按比转速 n_s（达到单位流量和压力所需的转速）大小分类

（1）低比转速通风机（$n_s = 11 \sim 30$）

该类风机进口半径小，工作轮宽度不大，蜗壳的宽度和张开度小，工作轮叶片可以是前向的，也可以是后向的。通风机的比转速越小，叶片形状对气动特性曲线的影响越小。

（2）中比转速通风机（$n_s = 30 \sim 60$）

该类风机各自具有不同的几何参数和气动参数。压力系数大的和压力系数小的中比转速通风机，它们的比直径几乎相差一倍。

（3）高比转速通风机（$n_s = 60 \sim 81$）

该类风机具有宽工作轮和后向叶片，叶片数较少，压力系数和最大效率值较高。

通常，离心式通风机的比转速 $n_s = 15 \sim 80$；混流式通风机 $n_s = 80 \sim 120$；轴流式通风机 $n_s = 100 \sim 500$。

4. 按用途分类

按通风机的用途，一般可分为以下几类。

（1）一般用途通风机

这种通风机只适宜输送温度低于 80℃ 型通风机等。这类通风机一般是供工厂及各种建筑物通风换气或采暖通风用，要求压力不高，但噪声要低，可采用离心式或轴流式通风机。

（2）行业专用通风机

由于各个行业、场所对风压、风量等的要求有区别，且需要量也较大，因此，形成了行业专用通风机，如矿用通风机、隧道用通风机、船用通风机、粮食加工用通风机、工业炉用通风机、空调用通风机、冷却塔用通风机等。

（3）专用要求通风机

由于很多场所存在高温气体、爆炸气体、腐蚀性气体及其粉体类物质，因此，对通风机提出了特殊要求。这类通风机主要有以下几类。

① 高温通风机。锅炉引风机输送的烟气温度一般在 $200\sim250℃$，在该温度下碳素钢材的物理性能与常温下相差不大。所以一般锅炉引风机的材料与一般用途通风机相同。若输送气体温度在 $300℃$ 以上，则应用耐热材料制作，滚动轴承采用空心轴水冷结构。

② 防爆通风机。该类型通风机选用与砂粒、铁屑等物料碰撞时不发生火花的材料制作。对于防爆等级低的通风机，叶轮用铝板制作，机壳用钢板制作；对于防爆等级高的通风机，叶轮、机壳则均用铝板制作，并在机壳和轴之间增设密封装置。

③ 防腐通风机。防腐通风机输送的气体介质较为复杂，所用材质因气体介质而异。有些工厂在通风机叶轮、机壳或其他与腐蚀性气体接触的零部件表面喷镀一层塑料，或涂一层橡胶，或刷多遍防腐漆，以达到防腐目的，效果很好，应用广泛。另外，用过氯乙烯、酚醛树脂、聚氯乙烯和聚乙烯等有机材料制作的通风机（即塑料通风机、玻璃钢通风机），质量轻，强度大，防腐性能好，已有广泛应用。但这类通风机刚度差，易开裂。

④ 消防用排烟通风机。这是一类供建筑物消防排烟的专用通风机，具有耐高温的显著特点。一般在温度大于 $300℃$ 的情况下可连续运行 40min 以上。目前在高层建筑的防排烟通风系统中广泛应用。HTF、GYF、GXF 系列通风机均属这一类型。

⑤ 粉体用通风机。粉体用通风机又可分两种：一种是直吹式粉体通风机，它是将储仓内的粉体由其侧面吹到人为控制范围，粉体不直接通过通风机，它要求通风机的排气压力高，如热电站将储仓内的煤粉由其侧面吹到炉膛内；另一种是吹吸式粉体通风机，粉体从一处吸入后吹向另一处，粉体通过通风机，并对叶轮及壳体磨损严重，因此制作时，在叶片表面渗碳、喷镀三氧化二铝、硬质合金钢等，或焊上一层耐磨焊层（如碳化钨等），或叶轮采用锰钢等耐磨材料制作。粉体通风机的典型应用为热电站锅炉燃烧系统的煤粉输送。

⑥ 其他用通风机。其他用通风机是指上述未提及的专用通风机，具体可见表 3-1。

表 3-1　通风机按用途分类表

序号	通风机名称	代号		用途	通风机类型
		汉字	缩写		
1	通用通风机	通用	T	一般通用通风换气	离心式、轴流式
2	锅炉通风机	锅通	G	热电及工业锅炉输送空气	离心式、轴流式
3	锅炉引风机	锅引	Y	热电及工业锅炉抽引烟气	离心式、轴流式
4	高温通风机	高温	W	高温气体输送	离心式、轴流式
5	冷却通风机	冷却	L	工业冷气水通风	一般为离心式
6	热风通风机	热风	R	吹热风	离心式、轴流式
7	降温通风机	凉风	LF	吹降温凉风	轴流式、离心式
8	防爆通风机	防爆	B	易爆气体通风换气	离心式、轴流式
9	防腐通风机	防腐	F	腐蚀气体通风换气	离心式、轴流式
10	矿井通风机	矿井	K	矿井主要通风	离心式、轴流式

序号	通风机名称	代号		用途	通风机类型
		汉字	缩写		
11	矿用局部通风机	矿局	KJ	矿井局部通风	多为防爆轴流式
12	隧道通风机	隧道	SD	隧道通风换气	多为轴流式
13	船舶通风机	船通	CT	舰船用通风换气	离心式、轴流式
14	船锅通风机	船锅通	CG	船用锅炉输送空气	离心式、轴流式
15	船锅引风机	船锅引	CY	船用锅炉抽引烟气	离心式、轴流式
16	排尘通风机	尘	C	木屑、纤维及尘气输送	多为离心式
17	粉末通风机	粉末	FM	物料和粉末输送	多为离心式
18	煤粉通风机	煤粉	M	锅炉燃烧系统煤粉输送	多为离心式
19	烧结抽风机	烧结	SJ	烧结炉排送烟气	多为离心式
20	工业炉通风机	工业炉	GY	化铁、锻造、冶金炉等鼓引风	离心式
21	纺织通风机	纺织	FZ	纺织工业通风换气	离心式、轴流式
22	烟气再循环风机	烟循	YX	烟气再循环	离心式、轴流式
23	消防排烟风机	消防排烟	XP	高层建筑、车库等消防排烟	轴流式、离心式
24	空调通风机	空调	KT	空气调节	离心式、轴流式
25	电影机械冷却通风机	影机	YJ	电影机械冷却烘干	离心式
26	微型电动吹风机	电动	DD	一般吹风	轴流式

二、离心式通风机的构造和工作原理

1. 构造

离心式通风机一般由前导器、进风口、工作轮、螺形机壳、主轴、出气口等部分组成，如图 3-2 所示。

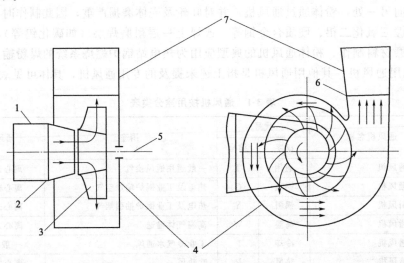

图 3-2 离心式通风机的构造与原理

1—前导器；2—进风口，3—工作轮；4—螺形机壳；5—主轴；6—出气口；7—出口扩散器

工作轮是对空气做功的部件，由呈双曲线形的前盘、呈平板状的后盘和夹在两者之间的轮毂以及固定在轮毂上的叶片组成。进风口有单吸和双吸两种。在相同的条件下双吸风机叶

（动）轮宽度是单吸风机的两倍。在进风口与叶（动）轮之间装有前导器（有些通风机无前导器），使进入叶（动）轮的气流发生预旋绕，以达到调节性能的目的。

2. 工作原理

气体在离心式通风机内的流动如图3-2所示。叶轮安装在螺形机壳4内，当电机通过传动装置带动叶轮旋转时，气体经过进风口2轴向吸入，叶片流道间的空气随叶片旋转而旋转，获得离心力，然后气体约折转90°变为垂直于通风机轴的径向运动流经叶轮叶片构成的流道间（简称叶道），经叶端被抛出叶轮，进入螺形机壳，螺形机壳将叶轮甩出的气体集中、导流，其内速度逐渐减小，压力升高，然后从通风机出气口6或出口扩散器7排出。与此同时，在叶片入口（叶根）形成较低的压力（低于进风口压力），于是，进风口的风流便在此压差的作用下流入叶道，自叶根流入，在叶端流出，如此源源不断，形成连续的流动。

3. 型号表示

常用型号的一般含义举例如下。

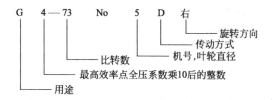

三、轴流式通风机的构造和工作原理

1. 构造

如图3-3所示为轴流式通风机典型结构简图，主要由进风口、叶轮、整流器、风筒、扩散（芯筒）器和传动部件等部分组成。

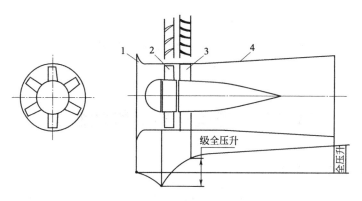

图3-3 轴流式通风机结构简图
1—集风器；2—叶轮；3—导叶；4—扩散器

进风口是由集风器与整流器构成的断面逐渐缩小的进风通道，使进入叶轮的风流均匀，以减小阻力，提高效率。

叶轮是由固定在轴上的轮毂和以一定角度安装其上的叶片组成。叶片的形状为中空梯形，横断面为翼形，沿高度方向可做成扭曲形，以消除和减小径向流动。用与机轴同心、半径为 R 的圆柱面切割叶（动）轮叶片，并将此切割面展开成平面，就得到了由翼剖面排列而成的翼栅。在叶片迎风侧做一外切线，称之为弦线。弦线与叶（动）轮旋转方向（u）的夹角称为叶片安装角，以 θ 表示。叶（动）轮上叶片的安装角可根据需要在规定范围内调整，但必须保持一致。叶轮的作用是增加空气的全压。叶轮有一级和二级两种。二级叶轮产生的风压是一级的两倍。

整流器安装在每级叶轮之后，为固定轮。其作用是整直由叶片流出的旋转气流，减小动能和涡流损失。环形扩散（芯筒）器使从整流器流出的气流逐渐扩大到全断面，部分动压转化为静压。

在两级的轴流式通风机中，有一种将一个叶轮装在另一个叶轮的后面，而叶轮的转向彼此相反的对旋式轴流通风机，或称其为对置式轴流通风机，它的应用越来越广泛，它具有以下几个特点：一是可以省略导叶，因而具有较短的结构尺寸，但它要求有两个彼此分离的按相反方向回转的驱动装置，叶轮可以通过皮带驱动，也可以把驱动装置直接装在轮毂内；二是效率高，比同样二级轴流式通风机效率高 6%～8%；三是反风性能好，一般动叶固定的风机反风量约为 40%，而对旋式轴流通风机的反风量可达 60%～70%。这种风机主要用于矿山、隧道、船舶的换气通风以及风洞、冷却塔和锅炉上。

2. 工作原理

在轴流式通风机中，风流流动的特点是：当叶（动）轮转动时，气流沿等半径的圆柱面旋绕流出。

当叶（动）轮旋转时，翼栅即以圆周速度 u 移动。处于叶片迎面的气流受挤压，静压增加；与此同时，叶片翼背的气体静压降低，翼栅受压差作用，但受轴承限制，不能向前运动，于是叶片迎面的高压气流由叶道出口流出，翼背的低压区"吸引"叶道入口侧的气体流入，形成穿过翼栅的连续气流。

3. 型号表示

型号的一般含义举例如下。

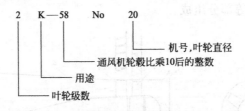

第二节　通风机实际特性曲线

一、通风机工作参数

表示通风机性能的主要参数是风量 Q、风压 H、风机轴功率 N、效率 h 和转速 n 等。

1. 通风机（实际）风量 Q

通风机的实际风量一般是指单位时间内通过风机入口空气的体积，亦称体积流量（无特殊说明时均指在标准状态下），单位为 m^3/h、m^3/min 或 m^3/s。

2. 通风机（实际）全压 H_t 与静压 H_s

根据第二章的概念，通风机的全压是通风机对空气做功，消耗于单位体积空气的能量（单位为 $N \cdot m/m^3$ 或 Pa），其值为风机出口风流的全压与入口风流全压之差。在忽略自然

风压时，H_t 用以克服通风管网阻力 h 和风机出口动能损失 h_v，即

$$H_t = h + h_v \tag{3-1}$$

如将克服通风管网阻力的风压称为通风机的静压 H_s（Pa），则

$$H_t = H_s + h_v \tag{3-2}$$

当流动处于紊流粗糙区时

$$H_s = RQ^2 \tag{3-3}$$

3. 通风机的功率

通风机的输出功率，是指单位时间内通风机对空气所做的功，是风流压力和风量的乘积，可分为全压功率 N_t 和静压功率 N_s，全压功率 N_t 是以全压计算的功率，静压功率 N_s 是以静压计算的功率。如风流压力的单位为 N·m/m³ 或 Pa，风量的单位为 m³/s，则输出功率的单位为瓦特（W）。全压功率 N_t 和静压功率 N_s 可用下式计算

$$N_t = H_t Q \,(\text{W}) \tag{3-4}$$

$$N_s = H_s Q \,(\text{W}) \tag{3-5}$$

4. 通风机的效率

通风机的效率是通风机的输出功率和输入功率的比值，也分为全压效率 η_t 和静压效率 η_s。通风机的输入功率 N 常称为轴功率，单位一般为千瓦（kW），所以

$$\eta_t = \frac{H_t Q}{1000N} \tag{3-6}$$

$$\eta_s = \frac{H_s Q}{1000N} \tag{3-7}$$

设电动机的效率为 η_m、传动效率为 η_{tr} 时，电动机的输入功率为 N_m，则

$$N_m = \frac{N}{\eta_m \eta_{tr}} = \frac{H_t Q}{1000 \eta_\tau \eta_m \eta_{tr}} \tag{3-8}$$

二、通风机个体特性曲线

所谓工况点，即是风机在某一特定转速和工作风阻条件下的工作参数，如 Q、H 和 N 等，一般是指 Q 和 H 两参数。

当风机以某一转速在风阻 R 的管网上工作时，可测算出一组工作参数：风压 H、风量 Q、功率 N 和效率 η，这就是该风机在管网风阻为 R 时的工况点。改变管网的风阻，便可得到另一组相应的工作参数，通过多次改变管网风阻，可得到一系列工况参数。将这些参数对应描绘在以 Q 为横坐标，以 H、N 和 η 为纵坐标的直角坐标系上，并用光滑曲线分别把同名参数点连接起来，即得 H-Q、N-Q 和 η-Q 曲线，这组曲线称为通风机在该转速条件下的个体特性曲线。有时为了使用方便，仅采用风机静压特性曲线（H_s-Q）。在通风机出口段很小时，为了减少风机的出口动压损失，抽出式通风时主要通风机的出口均外接扩散器，此时通常把外接扩散器看作通风机的组成部分，总称之为通风机装置。通风机装置的全压 H_{td} 为扩散器出口与风机入口风流的全压之差，与风机的全压 H_t 的关系为

$$H_{td} = H_t - h_{ks} \tag{3-9}$$

式中　h_{ks}——扩散器阻力。

通风机装置全压 H_{td} 随扩散器的结构形式和规格不同而变化，严格地说

$$H_{td} = H_t - (h_{ks} + h_{dk}) \tag{3-10}$$

式中　h_{dk}——扩散器出口动压。

安装扩散器后回收的动压相对于风机全压来说很小，所以通常并不把通风机特性和通风机装置特性严加区别。通风机厂提供的特性曲线往往是根据模型试验资料换算绘制的，一般是未考虑外接扩散器。而且有的厂方提供全压特性曲线，有的提供静压特性曲线，读者应能根据具体条件掌握它们的换算关系。

图 3-4 和图 3-5 分别为轴流式和离心式通风机的个体特性曲线示例。轴流式通风机的风压特性曲线一般有马鞍形驼峰存在，而且同一台通风机的驼峰区随叶片装置角度的增大而增大。驼峰点 D 以右的特性曲线为单调下降区段，是稳定工作段；点 D 以左是不稳定工作段，风机在该段工作，有时会引起风机风量、风压和电动机功率的急剧波动，甚至机体发生振动，发出不正常噪声，产生所谓喘振（或飞动）现象，严重时会破坏风机。离心式通风机风压曲线驼峰不明显，且随叶片后倾角度增大逐渐减小，其风压曲线工作段较轴流式通风机平缓；当管网风阻做相同量的变化时，其风量变化比轴流式通风机要大。

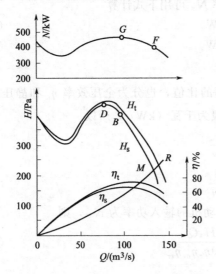

图 3-4　轴流式通风机个体特性曲线

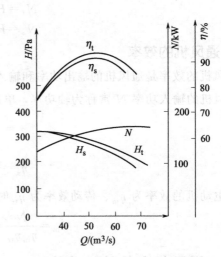

图 3-5　离心式通风机个体特性曲线

轴流式通风机的叶片装置角不太大时，在稳定工作段内，功率 N 随 Q 增加而减小。所以轴流式通风机应在风阻最小时启动，以减少启动负荷。

离心式通风机的轴功率 N 又随 Q 增加而增大，只有在接近风流短路时功率才略有下降。因而，为了保证安全启动，避免因启动负荷过大而烧坏电机，离心式通风机在启动时应将风硐中的闸门全闭，待其达到正常转速后再将闸门逐渐打开。

在产品样本中，大、中型轴流式通风机给出的大多是静压特性曲线；而离心式通风机大多是全压特性曲线，且 H-Q 曲线只画出最大风压点右边单调下降部分，且把不同安装角度的特性曲线画在同一坐标上，效率曲线是以等效率曲线的形式给出。

三、通风机相似定律与类型特性曲线

目前风机种类较多，同一系列的产品有许多不同的叶轮直径，同一直径的产品又有不同的转速。如果仅仅用个体特性曲线表示各种通风机性能，就显得过于复杂。还有，在设计大型通风机时，首先必须进行模型实验。因此，非常有必要讨论同一系列各产品、同一直径各产品及其模型和实物之间的关系。

1. 通风机的相似条件

两台风机相似，表示两台风机气体流动相似，必须满足几何相似、运动相似和动力相似三个条件。

①几何相似：指两台风机的各过流部件对应的线性尺寸成同一比例，对应角均相等，即

$$\frac{D_1}{D_2}=\frac{a_1}{a_2}=\frac{b_1}{b_2}=\frac{c_1}{c_2}$$

式中　　　D——相似通风机的叶轮外缘直径；

　　　　a,b,c——过流部件其他可计算过流断面的尺寸；

　　下标1，2——第1、2台风机。

而其过流面积 S 比为线性尺寸比的平方，比如风机出口矩形断面积为 a 与 b 乘积时，

$$\frac{S_1}{S_2}=\frac{a_1}{a_2}\times\frac{b_1}{b_2}=\left(\frac{D_1}{D_2}\right)^2$$

②运动相似：指现风机和原风机的各对应点上的同名速度方向相同，速度之比相等，即各对应点上的速度三角形相似，即

$$\frac{v_{1A}}{v_{2A}}=\frac{v_{1B}}{v_{2B}}=\frac{v_{1C}}{v_{2C}}=\frac{v_{1D}}{v_{2D}}=\frac{u_1}{u_2}=\frac{\pi D_1 n_1}{\pi D_2 n_2}$$

式中　　　u——相似通风机叶轮外缘圆周速度；

　　　　　n——转速；

　　A,B,C,D——相关点。

③动力相似：指作用在原型和模型泵与风机过流部分对应点上的流体质点所受的各同名力的比值相等，方向相同。这些同名力有：惯性力、黏滞力、重力和压力。要使这四种力同时满足相似条件，一般不易办到。实际上，通风机运行时通常雷诺数很大，一般只考虑风流压力的比值相等即可。

2. 相似定律和无因次系数

相似定律也称为比例定律。根据通风机的相似条件，可以推出如下关系。

（1）流量相似关系

因几何相似和运动相似，可推得

$$\frac{Q_1}{Q_2}=\frac{S_1}{S_2}\times\frac{u_1}{u_2}=\left(\frac{D_1}{D_2}\right)^2\times\frac{D_1 n_1}{D_2 n_2}=\frac{n_1}{n_2}\left(\frac{D_1}{D_2}\right)^3 \tag{3-11}$$

式中　D——相似通风机的叶轮外缘直径；

　　　u——相似通风机的圆周速度。

（2）风机全压与静压相似关系

根据几何相似和动力相似，说明相似通风机在相似工况点全压和静压的比值相等，即

$$\frac{H_{t1}}{H_{t2}}=\frac{H_{s1}}{H_{s2}}=\frac{h_{du1}}{h_{du2}}=\frac{\frac{1}{2}\rho_1 u_1^2}{\frac{1}{2}\rho_2 u_2^2}=\frac{\rho_1}{\rho_2}\left(\frac{D_1}{D_2}\right)^2\left(\frac{n_1}{n_2}\right)^2 \tag{3-12}$$

式中　H_t——通风机全压；

　　　H_s——通风机静压；

　　　h_d——平均动压；

　　　h_{du}——叶轮外缘动压。

（3）风机轴功率相似关系

根据流量相似关系、风机全压与静压相似关系及通风机效率计算公式，可推出

$$\frac{N_{t1}}{N_{t2}}=\frac{Q_1 H_1}{Q_2 H_2}=\frac{n_1}{n_2}\left(\frac{D_1}{D_2}\right)^3\frac{\rho_1}{\rho_2}\left(\frac{D_1}{D_2}\right)^2\left(\frac{n_1}{n_2}\right)^2=\frac{\rho_1}{\rho_2}\left(\frac{n_1}{n_2}\right)^3\left(\frac{D_1}{D_2}\right)^5=\frac{N_{s1}}{N_{s2}} \tag{3-13}$$

式（3-11）、式（3-12）和式（3-13）即为相似定律的内容。

（4）无因次系数

式（3-11）可改写为

$$\frac{Q_1}{\frac{\pi}{4}D_1^2\frac{\pi n_1 D_1}{60}}=\frac{Q_2}{\frac{\pi}{4}D_2^2\frac{\pi n_2 D_2}{60}}=\bar{Q}$$

由1、2号风机的任意性，有

$$\frac{Q}{\frac{\pi}{4}D^2 u}=\bar{Q}=常数 \tag{3-14}$$

同理，式（3-12）可改写为

$$\frac{H_{t1}}{\rho\left(\frac{\pi n_1 D_1}{60}\right)^2}=\frac{H_{t2}}{\rho\left(\frac{\pi n_2 D_2}{60}\right)^2}=\bar{H}_t$$

$$\frac{H_{s1}}{\rho\left(\frac{\pi n_1 D_1}{60}\right)^2}=\frac{H_{s2}}{\rho\left(\frac{\pi n_2 D_2}{60}\right)^2}=\bar{H}_s$$

由1、2号风机的任意性，有

$$\frac{H}{\rho u^2}=\bar{H}=常数 \tag{3-15}$$

式中　H——通风机全压或静压。

同理，式（3-13）可改写为

$$\frac{1000 N_{s1}}{\rho\frac{\pi D_1^2}{4}\left(\frac{\pi n_1 D_1}{60}\right)^3}=\frac{1000 N_{s2}}{\rho\frac{\pi D_2^2}{4}\left(\frac{\pi n_2 D_2}{60}\right)^3}=\bar{N}_s$$

$$\frac{1000 N_{t1}}{\rho\frac{\pi D_1^2}{4}\left(\frac{\pi n_1 D_1}{60}\right)^3}=\frac{1000 N_{t2}}{\rho\frac{\pi D_2^2}{4}\left(\frac{\pi n_2 D_2}{60}\right)^3}=\bar{N}_t$$

由1、2号风机的任意性，有

$$\frac{1000 N}{\frac{\pi}{4}\rho D^2 u^3}=\bar{N}=常数 \tag{3-16}$$

式中　N——通风机全压轴功率或静压轴功率；

$\bar{Q},\bar{H},\bar{N}$——流量系数、压力系数、功率系数，因三个参数都不含有因次，因此叫无因次系数。

3. 类型特性曲线与通用特性曲线

（1）类型特性曲线

$\bar{Q}$、$\bar{H}$、$\bar{N}$ 和 η 可用相似风机的模型试验获得，根据风机模型几何尺寸、实验条件及实

验所得的工况参数 Q、H、N 和 η，利用式(3-14)、式(3-15)和式(3-16)计算出该系列风机的 $\bar{Q}$、$\bar{H}$、$\bar{N}$ 和 η。然后以 $\bar{Q}$ 为横坐标，以 $\bar{H}$、$\bar{N}$ 和 η 为纵坐标，绘出 $\bar{H}$-$\bar{Q}$、$\bar{N}$-$\bar{Q}$ 和 η-$\bar{Q}$ 曲线，此曲线即为该系列风机的类型特性曲线，亦叫通风机的无因次特性曲线和抽象特性曲线。图 3-6 和图 3-7 分别为 4-72-11 和 G4-73-11 型离心式通风机的类型曲线，2K-60 型轴流式通风机类型曲线如图 3-8 所示。可根据类型曲线和风机直径、转速换算得到个体特性曲线。需要指出的是，对于同一系列风机，当几何尺寸（D）相差较大时，在加工和制造过程中很难保证流道表面相对粗糙度、叶片厚度以及机壳间隙等参数完全相似，为了避免因尺寸相差较大而造成误差，所以有些风机（4-72-11 型）的类型曲线有多条，可按不同直径尺寸而选用，4-72-11 型离心式通风机特性曲线可见图 3-9。

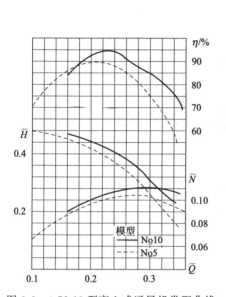

图 3-6　4-72-11 型离心式通风机类型曲线

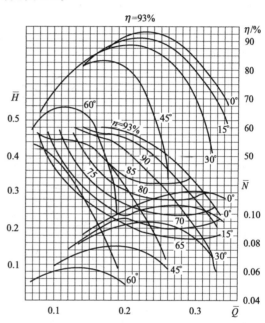

图 3-7　G4-73-11 型离心式通风机类型曲线

（2）通用特性曲线

为了便于使用，根据相似定律，把一个系列产品的性能参数，如压力 H、风量 Q 和转速 n、直径 D、功率 N 和效率 η 等相互关系同画在一个坐标图上，这种曲线叫通用特性曲线。图 3-7 为 G4-73 系列离心式通风机的对数坐标曲线，在对数坐标图中，风阻 R 曲线为直线，与 Q 轴夹角为 63°，与机号线平行，大大简化了作风阻曲线的步骤。

第三节　通风机运行与调节

一、工况点的合理工作范围

为使通风机安全、经济地运转，它在整个服务期内的工况点必须在合理的范围之内。从经济的角度出发，通风机的运转效率不应低于 60%；由于轴流式通风机的性能曲线存在马鞍形区段，为了防止通风阻力偶尔增加等，使工况点进入不稳定区，从安全方面来考虑，其工况点必须位于驼峰点的右下侧、单调下降的直线段上。

因此，离心式通风机的合理工作范围以运转效率不低于 0.6 为界；轴流式通风机的工作

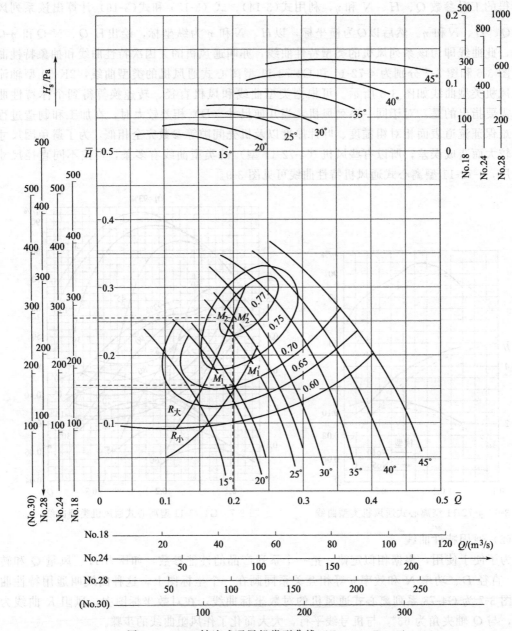

图 3-8　2K-60 轴流式通风机类型曲线（$Z_1=7$，$Z_2=7$）

（No18，$n=985$r/min；No24，$n=750$r/min；No28，$n=600$r/min）

范围是图 3-10 所示的阴影部分，即上限为最大风压 0.9 倍的连线、下限为 $\eta=0.6$ 的等效曲线，且通风机叶（动）轮的转速不应超过额定转速。

应当注意，分析主要通风机的工况点合理与否，应使用实测的风机装置特性曲线。因厂方提供的曲线一般与实际不符，应用时会得出错误的结论。

二、工况点的调节

为了按需供风和风机经济运行，需要适时地进行工况点调节。实质上，工况点调节就是供风量的调节。由于风机的工况点是由风机和风阻两者的特性曲线决定的，所以，欲调节工

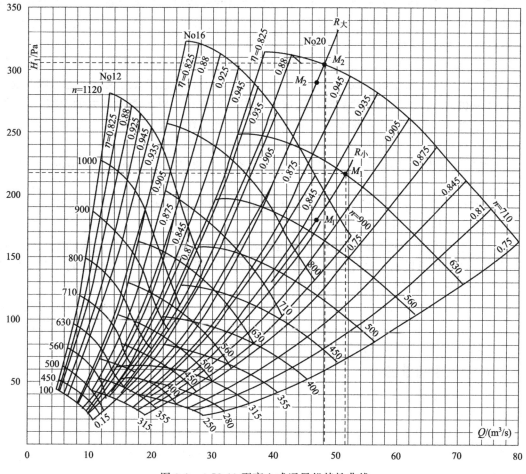

图 3-9 4-72-11 型离心式通风机特性曲线

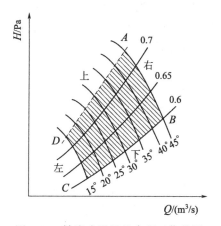

图 3-10 轴流式通风机合理工作范围

况点只需改变两者之一或同时改变即可。据此，工况点调节方法主要有以下几种。

1. 改变通风机特性曲线

这种调节方法的特点是系统总风阻不变，改变风机特性，工况点沿风阻特性曲线移动。调节方法如下。

① 装有前导器的离心式通风机，可以改变前导器叶片转角进行风量调节。风流经过前导器叶片后发生一定预旋，能在很小或没有冲角的情况下进入通风机。前导叶片角由 0°变到 90°时，风压曲线降低，风机效率也有所降低。当调节幅度不大（70％以上）时，比较经济。

② 有的轴流式通风机可采用改变叶片安装角度达到增减风量的目的。但要注意的是，防止因增大叶片安装角度而导致进入不稳定区运行。对于有些轴流式通风机，还可以改变叶片数改变风机的特性。改变叶片数时，应按说明书规定进行。对于能力过大的双级叶（动）轮风机，还可以减少叶（动）轮级数，减少供风。目前，有些从国外进口的风机能够在通风机运转时，自动调节叶片安装角。

③ 改变风机转速。无论是轴流式通风机还是离心式通风机都可采用。调节的理论依据是相似定律。

a. 改变电动机转速。可采用可控硅串级调速；更换合适转速的电动机和采用变速电动机（此种电机价格贵）等方法。

b. 利用传动装置调速。例如，利用液压联轴器调速，其原理是：改变联轴器工作室内的液体量来调节风机转速；利用皮带轮传动的风机可以更换不同直径的皮带轮，改变传动比。这种方法只适用于小型离心式通风机。

调节转速没有额外的能量损耗，对风机的效率影响不大，因此是一种较经济的调节方法，当调节期长、调节幅度较大时应优先考虑。但要注意，增大转速可能会使风机振动增加，噪声增大、轴承温度升高和发生电动机超载等问题。

2. 改变风阻特性曲线

当风机特性曲线不变时，改变其工作风阻，工况点沿风机特性曲线移动。

（1）减风调节

当系统风量过大时，应进行减风调节。其方法有以下两种。

① 增阻调节。对于离心式通风机可利用风道中闸门增阻（减小其开度）。这种方法实施较简单，但因无故增阻而增加附加能量损耗。调节时间不宜过长，只能作为权宜之计。

② 对于轴流式通风机，当其 Q-N 曲线在工作段具有单调下降特点时，因种种原因不能实施降低转速和减少叶片安装角度 θ 时，可以用增大外部漏风的方法来减少系统风量。这种方法比增阻调节要经济，但调节幅度较小。

（2）增风调节

为了增加系统的供风量，可以采取下列措施。

① 减少系统总风阻。这种调节措施的优点是：主要通风机的运转费用经济，但有时工程费用较大。

② 当外部漏风较大时，可以采取堵塞外部漏风措施。这种方法实施简单，经济效益较好，但调节幅度不大。

调节方法的选择，取决于调节期长短、调节幅度、投资大小和实施的难易程度。调节之前应拟订多种方案，经过技术和经济比较后择优选用。选用时，还要考虑实施的可能性。有时，可以考虑采用综合措施。

第四节　通风机附属装置与设施

通风机附属装置与设施一般包括消声隔声设施、减振器、扩散器等，有的场所还包括反风装置及防爆门（盖）。

一、消声隔声设施

1. 降低通风机噪声的途径

降低通风机声源噪声有以下多种措施。

① 合理选择通风机的机型。在噪声控制要求高的场合，应选用低噪声通风机。不同型号的通风机，在同样的风量、风压下，机翼型叶片的离心式通风机噪声小，前向板型叶片的离心式通风机噪声大。

② 通风机的工作点应接近最高效率点。同一型号的通风机效率越高，噪声越小。为使通风机的运行工况点保持在通风机的高效率区，应尽量避免用阀门进行工况调节。如必须在通风机压出端设阀门，其设置的最佳位置是距通风机出口 1m 处；在通风机入口处气流应保持均匀。

③ 在可能条件下适当降低通风机的转速。通风机的旋转噪声与叶轮圆周速度 10 次方成比例，涡流噪声与叶轮圆周速度 6 次方成比例，故降低转速可降低噪声。

④ 通风机进、出口的噪声级是随风量、风压增加而增大的。因此，设计通风系统时，应尽量减少系统的压力损失。当通风系统的总风量和压力损失较大时，可将其分为小系统。

⑤ 气流在管道内的流速不宜过高，以免引起再生噪声。管道内气流流速应根据不同要求按有关规定选取。

⑥ 注意通风机与电动机的传动方式。用直联传动的通风机噪声最小，用联轴器的次之，用没有接缝的三角皮带传动的稍差。

传递途径上对通风机噪声抑制的措施如下。

① 在通风机的进、出风口上装配恰当的消声器。

② 通风机设减振基座，进、出风口用软管连接。

③ 对通风机做隔声处理。如设置通风机隔声罩；在通风机机壳内衬吸声材料；将通风机设置在专门的通风机室内，并设置隔声门、隔声窗或设置其他吸声设施，或在通风机室内另设值班室等。

④ 通风机室的进、出气通道采取消声措施。

⑤ 将通风机布置在远离要求安静的房间。

⑥ 及时维护保养，定期检修，及时更换破损零部件。

2. 消声器

消声器是一种阻止噪声传播、气流亦能顺利通过的装置。将其装于空气动力设备的气流通道上，即可降低该设备的气流噪声。按其消声原理，消声器可分为以下几种类型。

（1）阻性消声器

它是一种利用吸声材料消声的设备，当声波进入消声器后，吸声材料将一部分声能转化为热能，从而达到消声目的。阻性消声器的形式有很多，常用的有管式（矩形、圆形）、片式、折板式、蜂窝式、室式、声流式等，如图 3-11 所示。

（2）抗性消声器

它基于声电滤波原理，通过消声器内不同声阻、声顺、声质量的适当组合，某些特定频率的噪声反射回声源或获大幅度吸收，达到消声的目的。常用抗性消声器有：扩张式消声器、共振式消声器、微穿孔板消声器等，如图 3-12 所示。其中，共振式消声器通过管道上开孔与共振腔相连，穿孔板小孔孔颈处的空气柱和共振腔内的空气构成一个共振吸声结构。当噪声频率和弹性系统的固有频率相同时，会引起小孔孔颈处空气柱强烈共振，空气柱与颈

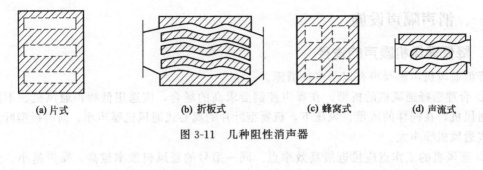

(a) 片式　　　　　　(b) 折板式　　　　　(c) 蜂窝式　　　(d) 声流式

图 3-11　几种阻性消声器

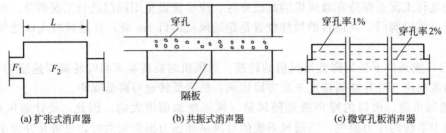

(a) 扩张式消声器　　　　　(b) 共振式消声器　　　　　(c) 微穿孔板消声器

图 3-12　几种抗性消声器

壁产生剧烈摩擦，从而使声能转化为热能。抗性消声器主要用于消除以低频或低中频噪声为主的设备声源。

（3）扩散消声器

在其器壁上设许多小孔，气流经小孔喷射后，通过降压减速，达到消声目的。

（4）缓冲式消声器

它是利用多孔管及腔室的阻抗作用，将脉冲流转换为平滑流的消声设备。

（5）干涉型消声器

它利用波的干涉原理，在气流通道上设一旁通管，使部分声能分岔到旁通管里。旁通管长与气流主通道长经峰值频率相对应波长的计算，使主、旁通道中的声波在汇合处波长相同，相位相反，在传播过程中，相波相互削弱或完全抵消，达到消声目的。

（6）阻抗复合消声器

阻性消声器对中、高频消声效果较好。抗性消声器对低、中频消声效果较好。利用上述特性，将二者结合起来组成的阻抗复合消声器，则对低、中、高整个频段内的噪声均可获得较好的消声效果。图 3-13 所示为扩张-阻性复合式消声器和共振-阻性复合式消声器。

消声器选择注意问题。

① 选用消声器时首先应根据通风机的噪声级及背景噪声确定所需的消声量。

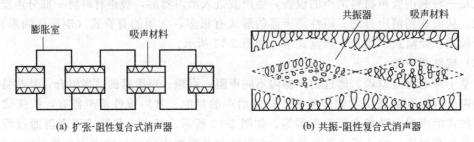

(a) 扩张-阻性复合式消声器　　　　　　　(b) 共振-阻性复合式消声器

图 3-13　阻抗复合消声器

② 消声器应在较宽的频率范围内有较大的消声量。对于消除以中频为主的噪声，可选用扩散消声器；对于消除以中、高频为主的噪声，可选用阻性消声器；对于消除宽频噪声，可选用阻抗复合消声器等。

③ 通过消声器的气流含水量或含尘量较多时，不宜选用阻性消声器。

④ 消声器应体积小、结构简单、加工制作及维护方便、造价低、使用寿命长、过时压力损失小。

⑤ 消声器的通道流速一般控制在 5～15m/s 的范围内，以防产生再生噪声。

⑥ 选用的消声器额定风量应大于等于通风机的实际风量。

3. 隔声设施

所谓隔声，就是在声源与离开声源的某一点之间，设置一个隔声构件，或把声源封闭起来，使噪声与人的工作环境隔绝起来。如通风机装设消声器后，通风机壳体的辐射噪声仍对周围环境有较大的干扰，则需采用隔声设施。一般采用的隔声设施有：隔声罩、隔声门、隔声窗、隔声室。

隔声罩一般由外壳、阻尼涂料、吸声材料、门、观察窗构成，如图 3-14 所示。此外，为了保证机器设备的正常运行，把热量散发出去，有时隔声罩内还需要安装通风散热装置。隔声构件一般采用密实、沉重的材料，如砖墙、钢筋混凝土和钢板等，并在其内壁均敷设吸声材料。

隔声室是把工作人员的工作场所封闭起来，防止噪声侵入，使隔声室内保持安静。隔声室一般由墙体（砖、混凝土等建造的）、顶板、

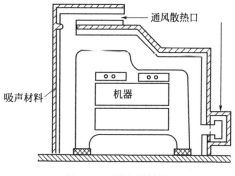

图 3-14　隔声罩结构

门、窗构成。在某些场合，也由轻质隔声构件制成。隔声门一般为双层隔声结构，中间敷设有超细玻璃棉，并要求接缝处密封良好，机构灵活、开启方便。隔声窗一般采用双层或三层 5～6mm 玻璃。

二、减振器

1. 减振器类型

（1）空气弹簧减振器

空气弹簧减振器是利用空气内能的变化来达到减振的目的。性能取决于绝对温度，并随工作气压和胶囊形状的改变而变动，具有很高的隔振效率。刚度根据需要选用，非线性适用于荷载，对安装、保养及环境有一定要求，价格较贵。

（2）金属螺栓弹簧减振器

如图 3-15 所示，弹簧的动静刚度基本相等，计算与实测一致。长期使用下不产生松弛，性能稳定，耐高低温，耐油耐腐蚀，寿命长，可做成压缩型减振器，用于支撑或悬吊减振，阻尼很小。

（3）预应力阻尼弹簧减振器

预应力阻尼弹簧减振器具有金属螺栓弹簧减振器和橡胶减振器双重优点，克服弹簧减振

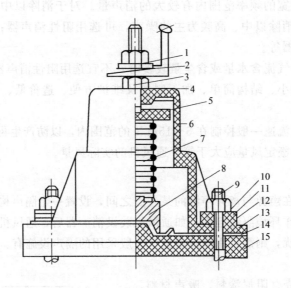

图 3-15　金属螺栓弹簧减振器结构

1—弹簧垫圈；2—斜垫圈；3—螺母；4—螺栓；5—定位板；6—上外罩；

7—弹簧；8—垫块；9—地角螺栓；10—垫圈；11—橡胶垫圈；12—胶木螺栓；

13—下外罩；14—底盘；15—橡胶垫板

器小阻尼缺点，由于设计时设置了橡胶配件，故隔离高频噪声效果好，价格适中。

（4）橡胶减振器

在轴向、横向和回转方向振动有隔振作用，阻尼大，隔离高频噪声效果好，可根据需要设计各种形状，可与金属件硫化黏结，价格相对较低。耐高低温性能差，适应温度－5～50℃，寿命相对较低，一般5～10年。

（5）橡胶减振垫

如图 3-16 所示，其具有橡胶的高弹性，造型和压制方便，内阻大，吸收高频振动能量效果好，可多层叠合使用，以降低固有频率，价廉，易受温度、油质、臭氧、日光、化学溶剂的侵蚀，易老化，寿命一般5～10年。

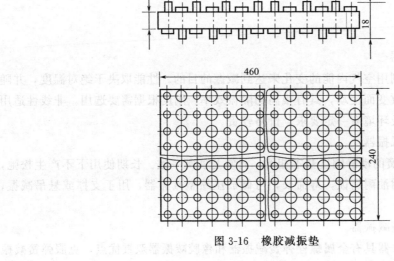

图 3-16　橡胶减振垫

（6）不锈钢金属钢丝减振器

阻尼大、耐油、耐高低温，寿命长，加工工艺复杂，价格高，防冲击性能好。

2. 选用减振器的原则

① 通常采用频率比 $f/f_0=2.5\sim6$。其值越大，隔声效果越好。其中，f 为振源的振动频率，$f=\dfrac{n}{60}$，Hz；f_0 为减振器的固有频率（自振频率）；n 为设备转速，r/min。

② 减振器承受的荷载应大于允许工作荷载值的 $5\%\sim10\%$。

③ 支撑点数目不应少于 4 个，设备较重或尺寸较大时，可用 $6\sim8$ 个。

④ 使用减振器时，设备重心不宜太高，以免发生摇晃，必要时应加大机架或机座板重，使体系重心下降，确保机器运转平稳。

三、扩散器

扩散器是指断面逐渐扩大的风道，主要位于抽出式通风系统的末端。在地面厂房通风中，位于抽出式通风系统末端的扩散器又称为风帽。图 3-17、图 3-18 为典型通风机外接扩散器的结构形状。

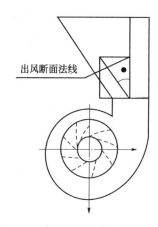

由式(3-2)可知，通风机的全压 H_t 一定时，通风机出口末端速压 h_v 越小，用以克服管网通风阻力的通风机的静压 H_s 就越大，因此，在通风机的出口都外接一定长度、断面逐渐扩大的扩散器。小型离心式通风机出口末端处的扩散器由金属板焊接而成，大型离心式通风机和大中型轴流式通风机的外接扩散器，一般用砖和混凝土砌筑。从式(3-10)易见，只有当 $h_{ks}+h_{dk}$ 小于 h_v 时，才有 $H_{td}>H_t$，即当通风机装置阻力与其出口动能损失

图 3-17　离心式通风机外接扩散器

之和小于通风机出口动能损失时，通风机装置的静压才会因加扩散器而有所提高。因此，扩散器的扩散角不宜过大，以阻止脱流，一般为 $8°\sim10°$，出口处断面与入口处断面之比约为 $3\sim4$，扩散器四面张角的大小应视风流从叶片出口的绝对速度方向而定。其各部分尺寸应根据风机类型、结构、尺寸和空气动力学特性等具体情况而定，总的原则是，扩散器的阻力小，出口动压无回流。

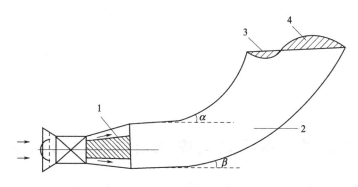

图 3-18　轴流式通风机外接扩散器

1—芯筒；2—扩散器；3—回风区；4—出风

四、反风装置及防爆门（盖）

反风装置及防爆门是矿井主要通风机所必需的附属装置。

防爆门（盖）安装在矿井主要通风机吸入侧口，其作用一是当井下一旦发生气体或粉尘爆炸时，受高压气浪的冲击作用，自动打开，以保护主要通风机免受毁坏；二是在正常情况下它是气密的，以防止风流短路。

反风装置是用来使井下风流反向的一种设施，以防止进风系统发生火灾时产生的有害气体进入作业区；有时为了适应救护工作也需要进行反风。

反风方法因风机的类型和结构不同而异。目前的反风方法主要有：设专用反风道反风、利用备用风机做反风道反风；风机反转反风和调节动叶安装角反风。

图 3-19 所示为轴流式通风机利用反风道反风的示意图。反风时，风门 1、5、7 打开，新鲜风流由反风进风门 1 经反风导向门 7 进入风硐 2，由通风机 3 排出，然后经反风导向门 5 进入反风绕道 6，再返回风硐送入井下。正常通风时，风门 1、7、5 均处于水平位置，井下的污浊风流经风硐直接进入通风机，然后经扩散器 4 排到大气中。

轴流式通风机反转反风时，可调换电动机电源的任意两项接线，使电动机改变转向，从而改变通风机叶（动）轮的旋转方向，使井下风流反向。此种方法基建量较小，反风方便。但反风量较小。

利用备用风机的风道反风（无地道反风）时，工作通风机可利用另一台备用通风机的风道作为"反风道"进行反风。

调节动叶安装角反风时，对于动叶可同时转动的轴流式通风机，只要把所有叶片同时偏转一定角度（大约 120°），不必改变叶轮转向就可以实现整个通风系统风流反向，如图 3-20 所示，我国上海鼓风机厂生产 GAF 型风机，结构上具有这种性能。

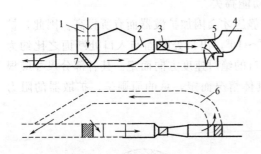

图 3-19　专用反风道反风

1—反风进风门；2—风硐；3—通风机；4—扩散器；

5,7—反风导向门；6—反风绕道

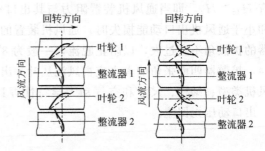

图 3-20　调整动叶安装角反风

第五节　吸气口与吹气口气流运动规律

研究集气罩罩口气流运动的规律对于有效捕集污染物是十分重要的。集气罩罩口气流运动方式有两种：一种是吸气口气流的吸入流动；另一种是吹气口气流的吹出流动。了解吸入气流、吹出气流的运动规律，是合理设计集气罩及通风系统的基本依据。

一、吸气口气流运动规律

一个敞开的管口是最简单的吸气口，当吸气口吸气时，在吸气口附近形成负压，周围空气从四周流向吸气口，形成吸入气流或汇流。当吸气口面积较小时可视为点汇。

根据流体力学，位于自由空间的点汇吸气口［图 3-21(a)］的吸气量 Q 为

$$Q=4\pi r_1^2 v_1=4\pi r_2^2 v_2 \tag{3-17}$$

$$v_1/v_2=(r_2/r_1)^2 \tag{3-18}$$

式中　v_1,v_2——点 1 和点 2 的空气流速，m/s；

　　　　r_1,r_2——点 1 和点 2 至吸气口的距离，m。

如吸气口四周加上挡板，即如图 3-21(b) 所示的平壁，吸气气流受到限制，吸气范围仅半个等速球面，它的排风量为

$$Q=2\pi r_1^2 v_1=2\pi r_2^2 v_2 \tag{3-19}$$

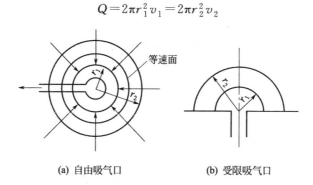

(a) 自由吸气口　　　　　(b) 受限吸气口

图 3-21　点汇吸气口气流流动示意

由式(3-18)、式(3-19) 可以看出，点汇吸气口外某一点的空气流速与该点至吸气口距离的平方成反比，而且它是随吸气口吸气范围的减小而增大的；在吸气量相同的情况下，在相同的距离上，有挡板的吸气口的吸气速度比无挡板的大一倍。因此设计集气罩时应尽量靠近有害物源，并设法减小其吸气范围，以提高污染物捕集效率。

对于工程实际上应用的吸气口，一般有一定的几何形状、一定的尺寸，它们的吸气口外气流运动规律和点汇吸气口有所不同。目前还很难从理论上准确解释出各种吸气口的流速分布，只是借助实验测得各种吸气口的流速分布图。图 3-22 就是通过实验求得的四周无法兰边和四周有法兰边的圆形吸气口的速度分布图，图 3-23 是宽长比为 1∶2 的矩形吸气口的速度分布图。

图 3-21 的实验结果也可用式(3-20) 和式(3-21) 表示，即

对于四周无法兰边的圆形吸气口有

$$\frac{v_0}{v_x}=\frac{10x^2+F}{F} \tag{3-20}$$

对于四周有法兰边的圆形吸气口有

$$\frac{v_0}{v_x}=0.75\left(\frac{10x^2+F}{F}\right) \tag{3-21}$$

式中　v_0——吸气口的平均流速，m/s；

　　　　v_x——控制点上必需的气流速度即控制风速，m/s；

　　　　x——控制点至吸气口的距离，m；

　　　　F——吸气口面积，m^2。

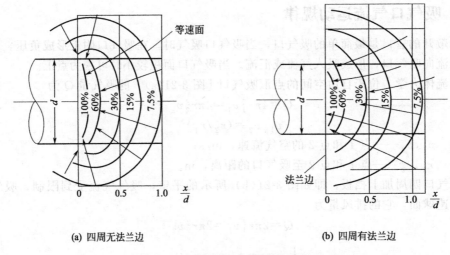

(a) 四周无法兰边　　　　　　　　　　　(b) 四周有法兰边

图 3-22　圆形吸气口的速度分布图

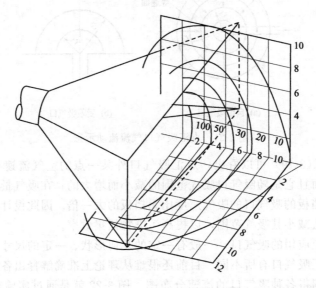

图 3-23　矩形吸气口的速度分布图

根据试验结果，吸气口气流速度分布还具有以下特点。

① 在吸气口附近的等速面近似与吸气口平行，随离吸气口距离的增大，逐渐变成椭圆面，而在 1 倍吸气口直径 D_0 处，已接近为球面。因此，式(3-20) 和式(3-21) 仅适用于 $x \leqslant 1.5D_0$ 的场合，当 $x > 1.5D_0$ 时，实际的速度衰减要比计算值大。

② 吸气口气流速度衰减较快。$x/D_0 = 1$ 处处气流速度已约降至吸气口流速的 7.5%。

③ 对于结构一定的吸气口，不论吸气口风速大小，其等速面形状大致相同。而吸气口结构形式不同，其气流衰减规律则不同。

二、吹气口气流运动规律

空气从孔口吹出，在空间形成的一股气流称为吹出气流或射流。按孔口及射流形状，射流可以分为圆射流、矩形射流和扁射流（条缝射流）；按空间界壁对射流的约束条件，射流可分为自由射流（吹向无限空间）和受限射流（吹向有限空间）；按射流温度与周围空气温度是否相等，可分为等温射流和非等温射流；按射流产生的动力，还可将射流分为机械射流和热射流。在设计压入式通风系统、热设备上方集气罩、吹吸式集气罩时，均要应用空气射流的基本理论。下面主要介绍通风工程常见的自由等温圆射流、自由等温扁射流和附壁受限射流。

1. 自由等温射流

图 3-24 所示为自由等温射流的流动图，空气从空口吹出后的流动形成射流起始段和射流基本段。射流起始段为由吹气口至核心被冲散的这一段，此段包含射流内轴线速度保持不变并等于吹出速度的射流核心区，射流基本段为射流核心消失的断面以外部分。

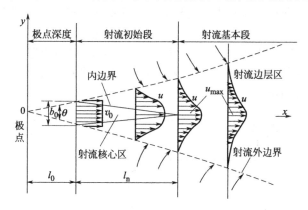

图 3-24　自由等温射流的流动图

自由等温射流具有如下特点。

① 紊流射流会引发射流流体微团间的横向动量交换、热量交换或质量交换，从而形成湍流射流边界层，使得射流速度逐渐下降，射流断面不断扩大。

② 全流场或局部流场气流参数分布彼此间保持一种相仿的关系，边界层的外边界及其初始段上的内边界一般是斜直线，而参数在横截面上的分布彼此间呈无因次相似。

③ 与吸气口比，轴向速度衰减慢，流场中横向分速可被忽略。由于射流的喷射成束的特性，流场中的轴向分速要比横向分速大得多的多，所以，射流分析计算中，一般将流场中的横向分速忽略掉，亦即射流的轴向速度被视为射流的总速度。

④ 射流各断面动量相等，射流中的静压与周围空气的压强相等。

根据有关资料，等温自由紊流圆射流轴心速度 v_x、射流断面直径 d_x、射流扩张角 θ 的公式为

$$\frac{v_x}{v_0}=\frac{0.48}{\dfrac{\alpha x}{d_0}+0.147}\ ,\quad \frac{d_x}{d_0}=6.8\left(\frac{\alpha x}{d_0}+0.147\right)\ ,\quad \tan\theta=3.4\alpha \tag{3-22}$$

而等温自由紊流扁射流轴心速度 v_x、射流断面宽度 b_x、射流扩张角 θ 的公式为

$$\frac{v_x}{v_0}=\frac{1.2}{\dfrac{\alpha x}{b_0}+0.41}\ ,\quad \frac{b_x}{b_0}=2.44\left(\frac{\alpha x}{b_0}+0.41\right)\ ,\quad \tan\theta=2.44\alpha \tag{3-23}$$

式中　x——断面至风口的距离，m；

v_x——射程断面处轴心流速，m/s；

v_0——射流出口速度，m/s；

d_0——送风口直径或当量直径，m；

d_x——射程 x 处射流直径，m；

b_0——送风口射流宽度，m；

b_x——射程 x 处射流断面宽度，m；

α——送风口紊流系数，圆射流 $\alpha=0.08$；扁射流 $\alpha=0.11\sim0.12$。

2. 附壁受限射流

当射流边界的扩展受到有限空间边壁影响时，就称为受限射流（或称有限空间射流）。研究表明，当射流断面面积达到有限空间横断面面积的 1/5 时，射流受限，成为有限空间射流。形成受限射流的特征之一是射流还要受到有限空间边壁影响。

如图 3-25 所示为附壁受限射流流动规律，射流沿有限空间边壁射出，并不断卷吸周围空气，由于边壁的存在与影响，势必会形成回流，而回流范围有限，则促使射流外逸，于是射流与回流闭合形成大涡流。

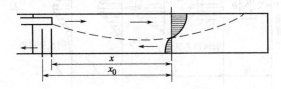

图 3-25　附壁受限射流流动规律

附壁射流中，一般用无因次距离来判断射流运动。无因次距离定义为

$$\bar{x}_0=\frac{\alpha x_0}{\sqrt{S_n}} \quad \text{或} \quad \bar{x}=\frac{\alpha x}{\sqrt{S_n}} \tag{3-24}$$

式中　S_n——垂直于射流的空间断面面积。

实验结果表明，当 $\bar{x}\leqslant0.1$ 时，射流的扩散规律与自由射流相同，并称 $\bar{x}=0.1$ 的断面为第一临界断面。当 $\bar{x}>0.1$ 时，射流扩散受限，射流断面与流量增加变缓，动量不再守恒，并且到 $\bar{x}=0.2$ 时射流流量最大，射流断面在稍后处亦达最大，称 $\bar{x}=0.2$ 的断面为第二临界断面。同时，不难看出，在第二临界断面处回流的平均流速也达到最大值。在第二临界断面以后，射流空气逐步改变流向，参与回流，使射流流量、面积和动量不断减小，直至消失。

受限射流的压力场是不均匀的，各断面静压随射程的增加而增加。由于它的回流区一般是工作区，故控制回流区的风速具有实际意义。受限射流的几何形状与送风口安装位置有关。

第六节　集　气　罩

通风设施是指隔断、引导和控制风流的设施。根据工作场所及其风道的形式，通风设施可分为集气罩、风筒及其连接件、地下通风构筑物、地面建筑全面通风设施及其上节介绍的通风机附属装置。本节主要介绍集气罩。

为防止生产过程产生的有害物质扩散和传播，通常通过设置集气罩来控制或排除，集气罩也称为排风罩。集气罩的形式很多，按其作用原理可分为密闭罩、柜式集气罩、外部吸气罩、槽边吸气罩、接受式吸气罩、吹吸式集气罩等几种基本类型。

一、密闭罩

密闭罩是把有害物源全部密闭在罩内，隔断生产过程中产生的有害物与作业场所二次气流的联系，防止粉尘等有害物随气流传播到其他部位。密闭罩上一般设有较小的工作孔（图3-26），以能观察罩内工作情况。

在密闭罩内设备及物料的运动（如碾压、摩擦等）使空气温度升高，压力增加，于是罩内形成正压。因为密闭罩结构并不严密（有孔或缝隙），粉尘随着一次尘化过程，沿孔隙冒出。为此在罩内还必须排风，使罩内形成负压，这样可以有效地控制有害物质外逸。为了避免把物料过多地顺排尘系统排出，密闭罩形式、罩内排风口的位置、排风速度等要选择得当、合理。防尘密闭罩的形式应根据生产设备的工作特点及含尘气流运动规律规定，排风点应设在罩内压力最高的部位，以利于消除正压，排风口不能设在含尘气流浓度高的部位，罩口风速不宜过高，通常采用下列数值：

筛落的极细粉尘　　　　$v=0.4\sim0.6\text{m/s}$
粉碎或磨碎的细粉　　　$v<2\text{m/s}$
粗颗粒物料　　　　　　$v<3\text{m/s}$

密闭罩只需较小的吸风量就能在罩内造成一定的负压，能有效控制有害物的扩散，并且集气罩气流不受周围气流的影响。它的缺点是工人不能直接进入罩内检修设备，有时看不到罩内的工作情况。

密闭罩的形式又较多，可分为三类。

（1）局部密闭罩

将有害物源部分密闭，工艺设备及传动装置设在罩外，如图3-27所示。这种密闭罩罩内容积较小，所需抽气量较小，适用于含尘气流速度低、瞬时增压不大，且集中连续扬尘的点，如转载点等。

图 3-26　密闭罩示意图

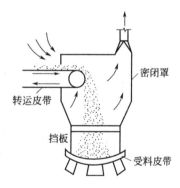

图 3-27　局部密闭罩

（2）整体密闭罩

将产生有害物的设备大部分或全部密闭起来，只把设备的传动部分设置在罩外，其特点是密闭罩本身为独立整体，易于密闭，通过罩外的观察孔对设备监视，设备传动部分的维修在罩外进行，如图3-28所示。

（3）大容积密闭罩

将有害物源及传动机构全部密闭起来，独立小室。其特点是罩内容积大，可以缓冲气流，减少局部正压。通过罩外的观察孔对设备监视，设备传动部分的维修在罩内进行。这种方式适用于具有振动的设备或产尘气流速度较大的地点，如图3-29所示的振动筛等。

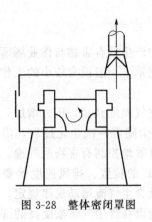

图 3-28　整体密闭罩图

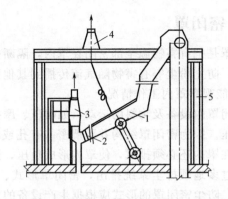

图 3-29　振动筛的大容积密闭罩

1—振动筛；2—帆布连接头；3，4—吸气罩；5—密闭罩

二、柜式集气罩

柜式集气罩又称半密闭罩，或称通风柜，从某种角度看，柜式集气罩是密闭罩的一种特殊形式。柜式集气罩的结构形式与密闭罩相似，只是罩一侧可全部或部分敞开，以便物料或操作人员检修相关部位进出罩内。当工艺生产条件不允许对污染源全部密闭，而只能大部分密闭时，可采用柜式集气罩，如在粉料装袋、喷漆、打磨、抛光等作业中常常使用柜式集气罩，小零件喷漆柜、化学实验室通风柜是柜式集气罩的典型结构。

根据罩内空气流动，柜式集气罩通常有以下三种形式。

（1）上部柜式集气罩

图 3-30（a）是冷过程通风柜采用上部吸风时气流的运动情况。工作孔上部的吸入速度为平均流速的 150%，而下部仅为平均流速的 60%。热过程的通风柜一般用上部柜式集气罩。

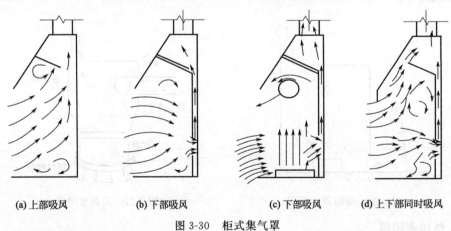

(a) 上部吸风　　　(b) 下部吸风　　　(c) 下部吸风　　　(d) 上下部同时吸风

图 3-30　柜式集气罩

（2）下部柜式集气罩

采用图 3-30(a) 时，因工作孔上部的吸入速度大，下部平均流速小，有害气体会从下部逸出。为了改善这种状况，柜内应加挡板，并把排风口设在通风柜的下部，下部柜式集气罩如图 3-30(b)、(c) 所示。

（3）上下联合柜式集气罩

热过程通风柜内的热气流要向上浮升，如果像冷过程一样，在下部吸气，有害气体就会从上部逸出，热过程的通风柜一般用上部柜式集气罩，因此，对于发热量不稳定的过程，可在上下均设排风口，见图 3-30(d)，它可随柜内发热量的变化，调节上下吸风量的比例，使工作孔的速度分布比较均匀。

三、外部吸气罩

由于工艺条件限制，生产设备不能密闭时，可把集气罩设在有害物源附近，依靠风机在罩口造成的抽吸作用，在有害物散发地点造成一定的气流运动，把有害物吸入罩内，这类吸风罩统称为外部吸气罩。根据集气罩与有害源的相对位置，外部吸气罩又分为上部集气罩、下部集气罩、侧边吸气罩，如图 3-31 所示。

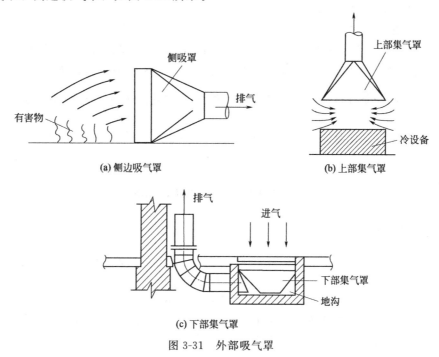

图 3-31　外部吸气罩

四、槽边吸气罩

槽边吸气罩是外部吸气罩的一种特殊形式，如图 3-32 所示，专门用于各种工艺槽，如电镀槽、酸洗槽等。它是为了不影响工人操作而在槽边上设置的条缝形吸气口。槽边吸气罩分为单侧和双侧两种。

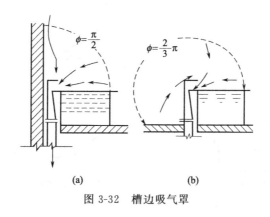

图 3-32　槽边吸气罩

目前常用的槽边吸气罩的形式有：平口式、条缝式和倒置式。平口式槽边吸气罩因吸气口上不设法兰边，吸气范围大。但是当槽靠墙布置时，如同设置了法兰边一样，减小吸气范围，排风量会相应减少。条缝式槽边吸气罩的特点是截面高度 E 较大，$E \geqslant 250\text{mm}$ 的称为高截面，$E < 250\text{mm}$ 的称为低截面。增大截面高度如同设置了法兰边一样，可以减小吸气范围。因此，它的吸风量比平口式小。它的缺点是占用空间大，对于手工操作有一定影响。

条缝式槽边吸气罩的条缝口有等高条缝和楔形条缝两种，条缝口高度 E 可按下式计算

$$E = \frac{Q}{3600 v_0 l} \tag{3-25}$$

式中　Q——吸气罩排风量，m^3/h；

　　　l——条缝口长度，m；

　　　v_0——条缝口的吸入速度，m/s，$v_0 = 7 \sim 10\text{m/s}$，排风量大时可适当提高。

采用等高条缝时，条缝口上速度分布不易均匀，末端风速小，靠近风机的一端风速大。条缝口的速度分布和条缝口面积 s 与罩子断面面积 S_1 之比 $\frac{s}{S_1}$ 有关，$\frac{s}{S_1}$ 越小，速度分布越均匀；$\frac{s}{S_1} \leqslant 0.3$ 时，可以近似认为是均匀的；$\frac{s}{S_1} > 3$ 时，为了均匀排风可以采用楔形条缝。当槽长大于 1500mm 时可沿槽长度方向分设两个或三个吸气罩，对分开后的吸气罩来说一般 $\frac{s}{S_1} \leqslant 0.3$，这样仍可采用等高条缝，条缝高度不宜超过 50mm。

五、接受式吸气罩

某些生产过程或设备本身会产生或诱导一定的气流运动，而这种气流运动的方向是固定的，只需把集气罩设在污染气流前方，让其直接进入罩内排出即可，这类集气罩称为接受式吸气罩（简称接受罩）。顾名思义，接受罩只起接受作用，污染气流的运动是生产过程本身造成的，而不是由罩口的抽吸作用造成的。接受罩接受的气流可分为粒状物料高速运动时所诱导的空气流动（如砂轮机等）和热源上部的热射流两类，故接受罩分为热源上部接受罩和诱导空气接受罩，图 3-33(a) 所示为热源上部的伞形接受罩，图 3-33(b) 所示为捕集砂轮磨削时抛出的磨屑及粉尘的诱导空气接受罩。物料高速运动诱导的空气流动方面影响因素较多，多由经验数据确定。下面主要介绍热源上部接受罩的热射流和罩口尺寸。

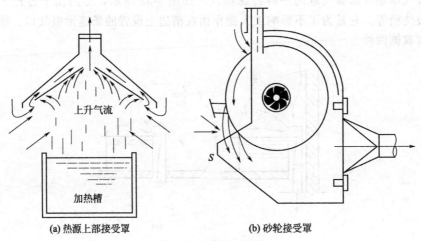

(a) 热源上部接受罩　　　　　　　(b) 砂轮接受罩

图 3-33　接受式吸气罩

（1）热源上部的热射流

热源上部的热射流可分为生产设备本身散发的热烟气（如炼钢炉散发的高温烟气）和高温设备表面对流散热时形成的热射流两类。通常生产设备本身散发的热烟气由实测确定，因而着重分析设备表面对流散热时形成的热射流。

当热物体和周围空间有较大温差时，通过对流散热把热量传给相邻空气，周围空气受热上升，形成热射流。如令 B 为热源直径，则对热射流观察发现，在离热源表面（$1\sim2$）B 处（通常在 $1.5B$ 以下）射流发生收缩，在收缩断面上流速最大，随后上升气流逐渐扩大。可以把它近似看作是从一个假想点热源以一定角度扩散上升的气流，见图 3-34。

热源上方的热射流呈不稳定的蘑菇状脉冲式流动，难以对它进行较精确的测量。由于实验条件各不相同，不同研究者得出的总体结果不尽相同。多数人认同的一种相关计算公式如下。

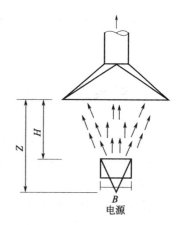

图 3-34　热源上部接受罩

在 $H/B=0.9\sim7.4$ 范围内，不同高度上热射流的流量
$$L_Z=0.04Q^{1/3}Z^{3/2} \tag{3-26}$$
式中　Q——热源的对流散热量，kJ/s。
$$Z=H+1.26B$$
式中　H——热源至计算断面的距离，m；
　　　B——热源水平投影的直径或长边尺寸，m。

如近似认为热射流收缩断面至热源的距离 $H_0\leqslant1.5\sqrt{A_p}$（$A_p$ 为热源的水平投影面积）。收缩断面上的流量按下式计算
$$L_0=0.167Q^{1/3}B^{3/2} \tag{3-27}$$

热源的对流散热量为
$$Q=\alpha F\Delta t \tag{3-28}$$
式中　F——热源的对流放热面积，m^2；
　　　Δt——热源表面与周围空气的温度差，℃；
　　　α——对流放热系数，$J/(m^2\cdot s\cdot ℃)$。
$$\alpha=A\Delta t^{1/3}$$
式中　A——系数，对于水平散热面，$A=1.7$；竖直散热面，$A=1.13$。

在某一高度上热射流的断面直径为
$$D_Z=0.36H+B$$

（2）罩口尺寸的确定

热源上部接受罩，可根据安装高度的不同分成两大类：低悬罩（$H\leqslant1.5\sqrt{A_p}$）、高悬罩（$H>1.5\sqrt{A_p}$）。A_p 为热源的水平投影面积，对于垂直面，取热源顶部的射流断面积（热射流的起始角取 5°）。

① 低悬罩（$H\leqslant1.5\sqrt{A_p}$ 时）：

a. 对横向气流影响小的场合，低悬罩的罩口尺寸应比热源尺寸扩大 $150\sim200$mm。

b. 若横向气流影响较大，按下式确定：

圆形　　　　$D_1=B+0.5H$

矩形　　　　　$A_1=a+0.5H$，$B_1=b+0.5H$

式中　D_1——罩口直径，m；

　　　A_1，B_1——罩口尺寸，m；

　　　a，b——热源水平投影尺寸，m。

② 高悬罩（$H>1.5\sqrt{A_p}$ 时）：高悬罩的罩口尺寸按下式确定，均采用圆形，直径用 D 表示

$$D=D_Z+0.8H$$

六、吹吸式集气罩

由图 3-31 可看出，外部吸气罩罩口外的气流速度衰减很快，因此，罩口至有害物源距离较大时，使用外部吸气罩需要较大的排风量才能在控制点产生所需的控制风速。再看图 3-35 所示的二维吹风口的速度分布，射流的能量密集程度高，速度衰减慢，因此，人们设想可以利用射流作为动力，把有害物输送到集气罩口再由其排除，或者利用射流阻挡控制有害物的扩散。这种把吹和吸结合起来的通风方法称为吹吸式通风。图 3-35 所示是吹吸式通风的示意图。由于吹吸式通风依靠吹吸气流的联合工作进行有害物的控制和输送，它具有风量小、污染控制效果好、抗干扰能力强、不影响工艺操作等特点。近年来在国内外得到广泛的应用。下面是应用吹吸气流进行有害物控制的两个实例。

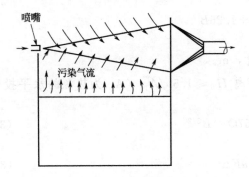
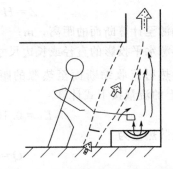

图 3-35　吹吸式通风示意图　　　　图 3-36　吹吸气流用于金属熔化炉

案例一：吹吸气流用于金属熔化炉。为了解决热源上部接受罩的安装高度较大时，排风量较大，而且容易受横向气流影响的矛盾，可以在热源前方设置吹风口，在操作人员和热源之间组成一道气幕，同时利用吹出的射流诱导污染气流进入上部接受罩，如图 3-36 所示。

案例二：大型电解精炼车间采用吹吸气流控制有害物。如图 3-37 所示，在基本射流作用下，有害物被抑制在工人呼吸区以下，最后由屋顶上的送风小室供给操作人员新鲜空气，在车间中部有局部加压射流，使整个车间的气流按预定路线流动。这种通风方式也称单向流通风。采用这种通风方式，污染控制效果好，进、回风量少。

根据作用在吹吸气流上的污染气流，吹吸式通风通常有侧流作用下的吹吸式通风和侧压作用下的吹吸式通风两种形式。由于工艺设备本身的正压所造成的污染气流，如炼钢电炉顶的热烟气，这个烟气量基本是稳定不变的。设计吹吸式通风时，除了要把污换气流和周围空间隔离外，还必须把污染气流全部排除。我们把这种吹吸式通风称为侧流作用下的吹吸式通风。由于热设备表面对流散热时形成的对流气流，如高温敞口槽，在槽上设置吹吸式通风后，对流气流的上升运动受到吹吸气流的阻碍，只有少量蒸气会卷入射流内部。受阻的上升气流会把自身的动压转化为静压作用在吹吸气流上，由于侧压的作用使吹吸气流发生弯曲上

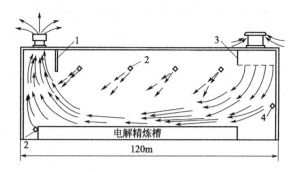

图 3-37　大型电解精炼车间采用吹吸气流示意图
1—屋顶排气机组；2—局部加压射流；3—屋顶送风小室；4—基本射流

升。把这种吹吸式通风称为侧压作用下的吹吸式通风。

第七节　风筒及其连接件

一、风筒

风筒是指用一定材料制作成一定断面形状的通风风道，它也称为导风设施。对风筒的基本要求是漏风小、风阻小、质量轻、拆装简便。工业通风中使用的风筒可分为刚性和柔性两大类。

1. 刚性风筒

刚性风筒一般由硬质材料制成，在各行各业均有应用，地面工业一般称为通风管道，简称风管。通风管道的断面形状有圆形、矩形、异形三种，异形风管还包括螺旋式圆形风管、椭圆形风管。选择断面形状时，一般情况下先选圆形，在特殊条件、特殊要求时选矩形、异形。通风工程常用的钢板厚度是 0.5～4mm。

用作风管的材料很多，主要有以下两大类。

（1）金属薄板

金属薄板是制作风管（刚性风筒）及部件的主要材料。通常用的有普通薄钢板、镀锌钢板、不锈钢板、铝及铝合金板和塑料复合钢板。其优点是易于工业化加工制作、安装方便、能承受较高温度。

a. 普通薄钢板。具有良好的加工性能和结构强度，其表面易生锈，应刷油漆进行防腐。

b. 镀锌钢板。由普通钢板镀锌而成，由于表面镀锌，可起防锈作用，一般用来制作不受酸雾作用的潮湿环境中的风管。

c. 铝及铝合金板。加工性能好、耐腐蚀。摩擦时不易产生火花，常用于通风工程的防爆系统。

d. 不锈钢板。具有耐锈耐酸能力，常用于化工环境中需耐腐蚀的通风系统。

e. 塑料复合钢板。在普通薄钢板表面喷上一层 0.2～0.4mm 厚的塑料层。常用于防尘要求较高的空调系统和－10～70℃温度下耐腐蚀系统的风管。

（2）非金属材料

a. 硬聚氯乙烯塑料板。它适用于有酸性腐蚀作用的通风系统，具有表面光滑、制作方便等优点，但不耐高温、不耐寒，只适用于 0～60℃ 的空气环境，在太阳辐射作用下，易脆裂。

b. 玻璃钢。无机玻璃钢风管是以中碱玻璃纤维作为增强材料，用十余种无机材料科学地配成黏结剂作为基体，通过一定的成型工艺制作而成，具有摩擦阻力系数小、质轻、高强、不燃、耐腐蚀、耐高温、抗冷碰等特性。

刚性风筒既可用于通风机的吸入段，又可用于通风机的压出段。刚性风筒（风管）规格可见附录9。金属风筒摩擦阻力系数 α 可见表3-2。

表3-2 金属风筒摩擦阻力系数 α

风筒直径	200	300	400	500	600	800
$\alpha\times10^4/(N\cdot s^2/m^4)$	49	44.1	39.2	34.3	29.4	24.5

2. 柔性风筒

柔性风筒主要有普通胶布风筒、弹簧可伸缩胶布风筒、铝箔弹性螺旋伸缩软管三类。普通胶布风筒通常用橡胶布、塑料制成，弹簧可伸缩胶布风筒采用金属整体螺旋弹簧钢圈（作为骨架）和橡胶布合成制成，如图3-38所示。普通胶布风筒常用的规格可见表3-3，其最大优点是轻便、可伸缩、拆装搬运方便，是矿山、隧道施工压入式通风使用最广泛的一种风筒，但它不能作为抽出式通风；弹簧可伸缩胶布风筒既可承受一定的负压，又具有可伸缩、拆装搬运方便的特点，又比铁风筒质量轻，使用方便，一般用于矿山、隧道施工中的抽出式及混合式通风中，但价格比普通胶布风筒贵；铝箔弹性螺旋伸缩软管是在柔性的优质铝箔软管内用高弹性螺旋形镀铜或镀锌钢丝贴绕而成的，美观大方，可伸缩、拐弯，价格最贵，一般用于美观要求较高和有其他特殊要求的地面空调、通风工程。

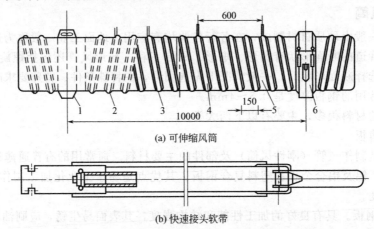

(a) 可伸缩风筒

(b) 快速接头软带

图3-38 弹簧可伸缩风筒结构
1—圈头；2—螺旋弹簧；3—吊钩；4—塑料压条；5—风筒布；6—快速弹簧接头

表3-3 胶布风筒规格参数表

直径/mm	节长/m	壁厚/mm	风筒质量/(kg/m)	风筒断面/m²
300	10	1.2	1.3	0.071
400	10	1.2	1.6	0.126
500	10	1.2	1.9	0.196
600	10	1.2	2.3	0.283
800	10	1.2	3.2	0.503
1000	10	1.2	4.0	0.785

二、风筒连接部件及阀门

1. 风筒连接部件

风筒连接部件包括风筒接头、变径管、三通、四通、弯头及与风机的连接件等。

刚性风筒（风管）一般采用法兰盘连接。根据第二章局部阻力的分析，地面管道通风的局部阻力可占总阻力的 40%～80%，因此，变径管、三通、四通、弯头及与风机的连接件要充分考虑，尽可能减少局部阻力。

图 3-39 列举了常见的风管连接部件优劣比较，可供设计时参考。

柔性风筒的接头方式有插接、单反边接头、双反边接头、活三环多反边接头、螺圈接头等多种形式。带刚性骨架的柔性风筒采用图 3-38（b）所示的快速接头软带。图 3-40 所示为几种柔性风筒接头的结构形式。插接方式最简单，但漏风大，反边接头漏风较小，不易胀开，但局部风阻较大；后两种接头漏风小、风阻小，但易胀开，拆装比较麻烦，通常在长距离通风时采用。

2. 管道通风阀门

用于控制管道风流大小和方向的设施称为管道通风阀门，或称管道通风闸门。在实际管道通风系统中，有时为风机经济运行需要调节通风机工况点，有时不能让污浊空气袭击某些其他系统，因此，管道通风阀门是风筒通风系统重要的部件。风管中的通风阀门有时也简称管道风门。根据其功用，通风阀门可分为关闭通风阀门、调节通风阀门、换向通风阀门、防火阀门、防爆阀门；根据控制方式，可分为手动通风阀门、机械通风阀门、自动通风阀门；根据断面形状，可分为圆形、矩形、异形通风阀门。

图 3-41 所示为圆形关闭通风阀门的结构图。阀门门扇与主轴连接成一整体，主轴一端与门框一端轴座活动连接，主轴另一端伸出管外与传动机构相连，门框设有保证挡板全开时的挡钉，阀门门扇活动角为 90°。给予关闭或开启时，通过传动机构及主轴带动门扇转动，达到阀门关闭或开启目的。

图 3-42 是矩形机械调节挡板通风阀门外形图，由挡板门本体、电动（或气动）执行机构、密封空气入口阀、风机、电加热器、控制系统及相关管路附件组成。挡板门一般由几组叶片构成，挡板之间、挡板和门框间设有不锈钢密封板，挡板的启闭靠电动（或气动）执行器通过连杆机构来执行。动作过程与圆形基本相似。

防爆阀门用于有爆炸危险的通风系统，当系统内压力急剧升高时，靠防爆门自动开启泄压。

防火阀门用于某些火灾危险大的和重要的建筑物、高层建筑和多层建筑的通风系统，它在正常情况下是开启的，一旦发生火灾，防火阀上的易熔合金受热而迅速熔化，阀门自动关闭，从而防止了火及烟气沿风管蔓延的危险。

3. 送风器

送风器又称送风口或称空气分布器，是压入式通风系统向工作空间输送新鲜空气的设施，一般可根据需要调节经过的风量。地面通风中的送风器形式较多，可包括侧式送风器、散流器、孔板送风器、喷射式送风器、旋流送风器等。其中侧式送风器、散流器又有多种形式。图 3-43、图 3-44 所示为典型的侧式送风器、散流器的一种。

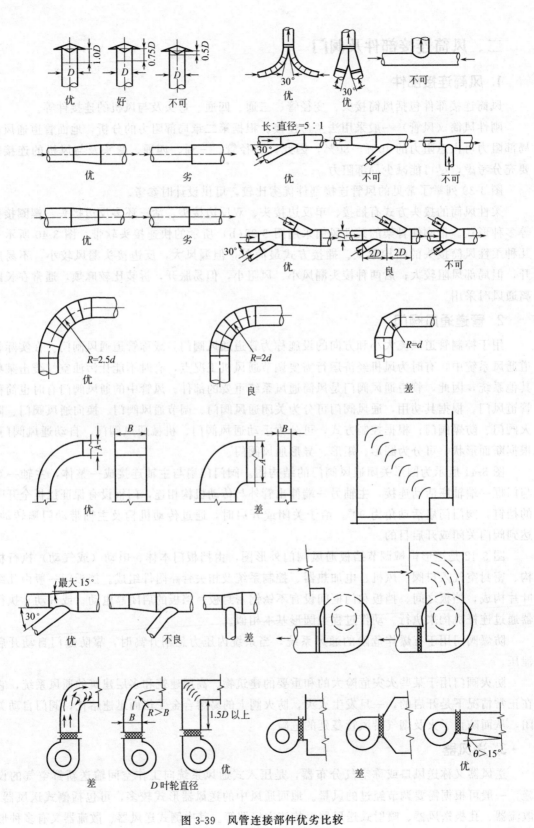

图 3-39　风管连接部件优劣比较

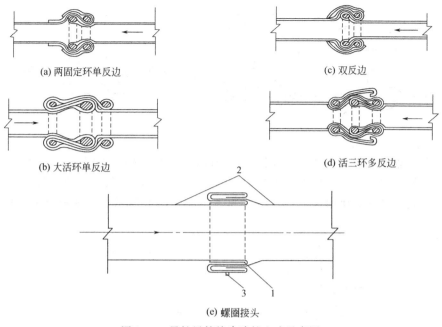

(a) 两固定环单反边　　　　　　　　　　(c) 双反边

(b) 大活环单反边　　　　　　　　　　(d) 活三环多反边

(e) 螺圈接头

图 3-40　柔性风筒接头连接方式示意图

1—螺圈；2—风筒；3—铁丝箍

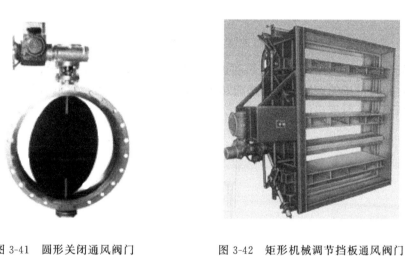

图 3-41　圆形关闭通风阀门　　　　　图 3-42　矩形机械调节挡板通风阀门

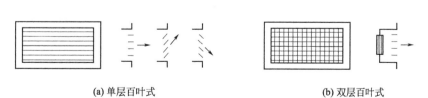

(a) 单层百叶式　　　　　　　　　　　(b) 双层百叶式

图 3-43　侧式送风器

　　孔板送风器（孔板送风口）利用顶棚上面的空间作为送风静压箱（或另外安装静压箱），空气在箱内静压的作用下通过在金属板上开设大量孔径为 4～10mm 的小孔，大面积地向室内送风。

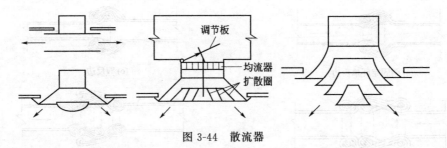

图 3-44　散流器

　　喷射式送风器（喷射式送风口）如图 3-45 所示。图 3-45(a) 为圆形喷射式送风器，该送风器有较小的收缩角度，并且无叶片遮挡，因此，喷口的噪声低、紊流系数小、射程长。为了提高喷射式送风器的使用灵活性，可以选用图 3-45(b) 所示的既能调方向又能调风量的形式。

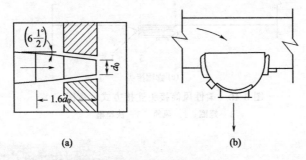

(a)　　　　　　　　　　　　　(b)

图 3-45　喷射式送风器

　　典型的旋流送风器由格栅、集尘箱和旋流叶片组成，如图 3-46 所示，送风经旋流叶片切向进入集尘箱，形成的旋转气流由格栅送出。送风气流与室内空气混合好，速度衰减快，格栅和集尘箱可以随时取出清扫。

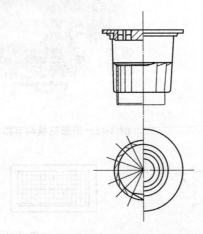

图 3-46　旋流送风器

第八节　全面通风设施

　　全面通风设施可分为地面全面通风设施和地下全面通风构筑物两种。地下全面通风构筑物主要指地下全面通风系统中隔断、引导和控制风流的设施，地面全面通风设施是指无须制作风筒而利用建筑物作为通风风道来全面通风的隔断、引导和控制风流的设施。

一、地下全面通风构筑物

由于某种目的，如采矿、地下运输、人防等，通常要对地表以下的地层开掘一定空间，并进行通风，这种通风系统一般称为地下通风。地下全面通风多以开掘的空间为通风风道，如巷道、隧道、井筒等，因此，作为地下全面通风的隔断、引导和控制风流的设施与地面及管道通风设施有所差异。

地下通风构筑物可分为两大类：一类是通过风流的通风构筑物，如通风机风硐、风桥、导风板和调节风窗等；另一类是隔断风流的通风构筑物，如密闭、挡风墙、风帘和风门等。

1. 风门

在地下通风或地面非管道通风中，有的地点往往既有隔断风流要求，又有行人或通车的需要，这就要求构筑既能隔断行人或通车又能隔断风流的设施，这种设施称为风门。风门可分为普通风门和自动风门。一般来说，在行人或通车不多的地方，可构筑普通风门。而在行人通车比较频繁的空间，则应构筑自动风门。

普通风门可用木板或铁板制成，如图 3-47 所示，其要求是门扇与门框之间呈斜面接触，比较严密，结构坚固，对普通风门的控制主要指防止两道门同时打开的闭锁装置和风门自动关闭设施。风门自动关闭设施一般采用弹簧或废旧的橡胶带制作，较为简单。最为简单而效果尚可的闭锁装置是用一根长度等于两道门间距的废旧钢丝绳分别连接于两道门，如提高闭锁效果，则可采用机械闭锁装置，如图 3-48 所示。

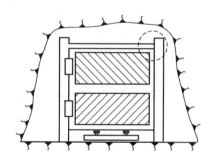
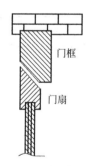

门框

门扇

图 3-47　普通风门示意图

自动风门种类很多，目前常用的自动风门有以下几种。

（1）碰撞式自动风门

碰撞式自动风门由木板、推门杠杆、门耳、缓冲弹簧、推门弓和铰链等组成，如图 3-49 所示。风门是靠车辆碰撞门板上的门弓和推门杠杆而自动打开的，借风门自重而关闭。其优点是结构简单，经济实用，是矿井应用较多的自动风门之一。其缺点是碰撞构件容易损坏，需经常维修。

（2）电动风门

电动风门是以电机为动力源。电机经过减速带动联动机构，使门开闭。电机的启动和停止可用车辆触及开关或光电控制器自动控制。电动风门适应性较大，只是减速和传动机构稍微复杂些。电动风门样式较多，图 3-50 所示是其中一种。

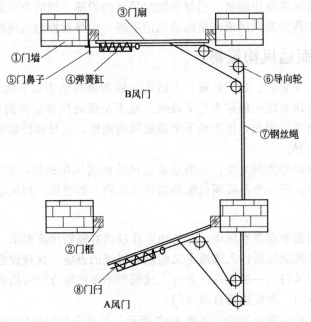

图 3-48　风门机械闭锁装置

①门墙　②门框　③门扇　④弹簧缸　⑤门鼻子　⑥导向轮　⑦钢丝绳　⑧门闩　A风门　B风门

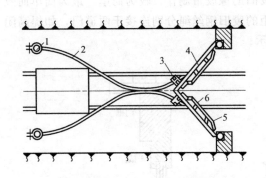

图 3-49　碰撞式自动风门示意图

1—杠杆回转轴；2—推门杠杆；3—门耳；
4—木板；5—推门弓；6—缓冲弹簧

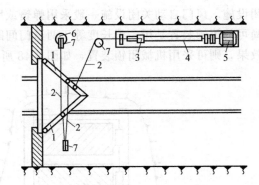

图 3-50　电动风门示意图

1—门扇；2—牵引绳；3—滑块；4—螺杆；
5—电机；6—配重；7—导向滑轮

(3) 气动或水动风门

这种风门的动力来源是压缩空气或高压水。它是由电气触点控制电磁阀，电磁阀控制气缸或水缸的阀门，使气缸或水缸中的活塞作往复运动，再通过联动机构控制风门开闭。这种风门简单可靠，但只能用于有压缩空气和高压水源的地方。

为了保证风流稳定可靠且不漏风，对永久风门主要要求如下。

a. 风门能自动关闭；通车风门实现自动化；风门不能同时敞开。

b. 每组风门不少于两道。通车风门间距不小于一列车长度，行人风门间距不小于 5m。

c. 门框要包边，沿口有垫衬，四周接触严密。门扇平整不漏风，门扇与门框不歪扭。门轴与门框要向关门方向倾斜 80°~85°。

d. 风门墙垛要用不燃性材料建筑，厚度不小于 0.5m，严密不漏风。墙垛周边要掏槽，见硬顶，硬帮与煤岩接实。墙垛平整，无裂缝、重缝和空缝。

2. 调节风窗

调节风窗是地下风道风量调节设施，它是指在地下风道上方开一小窗，用可滑移的窗板来改变窗口的面积，从而改变风道中的局部阻力，调节风道的风量，如图 3-51 所示为 T 形断面风道调节风窗示意图。

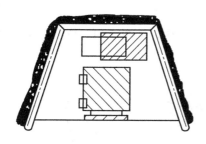 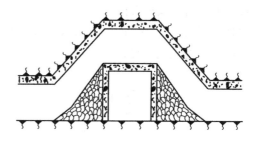

图 3-51　T 形断面风道调节风窗　　　　图 3-52　混凝土风桥

3. 风桥

当通风系统中进风道与回风道水平交叉时，为使进风与回风互相隔开，需要构筑风桥。其根据结构不同可分为绕道式风桥、混凝土风桥、铁筒风桥。如图 3-52 所示为混凝土风桥示意图。

对风桥的质量要求主要有：

a. 用不燃的材料建筑；

b. 桥面平整不漏风；

c. 风桥通风断面不小于原巷道断面的 4/5，成流线型，坡度小于 30°；

d. 风桥两端接口严密，四周实帮、实底，要填实。

4. 密闭

密闭是隔断风流的构筑物。设置在需隔断风流、也不需要通车行人的风道中。密闭的结构随服务年限的不同而分为两类。

① 临时密闭，常用木板、木段等修筑，并用黄泥、石灰抹面。

② 永久密闭，常用料石、砖、水泥等不燃性材料修筑。

二、地面全面通风设施

地面全面通风设施是指无须制作风筒而利用建筑物作为通风风道来全面通风的隔断、引导和控制风流的设施。地面全面通风设施主要包括避风天窗、避风风帽、侧窗、屋顶集气罩等。其中，避风天窗、侧窗、避风风帽为自然通风设施，而屋顶集气罩为集气罩的一种特殊形式。

1. 避风天窗

地面建筑物采用自然通风时，在风力作用下，普通天窗迎风面的排风窗孔会发生倒灌现象，使建筑物气流原组织受到破坏，不能满足安全卫生要求。因此当出现这种情况时应及时关闭迎风面天窗，只能依靠背风面的天窗进行排风，给管理上带来了麻烦。为使天窗能保持稳定的排风性能，不出现倒灌现象，需采取一定的措施，如在天窗上加装挡风板，以保证天窗的排风口在任何风向时均处于负压区而顺利排风，这种天窗称为避风天窗。

常用的避风天窗主要有以下几种。

(1) 矩形天窗

如图 3-53 所示，挡风板高度为 1.1～1.5 倍的天窗高度，其下缘至屋顶设 100mm 的间隙。这种天窗采光面积较大，窗孔多集中在中部，当热源集中在中间时热气流能迅速排出，但其造价高，结构复杂。

(2) 曲（折）线型天窗

这种天窗将矩形天窗的竖直板改成曲（折）线型结构，见图 3-54，特点是阻力小，产生的负压大，通风能力强。

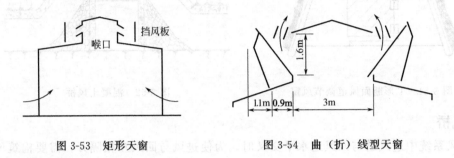

图 3-53　矩形天窗　　　　　　　图 3-54　曲（折）线型天窗

(3) 女儿墙天窗

当厂房屋顶坡度小于 1/10，且边跨外墙与天窗的距离 L 不超过天窗高度 h 的 5 倍时 ($L \leqslant 5h$)，可以加高边跨外墙，即采用女儿墙代替挡风板。女儿墙上缘高度应比天窗顶面延长线低 100～150mm，如图 3-55 所示。

(4) 下沉式天窗

这种天窗是利用屋架上下弦之间的空间，让屋面部分下沉而形成的，如图 3-56 所示。下沉式天窗比矩形天窗降低厂房高度 2.5m，节省挡风板和天窗架，但天窗高度受屋架的限制，排水也较困难。

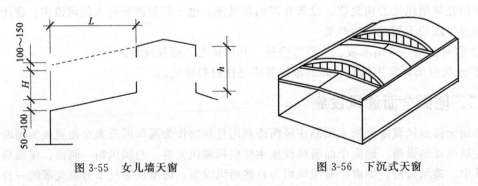

图 3-55　女儿墙天窗　　　　　　图 3-56　下沉式天窗

2. 避风风帽

避风风帽是在普通风帽的外围增设一圈挡风圈而制成的，避风风帽作用与避风天窗基本相同，其目的是减少风力作用下自然风压的倒灌现象，稳定抽出式通风系统的通风性能。避风风帽安装在自然通风系统出口，它是利用风力造成的负压，加强通风能力的一种装置，其结构如图 3-57 所示。它的特点是在普通风帽的外围，增设一圈挡风圈，挡风圈的作用与避风天窗的挡风板是类似的，室外气流吹过风帽时，可以保证排出口基本上处于负压区内。在自然通风系统的出口装设避风风帽可以增大系统的抽力。有些阻力比较小的自然通风系统则完全依靠风帽的负压克服系统的阻力。图 3-58 所示为避风风帽用于自然通风系统的情况。有时风帽也可以装在屋顶上，进行全面通风，见图 3-59。

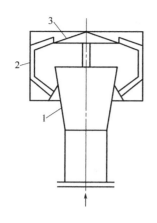 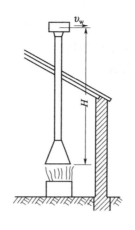 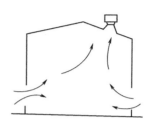

图 3-57　避风风帽　　　　　图 3-58　采用风帽的　　　　图 3-59　用作全面通风
1—渐扩管；2—挡风圈；3—遮雨盖　　　　　自然通风系统　　　　　　的避风风帽

3. 屋顶集气罩

屋顶集气罩是一种特殊的高悬罩，它是布置在车间顶部的一种大型集气罩，它不仅抽走了废气，而且还兼有自然换气的作用。以下介绍的就是几种不同形式的屋顶集气罩。

① 顶部集气罩方式。在污浊气体排放源及吊车上方屋顶部位设置，直接抽出工艺过程中产生的污浊气体，捕集效率较高。

② 屋顶密闭方式。将厂房顶部视为烟囱储留污浊气体，并组织排放，可以减少处理风量。但如果储留与抽气量不平衡，就会出现污浊气体回流现象，使得作业区环境恶化。

③ 天窗开闭型屋顶密闭方式。在天窗部位增设集气罩，污浊气体量少时只能使用自然换气，当污浊气体量骤增时启用细集气罩，可保持作业区环境良好，很适用于处理阵发性污浊气体，但维护工作量大。

④ 顶部集气罩及屋顶密闭共用方式。其为以上三种形式的组合。捕集效率高，作业环境好，处理风量大，但设备费用高。

4. 侧窗

在夏季，有组织的自然通风利用下部侧窗进风，上部侧窗排风。侧窗有两种形式：中悬式开启角度达 85°，局部阻力系数很小，一般用于有大量余热的热加工车间；上悬式开启角度较小（30°左右），且局部阻力系数很大，只能用于自然通风量不大，而对采光面积要求较高的冷加工车间。

思考题与习题

1. 按气流运动方向、服务范围，通风机分别可分为哪几类？
2. 简述离心式通风机的构造和工作原理。
3. 简述轴流式通风机的构造和工作原理。
4. 何为通风机（实际）全压与静压？
5. 请分析离心式、轴流式个体特性曲线的特点。

6. 简述通风机的相似条件和相似定律。
7. 通风机的合理工作范围和工况调节方法如何？
8. 通风机出口为何要装扩散器？
9. 四周有法兰边和无法兰边的圆形吸气口风速分布规律如何？
10. 各种集气罩的优缺点和适用条件如何？
11. 常用的避风天窗主要有哪几种？

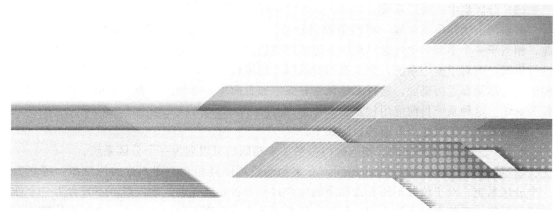

第四章 通风网络系统及其风量调节

通风系统及其风量的好坏，对工业通风的作业效果影响甚大，因此，在实际工业通风工程中应科学选择通风系统与通风方式，保证经济上合理，安全上可靠。本章主要介绍典型场所通风系统类型及其选择、简单通风网络特性、复杂风网解算、网络中通风机串并联工作分析、通风系统风量调节等内容。

第一节 典型场所通风系统类型及其选择

通风系统由通风动力、通风网络、通风设施、污浊气体处理设备等部分组成。根据通风机械设备的工作方法、通风网络的布置方式，不同作业场所的通风系统类型划分有不同之处。下面主要介绍地面建筑、营运隧道、地下巷道及隧道施工、矿井等典型场所通风系统类型及其选择。

一、地面建筑通风系统类型及其选择

通常，将通风风道均在地表以上的地面建筑物通风系统称为地面建筑通风系统。地面建筑通风系统类型有两种分类方法。

1. 根据进、回风道的数量及通风机排风量的大小分类

通风系统可分为集中式、分散式、分区集中式三种形式。

（1）集中式通风系统

通风系统的总进风道或回风道只有一个，建筑物内通风系统的总进风或总回风仅由一台通风机提供风量。其特点是风量大、管路长、系统复杂、阻力平衡困难、初期投资大。

（2）分散式通风系统

每处污染源均设置一台通风机进行通风排污，并形成独立通风系统。这种通风系统基本上不需敷设或只设较短的通风除尘管道，系统布置紧凑、简单，维护管理方便，但是，由于它受生产工艺条件的限制，应用面很窄。

101

（3）分区集中式通风系统

根据污染物性质及位置，将污染源进行分区通风。每一分区内至少有两个或以上污染源，相当于一个小型集中式通风系统，分区内的进风道或回风道只有一个，并由一台通风机进行供风，而对于整个系统，至少有两台或以上通风机供风。分区集中式通风系统的净化器和风机应尽量靠近污染源，这种系统风管较短、布置简单，系统阻力容易平衡，但粉尘回收较为麻烦。这种系统目前应用较多。

通风系统分区时应当考虑的原则如下。

① 空气处理要求相同的、建筑物内参数要求相同的可以划为一个分区系统。

② 同一生产流程，运行时间相同，有害物性质相同且相互距离不远的污染源，可划为一个分区系统；对于放散不同有毒物质的生产过程布置在同一建筑物内时，不宜合为一个分区通风系统，毒性大与毒性小的应隔开。如果工艺生产允许不同种类粉尘混合回收处理，也可合为一个通风除尘系统，但具有下列情况严禁合为一个分区通风系统。

a. 凡混合后有引起着火燃烧或爆炸危险，或会形成毒害更大的混合物或化合物时；

b. 不同温度和湿度的含尘气体，混合后可能凝结蒸气和聚积粉尘的通风管道；

c. 排除水蒸气的排风点不能和产尘的排风点合为一个系统，以免堵塞管道；

d. 因粉尘性质不同，共享一种除尘设备，除尘效果差别较大者；

e. 如果排风量大的排风点位于风机附近，则不宜与远处的排风量小的排风点合为一个系统，这是因为增加这个排风点，会使整个系统阻力增大，增加运行费用。

③ 分区通风系统的吸气点不宜过多，一般不宜超过 10 个。吸气点较多时，可采用大断面的集合管连接各个支管，集合管内流速不宜超过 3m/s，以利于各支管间阻力平衡。由于集合管内流速低，气流中的部分粉尘容易沉聚下来，因此在管底要有清除积灰的装置。

④ 有消声要求的建筑物空间不宜和有噪声源的建筑物空间划为同一个分区系统。

⑤ 对于多污染源建筑物，既可采用集中式通风除尘系统，也可采用分区集中式通风除尘系统，具体采用哪种，要根据技术经济比较和现场条件决定。

⑥ 通风除尘系统管网的布置，应在满足除尘要求（如各点的抽风量和净化要求等）的前提下，力争简单、紧凑、操作和检修方便，管道不积灰、磨损少，并且管路短、占地少投资省。

⑦ 为了便于管理和运行调节，系统不宜过大。同一个分区系统有多个分支管道时，可将这些分支管道分组控制。

⑧ 作为防排烟通风系统的分区符合本章第五节内容要求。

2. 根据建筑物空间的气流组织方式分类

通风系统可分为上进风上回风、下进风上回风、侧进风上下回风、上进风下回风、侧进风侧回风等类型。

这些类型的选择，要根据有害物源的位置、操作地点、有害物的性质及浓度分布等具体情况，按下列原则确定：进风口应尽量接近操作地点，进入通风房间的清洁空气，要先经过操作地点，再经污染区排至室外；回风口尽量靠近有害物源或有害物浓度高的区域，以利于把有害物迅速从建筑物内排出；在整个建筑物内，尽量使进风气流均匀分布，减少涡流，避免有害物在局部地区积聚。

一般来说，建筑物空间的气流组织应符合如下要求：一是放散热或同时放散热、湿和有害气体的空间，当采用上部或下部同时回风时，进风宜送至作业地带；二是放散粉尘或密度比空气大的蒸气和气体，而不同时放热的空间，当从下部回风时，进风宜送至上部地带；三是当固定工作地点靠近有害物放散源，且不可能安装有效的局部通风装置时，应直接向工作地点送风。

工程设计中，通常采用以下的气流组织方式。

① 如果没有热气流的影响，散发的有害气体密度比周围气体密度小时，应采用下进风上回风的形式；比周围空气密度大时，应从上下两个部位回风，从中间部位将清洁空气直接送至工作地带。

② 如果散发的有害气体温度比周围气体温度高，或受车间发热设备影响产生上升气流时，不论有害气体密度大小，均应采用下进风上回风的气流组织方式。

③ 在复杂情况下，要预先进行模型试验，以确定气流组织方式。因为通风房间内有害气体浓度分布除了受对流气流影响外，还受局部气流、通风气流的影响。

二、营运隧道通风系统类型及其选择

根据通风风流的流向和气流组织，铁路和公路营运隧道通风系统可分为纵向式、全横向式、半横向式、横向-半横向式通风系统。

（1）全横向式

用通风孔将隧道分成若干区段，新鲜空气从隧道一侧的通风孔横向流经隧道断面空间。将隧道内的有害气体与烟尘稀释后从另一侧通风孔进入通风区排出洞外，各通风区段的风流基本上不流至相邻的通风区段，故称为全横向式通风，如图 4-1 所示。

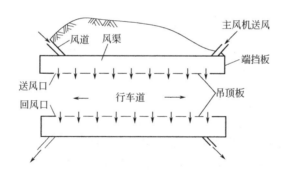

图 4-1　全横向式通风示意图

此类型适合中、长隧道，是最可靠、最舒适的一种通风系统类型。其特点如下。

① 隧道长度不受限制，能适应最大的隧道长度。

② 隧道纵向无气流动，对驾驶人员舒适感有利，同时有利于防火。

③ 全横向通风能保持整个隧道全程均匀的废气浓度和最佳的能见度，新鲜空气得到充分利用。

④ 但在所有隧道通风方式中，全横向通风是投资成本和运行费用最高的。

（2）纵向式

新鲜空气从隧道一端引入，有害气体与烟尘从另一端排出。在通风过程中，隧道内的有害气体与烟尘沿纵向流经全隧道。根据采用的通风设备，又可分为洞口风道式纵向通风与通风机纵向通风。

① 洞口风道式纵向通风。由 Saccardo 喷嘴来完成纵向通风，在隧道口处装设 1 台或多台通风机，经隧道口上方的一个环状间隙与隧道轴线成 15°～20°，以 25～30m/s 的速度吹

入隧道通行区内，这一具有较高能量的吹入气体，其能量传递给隧道内的空气，产生克服隧道阻力的动压，推动隧道内空气顺气流方向流动，完成从隧道一端进入新气而从另一端排出废气的过程。将这种方式应用于单管双车道对向行驶的隧道时，车流影响有时需要反向吹入完成上述过程。此时，需在另一端隧道口处设置相同的通风系统。不难理解，这一通风方式，隧道中废气浓度是从隧道一端向另一端增加的。

② 使用通风机的纵向通风。由通风机来完成纵向通风，通常是以一定数量的通风机以一定间距吊挂于隧道顶部来完成的。新气由通风机一侧吸入后以 $25\sim30\text{m/s}$ 的速度从另一侧喷出，喷射气流的动能传递给隧道内气体，带动隧道内气体流动，完成从隧道一端向另一端排出废气的过程。对于长隧道，由于考虑通风机供电电缆的敷设和减少电缆的电压降，也采用使通风机集中成群布置于隧道口的布置方式。当然，在考虑通风机的布置时，应注意通风机的"主动喷射"能与隧道中气体均匀混合。不难看出，用通风机来完成纵向通风，隧道中废气浓度也是从一端向另一端增加的。

当隧道很长，纵向通风不能满足规范要求时，可采用竖井、斜井、平行导洞等辅助通道将隧道长度分成几个通风区段，称为分段纵向式通风。按通风机工作方法，分段纵向式通风又可分为压入式、抽出式、压-抽混合式通风系统。压入式、压-抽混合式通风系统如图 4-2、图 4-3 所示。

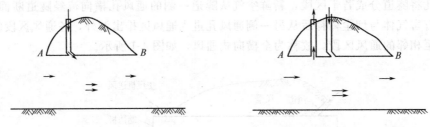

图 4-2　压入式通风系统　　　　图 4-3　压-抽混合式通风系统

纵向通风系统具有如下特点：

a. 能充分发挥汽车活塞风作用，所需通风量较小；

b. 以隧道作为通风道，规定气流速度较高，汽车司机有不适感；

c. 无额外的通风管道，隧道断面小，工程费用低，使用也比较经济；

d. 由于存在自然热风压，不利于控制火灾，往往需要避车道。

（3）半横向式

半横向通风是由通风机经新气管道送入隧道，并沿隧道长度的各个截面的通风孔进入隧道通行区内，废气则自两端隧道口逸出，如图 4-4 所示。此种通风方式一般可应用于中型（5～6km）隧道。一般半横向通风方式在两端隧道口的风速小于 8m/s。

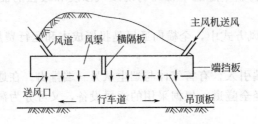

图 4-4　半横向式通风示意图

半横向通风系统的机房通常安排在两隧道口。由于沿隧道长度均设置有通风孔，故在隧道中可获得较均匀的废气浓度。其特点如下。

① 由于只有一个专门的通风渠，其工程投资、设备费用与运营管理费用均较全横向式有很大降低，但总的说来，通风、土建工程结构复杂，施工难度大，工期长。

② 一旦在隧道内发生火灾，使用可反转的通风机，压入式变为吸出式，只要方法得当，利于控制火灾蔓延和抢险。

③ 进风管道和车道之间保持一定的压差，以抵消车辆活塞风和自然风影响，从而保证了均匀送风，使得沿车道长度有害气体浓度均匀分布。

④ 半横向式通风系统是以中隔板为界，向两端洞口分别送风，在隔板附近存在角联风路，这一带的通风效果要比别处差得多。

（4）横向-半横向通风

其需要风量的 50% 由通风机抽吸，另外的 50% 需要风量由隧道口逸出。其优点是在可获得较舒适的通风状态下，投资成本及隧道营运费用均较全横向通风低，以通风机计，其投资仅为全横向通风系统的 50%。

在营运隧道通风中，隧道长度及交通量对通风系统类型的选择往往起着关键作用。如日本《道路公团设计要领》中对各种通风方式所能适应的、在一般情况下建议采用的隧道长度为：无竖井的纵式通风 0.5~2km；有竖井纵向式通风 2km 以上；半横向式通风 1.5~3km；全横向通风 2km 以上。1990 年交通部颁布的《公路隧道设计规范》在"条文说明"中也认为纵式通风一般适用于单向行驶，且长度为 1500m 以下的隧道；半横向式通风一般适用于长度为 1000~3000m 的隧道。

然而，在实际选择营运隧道通风系统类型时，不能单纯由隧道长度来决定，同时，也要考虑隧道所在地的道路、交通、人文、气象及采取的气体净化装置等条件，要对各种类型的通风效果、技术条件、经济效益、维护管理等进行综合分析比较后才能决定。

三、隧道施工与地下巷道施工局部通风系统类型及优缺点

根据通风机工作方法，隧道与地下巷道施工局部通风系统类型分为压入式、抽出式和混合式。地下巷道施工作业地点，习惯上称作掘进工作面。下面以地下巷道施工局部通风系统为例作一介绍。

（1）压入式通风

地下巷道施工的压入式通风布置如图 4-5 所示，局部通风机及其附属装置安装在离巷道口 10~30m 以外的新鲜风流中，并将新鲜风流输送到施工作业地点，污风沿施工隧道或巷道排出。将风筒出口至射流反向的最远距离称为射流有效射程，以 L_s 表示。在隧道或巷道边界条件下，一般有

$$L_s = (4 \sim 5)\sqrt{S} \tag{4-1}$$

式中　S——巷道断面，m^2。

在有效射程以外的独头巷道中会出现循环涡流区。为了能有效地排出炮烟，风筒出口与工作面的距离应不超过有效射程。

（2）抽出式通风

地下巷道施工抽出式通风布置如图 4-6 所示。局部通风机安装在离施工巷道 10m 以外的回风侧。新风沿巷道流入，污风通过风筒由局部通风机抽出。风机工作时风筒吸口吸入空气的作用范围称为有效吸程 L_e。在隧道或巷道边界条件下，其一般计算式为

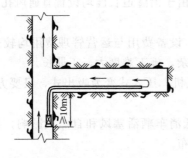

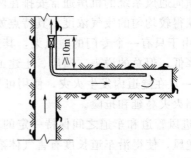

图 4-5 压入式通风   图 4-6 抽出式通风

$$L_e = 1.5\sqrt{S} \qquad (4-2)$$

式中 S——巷道断面积，m^2。

实践证明，在有效吸程以外的独头巷道中会出现循环涡流区，只有当吸气口离工作面距离小于有效吸程 L_e 时，才有良好的吸出有害气体效果。理论和实践都证明，抽出式通风的有效吸程比压入式通风的有效射程要小。

压入式和抽出式通风相比，有如下特点。

① 压入式通风风筒出口风速和有效射程均较大，可防止有害气体层状积聚，且因风速较大而提高散热效果。然而，抽出式通风有效吸程小，施工中难以保证风筒吸气口到工作面距离在有效吸程之内。与压入式通风相比，抽出式风量小，工作面排污风所需时间长、速度慢。

② 抽出式通风时，新鲜风流沿巷道进入工作面，整个施工巷道空气清新，劳动环境好；而压入式通风时，污风沿巷道缓慢排出，掘进巷道越长，排污风速度越慢，受污染时间越久。这种情况在大断面长距离巷道掘进中尤为突出。

③ 压入式通风时，局部通风机及其附属电气设备均布置在新鲜风流中，污风不通过局部通风机，安全性好；而抽出式通风时，若含爆炸性的气体通过局部通风机，且局部通风机不具备防爆性能，则是非常危险的。

④ 压入式通风可用柔性风筒，其成本低，重量轻，便于运输，而抽出式通风的风筒承受负压作用，必须使用刚性或带刚性骨架的可伸缩风筒，成本高，重量大，运输不便。

基于上述分析，当以排除有害气体为主的隧道与地下巷道施工时，应采用压入式通风；而当以排除粉尘为主的隧道与地下巷道施工时，宜采用抽出式通风。

（3）混合式通风

混合式通风是压入式和抽出式两种类型的联合运用，兼有压入式和抽出式两者优点，是大断面长距离岩巷施工通风的较好方式，其中压入式向开挖工作面供新风，抽出式从开挖工作面排出污风。其布置方式取决于开挖工作面空气中污染物的空间分布和相关机械的位置。按局部通风机和风筒的布设位置，分为长压短抽、长抽短压和长抽长压三种，长压短抽、长抽短压通风系统如图 4-7 所示。

混合式通风的主要缺点是降低了压入式与抽出式两列风筒重叠段巷道内的风量，当施工巷道断面大时，风速就更小，则此段巷道顶板附近易形成有害气体层状积聚。因此，两台风机之间的风量要合理匹配，以免产生循环风，并使风筒重叠段内风速大于最低风速。

四、矿井及采矿工作面通风系统类型及其选择

由于埋藏于地层下的煤或其他矿物质范围和面积较大，所以，通常将其划分为若干较小的部分，由若干矿井开采。将划归一个矿井开采的那一部分煤及矿物质范围称为井

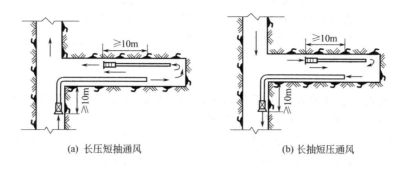

(a) 长压短抽通风　　　　　　　　(b) 长抽短压通风

图 4-7　混合式通风

田，井田范围内，地层层面与水平面交线为井田走向。沿煤或其他矿物质范围储存的倾斜方向，按预定的标高将井田划分为若干长条形部分，每一个长条形部分称为阶段，阶段与阶段之间是以水平面分界，分界面又称为水平。在阶段范围内，沿地层走向把阶段再划分为若干部分，每一部分称为采区。由于采区倾斜长度较大，因此，沿倾斜再需要再划分，再划分后进行采矿作业的工作地点称为采矿工作面，一般来说，一个采区要划分几个采矿工作面进行回采。

为了安全开采埋藏于地层下的煤或其他矿物质，从地面开始，要开掘一系列的井筒及巷道通向煤或其他矿物质赋存区域。通常将有进风、回风作用的井筒称为进、回风井。

1. 矿井全面通风系统类型及其选择

矿井全面通风，是指在地面安装一台或几台主要通风机向各作业地点提供新鲜空气、排出污浊空气，并使得矿井范围内除独头巷道以外的巷道和井筒的空气流动。按进、回风井在井田内的位置不同，矿井全面通风系统可分为中央式、对角式、区域式及混合式。

（1）中央式

进、回风井均位于井田走向的中央。根据进、回风井的相对位置，又分为中央并列式和中央边界式（中央分列式），如图 4-8 所示。

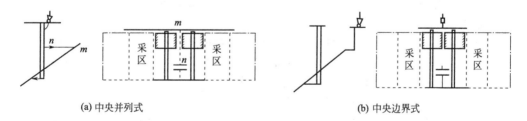

(a) 中央并列式　　　　　　　　　　　(b) 中央边界式

图 4-8　中央式通风系统

① 中央并列式。进风井和回风井大致并列在井田走向的中央，如图 4-8（a）所示。地面建筑和供电集中，投产期限较短，初期投资少，矿井回风容易，便于管理。缺点是风流流动路线为折返式，风流线路长，阻力大，地面工业广场受主要通风机噪声的影响和回风风流的污染。适用于地层倾角大、埋藏深，井田地层走向长度小于 4km，爆炸气体与自然发火都不严重的矿井，冶金矿山矿脉走向不大长或受地形地质条件限制，在矿井两翼不宜开掘风井时使用。

② 中央边界式（中央分列式）。进风井大致位于井田走向的中央，回风井大致位于井田浅部边界沿走向中央，在倾斜方向上两井相隔一段距离，回风井的井底高于进风井的井底，

如图 4-8（b）所示。主要优点是通风阻力较小，用来布置地面生产系统和建筑物的工业广场不受主要通风机噪声的影响及回风风流的污染，其缺点是风流在井下的流动路线为折返式，风流路线较长，阻力大。适用于地层倾角较小、埋藏较浅，井田走向长度不大，爆炸气体与自然发火比较严重的矿井。

（2）对角式

① 两翼对角。进风井大致位于井田走向的中央，两个回风井位于井田边界的两翼（沿倾斜方向的浅部），称为两翼对角式，如图 4-9（a）所示。风流在井下的流动线路是直向式，风流线路短，阻力小，内部漏风少，安全出口多，便于风量调节，矿井风压比较稳定，工业广场不受回风污染和通风机噪声的危害。缺点是井筒安全矿柱压矿较多，初期投资大，投产较晚。它适用于井田走向较长、产量较大的矿井。

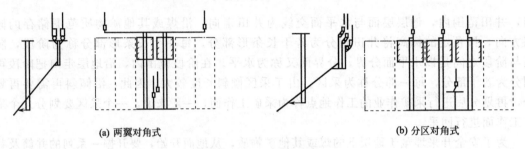

(a) 两翼对角式　　　　　　　　　　(b) 分区对角式

图 4-9　对角式通风系统

② 分区对角式。进风井位于井田走向的中央，在各采区开掘一个回风井，无总回风巷。如图 4-9（b）所示。这种系统有多个独立通风路线，互不影响，便于风量调节，安全出口多，抗灾能力强，投产工期短，初期投资少。缺点是占用设备多，管理分散。适用于矿层埋藏浅或地表高低起伏较大的矿井。

（3）区域式

在井田的每一个生产区域开凿进、回风井，分别构成独立的通风系统。优点是投产工期短，风流线路短，网络简单，阻力小，风流易于控制，便于主要通风机的选择。缺点是通风设备较多，管理分散。适用于井田面积大、储量丰富的大型矿井。

（4）混合式

由上述诸种方式混合组成。例如中央分列与两翼对角混合式、中央并列与两翼对角混合式等。优点是通风能力大，布置较灵活，适应性强。缺点是通风设备较多，管理分散。适用于井田范围大、地质和地面地形复杂或产量大的矿井。

矿井通风系统类型的选择应根据矿井设计生产能力、矿层赋存条件、表土层厚度、井田面积、地温、爆炸性气体涌出量、矿层自燃倾向性等条件，在确保矿井安全，兼顾中、后期生产需要的前提下，通过对多个可行的矿井通风系统方案进行技术经济比较后确定。一般来说，火灾爆炸比较严重、井田面积较大的矿井，应采用对角式通风。

2. 长壁采煤工作面通风系统类型

采煤工作面的通风系统由采煤工作面的瓦斯、温度和煤层自然发火等确定，其中瓦斯是指以甲烷为主的有害气体。根据风流在工作面流动方向，可分为上行通风和下行通风，上行通风是指风流沿工作面倾斜向上运动，下行通风是指风流沿工作面倾斜向下运动。根据长壁采煤工作面进回风巷道的布置方式和数量，又可将工作面通风系统分为多种类型，如 U 型、Z 型、Y 型、W 型、双 Z 型、H 型、J 型等。下面主要介绍 U 型、Z 型、Y 型、W 型通风系统。

（1）U 型与 Z 型通风系统

该类型典型的通风系统如图 4-10 所示。工作面通风系统只有一条进风巷道和一条回风巷道。图 4-10（a）所示的 U 型通风系统在我国使用比较普遍。其优点是结构简单，巷道施工维修量小，工作面漏风小，风流稳定，易于管理等；缺点是工作面上部隅角处（简称上隅角）瓦斯易超限，工作面进、回风巷道要提前开掘，维护工作量大。

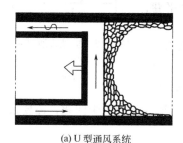

(a) U 型通风系统   (b) Z 型通风系统

图 4-10   U 型与 Z 型通风系统

图 4-10(b) 所示的 Z 型通风系统进风侧沿采空区（指煤炭已采过并冒落的区域）可以抽放瓦斯，采空区的瓦斯易涌向工作面，特别是上隅角，回风侧不能抽放瓦斯。

（2）Y 型和 W 型通风系统

Y 型通风系统是指在回风侧加入附加的新鲜风流，与工作面回风汇合后从采空区侧流出的通风系统，如图 4-11(a) 所示。工作面采用 Y 型通风系统会使回风道风量加大，但上隅角及回风巷道的瓦斯不易超限，并可在上部进风道内抽放瓦斯。

W 型通风系统的进、回风巷道都布置在煤体中，如图 4-11(b) 所示。当由中间及下部平巷进风，上部平巷回风时，上、下段工作面均为上行式通风，但上段工作面的风速高，对防尘不利，上隅角瓦斯可能会超限，所以在瓦斯涌出量很大时，常采用上、下平巷进风，中间平巷回风的 W 型通风系统，或者反之，采用由中间平巷进风，上、下平巷回风的通风系统，以增加风量，提高产量。

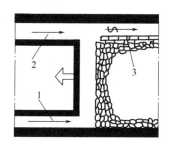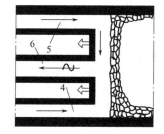

(a) Y 型通风系统   (b) W 型通风系统

图 4-11   Y 型及 W 型通风系统
1—主进风道；2—副进风道；3—沿空巷道；4—下部平巷；5—上部平巷；6—中间平巷

3. 冶金矿山中段并联通风系统类型

冶金矿山中段通风网络是由中段进风道、中段回风道、集中回风天井和矿井总回风道等巷道连接而成，它是连接进风井与回风井的通风干线。冶金矿山通常是多中段同时作业，如果对各中段进、回风流不适当安排，在一个中段内既有新鲜风流，又混进本中段和下部中段作业面排出的回风，则会影响安全生产和工人健康。应用较多的并联通风系统类型有以下 4 种。

① 棋盘式通风系统。此种系统是沿矿体走向每隔一定距离（90m）保留一个连通上下中段且通达上部总回风道的回风天井，天井与运输平巷交叉处则以风桥跨过。如形成几组并联风路，每一风路内作业面的污风以一定方式引入回风天井经总回风道排出地表，见图4-12。

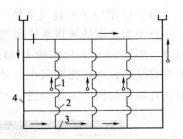

图 4-12　棋盘式通风系统示意图
1—回风天井；2—风桥；
3—平巷；4—入风井

② 上下行间隔式通风系统。对于上下中段的运输平巷，一个作进风用，另一个作回风用，其采场风流方向，一个由上往下行，另一个由下往上行，互相间隔布置。如图4-13所示。上下行间隔式通风系统的主要优点在于解决了多中段同时工作没有专用回风巷道的问题，避免了采场间的风流串联，同时提高了有效风量率，但兼作回风用的运输巷道的防尘问题，需要进一步研究解决。

③ 平行双巷通风系统。即在每一中段，沿矿体走向开掘两条平行巷道，其中一条靠近矿体群的底盘，另一条靠近顶盘。其中一条巷道（多为底盘巷道）作进风道，另一条作回风道，构成平行双巷通风系统，如图4-14所示。各自中段的进风道进风流经采场后，由上中段的回风道排出。各中段的掘进工作面也是从下一中段的进风道进风，而回风则用风筒通过穿脉巷道引入本中段的回风道。为了调节和控制风量，在进风道及回风道间的穿脉巷道上必须设置调节风门。

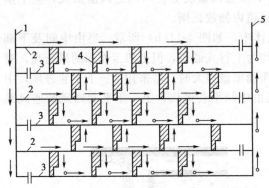

图 4-13　上下行间隔式通风系统示意图
1—进风井；2—进风运输平巷；3—回风运输平巷；
4—采矿工作面；5—回风井

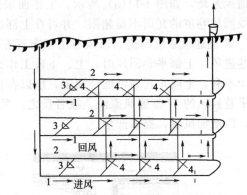

图 4-14　平行双巷通风系统
1—进风道；2—回风道；
3—自动风门；4—调节风门

④ 耙道下专用回风平巷通风系统。在薄矿脉、脉群开采多中段同时作业，且各中段间的回风如不可能利用穿脉巷道，可考虑开凿两中段合用一条回风道。各中段间利用和维护必要采区天井，作为各中段汇集的叫风井，如图4-15所示。

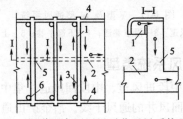

图 4-15　耙道下专用回风平巷通风系统示意图
1—电耙道；2—回风道；3—耙矿方向；4—电耙联络道（平行穿脉平巷）；5—垂直回风眼；6—溜矿小井

第二节 简单通风网络特性

一、通风网络基本形式

通风网络可分为以下几种形式。

① 串联风路。由两条或两条以上分支彼此首尾相连，中间没有风流分汇点的线路称为串联风路。图 4-16(a) 所示是由 1、2、3、4、5 五条分支组成的串联风路。

② 并联风路。由两条或两条以上具有相同始节点和末节点的分支所组成的通风网络，称为并联风路。图 4-16(b) 所示是由 5 条分支组成的并联风路。

③ 角联风路。角联风路是指内部存在角联分支的网络，角联分支（对角分支）是指位于风网的任意两条有向通路之间，且不与两通路的公共节点相连的分支。如图 4-16(c) 所示，分支 5 为角联分支。仅有一条角联分支的风路称为简单角联风路，含有两条或两条以上角联分支的风路称为复杂角联风路。

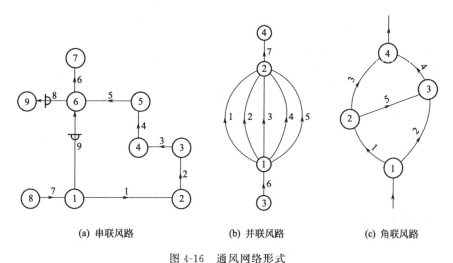

|(a) 串联风路 | (b) 并联风路 | (c) 角联风路|

图 4-16 通风网络形式

二、串联风路特性

根据风量平衡定律、风压平衡定律和阻力定律，串联风路具有以下特性：

① 总风量等于各分支的风量，即

$$M_s = M_1 = M_2 = \cdots = M_n \tag{4-3}$$

当各分支的空气密度相等时，或将所有风量换算为同一标准状态的风量后

$$Q_s = Q_1 = Q_2 = \cdots = Q_n \tag{4-4}$$

② 如系统中无位能差和附加通风动力，则总风压（阻力）等于各分支风压（阻力）之和，即

$$h_s = h_1 + h_2 + \cdots + h_n = \sum_{i=1}^{n} h_i \tag{4-5}$$

③ 阻力平方区流动的总风阻等于各分支风阻之和，即

$$R_s = h_s / Q_s^2 = R_1 + R_2 + \cdots + R_n = \sum_{i=1}^{n} R_i \tag{4-6}$$

111

根据以上串联风路的特性，可以绘制阻力平方区流动的串联风路等效阻力特性曲线。其方法如图 4-17(a) 所示，首先在 h-Q 坐标图上分别作出串联风路 1、2 的阻力特性曲线 R_1、R_2，然后根据串联风路"风量相等，阻力叠加"的原则，作平行于 h 轴的若干条等风量（如 $Q=20\text{m}^3/\text{s}$）线，在等风量线上将 1、2 分支阻力 h_1、h_2 叠加，得到串联风路的等效阻力特性曲线上的点（h_1+h_2），将所有等风量线上的点连成曲线 R_3，即为串联风路的等效阻力特性曲线。

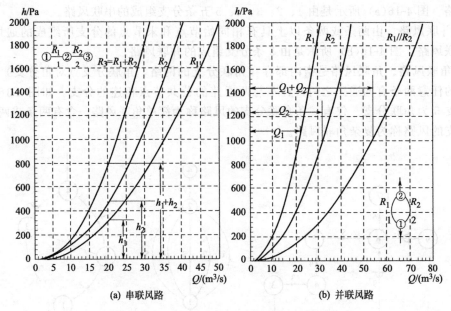

图 4-17　阻力平方区流动的等效阻力特性曲线

三、并联风路特性

根据风量平衡定律、风压平衡定律和阻力定律，并联风路具有以下特性。

① 总风量等于各分支的风量之和，即

$$M_s = M_1 + M_2 + \cdots + M_n = \sum_{i=1}^{n} M_i \tag{4-7}$$

当各分支的空气密度相等时，可将所有风量换算为同一标准状态的风量后再计算

$$Q_s = Q_1 + Q_2 + \cdots + Q_n = \sum_{i=1}^{n} Q_i \tag{4-8}$$

② 如系统中无位能差和附加通风动力，总风压等于各分支风压，即

$$h_s = h_1 = h_2 = \cdots = h_n \tag{4-9}$$

注意：当各分支的位能差不相等，或分支中存在风机等通风动力时，并联分支的阻力并不相等。

③ 阻力平方区流动的并联风路总风阻与各分支风阻的关系如下

$$R_s = h_s/Q_s^2 = \frac{1}{\left(\sqrt{\dfrac{1}{R_1}} + \sqrt{\dfrac{1}{R_2}} + \cdots + \sqrt{\dfrac{1}{R_n}}\right)^2} \tag{4-10}$$

④ 并联风路的风量分配。若已知并联风路的总风量，在不考虑其他通风动力及风流密

度变化时，可由下式计算出分支 i 的风量

$$Q_i = \sqrt{\frac{R_a}{R_i}} Q_s = \frac{Q_s}{\sum\limits_{i=1}^{n} \sqrt{R_i / R_a}} \tag{4-11}$$

由上式可见，并联风路中的某分支所分配得到的风量取决于并联网络总风阻与该分支风阻之比。风阻小的分支风量大，风阻大的分支风量小。若要调节各分支风量，可通过改变各分支的风阻比值实现。根据并联风路的特性，可以绘制并联风路等效阻力特性曲线。如图 4-17(b) 所示，有并联风路 1、2，其风阻为 R_1、R_2。首先在 h-Q 坐标图上分别作出 R_1、R_2 的阻力特性曲线，作平行于 Q 轴的若干条等阻力线，然后根据并联风路"阻力相等，风量叠加"的特点，在等阻力线上两分支风量 Q_1、Q_2 相加，得到并联风路的等效阻力特性曲线上 $(Q_1 + Q_2)$ 的点，将所有等阻力线上的点连成曲线 R_3，即为两并联分支的等效阻力特性曲线。

四、阻力平方区流动的角联风路特性

如图 4-16(c) 所示，在角联风路中，角联分支的风向取决于始、末节点间的压能值。风流由能位高的节点流向能位低的节点；当两点能位相同时，风流停滞；当始节点能位低于末节点时，风流反向。

通过改变角联分支两侧的边缘分支的风阻就可以改变角联分支的风向。如图 4-16(c) 所示的紊流粗糙区流动的简单角联风路，可推导出如下角联分支风流方向判别式

$$K = \frac{R_1 R_4}{R_2 R_3} \begin{cases} >1, & \text{分支 5 中风向由 } 3{\rightarrow}2 \\ =1, & \text{分支 5 中风流停滞} \\ <1, & \text{分支 5 中风向由 } 2{\rightarrow}3 \end{cases} \tag{4-12}$$

推证如下：

对于无压源的回路 $\{1,3,-4,-2\}$，根据回路能量平衡定律可得到如下方程式

$$R_1 Q_1^2 + R_3 Q_3^2 = R_2 Q_2^2 + R_4 Q_4^2 \tag{4-13}$$

节点 2 与节点 3 之间的压能差为

$$\Delta E_{2-3} = R_2 Q_2^2 - R_1 Q_1^2 \tag{4-14}$$

① 当分支 5 中无风时，其始、末节点的压能差 $\Delta E_{2-3}=0$，且 $Q_1 = Q_3$，$Q_2 = Q_4$，即

$$R_1 Q_1^2 = R_2 Q_2^2 \tag{4-15}$$

将式(4-15) 代入式(4-13) 得

$$R_3 Q_3^2 = R_4 Q_4^2 \tag{4-16}$$

将式(4-15) 与式(4-16) 相比，并整理得

$$\frac{R_1 R_4}{R_2 R_3} = \left(\frac{Q_2 Q_3}{Q_1 Q_4}\right)^2 = 1 \tag{4-17}$$

② 当分支 5 中风向由 2→3 时，其节点 2 的压能高于节点 3，$\Delta E_{2-3}>0$，即

$$R_2 Q_2^2 > R_1 Q_1^2 \tag{4-18}$$

将上式代入式(4-13) 得

$$R_3 Q_3^2 > R_4 Q_4^2 \tag{4-19}$$

将式(4-18)、式(4-19) 相乘，并整理得

$$\frac{R_1 R_4}{R_2 R_3} < \left(\frac{Q_2 Q_3}{Q_1 Q_4}\right)^2 < 1 \tag{4-20}$$

③ 同理可推导出当分支 5 中的风向由 3→2 时的关系式为

$$\frac{R_1 R_4}{R_2 R_3} > \left(\frac{Q_2 Q_3}{Q_1 Q_4}\right)^2 > 1 \tag{4-21}$$

综合式(4-17)、式(4-20) 和式(4-21) 即得到判别式(4-12)。

由判别式(4-17) 可以看出，简单角联风路中角联分支的风向完全取决于边缘风路的风阻比，而与角联分支本身的风阻无关。角联分支的风向与风量大小均可通过改变其边缘风路的分支风阻实现。当然，改变角联分支本身的风阻也会影响其风量大小，但不能改变方向。

角联分支一方面具有容易调节风向的优点，另一方面又有出现风流不稳定的可能性。特别是在发生火灾事故时，由于角联分支的风流反向可能使火灾烟流蔓延范围扩大，因此应掌握角联分支的特性，充分利用其优点而克服其缺点。

第三节　复杂通风网络解算

一、解算方法

由串联、并联、角联和更复杂的连接方式所组成的通风网络，统称为复杂通风网络。复杂通风网络中，各风道自然分配的风量和对角巷道的风流方向，用直观的方法很难判定，需要进行解算。复杂通风网络解算常常是在已知各巷道风阻及总风量（或风机特性曲线）的情况下求算各巷道自然分配的风量，并确定对角巷道的风流方向，任何复杂的通风网络均由 N 条分支风道、J 个节点和 M 个独立网孔所构成，它们之间存在如下关系

$$M = N - J + 1$$

在网络解算时，应用阻力定律可列出 N 个方程式，用以求算 N 条风道的风压未知数。应用风量平衡定律又可列出 $(J-1)$ 个有效的节点方程式（J 个节点方程中有一个是重复的），用以求算 $(J-1)$ 条风道的风量值。需要用风压平衡方程式求解的风量未知数就剩下 $(N-J+1)$ 个，每一网孔列出一个风压平衡方程，共列出 M 个方程，就可以求算出各风道自然分配的风量。

解算复杂通风网络的方法很多，归纳起来可分为图解法、图解分析法、数学分析法、模拟计算法以及计算机解算法。本节主要介绍一种简便、易于掌握的计算方法，称为斯考德-恒斯雷近似计算法。复杂风网内，可能有一些分支需固定风量，而另一些分支不需固定风量，按风阻大小自然分风。这部分自然分风的分支风量，不能直接计算，而只能进行逐步试算逼近真值，斯考德-恒斯雷逐渐近似计算法，其实质是当方程式中的一个根的近似值为已知时，用泰勒级数展开，逐次计算，求得近似的真实值。

在一简单并联网络内（见图 4-18），以 Q'_1、Q'_2 表示真值，Q_1、Q_2 表示假设值，则

$$R_1 Q'^2_1 = R_2 Q'^2_2$$
$$令\ Q_1 + \Delta Q = Q'_1,\ Q_2 - \Delta Q = Q'_2$$
$$R_1 (Q_1 + \Delta Q)^2 - R_2 (Q_2 - \Delta Q)^2 = 0$$

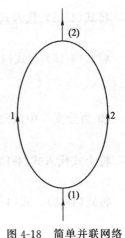

图 4-18　简单并联网络

$$R_1Q_1^2 - R_2Q_2^2 + (2R_1Q_1 + 2R_2Q_2)\Delta Q + R_1\Delta Q^2 - R_2\Delta Q^2 = 0$$

略去 $R_1\Delta Q^2 - R_2\Delta Q^2$，可得

$$R_1Q_1^2 - R_2Q_2^2 = -(2R_1Q_1 + 2R_2Q_2)\Delta Q$$

$$\Delta Q = -\frac{R_1Q_1^2 - R_2Q_2^2}{2R_1Q_1 + 2R_2Q_2}$$

就是说，先假设 Q_1，Q_2，求得 ΔQ，则第 1 次校正有 $Q_{1-1} = Q_1 + \Delta Q$ 和 $Q_{2-1} = Q_2 - \Delta Q$，再求第 2 次校正风量 ΔQ 和 $Q_{1-2} = Q_{1-1} + \Delta Q$ 以及 $Q_{2-2} = Q_{2-1} - \Delta Q$，直到假设的 Q_1 和 Q_2 造成的 $(R_1Q_1^2 - R_2Q_2^2)$ 误差在允许范围内时，则停止计算，即得到的相应风量视为真值。

将 ΔQ 计算式写为通式，有

$$\Delta Q = -\frac{\sum R_iQ_i|Q_i|}{2\sum R_i|Q_i|} \quad (\text{回路内无压源})$$

回路内有压源时，因为 $\sum h_i - \sum H_i = 0$，则

$$\Delta Q = -\frac{\sum R_iQ_i|Q_i| - (\sum H_f + \sum H_n)}{2\sum R_i|Q_i| - \sum a_{ft}} \quad (\text{回路内有压源})$$

式中 a_{ft}——风机在该分支风量下工作点的斜率。

各回路内风量或风压的符号，常常是顺时针取正，逆时针取负。风量取绝对值，风流方向假设错（有的分支风流方向往往不能事先判断）了后，会自动纠正。

二、解算举例

【例 4-1】 如图 4-19 所示的角联风路中，总进风量 $Q = 20\text{m}^3/\text{s}$，1、2、3、4、5 各分支的风阻分别为 4.717kg/m^2、0.118kg/m^2、0.500kg/m^2、3.305kg/m^2、$7.071\ \text{kg/m}^2$，求各分支风量。

解 （1）定独立回路（即独立方程数）

独立回路数，即求几个 ΔQ，则

$M = N - J + 1 = 5 - 4 + 1 = 2$（$M$ 为独立回路数，N 为分支数，J 为节点数），即两个独立回路，为 1—2—5—1，5—4—3—5。

（2）判别 5 分支分流风向

可不判别，任意假设也可以，因为可自动纠正方向。但因本例题可以判别，即

$$\frac{R_1}{R_3} = \frac{4.717}{0.5} > \frac{R_2}{R_4} = \frac{0.118}{3.305}$$

故 5 分支风流是从（2）流向（3）。

（3）初拟风量 Q_1，Q_2，…，Q_5

可任意设，只要 $\sum Q_i = 0$ 即可。现先设 $Q_5 = 0$，1 和 2 并联，3 和 4 并联，得到 1，2，3，4 分支风量后，再求 Q_5，则

$$Q_1 = 2.73\text{m}^3/\text{s}, \quad Q_2 = 17.27\text{m}^3/\text{s}, \quad Q_3 = 14.40\text{m}^3/\text{s},$$

$$Q_4 = 5.60\text{m}^3/\text{s}, \quad Q_5 = 11.67\text{m}^3/\text{s}$$

求 ΔQ，并立即校正。

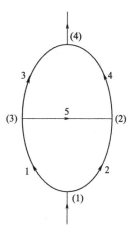

图 4-19 某角联风路

1—2—5—1回路

$$\Delta Q=-\frac{R_1Q_1^2-R_2Q_2^2-R_5Q_5^2}{2(R_1Q_1+R_2Q_2+R_5Q_5)}=4.94\text{m}^3/\text{s}（顺时正，逆时负）$$

$$Q_{1-1}=Q_1+\Delta Q=2.73\text{m}^3/\text{s}+4.94\text{m}^3/\text{s}=7.67\text{m}^3/\text{s}$$

$$Q_{2-1}=Q_2+\Delta Q=17.27\text{m}^3/\text{s}-4.94\text{m}^3/\text{s}=12.33\text{m}^3/\text{s}$$

$$Q_{5-1}=Q_5+\Delta Q=11.67\text{m}^3/\text{s}-4.94\text{m}^3/\text{s}=6.73\text{m}^3/\text{s}$$

5—4—3—5回路

$$\Delta Q=-\frac{R_5Q_{5-1}^2+R_3Q_3^2-R_4Q_4^2}{2(R_5Q_{5-1}+R_3Q_3+R_4Q_4)}=-2.18\text{m}^3/\text{s}$$

$$Q_{5-2}=Q_{5-1}+\Delta Q=6.73\text{m}^3/\text{s}+(-2.18)\text{m}^3/\text{s}=4.55\text{m}^3/\text{s}$$

$$Q_{3-1}=Q_3+\Delta Q=14.40\text{m}^3/\text{s}+(-2.18)\text{m}^3/\text{s}=12.22\text{m}^3/\text{s}$$

$$Q_{4-1}=Q_4-\Delta Q=5.60\text{m}^3/\text{s}-(-2.18)\text{m}^3/\text{s}=7.78\text{m}^3/\text{s}$$

（4）重复（3）运算（一般3遍以上）

1—2—5—1回路：　　　　　　　$\Delta Q=-0.81\text{m}^3/\text{s}$

5—4—3—5回路：　　　　　　　$\Delta Q=-0.56\text{m}^3/\text{s}$

到第4次运算后：

$$Q_{2-4}=13.50\text{m}^3/\text{s},\ h_{2-4}=21.51\text{Pa}$$

$$Q_{1-4}=6.50\text{m}^3/\text{s},\ h_{1-4}=199.12\text{Pa}$$

$$Q_{4-4}=8.53\text{m}^3/\text{s},\ h_{4-4}=240.54\text{Pa}$$

$$Q_{3-4}=11.47\text{m}^3/\text{s},\ h_{3-4}=65.77\text{Pa}$$

$$Q_{5-8}=4.97\text{m}^3/\text{s},\ h_{5-8}=174.78\text{Pa}$$

（5）校验

1—2—5—1回路

$$\frac{h_1-(h_2+h_5)}{h_2+h_5}=1.44\%$$

5—4—3—5回路

$$\frac{h_5+h_3-h_4}{h_4}=0.0004\%$$

均在±5%以内。

（6）总阻力

$$\left.\begin{array}{l}h_{1,4}=h_2+h_4=262.05\text{Pa}\\h_{1,4}=h_1+h_3=264.89\text{Pa}\end{array}\right\}取263.47\text{Pa}$$

$$R_{1,4}=\frac{h_{1,4}}{Q_{1,4}^2}=0.6587\text{kg/m}^7$$

第四节　网络中通风机串并联工作分析

在矿山及其地面大型工程通风常会见到复杂通风系统，或地面厂房事故排风时的排风量由事故排风系统和经常使用的排风系统共同保证时，通风系统中将使用多台通风机，因而就存在通风机在通风网络的串并联工作。下面分析网络中通风机串并联工作。

一、通风机并联工作分析

如图4-20所示，两台风机的进风口直接或通过一段风道连接在一起工作叫通风机并联。风机并联有集中并联和对角并联之分。图4-20(a) 所示为集中并联，图4-20(b) 所示为对角并联。

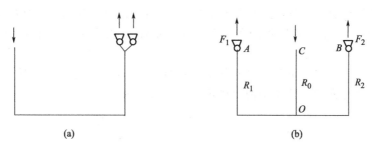

图 4-20　通风机并联工作示意图

1. 集中并联

理论上，两台风机的进（或出）风口可视为连接在同一点。根据并联通风网络的特性，两风机的装置静压相等，等于风网阻力；两风机的风量流过同一条风道，故通过风道的风量等于两台风机风量之和，即

$$h = H_{s1} = H_{s2} \tag{4-22}$$

$$Q = Q_1 + Q_2 \tag{4-23}$$

如图 4-21 所示，两台不同型号风机 F_{I} 和 F_{II} 的特性曲线分别为 Ⅰ、Ⅱ。两台风机并联后的等效合成曲线 Ⅲ 可按"风压相等，风量相加"原理求得。风机并联后在风阻为 R 的管网上工作，R 与等效风机的特性曲线 Ⅲ 的交点为 M，过 M 作纵坐标轴垂线，分别与曲线 Ⅰ 和 Ⅱ 相交于 m_1 和 m_2，此两点即是 F_1 和 F_2 两风机的实际工况点。

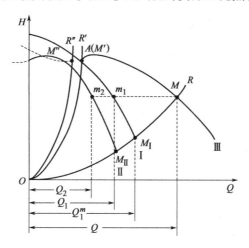

图 4-21　通风机集中并联分析

2. 对角并联

如图 4-20(b) 所示为对角并联通风系统，两台不同型号风机 F_1 和 F_2 的特性曲线分别为 Ⅰ、Ⅱ，各自单独工作的风路分别为 OA（风阻为 R_1）和 OB（风阻为 R_2），公共风路 OC（风阻为 R_0）。分析对角并联系统的工况点时，可先将两台风机假想移至 O 点（图 4-22），再按集中并联方法分析。假想移至 O 点方法是，按等风量条件下风机 F_1 的风压与风路 OA 的阻力相减的原则，求风机 F_1 为风路 OA 服务后的剩余特性曲线 Ⅰ′，再按相同方法，把风机 F_2 的风压与风路 OB 的阻力相减得到风机 F_2 为风路 OB 服务后的剩余特性曲线 Ⅱ′，这样就变成了等效风机 F'_1 和 F'_2 集中并联于 O 点为公共风路 OC 服务的通风系统。按集中并联方法求得等效风机 F'_1 和 F'_2 工况点分别为 M'_{I} 和 M'_{II} 点，再过 M'_{I} 和 M'_{II} 点作 Q 轴垂

线与曲线Ⅰ和Ⅱ相交于 $M_Ⅰ$ 和 $M_Ⅱ$，此即为两台风机的实际工况点，其风量分别为 Q_1 和 Q_2。

由图 4-22 可见，每台风机的实际工况点 $M_Ⅰ$ 和 $M_Ⅱ$，既取决于各自风路的风阻，又取决于公共风路的风阻。当公共段风阻一定时，某一分支的风阻增大，则该系统的工况点上移，另一系统风机的工况点下移；当各分支风路的风阻一定时，公共段风阻增大，两台风机的工况点上移，反之亦然。这说明两台风机的工况点是相互影响的。

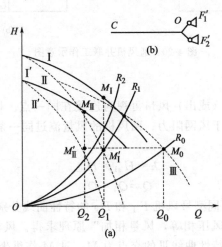

图 4-22　通风机对角并联分析

二、通风机串联工作分析

一台风机的进风口直接或通过一段风道连接到另一台风机的出风口上同时运转，称为通风机串联工作。根据串联通风网络的特性，通风机串联工作的特点是，系统没有漏风时，通过风网的总风量等于每台风机的风量，两台风机的工作风压之和等于所克服管网的阻力，即

$$h = H_{s1} + H_{s2} \tag{4-24}$$

$$Q = Q_1 = Q_2 \tag{4-25}$$

式中　　h——管网的总阻力；

H_{s1}，H_{s2}——1、2 两台风机的工作静压；

　　Q——管网的总风量；

Q_1，Q_2——1、2 两台风机的风量。

如图 4-23 所示，两台不同型号风机 F_1 和 F_2 的特性曲线分别为Ⅰ、Ⅱ。两台风机串联的等效合成曲线Ⅰ+Ⅱ按"风量相等，风压相加"原则求得，即在两台风机的风量范围内，作若干条风量坐标的垂线（等风量线），在等风量线上将两台风机的风压相加，得该风量下串联等效风机的风压（点），将各等效风机的风压点连起来，即可得到风机串联工作时等效合成特性曲线Ⅰ+Ⅱ。

风阻为 R 的管网上风机串联工作时，各风机的实际工况点按下述方法求得：在等效风机特性曲线Ⅰ+Ⅱ上作管网风阻特性曲线 R，两者交点为 M_0，过 M_0 作横坐标垂线，分别与曲线Ⅰ和Ⅱ相交于 $M_Ⅰ$ 和 $M_Ⅱ$，此两点即是两风机的实际工况点。

通过 A 点的风阻为临界风阻，其值大小取决于两风机的特性曲线。欲将两台风压曲线不同的风机串联工作，事先应将两风机所决定的临界风阻 R' 与管网风阻 R 进行比较，当 $R' < R$ 方可应用。还应该指出的是，对于某一形状的合成特性曲线，串联增风量取决于管网风阻。因此，风机串联工作适用于因风阻大而风量不足的管网；风压特性曲线相同的风机

串联工作较好；串联合成特性曲线与工作风阻曲线相匹配，才会有较好的增风效果。串联工作的任务是增加风压，用于克服管网过大阻力，保证按需供风。

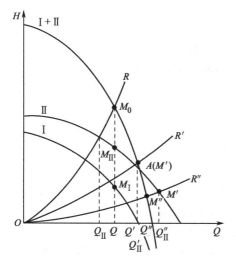

图 4-23　通风机串联工作分析

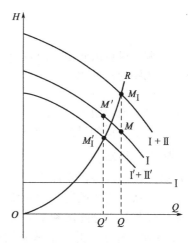

图 4-24　通风机与自然风压串联工作分析

当风机与自然风压串联工作时，类似于两台风机串联工作，见图 4-24。系统风阻曲线为 R，风机特性曲线为 I。自然风压特性曲线为 II，按"风量相等，风压相加"原则，可得到正负自然风压与风机风压的合成特性曲线 I＋II 和 I'＋II'。风阻 R 与其交点分别为 M_I 和 M'_I，据此可得通风机的实际工况点为 M 和 M'。由此可见，当自然风压为正时，机械风压与自然风压共同作用克服系统通风阻力，使风量增加；当自然风压为负时，成为通风阻力。

第五节　局部风量调节

在通风网络中，风量的自然分配往往不能满足通风设计或作业地点的风量需求，因而需要对风量进行调节，尤其对于地下及隧道作业，随着生产的发展和变化，工作地点的推进和更替，通风风阻、网络结构及所需的风量均在不断变化，相应地要求及时进行局部风量调节。

局部风量调节是指在风道内部间的风量调节。调节方法有增阻调节法、减阻调节法及辅助通风机调节法。

一、增阻调节法

增阻调节法是一种耗能调节法，它简便易行，是目前使用最普遍的局部调节风量的方法，采用最多的措施是采用调节风窗或管道通风调节阀门。

1. 调节风窗或管道通风调节阀门的开口断面积的计算

当 $S_c/S \leqslant 0.5$ 时

$$S_c = \frac{QS}{0.65Q + 0.84S\sqrt{h_c}} \tag{4-26}$$

$$S_c = \frac{S}{0.65 + 0.84S\sqrt{R_c}} \tag{4-27}$$

当 $S_c/S > 0.5$ 时

$$S_c = \frac{QS}{Q + 0.759S \sqrt{h_c}} \qquad (4\text{-}28)$$

$$S_c = \frac{S}{1 + 0.759S \sqrt{R_c}} \qquad (4\text{-}29)$$

式中 S_c——调节风窗或管道通风调节阀门的开口断面积，m^2；

     S——风路的断面积，m^2；

     Q——通过的风量，m^3/s；

     h_c——调节风窗阻力，Pa；

     R_c——调节风窗的风阻，$(N \cdot s^2)/m^8$，$R_c = h_c/Q^2$。

2. 增阻调节方法

调节风窗方法通常是预先计算调节风窗开口断面积，然后调节风窗的可滑移的窗板来改变窗口的面积，从而改变风道中的局部阻力，调节风道的风量。

通常采用风量等比分配法和基准风口调整法调节风量至设计要求。

① 风量等比分配法。此方法从系统的最不利管的风口开始，逐步调向通风机。利用两套仪器分别测量支管的风量，调节三通调节阀或子管上调节阀的开启度，使两条支管的实测风量比值与设计风量比值相等，最后调整总风管的风量达到设计风量，这时各支管和干管的风量会按各自的比值进行分配，并符合设计风量值。风量等比分配法比较准确，调试时间较省。但是要求每一管段上都要打测孔，有时还会因空间限制而难以做到，因而限制了它的应用。

② 基准风口调整法。调节步骤如下：用风速仪测出所有风口的风量；在每一支管上选取最初实测风量和设计风量比值为最小的风口作为基准风口，一组一组地同时测定各支管上基准风口和其他风口的风量，借助三通调节阀，达到两风口的实测风量与设计风量的比值近似相等；最后将总风管上的风量调整到设计风量，各支管、各风口的风量即会自动进行等比分配，达到设计风量。这种方法有时要反复进行几次才能完成。采用这种方法时不需要打测孔，因此经常采用。

3. 增阻调节优缺点

增阻调节法具有简单、方便、易行、见效快等优点。但增阻调节法会增加风路总风阻，减少总风量。如图 4-25 所示的并联风网，F 为风机特性曲线，$R_1 \sim R_4$ 为阻力特性曲线，如在分支 1 中进行增阻调节，风机特性曲线 F 克服分支 3、4 的阻力后，其剩余（或称转移）特性曲线为 F'，对并联分支 1、2 工作。并联阻力特性曲线 R_{12} 与 F' 的交点为 M，风机实际工况点为 N，风机风量为 Q，1、2 分支分配的风量分别为 Q_1 和 Q_2。当 Q_2 不能满足需要时，增加分支 1 中的风阻至 R_1'，1、2 支的并联阻力特性曲线为 R_{12}'，它与 F' 的交点为 M'，风机实际工况点为 N'，风机风量为 Q'，1、2 分支分配的风量分别为 Q_1' 和 Q_2'。由图 4-25 可见，1 分支增阻后，风量减少 $\Delta Q_1 = Q_1 - Q_1'$，2 分支风量增加 $\Delta Q_2 = Q_2' - Q_2$，并且 $\Delta Q_2 < \Delta Q_1$；二者的差值等于风机风量在增阻调节前后的差值，即 $\Delta Q_1 - \Delta Q_2 = Q - Q'$。因此，在主干风路中增阻调节时必须考虑主通风机风量的变化，否则可能出现风量不能满足需要的情况。

另外，调节风窗及管道通风调节阀门应设置在适宜地点，否则会影响通风调节效果。

二、减阻调节法

减阻调节法是通过在风路中采取降阻措施，降低风路的通风阻力，从而增大与该风路处

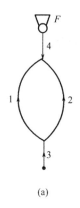
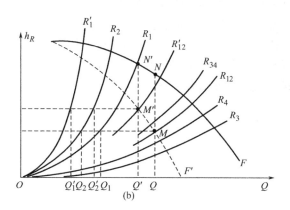

图 4-25　增阻调节对风机工况的影响

于同一通路中的风量，或减小与其并联通路上的风量。

减阻调节的措施主要有：

① 扩大风道断面或增大阀门开启度；

② 降低摩擦阻力系数；

③ 清除风道中的局部阻力物；

④ 采用并联风路；

⑤ 缩短风流路线的总长度等。

减阻调节法在管道系统不太常用，而多用在地下风道系统，它与增阻调节法相反，可以降低风道总风阻，并增加风道总风量，但降阻措施的工程量和投资一般较大，施工工期较长，所以一般在地下通风系统进行较大的改造时采用。另外，在矿井通风生产实际中，对于通过风量大、风阻也大的总风道等地段，采取扩大断面、改变支护形式等减阻措施，往往效果明显。

三、增能调节法

增能调节法主要是采用辅助通风机等增加通风能量的方法，增加局部地点的风量，通常在系统复杂的通风系统采用。增能调节的措施主要有以下两点。

① 辅助通风机调节法。它是指在需要增加风量的支路安设辅助通风机。

② 利用自然风压调节法。少数风路通过改变进、回风路线，降低进风流温度，增加回风流的温度等方法，增大风路或局部的自然风压，达到增加风量的目的。

增能调节法的施工相对比较方便，无须降低风路总风阻，增加风路总风量，同时可以减少风路主要通风机能耗。但采用辅助通风机调节时设备投资较大，辅助通风机的能耗较大，且辅助通风机的安全管理工作比较复杂，安全性较差。增能调节法在金属矿上使用较多。

思考题与习题

1. 地面建筑通风系统类型有哪些？

2. 简述通风系统分区时应当考虑的原则。

3. 营运隧道通风系统类型有哪些？

4. 隧道施工与地下巷道施工局部通风系统类型及优缺点如何？

5. 试比较串联风路与并联风路的特性。

6. 简述复杂风网解算方法。

7. 阻力平方区流动的角联分支的风向判别式如何？分析影响角联分支风向的因素。

8. 通风机并联和串联工作各有哪些特征？

9. 局部风量调节方法有哪些？

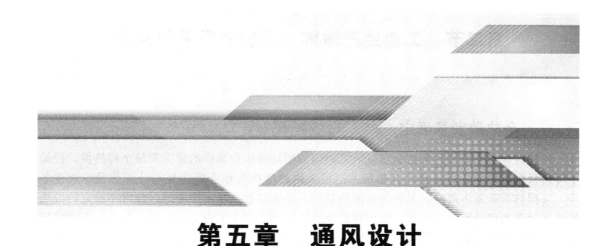

第五章 通风设计

工业通风设计是整个工业设计内容的重要组成部分，是反映工业设计质量和水平的主要因素，其设计合理与否对工业安全生产及经济效益具有长期而重要的影响。本章主要讨论工业通风设计的内容、方法、步骤、技术要领等。

第一节 工业通风设计的一般要求和步骤

一、工业通风设计的一般要求

对工业通风设计的一般要求是：
① 将足够的新鲜空气有效地送到工作场所，保证生产和创造良好的劳动条件；
② 通风系统简单，风流稳定，易于管理，具有抗灾能力；
③ 发生事故时，风流易于控制，人员便于撤出；
④ 有符合规定的作业环境及安全监测系统或检测措施；
⑤ 通风系统的基建投资省，营运费用低，综合经济效益好。

二、工业通风设计的一般步骤

工业通风系统设计一般按如下步骤进行。
① 根据需要通风地点的实际情况，计算各用风地点需要风量。
② 提出多种通风系统类型并进行优选确定。尽可能多提出可能的通风系统类型，并按技术可行、经济合理的原则优选。
③ 风道形状与尺寸的确定计算。
④ 通风阻力计算，包括局部阻力和摩擦阻力。
⑤ 计算通风系统总风量和通风阻力。
⑥ 选择通风机和配套电机。
⑦ 绘制通风系统图。

第二节 工业生产爆炸毒害物散发量的确定

工业生产爆炸毒害物主要是指工业生产中散发的爆炸毒害气体或蒸气、粉尘、余热和余湿等。

一、余热散发量确定

为使设计安全可靠，余热散发量确定时应分别计算作业场所的最大和最小得热量，把最小得热量作为作业场所冬季计算热量，把最大得热量作为作业场所夏季计算热量，即在冬季，采用热负荷最小班次的工艺设备散热量；不经常的散热量不予考虑，经常不稳定的散热量按小时平均值计算。在夏季，采用热负荷量最大班次的工艺设备散热量，经常而不稳定的散热量按最大值计算，白班不经常的较大的散热量也应考虑。常见的散热物质余热散发量计算如下。

1. 设备、容器等的外表面散热

可按下式计算

$$Q = KA(t_r - t_n) \tag{5-1}$$

式中 Q——外表面散热量，W；

A——设备散热的外表面积，m^2；

t_r——设备内热介质的温度，℃；

t_n——室内温度，℃；

K——设备壁面传热系数，$W/(m^2 \cdot K)$，或设备外壁的换热系数，K。

2. 电加热炉、槽散热量

电加热炉、槽的散热量可根据额定功率按下式计算

$$Q = \alpha N_e \tag{5-2}$$

式中 N_e——电加热炉、槽的额定功率，kW；

α——系数，见表 5-1。

表 5-1 系数 α 取值

设备	电加热炉		电加热槽	
	包括工件散热	不包括工件散热	包括工件散热	不包括工件散热
A	0.7	0.25~0.35	0.3	0.15~0.20

3. 金属冷却散热量

固态金属冷却散热量 $\qquad Q = Gc_g(t_k - t_z) \tag{5-3}$

液态金属冷却散热量 $\qquad Q = G[c_y(t_r' - t_r) + i + c_g(t_k - t_z)] \tag{5-4}$

式中 Q——散热量，kJ；

G——金属材料的重量，kg；

c_y, c_g——液态、固态金属的比热容，$kJ/(kg \cdot K)$；

t_k, t_z——金属开始冷却时及冷却终了时的温度，℃；

t_r'——金属完全熔化后开始冷却的温度，℃；

t_r——金属的熔点温度，℃；

i——金属的熔解热，kJ/kg。

4. 电动设备、焊接设备散热量

电动设备包括电动机和电动机带动的工艺设备两部分。

工艺设备及其电动机同在一室内时

$$Q = \eta_1 \eta_2 \eta_3 \frac{N}{\eta} \tag{5-5}$$

式中　Q——电动设备发热量，kW；

　　η_1——电动机容量利用系数，一般可以取 $0.7 \sim 0.9$；

　　η_2——负荷系数，一般取 $0.5 \sim 0.8$；

　　η_3——同时使用系数，一般取 $0.5 \sim 1.0$；

　　N——电动设备的安装功率（额定功率），kW；

　　η——电动机效率。

电动机不在同一室内，仅计算工艺设备的散热量

$$Q = \eta_1 \eta_2 \eta_3 N \tag{5-6}$$

工艺设备不在同一室内，仅计算电动机的散热量

$$Q = \eta_1 \eta_2 \eta_3 N \frac{1-\eta}{\eta} \tag{5-7}$$

一般机械加工车间的电动设备散热量可按下式概略计算

$$Q = \eta N \tag{5-8}$$

式中　n——综合系数，一般电动设备和不用乳化液的机械加工机床取 0.25，用乳化液的取 $0.15 \sim 0.2$。

电焊机散热量　　　$$Q = n_1 n_2 N \tag{5-9}$$

式中　N——电焊机功率，kW；

　　n_1——同时使用系数；

　　n_2——负荷系数，一般取 0.6。

气焊（割）散热量　　　$$Q = 48.15 V n \tag{5-10}$$

式中　V——乙炔消耗量，L/h；

　　n——系数，一般焊接车间气焊喷嘴，利用系数平均为 0.853；

　　Q——散热量，kJ/h。

概略计算时，一个焊接工作点的平均散热量可取：

电焊　　　　　　　$Q = 16750 \text{kJ/h}$，

气焊　　　　　　　$Q = 41870 \text{kJ/h}$。

5. 蒸汽锻锤散热量

$$Q = G(i_j - i_p) \tag{5-11}$$

式中　Q——散热量，kJ/h；

　　G——汽锤蒸汽耗量，kg/h；

　　i_j——进入汽锤的蒸汽含热量，kJ/kg；

　　i_p——汽锤排出废气的含热量，kJ/kg。

6. 白炽灯散热量

$$Q = n_1 N \tag{5-12}$$

式中　Q——散热量，kW；

　　N——灯具安装功率，kW；

　　n_1——同时使用系数。

7. 人体散热量

$$Q = \varphi n q \tag{5-13}$$

式中　Q——人体散热量，kJ/h；

　　　φ——系数；

　　　n——人数；

　　　q——每个成年人的散热量，kJ/h。

二、其他爆炸毒害物散发量的确定

作业场所粉尘的产生来源已在第一章叙述，粉尘的散发量一般不能用理论公式计算，只能通过现场测定、调查研究、参考经验数据来确定。

作业场所爆炸毒害气体或蒸气的来源主要有：ⅰ. 燃料燃烧产生的爆炸毒害气体，如工业炉窑燃烧产物中的硫氧化物、氮氧化物、F、CO 等；ⅱ. 通过炉子的缝隙进入室内的烟气；ⅲ. 从生产设备或管道的不严密处，漏入作业场所的爆炸毒害气体或蒸气；ⅳ. 容器中化学品自由表面的蒸发；ⅴ. 物体表面涂漆时，散入作业场所的溶剂蒸气；ⅵ. 生产过程中化学反应产生的爆炸毒害气体或蒸气，如电解铝时产生的氟化氢，铸件浇注时产生的一氧化碳等；ⅶ. 其他周围物体释放的爆炸毒害气体或蒸气。

爆炸毒害气体或蒸气的散发量一般通过现场测定、调查研究、参考经验数据来确定。对于各种燃料燃烧所产生的有害气体量，可根据化学反应方程式求得，对于炉子不严密处漏出的烟气量可按燃烧过程产生的有害物总量的 3%～8% 计算。

第三节　工业通风需要风量计算

工业通风的目的之一是稀释或排除爆炸毒害气体或蒸气、余热、余湿等爆炸毒害物，保证人身健康与安全。本节主要介绍厂房全面正常通风、地下巷道施工与隧道通风、集气罩、矿井等场所的需要风量计算。

一、厂房全面正常通风风量计算

工业厂房的有害物主要包括爆炸毒害气体或蒸气或粉尘、余热、余湿等，计算其全面正常通风风量时，应分别按稀释爆炸毒害气体或蒸气或粉尘、余热、余湿等因素计算其需要风量后，取其最大值，亦即分别按如下计算后取其最大值。

1. 按稀释爆炸毒害气体或蒸气或粉尘的需要风量

当工业厂房只有一种爆炸毒害气体或蒸气或粉尘，则按稀释爆炸毒害气体或蒸气或粉尘的需要风量 Q_{ki} 可按如下公式计算

$$Q_{ki} = \frac{K_x D}{C - C_j} \tag{5-14}$$

式中　D——生产过程中单位时间产生的爆炸毒害气体或蒸气量或产尘量，m^3/min；

　　　C——爆炸毒害气体或蒸气或粉尘安全容许浓度；

　　　C_j——进风中爆炸毒害气体或蒸气或粉尘浓度；

　　　K_x——考虑爆炸毒害气体或蒸气或粉尘散发的不均匀性、分布状况及通风气流的组织等因素的安全系数，对于一般通风房间，取 $K_x=3\sim10$；对于生产车间的全面通风，取 $K_x \geqslant 6$；只有精心设计的小型试验室，才能取 $K_x=1$。

当工业厂房有数种溶剂（苯及其同系物或醇类或醋酸酯类）蒸气，或数种刺激性气体（三氧化硫及二氧化硫或氟化氢及其盐类等）同时放散于空气中时，全面通风换气量应按各种气体分别稀释至规定的接触限值所需要的空气量的总和计算。除上述有害物质的气体及蒸气外，其他 n 种有害物质同时放散于空气中时，通风量 Q_{ki} 应仅按需要空气量最大的有害物质计算

$$Q_{ki} = \max \left\{ K_x \frac{D_i}{C - C_{ij}} \right\} \tag{5-15}$$

式中　D_i——生产过程中单位时间产生的第 i 种爆炸毒害气体或蒸气量或粉尘量；

$\quad\quad$ C_{ij}——第 i 种爆炸毒害气体或蒸气安全容许浓度。

2. 按稀释余热的需要风量

根据热平衡原理，消除余热所需的全面通风量 Q_{ki} 计算式为

$$Q_{ki} = \frac{D_r}{c(t_p - t_j)} \tag{5-16}$$

式中　D_r——厂房散发的余热量，m^3/min；

$\quad\quad$ c——空气的质量比热容，取 $c = 1.01 kJ/(kg \cdot ℃)$；

$\quad\quad$ t_p——排出的空气温度，℃；

$\quad\quad$ t_j——进入的空气温度，℃。

3. 按稀释余湿的需要风量

根据湿量平衡原理，消除余湿所需的全面通风量 Q_{ki} 计算式为

$$Q_{ki} = \frac{W}{d_p - d_0} \tag{5-17}$$

式中　W——厂房散发的余湿量，m^3/min；

$\quad\quad$ d_p——排出空气的含湿量；

$\quad\quad$ d_0——进入空气的含湿量。

4. 按厂房换气次数确定的需要风量

所谓换气次数 n，是指按厂房换气次数确定的需要风量 Q_{ki} 与通风房间体积 V_f 的比值，即 $n = \dfrac{Q_{ki}}{V_f}$，若已知换气次数，可以按下式确定全面通风量

$$Q_{ki} = n V_f \tag{5-18}$$

应当指出，在实际计算时，如果无法具体确定产生的爆炸毒害气体或蒸气、余热、余湿量，全面通风量可按照类似房间的换气次数经验值确定。工厂企业生活间和办公室，通常也按换气次数来确定所需的全面通风换气量。

二、集气罩需要风量计算

1. 计算方法

在实际工程中，计算集气罩的需要风量主要有控制速度法和流量比法，其中以控制速度法占多数。

① 控制速度法。从污染源散发出的污染物具有一定的扩散速度，该速度随污染物扩散而逐渐减小。所谓控制速度，系指在罩口前污染物扩散方向的任意点上均能使污染物随吸入气流流入罩内，并将捕集其所必需的最小吸气速度。吸气气流有效作用范围内的最远点称为控制点。控制点距罩口的距离称为控制距离，见图 5-1。

127

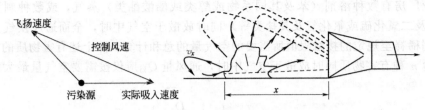

图 5-1　控制速度法示意图

计算集气罩吸风量时，首先应根据工艺设备及操作要求，确定集气罩形状及尺寸，由此可确定罩口面积 F；其次根据控制要求安排罩口与污染源相对位置，确定罩口几何中心与控制点的距离 x。在工程设计中，当确定控制速度 v_x 后即可根据不同形式集气罩罩口的气流衰减规律求得罩口上气流速度 v_0，在已知罩口面积 F 时，即可计算出吸风量。采用控制速度法计算集气罩的吸风量，关键在于确定控制速度和集气罩结构、安设位置及周围气流运动情况。

② 流量比法。流量比法的基本思路是把集气罩的排风量 Q_3 看作是污染气流量 Q_1 和从罩口周围吸入室内空气量 Q_2 之和，即

$$Q_3 = Q_1 + Q_2 = Q_1(1 + Q_2/Q_1) = Q_1(1 + K_v) \tag{5-19}$$

比值 $Q_2/Q_1 = K_v$ 称为流量比，显然，K_v 值越大，污染物越不易逸出罩外，但集气罩排风量 Q_3 也随之增大。考虑到设计的经济合理性，把能保证污染物不逸出罩外的最小段位称为临界流量比或极限流量比，用 K_{vm} 表示。

如上所述，K_{vm} 值是决定集气罩控制效果的主要因素，这种依据 K_{vm} 值计算集气罩排风量的设计方法称为流量比法，工程中采用的 K_{vm} 计算公式需要通过实验研究求出。

2. 密闭罩风量

密闭罩的需要风量 Q_{mb}，一般由两部分组成，一部分是由运动物料带入罩内的诱导空气量（如物料输送）或工艺设备供给的空气（如有鼓风装置的混砂机）量，另一部分是为消除内正压并保持一定负压所需经孔口或不严密缝隙吸入的空气量，即

$$Q_{mb} = Q_{mb1} + Q_{mb2}$$

式中　Q_{mb1}——物料或工艺设备带入罩内的空气量，m^3/min；

　　　　Q_{mb2}——由孔口或不严密缝隙吸入的空气量，m^3/min。

对于不同的生产设备，它们的工作特点、所用密闭罩的结构形式和密闭情况以及尘化气流运动规律并不相同，因此很难用某一个统一公式计算得到 Q_{mb1} 和 Q_{mb2}，甚至计算结果大相径庭，在设计计算时可参考有关手册。应当指出，在工程上为减少密闭罩的排风量，应尽可能减小孔口或缝隙面积，并限制诱导空气随物料一起进入罩内。

3. 柜式集气罩风量

由前所述，柜式集气罩的工作原理与密闭罩相似，为防止罩内有害物逸出罩外，需在工作孔上造成一定的吸入速度（或称控制风速）。

柜式集气罩的需要风量按下式计算

$$Q_g = L_1 + v_g S_g K_g \tag{5-20}$$

式中　L_1——柜内有害气体散发量，m^3/min；

　　　　v_g——工作孔上的吸入速度，m^3/min；

　　　　S_g——工作孔及不严密缝隙面积，m^2；

　　　　K_g——富裕系数，K_g 可取 1.2～1.3。

工作孔上的吸入速度一般为 $0.25\sim0.75\text{m/s}$，也可按表 5-2 及相关手册确定。

表 5-2 柜式集气罩的吸入速度   m/s

有害物性质	吸入速度 v
无毒有害物	$0.25\sim0.375$
有毒或有危险的有害物	$0.4\sim0.5$
剧毒或有少量放射性	$0.5\sim0.6$

柜式集气罩工作孔的速度分布对其控制效果有很大影响，速度分布不均匀，污染气流会从吸入速度低的部位逸入室内。

4. 外部吸气罩风量

根据式 (3-20) 及式 (3-21)，前面无障碍四周无法兰边和有法兰边的圆形吸气罩，其需要风量按下面计算。

四周无法兰边 $\qquad\qquad\qquad Q_{\text{wb}}=(10x^2+F)v_x \qquad\qquad\qquad$ (5-21)

四周有法兰边 $\qquad\qquad\qquad Q_{\text{wb}}=0.75(10x^2+F)v_x \qquad\qquad$ (5-22)

对于设在工作台上的外部吸气罩，可以把它看成是一个假想大吸气罩的一半，其排风量按下式计算

$$Q_{\text{wb}}=\frac{1}{2}(10x^2+F)v_x \qquad\qquad (5\text{-}23)$$

控制风速 v_x 的大小与工艺操作、有害物毒性、周围干扰气流运动状况等多种因素有关，设计时可参照表 5-3 确定。

表 5-3 控制点的风速 v_x

污染物放散情况	最小控制风速/(m/s)	举例
以轻微速度放散到相当平静的空气中	$0.25\sim0.5$	槽内液体蒸发；气体或烟从敞口容器外逸
以较低速度放散到尚属平静的空气中	$0.5\sim1.0$	喷漆室内喷漆；断续地倾倒有尘屑的干物料到容器中；焊接
以相当大速度放散出来，或是放散到空气流动迅速的区域	$1\sim2.5$	在小喷漆室内用高压力喷漆；快速装袋或装桶；往运输器上给料
以高速放散出来	$2.5\sim10$	磨削；重破碎；滚筒清理

5. 槽边吸气罩风量

不同形式的槽边吸气罩，其需要风量计算公式不同，下面介绍条缝式吸气罩需要风量计算公式。

① 高截面单侧吸风 $\qquad Q_c=2v_xAB\left(\dfrac{B}{A}\right)^{0.2} \qquad\qquad$ (5-24)

② 低截面单侧吸风 $\qquad Q_c=3v_xAB\left(\dfrac{B}{A}\right)^{0.2} \qquad\qquad$ (5-25)

③ 截面双侧吸风（总风量） $\quad Q_c=2v_xAB\left(\dfrac{B}{2A}\right)^{0.2} \qquad$ (5-26)

④ 低截面双侧吸风（总风量）$\quad Q_c=3v_xAB\left(\dfrac{B}{2A}\right)^{0.2} \qquad$ (5-27)

⑤ 高截面环形吸风　　　　　$Q_c = 1.57 v_x D^2$ 　　　　　　　　　(5-28)

⑥ 低截面环形吸风　　　　　$Q_c = 2.36 v_x D^2$ 　　　　　　　　　(5-29)

式中　A——槽长，m；

　　　B——槽宽，m；

　　　D——圆槽直径，m；

　　　v_x——边缘控制点的控制风速，m/s，一般取 $v_x = 0.25 \sim 0.5$m/s。

6. 热源上部吸风罩风量

高悬罩吸风罩需要风量按下式计算

$$Q_r = L_z + v' F' \tag{5-30}$$

式中　L_z——罩口断面上热射流流量，m^3/s；

　　　F'——罩口的扩大面积，即罩口面积减去热射流的断面积，m^2；

　　　v'——扩大面积上空气的吸入速度，$v' = 0.5 \sim 0.75$m/s。

对于低悬罩　　　　　　　$Q_r = L_0 + v' F'$ 　　　　　　　　　(5-31)

高悬罩排风量大，易受横向气流影响，工作不稳定，设计时应尽可能降低其安装高度。在工艺条件允许时，可在接受罩上设活动卷帘。罩上的柔性卷帘设在钢管上，通过传动机构转动钢管，带动卷帘上下移动，升降高度视工艺条件而定。

7. 吹吸式集气罩风量

由于吹、吸气流运动的复杂性，目前尚缺乏精确的计算方法。下面介绍两种计算方法。

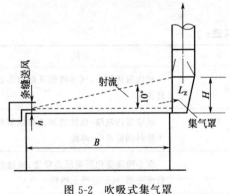

图 5-2　吹吸式集气罩

（1）ACGIH 法

ACGIH 法是美国政府工业卫生学家会议（ACGIH）推荐的计算方法。该法设定的工业槽上的吹吸式集气罩如图 5-2 所示。

假设吹出气流的扩展角 $\alpha = 10°$，条缝式排风口的高度 H 按下式计算

$$H = B \tan\alpha = 0.18B \tag{5-32}$$

式中　H——排风口高度，m；

　　　B——吹、吸风口间距，m。

吸风量 Q_{cx1} 取决于槽液面面积、液温、干扰气流等因素。

$$Q_{cx1} = (1800 \sim 2750) A \tag{5-33}$$

式中　　　　A——液面面积，m^2；

（1800～2750）——每 $1m^2$ 液面所需的吸风量。

吹风口流速按出口流速 5～10m/s 确定，吹风量 Q_{cx2} 按下式计算

$$Q_{cx2} = \frac{1}{BE} \times Q_{cx1} \tag{5-34}$$

式中　E——修正系数，见表 5-4。

表 5-4　修正系数

槽宽 B/m	0～2.4	2.4～4.9	4.9～7.3	7.3～
修正系数 E	6.6	4.6	3.3	2.3

（2）临界断面法

临界断面法认为，吹吸气口之间必然存在一个射流和扩流控制能力皆最弱的断面，即临界断面（图 5-3），吹吸气流的临界断面一般发生在 $x/H=0.6\sim0.8$ 之间，一般近似认为，在临界断面前吹出气流基本是按射流规律扩展的，在临界断面后，由于吸入气流的影响，断面逐渐收缩。

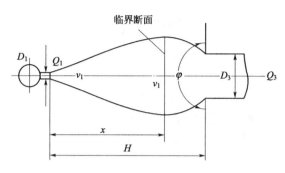

图 5-3　临界断面法示意图

也就是说，吸气口的影响主要发生在临界断面之后。从控制污染物外逸的角度出发，临界断面上的气流速度（称为临界速度）要大于污染物扩散速度。相关参数的计算为：

临界断面位置
$$x = KH \tag{5-35}$$

吹气口吹风量
$$Q_{cc} = K_1 H A_c B_c \frac{v_L^2}{v_c} \tag{5-36}$$

吹气口宽度
$$B_c = K_1 H \left(\frac{v_L}{v_c}\right)^2 \tag{5-37}$$

吸气口吸风量
$$Q_{xx} = K_2 H A_x v_L \tag{5-38}$$

吸气口宽度
$$B_x = K_3 H \tag{5-39}$$

式中　　　　H——吹气口至吸气口的距离，m；

A_c, B_c——吹气口长度、宽度，m；

A_x, B_x——吸气口长度、宽度，m；

v_L——临界速度，m/s；

v_c——吹气口平均速度，m/s，一般取 $8\sim10$ m/s；

K, K_1, K_2, K_3——系数，由表 5-5 查得，表中数据在紊流系数为 0.2 条件下得出。

表 5-5　临界断面法有关系数

扁平射流	吸入气流夹角 φ	K	K_1	K_2	K_3
两面扩张	$3\pi/2$	0.803	1.162	0.736	0.304
	π	0.760	1.073	0.686	0.283
	$5\pi/6$	0.735	1.022	0.657	0.272
	$2\pi/3$	0.706	0.955	0.626	0.258
	$\pi/2$	0.672	0.878	0.260	0.107
一面扩张	$\pi/2$	0.760	0.537	0.345	0.142
	$3\pi/2$	0.870	0.660	0.400	0.165
	π	0.832	0.614	0.386	0.158

三、地下风道与隧道施工需要风量计算

每个需要供风地点的需要风量该按下列因素分别计算，取其最大值。

（1）按稀释爆炸毒害气体的需要风量

$$Q_{ki} = \frac{K_x D}{C - C_j} \tag{5-40}$$

式中，相关符号物理意义与前相同，一般可取 $K_x = 1.2 \sim 2.0$。

（2）炸药量计算

$$Q_{ki} = 25 A_{ki} \tag{5-41}$$

式中　25——使用 1kg 炸药的需要供风量，m^3/min；

A_{ki}——作业地点一次爆破所用的最大炸药量，kg。

（3）局部通风机吸风量计算

$$Q_{hi} = \sum Q_{hfi} k_{hfi} \tag{5-42}$$

式中　$\sum Q_{hfi}$——作业地点同时运转的局部通风机额定风量的和，额定风量以局部通风机出厂说明中风机最高效率时所需的风量为准；

k_{hfi}——防止局部通风机吸循环风的风量备用系数，一般取 $1.2 \sim 1.3$。

（4）工作人员数量计算

$$Q_{ki} = 4 n_{wi} \tag{5-43}$$

式中　4——每人每分钟应供给的最低风量，m^3/min；

n_{wi}——作业地点同时工作的最多的人数，人。

（5）按风速进行验算

按最小风速验算，各作业地点最小风量为

$$Q_{ki} = 60 v_{min} S_{ki} \tag{5-44}$$

式中　S_{ki}——作业地点巷道或隧道断面；

v_{min}——最低风速，含煤作业地点取 0.25m/s，其他施工地点取 0.15m/s。

四、矿井需要风量计算

（1）采矿工作面需风量 Q_{wi} 的计算

采矿工作面指开采煤及其他矿物质的作业场所，采矿工作面的风量应该按下列因素分别计算，取其最大值。

① 按稀释爆炸毒害气体的需要风量

$$Q_{wi} = \frac{K_x D}{C - C_j} \tag{5-45}$$

② 工作面进风流温度计算

$$Q_{wi} = 60 v_y S_{wi} \tag{5-46}$$

式中　v_y——考虑温度的有效风速度，m/s，可按表 5-6 选取；

S_{wi}——采矿工作面有效通风断面，m^2，如采煤工作面，则取最大和最小控顶时有效断面的平均值。

表 5-6 采矿工作面空气温度与风速对应表

机电硐室名称	发热系数
空气压缩机房	0.20～0.23
水泵房	0.01～0.03
变电所、绞车房	0.02～0.04

表 5-7 机电硐室发热系数（θ）表

采矿工作面进风流气温/℃	采矿工作面风速/(m/s)
<15	0.3～0.5
15～18	0.5～0.8
18～20	0.8～1.0
20～23	1.0～1.5
23～26	1.5～1.8

③ 按使用炸药量、工作人员数量及风速进行验算，与地下风道施工与隧道需要风量相同。

（2）硐室需风量 Q_{ri} 计算

所谓硐室，是指高度和宽度大于周围巷道或坑道并用来存放机电设备或爆破材料等的地下空间。各个独立通风硐室的供风量，应根据不同类型的硐室分别进行计算。

① 机电硐室。发热量大的机电硐室，按硐室中运行的机电设备发热量进行计算

$$Q_{ri} = \frac{3600 \sum N\theta}{\rho c_p 60 \Delta t} \tag{5-47}$$

式中　$\sum N$——机电硐室中运转的电动机（变压器）总功率，kW；

　　　θ——机电硐室的发热系数，可根据实际考察由机电硐室内机械设备运转时的实际热量转换为相当于电气设备容量做无用功的系数确定，部分机电硐室也可按表 5-7 选取；

　　　c_p——空气的比定压热容，一般可取 1kJ/(kJ·K)；

　　　Δt——机电硐室进、回风流的温度差，℃。

② 爆破材料库　　　　　$Q_{ri} = 4V/60$ 　　　　　(5-48)

式中　V——库房容积，m³。

大型爆破材料库不得小于 100m³/min，中小型爆破材料库不得小于 60m³/min。

③ 充电硐室。按其回风流中氢气浓度小于 0.05% 计算

$$Q_{ri} = 200 q_{rhi} \tag{5-49}$$

式中　q_{rhi}——充电硐室在充电时产生的氢气量，m³/min。

（3）其他用风巷道的需风量计算

各个其他巷道的需风量，应根据爆炸毒害气体涌出量和风速分别进行计算，采用其最大值，方法同上。

（4）矿井总风量计算

按采矿工作面、巷道施工（掘进）工作面、硐室及其他实际需要风量的总和再乘以配风不均匀系数 K_j 计算。一般可取 K_j 为 1.15～1.25，如风井不作提升用时取 1.1；箕斗井兼作回风用时取 1.15，回风井兼作升降人员时取 1.2。在实际矿井中，有时根据需要会配置备用采矿工作面，备用采矿工作面所需风量可按生产的采矿工作面的 50% 计算。

第四节　管道通风系统设计

管道通风系统设计包括抽出式和压入式管道通风系统设计，本节主要介绍抽出式管道通风系统设计和压入式均匀送风系统设计。

一、抽出式管道通风系统设计的一般步骤及相关问题

1. 抽出式局部通风系统设计的一般步骤

抽出式局部通风系统设计一般按如下步骤进行。

① 根据需要抽排风地点的实际情况，确定集气罩、空气净化装置（如除尘器）形式，计算各用风地点需要风量。

② 提出多种通风系统类型并进行优选。尽可能多提出可能的通风系统类型，并按"技术可行、经济合理"的原则优选。

③ 布置并绘制通风系统的轴测示意图，并对各管段编号，标注相应的长度。管段编号一般从距风机最远的一段开始，由远而近顺序编号。管段长度按两构件间的中心线长度计算，不扣除构件（如三通、弯头）本身的长度，这样可以保证安全。

④ 计算各管段的需要风量，选择风管内空气流速。

袋式除尘器和静电除尘器后风管内的风量应把漏风量和反吹风量计入。在正常运行条件下，除尘器的漏风率应不大于5%。

风管内的空气流速对通风系统的经济性有重要影响。选用的气流速度高，可使风管断面小，材料耗量省，建造费用低，占用建筑的空间小；但是系统阻力大，即动力消耗增大，运行费用增加。选用的流速低，系统阻力小，动力消耗减少，但是风管断面增大，材料耗量和建造费用提高，风管占用的空间也会增大。此外，如果管内流速过低，对通风除尘系统来说，还会造成粉尘沉积、管道堵塞。由此可见，管内气流速度的数值，必须通过技术经济综合比较才能确定。根据实践总结和分析，风管内的流速可参考表5-8、表5-9和表5-10确定。

表5-8　一般通风系统中常使用的空气流速　　　　　　　　　　　　　　　　　　m/s

风管部位	生产厂房机械通风		民用及辅助建筑物	
	钢板及塑料风管	砖及混凝土风道	自然通风	机械通风
干管	6～14	4～12	0.5～1.0	5～8
支管	2～3	2～6	0.5～0.7	2～5

表5-9　通风除尘系统管道内最低气流速度　　　　　　　　　　　　　　　　　　m/s

粉尘种类	垂直管	水平管	粉尘种类	垂直管	水平管
粉状的黏土和砂	11	13	铁和钢（屑）	19	23
耐火泥	14	17	灰土、砂尘	16	18
重矿物粉尘	14	16	锯屑、刨屑	12	14
轻矿物粉尘	12	14	大块干木屑	14	15
干型砂	11	13	干微尘	8	10
煤灰	10～12	13	染料粉尘	14～16	16～
湿土（2%以下水分）	15	18	大块湿木屑	18	18
铁和钢（尘末）	13	15	谷物粉尘	10	20
棉絮	8	10	麻（短纤维粉尘、杂质）	8	12
水泥粉尘	12～13	16～18	碳化硅、刚玉尘	15	19

表 5-10　空调系统中的空气流速　　　　　　　　　　　　m/s

部位	低速风管						高速风管	
	推荐风速			最大风速			推荐	最大
	居住	公共	工业	居住	公共	工业	一般建筑	
新风入口	2.5	2.5	2.5	4.0	4.5	6	3	3
风机入口	3.5	4.0	5.0	4.5	5.0	7	8.5	16.5
风机出口	5~8	6.5~10	8~12	8.5	7.5~11	8.5~14	12.5	25
主风道	3.5~4.5	5~6.5	6~9	4~6	5.5~8	6.5~11	12.5	30
水平主风道	3.0	3.0~4.5	4~5	3.5~4.0	4.0~6.5	5~9	10	22.5
垂直支风道	2.5	3.0~3.5	4	3.25~4.0	4.0~6.0	5~8	10	22.5
送风口	1~2	1.5~3.5	3.0~4.0	2.0~3.0	3.0~5.0	3~5	4	—

⑤ 根据各管段的风量和所选的气流速度，确定各管段的断面尺寸，计算摩擦阻力和局部阻力。

在设计时应保证管道统一规格，这对通风系统的管道及构件的工业化生产是有利的，断面形状根据现场实际确定。风管断面尺寸确定之后，根据管内实际流速按第二章的方法计算阻力。阻力计算应从最不利的环路（即距风机最远的排风点）开始，即以最大阻力管路为主线进行计算。各管段的阻力为摩擦阻力和局部阻力之和。

⑥ 对并联管路必须进行阻力平衡，然后计算系统的总阻力。

各并联管路之间的容许计算阻力差值，视系统使用要求而定。例如除尘系统不大于 10%，一般通风系统不大于 15%。在各并联管路之间的阻力平衡达到上述要求时，所得的最不利环路的阻力即是系统的总阻力。

若超过上述规定，可采用下述方法使其阻力平衡。

a. 调整支管管径。这种方法是通过改变支管管径改变支管的阻力来达到阻力平衡。调整后的管径按下式计算

$$D'_1 = D_1 \left(\frac{h_1}{h'_1} \right)^{0.225} \tag{5-50}$$

式中　D_1——调整前的管径，mm；

　　　D'_1——调整后的管径，mm；

　　　h_1——调整前支管的气流阻力，Pa；

　　　h'_1——要求达到的支管阻力，Pa。

应当指出，采用本方法时，不宜改变三通的支管直径，可在三通支管上先增设一节渐扩（缩）管，以免引起三通局部阻力的变化。

b. 增大风量。当两支管的阻力相差不大时（如在 20% 以内），可不改变支管管径，将阻力小的那段支管的流量适当加大，达到阻力平衡。增大后的风量按下式计算

$$Q'_1 = Q_1 \left(\frac{h_1}{h'_1} \right)^{0.5} \tag{5-51}$$

式中　Q_1——调整前的支管的风量，m³/s；

　　　Q'_1——调整后的支管的风量，m³/s。

采用此方法会引起后面干管的流量相应增大，阻力也随之增大；同时通风机的风量和风压也会相应增大。

c. 阀门调节。通过改变阀门的开启度，调节管道阻力。必须指出，对一个支管的通风

除尘系统进行实际调试，是一项复杂的技术工作。必须进行反复调整、测试才能达到预期的流量分配。

⑦ 根据系统的总阻力和总风量选择风机及电机，绘制通风系统正式轴测图。

风机风量 $\qquad\qquad\qquad\qquad Q = K_1 Q_{fj}$ （5-52）

风机静压 $\qquad\qquad\qquad\qquad H_s = K_p h$ （5-53）

式中 Q_{fj}——通风系统计算风量；

$\quad h$——通风系统的计算阻力；

$\quad K_1$——风量附加安全系数，一般送排风系统取 $K_1 = 1 \sim 1.1$，除尘系统取 $K_1 = 1.11 \sim$ 1.15，气力运输系统取 $K_1 = 1.15$；

$\quad K_p$——风压附加安全系数，一般送排风系统取 $K_p = 1.1 \sim 1.15$，除尘系统取 $K_p = 1.15 \sim 1.2$。

在选择通风机时还应注意以下问题。

a. 根据输送的气体性质和具体用途，确定风机的类型。例如输送清洁空气，可以选择一般通风换气用的风机；输送腐蚀性气体，选用防腐风机；输送易燃气体或含尘气体，则应选用防爆风机或排尘风机。空气调节用的风机，对噪声的要求较高。

b. 根据系统所需风量、风压和选定的通风机类型，确定风机型号。为了便于管道的连接和现场安装，还要选择合适的风机出口方向和传动方式，在设计或订货时均应注明。

c. 风机样本上的性能参数是在标准状态（大气压力为 101.325kPa、温度为 20℃、相对湿度为 50%）下得出的。当实际使用情况不是标准状态时，或现有通风机转速改变时，通风机的实际性能会发生变化（风量不变）。因此在选择通风机时应对参数进行换算，换算方法参见第三章第二节相似定律部分。

d. 选择通风机时，在满足所需风量、风压的前提下，应尽可能采用效率最高、价格便宜、订货方便的通风机。

2. 抽出式管道通风系统设计举例

【例 5-1】 有一通风除尘系统的管道布置、长度、集气罩的位置、吸风量，如图 5-4 所示。风管用钢板制作，输送含有轻矿物粉尘的空气，气体温度为常温。该系统采用袋式除尘器，除尘器阻力 $h_c = 1200Pa$。对该系统进行设计计算，并选择通风机。

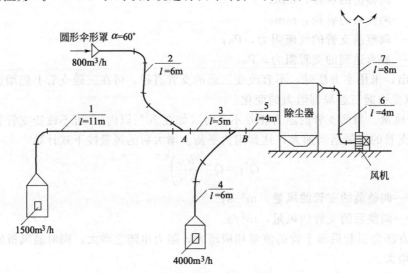

图 5-4 通风除尘系统的系统图

解 本例的前 3 步为已知，可直接从第 4 步开始。

① 计算各管段的需要风量，选择风管内空气流速。

考虑到除尘器及风管漏风，管段 6 及 7 的计算风量为 $6300 \times 1.05 = 6615 \text{m}^3/\text{h}$。

根据表 5-9，输送含有轻矿物粉尘的空气时，风管内最小风速为：垂直风管 12m/s、水平风管 14m/s。

② 根据各管段的风量和所选的气流速度，确定各管段的断面尺寸，计算摩擦阻力和局部阻力。

本系统选择 1—3—5—除尘器—6—风机—7 为最大阻力管线。

对于管段 1，根据 $Q_1 = 1500\text{m}^3/\text{h} = 0.42\text{m}^3/\text{s}$、$v_1 = 14\text{m/s}$，由图 2-5 查出管径和单位长度摩擦阻力。所选管径应尽量符合通风管道的统一规格，即选

$$D_1 = 200\text{mm} , h_{b1} = 12.5\text{Pa/m}$$

同理，计算确定管段 3、5、6、7、2、4 的管径及比摩阻，具体结果如表 5-11 所示。

各段风管内局部阻力系数的计算如下。

a. 管段 1：

设备密闭罩　$\xi = 1.0$

90°弯头（$R/D = 1.5$）1 个　$\xi = 0.17$

直流三通（1→3）1 个　$\alpha = 30°$，$\xi_{13} = 0.20$

合计　$\sum \xi = 1.0 + 0.17 + 0.20 = 1.37$

b. 管段 2：

圆形吸气伞形罩　$\alpha = 60°$，$\xi = 0.09$

90°弯头（$R/D = 1.5$）1 个　$\xi = 0.17$

60°弯头（$R/D = 1.5$）1 个　$\xi = 0.15$

合流三通（2→3）1 个　$\xi_{23} = 0.20$

合计　$\sum \xi = 0.09 + 0.17 + 0.15 + 0.20 = 0.61$

c. 管段 3：

直流三通（3→5）1 个　$\xi_{35} = -0.05$

d. 管段 4：

设备密闭罩 1 个　$\xi = 1.0$

90°弯头（$R/D = 1.5$）1 个　$\xi = 0.17$

合流三通（4→5）1 个　$\xi_{45} = 0.64$

合计　$\sum \xi = 1.0 + 0.17 + 0.64 = 1.81$

e. 管段 5：除尘器进口变径管（渐扩管）。除尘器进口尺寸 300mm×800mm，变径管长度 500mm

$$\tan\alpha = \frac{1}{2} \times \frac{(800 - 380)}{500} = 0.42, \quad \alpha = 22.8°, \quad \xi = 0.61$$

f. 管段 6：除尘器出口变径管（渐缩管）。除尘器出口尺寸 300mm×800mm，变径管长度 400mm

$$\tan\alpha = \frac{1}{2} \times \frac{(800 - 420)}{400} = 0.475, \quad \alpha = 25.4°, \quad \xi = 0.10$$

90°弯头（$R/D = 1.5$）2 个　$\xi = 0.17 \times 2 = 0.34$

风机进口渐扩管：先近似选出一台风机，风机进口直径 $D_1 = 500\text{mm}$，变径管长度 300mm

$$\tan\alpha=\frac{1}{2}\times\frac{(500-420)}{300}=0.13, \ \alpha=7.6°, \ \xi=0.03$$

合计：$\sum\xi=0.10+0.34+0.03=0.47$

g. 管段 7：风机出口渐扩管。风机出口尺寸 410mm×315mm，$D_7=420$mm，$\xi\approx0$

带扩散管的伞形风帽（$h/D_0=0.5$）1 个 $\xi=0.60$

合计：$\sum\xi=0.60$

③ 计算各管段的沿程摩擦阻力和局部阻力。计算结果如表 5-11 所示。

表 5-11 管道系统设计计算表

管段编号	风量/(m³/s)	长度/m	管径/mm	流速/(m/s)	局部阻力系数	局部阻力/Pa	比摩阻/(Pa/m)	摩擦阻力/Pa	管段总阻力/Pa	备注
1	0.42	11	200	14	1.37	161	12.5	137.5	298.5	
3	0.64	5	240	14	−0.05	−6	12	60	54	
5	1.75	5	380	12	0.61	71.7	5.5	27.5	99.2	
6	1.84	4	420	12	0.47	40.6	4.5	18	58.6	
7	1.84	8	420	12	0.60	51.6	5.5	36	87.6	阻力不平衡
2	0.22	6	140	14	0.61	71.7	18	108	179.7	
4	1.11	6	280	16	1.81	278	14	84	362	
2	0.22		130	15.9					249.8	
除尘器									1200	

④ 对并联管路进行阻力平衡。

a. 汇合点 A

$$h_1=298.5 \ \text{Pa} \ , \quad h_2=179.7 \ \text{Pa}$$

$$\frac{h_1-h_2}{h_1}=\frac{298.5-179.7}{298.5}=39.8\%>10\%$$

为使管段 1、2 达到阻力平衡，改变管段 2 的管径，增大其阻力。

根据式(5-50)，有

$$D_2'=D_2\left(\frac{h_2}{h_2'}\right)^{0.225}=140\times\left(\frac{179.7}{298.5}\right)^{0.225}=124.9(\text{mm})$$

根据通风管道统一规格，取 $D_2=130$mm。其对应的阻力为

$$h_2'=179.7\times\left(\frac{140}{130}\right)^{\frac{1}{0.225}}=249.8(\ \text{Pa})$$

$$\frac{h_1-h_2'}{h_1}=\frac{298.5-249.8}{298.5}=16.3\%>10\%$$

此时仍处于不平衡状态。如继续减小管径，取 $D_2=120$mm，其对应的阻力为 355.8Pa，同样处于不平衡状态。因此决定取 $D_2=130$mm，在运行时再辅以阀门调节，消除不平衡。

b. 汇合点 B

$$h_1+h_3=298.5+54=352.5(\text{Pa})$$

$$h_4=362\text{Pa}$$

$$\frac{h_4-(h_1+h_3)}{h_4}=\frac{362-252.5}{362}=2.6\%<10\%$$

138

符合要求。

⑤ 计算系统的总阻力

$$h_t = 298.5 + 54 + 99.2 + 58.6 + 87.6 = 598(Pa)$$

⑥ 选择通风机

通风机风量 Q　　$Q = K_1 Q_{fj} = 1.15 \times 6615 = 7607(m^3/h) = 2.11(m^3/s)$

通风机静压 H_s　　$H_s = K_p h = (598 + 1200) \times 1.16 = 2086(Pa)$

根据风机的风量和风压，选用 C4—68No6.3 风机，风机由转速为 1600r/min 皮带传动；配用 Y132S2—Z 型电动机，电动机功率为 $N = 7.5kW$。

3. 通风管道设计中的注意事项

（1）管道的敷设

为了防止粉尘沉积堵塞，并且阻力小，管道的敷设应符合如下要求。

① 通风除尘管道应垂直或倾斜敷设。倾斜管道的倾斜角（与水平的夹角）应不小于粉尘的自然堆积角，一般不小于 45°，最好不小于 60°。

② 分支管与水平或倾斜主干管连接时，应从上面或侧面接入。三通管的夹角一般不宜小于 30°，最大不能超过 45°。布置管网时要尽可能地减少转弯。弯管的曲率半径尽可能大些，不应小于管道直径。

③ 除尘管道一般应明设，尽量避免留有间隙，沟宽应大于金属管道 250mm 以上，并应设置有效的清扫排水及防腐蚀措施。除尘系统的排出管道，排出口一般应高出屋脊 1.0～1.5m，并应考虑加固设施。

④ 为了防止风管堵塞，风管的直径不宜小于下列数值：

排送细小粉尘（矿物粉尘）　　　　　80mm

排送较粗粉尘（如木屑）　　　　　　100mm

排送粗粉尘（如刨花）　　　　　　　130mm

排送木片　　　　　　　　　　　　　150mm

⑤ 为了调整和检查除尘系统的参数，在支管除尘器及风机出入口上应设置测孔。测孔应设在气流平稳的直管段上，尽可能远离弯头、三通等部件，以减少局部涡流对测定结果的影响。大型的除尘系统可根据具体情况设置测量风量、风压、阻力、温度参数的仪表。

⑥ 输送潮湿空气时，管道应进行保温，以防止水蒸气在管道内凝结。管道壁温度应高于气体露点温度 10～20℃。排风点较多的除尘系统应在各支管上装设插板阀、蝶阀等调节风量的装置。阀门应设在易于操作和不易积尘的位置。

（2）通风除尘系统的防爆措施

当输送空气中含有可燃性粉尘或气体，同时又具备爆炸的条件，就会发生爆炸。为了防止爆炸，应采取下列防爆措施。

① 排除爆炸危险性气体、蒸气和粉尘的局部排风系统，风机应装设由较软的不产生火花的金属制的机壳或叶轮，其风量应按在排风罩、风管及其连接通风设备内这些物质的浓度不超过爆炸极限的 50% 设计，否则应在进入风机前进行净化。

② 排除或运输含有爆炸性危险性物质的空气混合物的通风设备及管道均应接地。三角胶带上的静电应采取有效方法导除。通风设备及风管不应采用容易积聚静电的绝缘材料制作。

③ 防止可燃物在通风系统的局部地点积聚。

④ 选用防爆风机，并采用直联或联轴器传动方式。采用三角皮带传动时，为防止静电火花，应用接地电刷把静电引入地下。有爆炸危险的通风系统，应设防爆门。在发生意外情

况，系统内压力急剧升高时，依靠防爆门自动开启泄压。泄压口应朝向室外或无人操作处。

⑤ 含有爆炸危险性物质的局部通风系统所排出的气体，应排至建筑物背风涡流区以上；当屋顶上有设备或有操作平台时，排风口应高出设备或平台 2.5m 以上。

⑥ 排出含有剧毒、易燃、易爆物质的排风管，其正压管段一般不应该穿过其他房间，穿过其他房间时，该管段上不应该设法兰或闸门。用于净化爆炸性粉尘的干式除尘器和过滤器应布置在风机的吸入段。袋式除尘器的织物材料和构件应选用阻燃材料制成。

⑦ 风管中不应存在可能积留和黏着粉尘的不平处和粗糙处。风管的容积在 $10m^3$ 以上时，每 $10m^3$ 容积应设置泄爆口，泄爆口的间距不大于 6m。

（3）风管的保温和防腐

空调系统的风管应当保温，一般的通风系统管道有时也要保温，不仅可以节省能耗，还能防止低温风管表面结露。

保温材料主要有软木、聚苯乙烯泡沫塑料、超细玻璃棉、玻璃纤维保护板、聚氨酯泡沫塑料和蜂窝石板等。保温层厚度经过技术经济比较确定，即按照保温要求计算出经济厚度，再按其他要求进行校核。

保温层结构在国家标准图集均有规定，有特殊需要的则需另行设计计算，保温层结构通常有四层：ⅰ.防护层，涂刷防腐漆或沥青；ⅱ.保温层，填贴保温材料；ⅲ.防潮层，包油毛毡、塑料布或涂刷沥青，用以防止潮湿空气或水分渗入保温层内；ⅳ.保护层，室内管道可用玻璃丝布、塑料布或胶合板等做成，室外管道应当用铁丝网水泥或薄钢板作保护层。对于要求高的工程采用铝合金薄板。

工程上常用的防腐方法是在金属表面涂刷油漆。选用的油漆种类根据用途及风管的材质而定。薄钢板风管的防锈漆及底漆用红丹油性防锈漆，具有很好的防锈效果。此外，铁红酚醛底漆、铝粉铁红酚醛防锈漆也有良好的防锈效果。至于选用的具体油漆种类、油漆遍数，可以参考有关的手册确定。

二、均匀送风设计计算

在压入式通风系统中，有时需要把等量的空气沿风管侧壁的成排孔口或短管均匀送出，如体育馆、会堂、车间等场所。然而，如任其风流自然流动，则空气从等截面光滑通风管道的轴向全长上的条缝口或小孔口流出时，其速度分布是很不均匀的。因此，此时就应进行均匀送风设计。

1. 均匀送风原理

所谓均匀送风，是指通风系统的风管把等量的空气沿风管侧壁的成排孔口或短管均匀送出。均匀送风在隧道通风的应用中已提到，在地面建筑压入式通风系统中经常有用到。

空气在风管内流动时，其静压将产生垂直作用于管壁的流速。根据流体力学理论，在风管内流动的空气遇到管壁开孔时，其静压差产生的流速为

$$v_j = \sqrt{\frac{2p_s}{\rho}} \tag{5-54}$$

根据动压的定义，容易变换得出空气在风管内的流速为

$$v_d = \sqrt{\frac{2p_d}{\rho}} \tag{5-55}$$

式中，p_s——风管内空气的静压；

p_d——风管内空气的动压。

如图 5-5 所示为管壁开孔后空气出流示意图，现设孔口实际流速为 v，孔口出流与风管轴线间的夹角为 α，则它们与孔口面积 f_0、孔口在气流垂直方向上的投影面积 f、静压差产生的流速 v_j 有如下关系

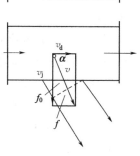

$$\sin\alpha = \frac{v_j}{v} = \frac{f}{f_0} \qquad (5\text{-}56)$$

于是，孔口出流流量为

$$Q_0 = \mu f v = \mu f_0 v_j = \mu f_0 \sqrt{\frac{2p_s}{\rho}} \qquad (5\text{-}57)$$

从式(5-57)可以看出，要使各侧孔的送风量保持相等，必须保证各侧孔的 $\mu f_0 \sqrt{p_s}$ 相等。要实现该条件，可以有下面两个方面途径。

图 5-5　出风口出流图

(1) 保持各孔的 $f_0 \sqrt{p_j}$ 和 μ 均相等

① 各侧孔流量系数 μ 相等，必须使得出流角 $\alpha \geqslant 60°$。侧孔的流量系数 μ 与孔口形状、出流角 α 及孔口的相对流量 Q' 有关，孔口的相对流量为

$$Q' = \frac{Q_0}{Q} \qquad (5\text{-}58)$$

式中　Q——侧孔前风道内的流量。

如图 5-6 所示为出流角 α 与侧孔的流量系数 μ 关系的实测研究数据，它表明，在 $\alpha \geqslant 60°$、$Q' = 0.1 \sim 0.5$ 范围内，可近似认为侧孔的流量系数 $\mu \approx 0.6 \approx$ 常数，而此时

$$v_j / v_d \geqslant 1.73 \qquad (5\text{-}59)$$

因此，要保证各侧孔流量系数 μ 相等，应使出流角 $\alpha \geqslant 60°$，即 $v_j / v_d \geqslant 1.73$。所以，在实际工程中，有时为了使空气出流方向垂直管道侧壁，可在孔口处装置垂直于侧壁的挡板，或把孔口改成短管。

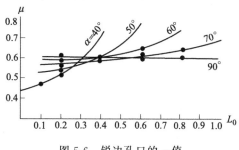

图 5-6　锐边孔口的 μ 值

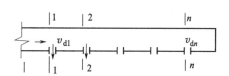

图 5-7　各侧孔面积和静压相等条件

② 保持各侧孔 $f_0 \sqrt{p_s}$ 相等，可通过三种方法实现。

a. 各侧孔孔口面积 f_0 相等，风管断面变化保持各侧孔静压 p_s 相等。

设一等截面送风风道，侧面上开有 n 个侧孔，如图 5-7 所示。在各侧孔孔口面积 f_0 相等情况下，截面 1—1 及 2—2 的能量方程为

$$p_{s1} + h_{d1} = p_{s2} + h_{d2} + h_{1-2} \qquad (5\text{-}60)$$

式中　p_{s1}, p_{s2}——1—1 截面和 2—2 截面上的静压，Pa；

$\quad\quad h_{d1}, h_{d2}$——1—1 截面和 2—2 截面上的动压，Pa；

$\quad\quad h_{1-2}$——1—1 截面至 2—2 截面的通风阻力，Pa。

由于要保持各侧孔处的静压相等，即 $p_{s1}=p_{s2}$，由式(5-60) 可得

$$h_{d1}-h_{d2}=h_{1-2} \tag{5-61}$$

同理，不难推得

$$h_{d(i-1)}-h_{di}=h_{(i-1)-i} \tag{5-62}$$

式(5-61) 和式 (5-62) 表明，在设计均匀送风管道时，在各侧孔孔口面积 f_0 相等情况下，为保持各侧孔静压 p_s 相等，必须使所有两侧孔之间的动压差等于两侧孔间的通风阻力或压力损失，亦即通风管道断面变化。

b. 风管断面相等，各侧孔孔口面积 f_0 变化使得 $f_0\sqrt{p_s}$ 相等。

如图 5-7 所示，根据式(5-60) 可以看出，由于阻力不可能等于零，而风管断面相等时，$h_{d(i-1)}=h_{di}$，1，2，$\cdots$，n 断面的静压逐渐减少，则必须 $p_{s(i-1)}>p_{si}$ 才能使等式成立，此时 $f_0 p_{s(i-1)}>f_0 p_{si}$，因此，为保持 $f_0\sqrt{p_s}$ 相等，各侧孔孔口面积 f_0 的大小必须变化。

c. 同时变化风管断面、各侧孔孔口面积 f_0，使得 $f_0\sqrt{p_s}$ 相等。

(2) $f_0\sqrt{p_s}$ 变化，μ 也随之变化

当送风管断面积和孔口面积 f_0 均不变时，$f_0\sqrt{p_s}$、p_j 沿风管长度方向将产生变化，这时，可根据静压 p_s 变化，在侧孔口上设置不同的阻体，使不同的孔口具有不同的压力损失（即改变流量系数 μ），满足各侧孔 $\mu f_0\sqrt{p_s}$ 相等。

2. 实现均匀送风的工程措施

① 送风管断面积和孔口面积 f_0 不变时，管内静压会不断增大，根据静压变孔口上设置不同的阻体，使不同的孔口具有不同的阻力（即改变流量系数），见图 5-8 (a)、(b)。

② 孔口面积 f_0 和 μ 值不变时，采用锥形风管改变送风管断面，使管内静压保持不变，见图 5-8(c)。

③ 送风管断面积及孔口 μ 值不变时，根据管内静压变化，改变孔口面积 f_0，见图 5-8 (d)、(e)。

④ 增大送风管断面，减小孔口面积 f_0。对于图 5-8(f) 所示的条缝形风口，试验表明，当孔口面积与风管断面积比值小于 0.4 时，始端和末端出口流速的相对误差在 10% 以内，可近似认为是均匀分布的。

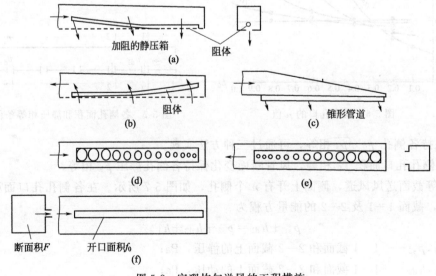

图 5-8　实现均匀送风的工程措施

3. 计算方法和步骤

这里以"各侧孔 μ 均相等，孔口面积 f_0 相等，风管断面变化保持各侧孔静压 p_s 相等"实现途径介绍设计计算方法和步骤，以图5-9所示为例，其计算方法和步骤如下。

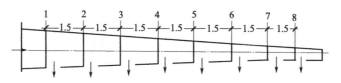

图 5-9　均匀送风系统

① 根据室内对送风速度的要求，设定孔口平均流速 v_0，从而计算出第一侧孔静压流速 v_j、侧孔面积和静压 p_s。

从侧孔或条缝口出流时，孔口的流量系数可近似取 $\mu = \dfrac{v_j}{v_0} = 0.6$，侧孔静压流速按 $v_j = \mu v_0$ 计算，静压 p_s 根据式（5-54）进行计算。

② 按 $\dfrac{v_j}{v_d} \geqslant 1.73$ 的原则设定第一侧孔处风管断面的速度 v_{d1}，求出第一侧孔前管道断面的速压、直径 D_1（或断面尺寸）、全压。

③ 计算管段 1—2 的摩擦阻力和局部阻力，再根据能量方程求出断面 2 处的全压 p_{q2}、速压 p_{d2} 和直径 D_2。

计算局部阻力或局部压力损失时，通常把侧孔送风的均匀送风管看作是支管长度为零的三通，当空气从侧孔送出时，产生两部分局部阻力，即直通部分的局部阻力和侧孔出流时的局部阻力。

直通部分的局部阻力系数可用下式计算

$$\xi = 0.35 \left(\frac{Q_c}{Q_g} \right)^2 \tag{5-63}$$

式中　Q_c——侧孔流量；

　　　Q_g——侧孔处风管流量。

侧孔部分局部阻力系数一般取 2.37。

④ 计算管段 2—3 的摩擦阻力和局部阻力，再根据能量方程求出断面 3 处的全压 p_{q3}、速压 p_{d3} 和直径 D_3，并依次类推，可求得其余各断面直径 $D_2, \cdots, D_{n-1}, D_n$。最后把各断面连接起来，成为一条锥形风管。

第一侧孔断面 1 处具有的全压，即为此均匀送风管道的总压力损失或称通风总阻力。

【例 5-2】　如图 5-9 所示的薄钢板圆锥形侧孔均匀送风道，总送风量为 $36\,\mathrm{m^3/min}$，开设 6 个等面积的侧孔，孔间距为 1.5m，试确定侧孔面积、各断面直径及风道总阻力损失。

解　① 计算静压速度、侧孔面积和静压。设侧孔平均流速 $v_0 = 12.5\,\mathrm{m/s}$，孔口流量系数 $\mu = 0.6$，则侧孔静压流速 v_j 为

$$v_j = \mu v_0 = 12.5 \times 0.6 = 7.5 (\mathrm{m/s})$$

根据式（5-57），侧孔面积为

$$f_0 = \frac{Q_0}{n \mu v_j} = \frac{36/60}{6 \times 0.6 \times 7.5} = 0.022 (\mathrm{m^2})$$

静压　　$$p_s = \frac{1}{2} \rho v_j^2 = \frac{1}{2} \times 1.2 \times 7.5^2 = 33.75 (\mathrm{Pa})$$

② 计算断面 1 处流速和断面直径。由 $\dfrac{v_j}{v_d} \geqslant 1.73$ 的原则设定第一侧孔处风管断面的速度 v_{d1}

$$v_{d1} = 7.5/1.73 = 4.34 \text{(m/s)}$$

取 v_{d1} 为 4m/s，断面 1 的动压为

$$h_{d1} = \frac{1}{2}\rho v_{d1}^2 = \frac{1}{2} \times 1.2 \times 4^2 = 9.6 \text{(Pa)}$$

断面 1 的直径为
$$D_1 = \sqrt{\frac{36 \times 4}{60 \times 4 \times 3.14}} = 0.437 \text{(m)}$$

③ 计算管段 1—2 的阻力损失。由风量 $36\text{m}^3/\text{min}$，近似以 $D_1 = 0.44\text{mm}$ 作为平均直径，查图 2-5 得 $h_b = 0.42\text{Pa/m}$，摩擦阻力为 $1.5 \times 0.42 = 0.63\text{Pa}$。空气流过侧孔直通部分的局部阻力系数为

$$\xi = 0.35 \left(\frac{Q_c}{Q_g}\right)^2 = 0.35 \times \left(\frac{60}{360}\right)^2 \approx 0.01$$

管段 1—2 总阻力
$$h_{1-2} = 0.63 + 0.01 \times 9.6 = 0.726 \text{(Pa)}$$

④ 计算断面 2 处流速和断面尺寸。根据两侧孔间的动压降等于两侧孔间的阻力可得

$$h_{d2} = h_{d1} - h_{1-2} = 9.6 - 0.726 = 8.87 \text{(Pa)}$$

断面 2 流速
$$v_{d2} = \sqrt{\frac{2 \times 8.87}{1.2}} = 3.84 \text{(m/s)}$$

断面 2 直径
$$D_2 = \sqrt{\frac{30 \times 4}{60 \times 3.84 \times 3.14}} = 0.41 \text{(m)}$$

⑤ 按上述步骤计算其余各断面尺寸，计算结果见表 5-12。

表 5-12 均匀送风管道计算表

断面编号	断面风量 /(m³/min)	动压 /Pa	流速 /(m/s)	管径 /m	管段编号	局部阻力系数	局部阻力 /Pa	比摩阻 /(Pa/m)	摩擦阻力 /Pa	总阻力 /Pa
1	36	9.6	4.34	0.437	1—2	0.01	0.096	0.42	0.63	0.726
2	30	8.87	3.84	0.41	2—3	0.014	0.124	0.42	0.63	0.754
3	24	8.12	3.68	0.372	3—4	0.022	0.179	0.43	0.645	0.824
4	18	7.3	3.49	0.331	4—5	0.039	0.284	0.42	0.63	0.914
5	12	6.39	3.26	0.28	5—6	0.088	0.562	0.4	0.6	1.162
6	6	5.23	2.95	0.208						

⑥ 计算风道总阻力。因风道最末端的全压为零，因此风道总阻力应为断面 1 处具有的全压，即

$$h = 33.75 + 9.6 = 43.35 \text{(Pa)}$$

第五节　置换通风和厂房自然通风设计

一、置换通风设计

(1) 置换通风的设计指南

① 置换通风的设计，应符合下列条件： ⅰ. 污染源与热源共存时； ⅱ. 房间高度不小于

2.4m；ⅲ．冷负荷小于 $120W/m^2$ 的建筑物。

②置换通风的设计参数，应符合下列条件：ⅰ．坐着时，头部与足部温差 $\Delta t_{hf} \leqslant 2℃$；ⅱ．站着时，头部与足部温差 $\Delta t_{hf} \leqslant 3℃$；ⅲ．吹风风险不满意率 $PD \leqslant 15\%$；ⅳ．舒适不满意率 $PPD \leqslant 15\%$；ⅴ．置换通风房间内的温度梯度小于 $2℃/m$。

③置换通风器选型时，面风速应符合下列条件：ⅰ．工业建筑，面风速 v 取 $0.5m/s$；ⅱ．高级办公室，面风速 v 取 $0.2m/s$；ⅲ．一般根据送风量和面风速 $v = 0.2 \sim 0.5m/s$ 确定置换通风器的数量。

④置换通风器的布置，应符合下列条件：ⅰ．置换通风器附近不应有大的障碍物；ⅱ．置换通风器宜靠外墙或外窗；ⅲ．圆柱形置换通风器可布置在房间中部；ⅳ．冷负荷高时，宜布置多个置换通风器；ⅴ．置换通风器布置应与室内空间协调。

（2）送风温度的确定

送风温度由下式确定

$$t_s = t_{1.1} - \Delta t_n \left(\frac{1 - k_{zh}}{c_{zh}} - 1 \right) \tag{5-64}$$

式中　c_{zh}——停留区升温系数；

k_{zh}——地面区升温系数；

$t_{0.1}, t_{1.1}$——离地面 $0.1m$、$1.1m$ 高度的空气温度。

停留区升温系数 c_{zh} 也可根据房间用途确定，表 5-13 列出了各种房间的 c_{zh} 值。地面升温系数 k_{zh} 可根据房间的用途及单位面积送风量确定，表 5-14 列出了各房间的 k_{zh} 值。

表 5-13　各种房间停留区的升温系数

停留区升温系数	地表面部分的冷负荷比例/%	房间用途
0.16	0～20	天花板附近照明场所、博物馆等
0.25	20～60	办公室
0.33	60～100	置换诱导场所
0.4	60～100	负荷办公室、冷却顶棚、会议室

表 5-14　各种房间地面区的升温系数

地面升温系数	房间单位面积送风量/[m³/(m²·h)]	房间用途及送风情况
0.5	510	仅送最小新风量
0.33	1520	使用诱导式置换通风器的房间
0.20	>25	会议室

（3）送风量的确定

根据置换通风热力分层理论，界面上的烟羽流量与送风流量相等，即

$$q_p = q_s \tag{5-65}$$

当热源的数量与发热量已知，可用下式求得烟羽流量

$$q_p = \left(3\pi^2 \frac{g\beta Q_s}{\rho c_p} \right)^{\frac{1}{3}} \left(\frac{6}{5}\alpha \right)^{\frac{4}{3}} Z_s^{\frac{5}{3}} \tag{5-66}$$

式中　Q_s——热源热量；

β——温度膨胀系数；

α——烟羽对流卷吸系数（由实验确定）；

Z_s——分层高度；

c_p——空气比热容。

通常在民用建筑中的办公室、教室等的工作人员处于坐姿状态，工业建筑中的人员处于站姿状态。坐姿状态时分层高度 $Z_s=1.1m$，站姿状态时分层高度 $Z_s=1.8m$。

（4）送排风温差的确定

当室内发热量已确定时，送排风温差是可以计算得到的。在置换通风房间内，在满足热舒适性要求条件下，送排风温差随着房间高度的增高而变大。在欧洲国家根据多年的经验确定了送排风温差与房间高度的关系，如表 5-15 所示。

表 5-15　送排风温度与房间高度的关系

房间高度/m	送排风温差/℃	房间高度/m	送排风温差/℃
<3	5~8	6~9	10~12
3~6	8~10	>9	12~14

（5）置换通风末端装置的选择与布置

置换通风的风口安装形式分为落地安装、地坪安装和架空安装三种。落地安装是用得最广泛的一种形式，在民用建筑中置换通风的风口一般为落地安装[见图 5-10(a)]；当某高级办公大楼采用夹层地板时，也可装在夹层地面上[见图 5-10(b)]；在工业厂房中，由于地面上有机械设备及产品零件的运输，置换通风的末端装置可架空布置[见图 5-10(c)]，架空安装时，该末端装置的作用是引导旧空气下降到地面，再扩散到全室并形成空气湖。

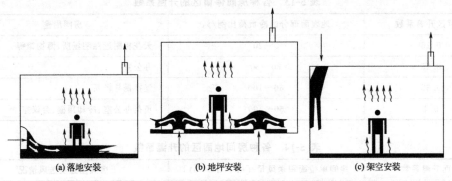

(a) 落地安装　　　(b) 地坪安装　　　(c) 架空安装

图 5-10　置换通风的送风口及排风口的布置

置换通风的风口形式通常有圆柱形、半圆柱形、1/4 圆柱形、扁平形及壁挂形等，外形如图 5-11 所示。其中，1/4 圆柱形可布置在墙角内，易与建筑结合；半圆柱形及扁平形用于靠墙安装；圆柱形用于大风量的场合，并可布置在房间中央。

二、厂房自然通风设计

工业厂房自然通风的计算方法较多，一般主要考虑密度差引起的自然风压，且仅考虑夏季情况。工业厂房自然通风设计包括设计计算和校核计算，工业厂房的设计计算是在已确定厂房形状尺寸、工艺条件和要求的工作区温度的条件下，计算必需的全面通风风量，确定进、排窗孔位置和所需要的开启窗孔面积；校核计算是在工艺、建筑窗孔位置和面积确定的条件下，计算所能达到的最大自然通风量，校核工作区温度是否满足卫生标准的要求。

厂房内部的温度分布和气流分布比较复杂，例如，热源上部的热射流、各种局部气流、热源分布都会影响热车间的温度分布和气流分布。车间内部的温度分布和气流分布

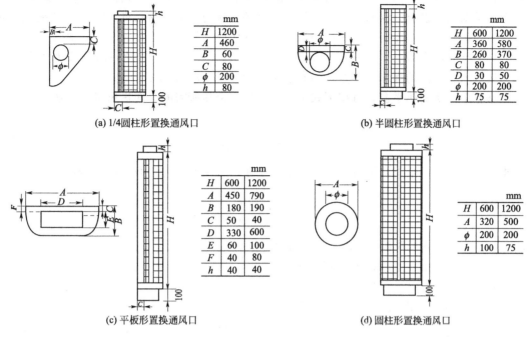

图 5-11 置换通风风口形式

对自然通风有较大的影响。具体地说，影响热厂房自然通风的主要因素有厂房形式、工艺设备布置、设备散热量等。目前采用的自然通风计算方法都是在一定的简化条件下建立的，例如认为，通风流动过程是稳定的，同一水平上的各点静压相等，空气流动不受任何障碍物的阻挡等。

厂房自然通风设计步骤，先是计算厂房全面通风的需要风量，再是确定窗孔的位置，最后计算排风窗孔的面积。根据式(2-62)可知，自然风压与高差成正比，因此，在厂房形状尺寸已确定的情况下，尽可能增加进风窗和排风窗的高差，即在已有的厂房内进风窗低，排风窗尽可能高。下面重点介绍消除厂房余热所需的全面通风风量和排风窗孔面积计算。

1. 消除厂房余热所需的全面通风风量的计算

消除厂房余热所需的全面通风风量的计算可按式(5-16)进行。

在实际计算时，厂房的进风温度 t_j 等于夏季通风计算室外温度 t_w。夏季通风计算室外温度，应采用历年最热月 14 时的夏季月平均温度的平均值；冬季通风室外计算温度，应采用历年最冷月平均温度。

对于厂房排风温度 t_p 的计算，由于热车间的温度分布和气流分布均比较复杂，不同的研究者对此有不同的理解，提出厂房排风温度的计算方法也不尽相同。下面介绍两种计算方法，即有效热量系数法和温度梯度法。

（1）有效热量系数法

在有强热源的厂房内，空气温度沿高度方向分布的情况相当复杂。从图 5-12 可以看出，热源上部的热射流在上升过程中，由于不断卷入周围空气，热射流的温度会逐渐下降。上升的热射流

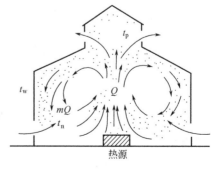

图 5-12 厂房内热源上部热射流

147

到达屋顶后，一部分由天窗排除，另一部分则沿四周外墙向下回流，返回到工作区或者在工作区上部重新卷入射流。返回工作区的那部分循环气流与经下部窗孔进入室内的室外气流混合后，一起进入室内工作区，工作区的温度就是这两股气的混合温度。若厂房外温度为 t_w，厂房入口后空气温度为 t_n，厂房出口前空气温度为 t_p，厂房内工艺设备的总散热量为 D_r，其中直接散入工作区的那部分热量称为有效余热量，以 mD_r 表示。

根据整个厂房的热平衡，可按下式确定消除厂房余热所需的全面进风量 Q_{z1} 为

$$Q_{z1} = \frac{D_r}{c(t_p - t_w)\rho_n} \tag{5-67}$$

根据工作区的热平衡，可按下式确定消除工作区余热所需的全面进风量 Q_{z2} 为

$$Q_{z2} = \frac{mD_r}{c(t_n - t_w)\rho_n} \tag{5-68}$$

式中　m——有效热量系数，有时称为温差比；

　　　c——空气比热容，kJ/(kg·℃)；

　　　ρ_n——厂房内空气密度，kg/m³。

由于 $Q_{z1} = Q_{z2}$，由式(5-67) 和式 (5-68) 得

$$\frac{D_r}{c(t_p - t_w)\rho_n} = \frac{mD_r}{c(t_n - t_w)\rho_n} \tag{5-69}$$

所以

$$t_p = t_w + \frac{t_n - t_w}{m} \tag{5-70}$$

在通常情况下，m 值按下式计算

$$m = m_1 m_2 m_3 \tag{5-71}$$

式中　m_1——根据热源占地面积 f 与地板面积 F 的比值，按图 5-13 确定；

　　　m_2——根据热源高度，按表 5-16 确定；

　　　m_3——与热源的辐射热量和总散热量的比值有关的系数，按表 5-17 确定。

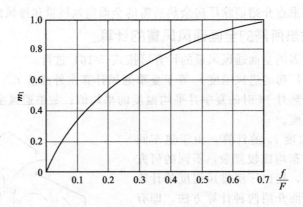

图 5-13　m_1 与 f/F 的关系

表 5-16　m_2 值

热源高度/m	≤2	4	6	8	10	12	≥14
m_2	1.0	0.85	0.75	0.65	0.60	0.55	0.5

表 5-17 m_3 值

Q_f/Q	≤0.4	0.5	0.55	0.60	0.65	0.7
m_3	1.0	1.07	1.12	1.18	1.30	1.45

（2）温度梯度法

这是应用较早的一种计算方法，它假定在厂房工作区以上的空气温度上升值与高度成正比例。目前该方法主要在厂房高度不大于 15m、室内散热较均匀，且散热量不大于 116 W/m³ 场合。根据温度梯度法，厂房上部窗孔的排风温度按下式确定

$$t_p = t_n + \Delta t(H-2) \tag{5-72}$$

式中 　Δt——温度梯度，按表 5-18 确定，℃/m；

　　　H——厂房上部排风窗孔离地面的高度，m；

　　　t_n——厂房工作区空气温度，按卫生标准规定的室内外温差确定，℃。

表 5-18 温度梯度 Δt 表

室内散热量 /(W/m³)	厂房高度/m										
	5	6	7	8	9	10	11	12	13	14	15
12～23	1.0	0.9	0.8	0.7	0.6	0.5	0.4	0.4	0.4	0.3	0.2
24～47	1.2	1.2	0.9	0.8	0.7	0.6	0.5	0.5	0.5	0.4	0.4
48～70	1.5	1.5	1.2	1.1	0.9	0.8	0.8	0.8	0.8	0.8	0.5
71～93		1.5	1.5	1.3	1.2	1.2	1.2	1.2	1.1	1.0	0.9
94～116			1.5	1.5	1.5	1.5	1.5	1.5	1.5	1.4	1.3

应当指出，对某些特定的厂房，排风温度可按排风温度与夏季通风计算温度差的允许值确定，对大多数车间要保证 $(t_n - t_w) \leqslant 5℃$，$(t_n - t_w)$ 应不超过 10～12℃。

2. 通风窗孔面积计算

通风窗孔面积计算有两种方法。

（1）局部设施法

该法仅以计算窗孔为研究对象。仅有密度差造成的自然风压作用时，先假定中和面位置或某一窗孔的余压，再计算其余各窗孔的余压。在密度差造成的自然风压和大气运动造成的自然风压同时作用时，同样先假定某一窗孔的余压，然后计算其余各窗孔的内外压差。

该法最初假定的余压值不同，最后计算得出的各窗孔面积分配是不同的。在密度差造成的自然风压作用下，各窗孔的面积分别为：

进风窗孔 　　$$F_a = \frac{G_a}{\mu_a \sqrt{2|\Delta p_a|\rho_w}} = \frac{G_a}{\mu_a \sqrt{2h_1 g(\rho_w - \rho_n)\rho_w}} \tag{5-73}$$

回风窗孔 　　$$F_b = \frac{G_b}{\mu_b \sqrt{2\Delta p_b \rho_p}} = \frac{G_b}{\mu_b \sqrt{2h_2 g(\rho_w - \rho_n)\rho_p}} \tag{5-74}$$

式中 　$\Delta p_a, \Delta p_b$——窗孔 a、b 的内外压差，Pa；

　　　G_a, G_b——窗孔 a、b 的流量，kg/s；

　　　μ_a, μ_b——窗孔 a、b 的流量系数；

　　　ρ_w——室外空气的密度，kg/m³；

　　　ρ_p——上部排风温度下的空气密度，kg/m³；

　　　ρ_n——室内平均温度下的空气密度，kg/m³；

　　　h_1, h_2——中和面至窗孔 a、b 的距离，m。

根据空气量平衡方程式 $G_a = G_b$，如果近似认为，$\mu_a = \mu_b$，$\rho_w = \rho_p$，上述公式可简化为

$$\left(\frac{F_a}{F_b}\right)^2 = \frac{h_2}{h_1} \quad \text{或} \quad \frac{F_a}{F_b} = \left(\frac{h_2}{h_1}\right)^{1/2} \tag{5-75}$$

从式(5-75)可以看出，进回风窗孔面积之比是随中和面位置的变化而变化的。中和面向上移（即增大 h_1 减小 h_2），回风窗孔面积增大，进风窗孔面积减小；中和面向下移，则相反。在热车间内部采用上部天窗进行排风，天窗的造价要比侧窗高，因此中和面位置不宜选得太高。

如果车间内同时设有机械通风，在空气量平衡方程式中应同时加以考虑。机械进风会造成中和面下降，机械回风会造成中和面上移。

(2) 整体系统法

该法从自然通风整体系统出发进行计算，即在 n_1 个进风窗口、n_2 个回风窗口自然通风系统中，如仅考虑密度差形成的自然风压，忽略空气流动摩擦阻力和大气运动（风压）形成的自然风压，则自然风压等于所有通风窗口的局部阻力之和，根据式(2-28)及局部阻力计算公式有

$$Zg(\rho_{m1} - \rho_{m2}) = \sum_{i=1}^{n_1} \xi_{Ji} \frac{\rho_J}{2}\left(\frac{Q}{S_{Ji}}\right)^2 + \sum_{j=1}^{n_2} \xi_{hj} \frac{\rho_h}{2}\left(\frac{Q}{S_{hj}}\right)^2 \tag{5-76}$$

式中　ρ_{m1}, ρ_{m2}——大气平均密度和建筑物内空气平均密度；

　　　ξ_{Ji}, ξ_{hj}——各进、回风窗孔的局部阻力系数；

　　　S_{Ji}, S_{hj}——各进、回风窗孔的面积；

　　　Q——所需自然通风量。

很显然，若已知各进、回风窗孔的高度和局部阻力系数以及进风窗孔的面积，已知大气和建筑物内空气的温度，且各回风窗孔面积相等，就可以用式(5-76)计算出回风窗孔的面积。

第六节　防排烟通风与事故通风设计

工业生产场所发生火灾时会产生烟气，生产设备和管道偶然发生事故或故障时会突然散发有害物或大量的有害、有毒或有爆炸危险性的气体，需要用通风的方法排出。本节主要介绍防排烟通风与事故通风设计，以保证工作人员以及建筑物和生产设备的安全。

一、火灾烟气流动基本原理

建筑物火灾是多发的，会导致巨大的经济损失和大量的人员伤亡。火灾过程大致可分为初起期、成长期、旺盛期和衰减期等四个阶段，火灾过程中的初起期和成长期是烟气产生的主要阶段，而烟气是造成人员伤亡的最大原因。据资料统计，火灾中因烟气致死的人数占50%以上，很多时候多达70%。因此，很有必要了解烟气流动相关知识。

1. 火灾烟气的成分和危害性

火灾发生时，燃烧可分为两个阶段：热分解过程和燃烧过程。火灾烟气是指火灾时各种物质在热分解和燃烧的作用下生成的产物与剩余空气的混合物，是悬浮的固态粒子、液态粒子和气体的混合物。由于燃烧物质的不同、燃烧的条件千差万别，因而烟气的成分、浓度也不会相同。但建筑物中绝大部分材料都含有碳、氢等元素，燃烧的生成物主要是 CO_2、CO 及水蒸气，如燃烧时缺氧，则会产生大量的 CO。另外，塑料等含有氯，燃烧会产生 Cl_2、

HCl、$COCl_2$（光气）等；很多织物中含有氮，燃烧后会产生 HCN（氰化氢）、NH_3等。

烟气的危害性包括：毒害性、遮光和刺激性、高温性、恐怖性。

① 毒害性。燃烧会消耗大量氧气，导致空气中缺氧，烟气中众多的有害气体、有毒气体，如 CO、Cl_2、HCN 等达到一定浓度后都会致人死亡。另外烟气中悬浮的微粒也会对人造成危害。

② 遮光和刺激性。火灾烟气中的烟雾粒小，对于可见光是不透明的，对可见光有遮挡屏蔽作用。当烟气弥漫时，可见光受到烟雾粒子影响而大为减弱，使能见度大大降低，这就是烟气的减光性。同时，再加上烟气中有些气体有强烈的刺激性，如 HCl、NH_3、SO_2 等，往往使人睁不开眼，导致人的能见距离缩短。能见距离关系到火灾发生时人员的正确判断，直接影响疏散、救援和救火的进行。

③ 高温性。火灾初期烟气温度能达到250℃，随后空气量不足温度会有所下降，当燃烧至窗户爆裂或人为将窗户打开，则燃烧骤然加剧，短时间温度可达500℃。高温使火灾蔓延迅速，使金属材料强度降低，从而使建筑物倒塌。同时高温还会使人烧伤、昏迷等。

④ 恐怖性。当发生火灾时，特别是轰燃出现以后，火焰和烟气冲出门窗孔洞，浓烟滚滚，烈火熊熊，受灾人群奔走呼号，令人感到十分恐怖。而且火场还会引起连锁反应，使人们惊慌失措，秩序混乱，严重影响人们的迅速疏散，轻则影响人们的身心健康，重则导致更多的伤亡。

2. 促使烟气流动的主要因素

促使烟气流动的主要因素包括：烟囱效应、气体热膨胀、大气运动和通风空调系统等。

① 烟囱效应。在高层建筑中，总是需要设置一些贯穿上下的竖直通道，如楼梯间、电梯间、各种管道竖井、垃圾通道和通风排气竖井等，根据自然通风原理，当建筑物发生火灾内外存在温差时，这些竖直通道中将存在着一股上升或者下降气流，即烟囱效应。当气流上升时，称为正向烟囱效应，否则称为逆向烟囱效应。发生火灾时，烟气会在"烟囱效应"的作用下传播，烟气温度越高，烟囱效应越强。

② 气体热膨胀。根据热力学原理，气体温度增加后，其体积将增大，如着火在密闭的空间内，气体热膨胀作用产生的压差使烟气运动。烟气温度越高，空间密闭越好，气体热膨胀使得烟气流动越明显。

③ 大气运动。发生建筑火灾后常有着火房间窗玻璃破碎的情况，若破碎的窗户处于建筑的背风侧，外部风作用的负压会将烟气从着火房间中抽出，这可以大大缓解烟气在建筑内部的蔓延；而如果破碎的窗户处于建筑的迎风侧，外部风将驱动烟气在着火楼层内迅速蔓延，甚至蔓延到其他楼层，既威胁生命财产的安全，又影响消防运作。

④ 通风空调系统。在火灾起始阶段，空调系统能将烟气迅速传送到有人的地方，使人能够很快发现火情，及时报警和采取扑救措施。但随着火势的增长，空调控制系统也会将烟气传送到它所能够到达的任何地方，加速了烟气的蔓延。同时，它还可将大量新鲜空气输入火区，促进火情发展，所以，建筑中发现火情，应及时关闭空调控制系统。

二、控制火灾烟气流动的主要措施及防排烟设计主要步骤

1. 控制火灾烟气流动的主要措施

为了有效控制火灾烟气流动，利于安全疏散和救火，其主要措施有以下几点。

（1）防火分区和防烟分区

防火分区，即是把建筑物划分成若干防火单元。在两个防火分区之间，在水平方向应设

防火墙、防火门和防火卷帘等进行隔断，垂直方向以耐火楼板等进行防火分隔。阻断火势的同时，当然也阻止了烟气扩散。

防烟分区，是指在设置排烟措施的过道、房间用隔墙或其他措施限制烟气流动的区域，它在防火分区内进行。《高层民用建筑设计防火规范》中规定，当房间高度小于 6m 时，防烟分区的建筑面积不宜超过 500m²。因此，对于超过 500m² 的房间应分隔成几个防烟分区，分隔的方法除采用隔墙外，还可采用挡烟垂壁或从顶棚下突出不小于 0.5m 的梁。防烟分区的前提是设置排烟措施，只有设了排烟措施，防烟分区才有意义。

（2）疏导排烟

利用自然或机械作为动力，将烟气排至室外，称为排烟，其目的是排除着火区的烟气和热量，不使烟气流向非着火区，以利于人员疏散和进行扑救。排烟方法可分为自然排烟和抽出式机械通风排烟。

自然排烟，即按照自然通风原理，利用室内热气流的浮力、热负压或室外风力的作用，将室内的烟气从与室外相邻的窗户、阳台、凹廊或专用排烟口排出，若已知窗孔面积，其自然排烟量可按式(5-75)计算。图 5-14(a) 为利用外窗或专设的排烟口排烟示意图，图 5-14(b) 为利用竖井排烟示意图。它不使用动力，简单经济，但排烟效果不稳定，受着火点位置、烟气温度、开启窗口的大小、风力、风向等诸多因素的影响。

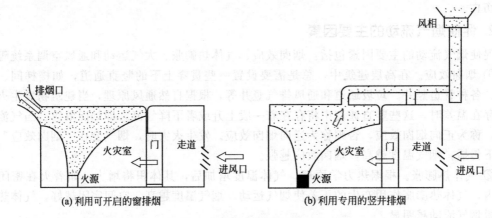

图 5-14 房间自然排烟系统示意图

抽出式机械通风排烟，即利用通风机产生的负压抽出火灾烟气。优点是排烟效果好，稳定可靠。缺点是需设置专用的排烟口、排烟管道和排烟风机，且需专用电源，投资较大。这种方法的适用条件有三方面：一是一类高层建筑和建筑高度超过 32m 的二类高层建筑的相关部位；二是不具备自然排烟条件的防烟楼梯间及其前室、消防电梯前室或合用前室；三是建筑高度超过 100m 的公共建筑中所设的避难层或避难区。

（3）压入式机械通风及密闭防烟

压入式机械通风是依靠通风机使室外空气产生一定压力后送到被保护部位，使该部位的室内压力高于火灾压力，形成压力差，从而防止烟气侵入被保护部位。

对于面积较小，且其墙体、楼板耐火性能较好，密闭性好并采用防火门的房间，可以采取关闭房间使火灾房间与周围隔绝，让火情由于缺氧而熄灭的防烟方式，称之为密闭防烟。

2. 防排烟通风设计主要步骤

进行防排烟通风设计时，应首先分析建筑物类型、功能特性和防火要求，了解防火分区，研究确定防排烟方案和防烟分区。其主要步骤为：

① 分析建筑方案，了解防火分区。

② 确定防排烟对象场所。

③ 划分防烟分区，计算防烟区面积。

④ 研究确定防排烟通风方式，计算供风量。

⑤ 对于自然排烟，需要校核有效排烟窗孔面积。对于抽出式机械通风排烟，还需完成以下步骤：ⅰ．计算排烟通风量；ⅱ．设计布置排烟通风管道及排烟口；ⅲ．计算通风阻力及阻力平衡；ⅳ．选择排烟通风机和电机；ⅴ．绘制排烟通风管道系统图。

三、自然通风排烟设计要点

① 自然排烟方式的适用地点有：除建筑高度超过 50m 的一类公共建筑和建筑高度超过 100m 的居住建筑外，靠外墙的防烟楼梯间及其前室、消防电梯间前室和合用前室；面积超过 100m² 且经常有人停留或可燃物较多的地上房间；长度超过 20m，但不超过 60m 的内走道；经常有人停留或可燃物较多的地下室。

② 不应采取自然排烟场所包括：净空高度超过 12m 的中庭，长度超过 60m 的内走道，建筑高度超过 50m 的一类公共建筑和建筑高度超过 100m 的居住建筑的防烟楼梯间及其前室、消防电梯前室及合用前室。

③ 自然排烟的开窗面积可按式(5-73)、式(5-74)计算，如符合表 5-19 要求，则按计算结果，若不符合表 5-19 要求，则按表 5-19 规定的最低值。

表 5-19　自然排烟部位及开窗面积要求

自然排烟部位	开窗面积/m²	自然排烟部位	开窗面积/m²
防烟楼梯间前室	≥2	需排烟的房间、走道	≥防烟面积的 2%
消防电梯间前室	≥2	净高小于 12m 中庭	≥地板面积的 5%
合用前室	≥3	防烟楼梯间	每五层开窗面积总和≥2

④ 自然排烟口设置原则包括：ⅰ．自然排烟口应设于房间净高的 1/2 以上，最好设置在距顶棚 800mm 以内，有挡烟垂壁，排烟口最好高于挡烟垂壁的下沿；ⅱ．内走道和房间的自然排烟口至该防烟分区最远点的水平距离应在 30m 以内；ⅲ．内走道与房间的排烟窗应尽量设置有两个或两个以上不同朝向；ⅳ．排烟口部位宜尽量设置与建筑物形体一致的挡风措施。

四、抽出式机械通风排烟设计

1. 抽出式机械通风排烟系统

根据进、回风道的数量及通风机通风排烟量的大小，抽出式机械通风排烟分为集中式、分散式、分区集中式三种形式。每种形式的含义、优缺点已在第四章第一节叙述。

分区集中式通风排烟系统的分区原则是：ⅰ．每个分区通风排烟系统的排烟口数量不宜多于 30 个；ⅱ．房间和走道的排烟与防烟楼梯间、消防电梯前室以及合用前室的排烟系统分开；ⅲ．走道的机械排烟系统宜竖向设置，而房间的通风排烟系统宜按防烟分区设置；ⅳ．抽出式机械通风排烟系统与通风空调系统一般应分开设置，有条件利用通风空调系统排烟时，也可综合利用，但必须采取采用变速风机或并联风机等相应措施。当空调系统的通风量与通风排烟量大时应分别设置通风机且火灾时能自动切换等。

2. 排烟风量的确定

排烟量按建筑防烟分区面积进行计算，而建筑中庭的机械排烟量则按中庭体积进行计算。对于系统担负一个防烟分区排烟或净空高度大于 6m、不划分防烟分区的房间排烟时，机械排烟量应按每 1m³ 不小于 60m³/h 计算，且单台风机最小排烟量不应小于 7200m³/h；当系统担负两个或两个以上防烟分区排烟时，机械排烟系统的排烟量应按最大防烟分区面积每 1m² 不小于 120m³/h 计算（对每个防烟分区的排烟量仍然按防烟分区面积每 1m² 面积不小于 60m³/h 计算）。中庭体积小于 17000m³ 时，排烟量按其体积 6 次每小时换气计算；中庭体积大于 17000m³ 时，排烟量按其体积 4 次每小时换气计算；但最小排烟量不应小于 10200m³/h。车库的排烟量应按每小时换气次数不小于 6 次计算确定。

3. 机械通风排烟风道及排烟口的设置原则

① 在排烟时，风道不应变形或脱落。当采用钢板风道时，风速不应大于 20m/s；采用内表面光滑的建筑风道时，不应大于 15m/s。机械排烟系统的排烟口风速不宜大于 10m/s。

② 排烟口与疏散出口的水平距离应在 2m 以上，排烟口至该防烟分区最远点的水平距离不应大于 30m。在水平方向上，排烟口宜设置于防烟分区的居中位置。

③ 设在顶棚上的排烟口，距可燃物件或可燃物的距离不应小于 1m。每个防烟分区内必须设置排烟口，排烟口应设在顶棚上或靠近顶棚的墙面上，且与附近安全出口沿走道方向相邻边缘之间的最小水平距离不应小于 1.5m。

④ 单独设置的排烟口，平时应处于关闭状态，其控制方式可采用自动或手动开启方式。手动开启装置的位置应便于操作，排烟口与排风口合并设置时，应在排烟口或排风口所在支管设置具有防火功能的自动阀门，该阀门应与火灾自动报警系统联动；火灾时，着火防烟分区内的阀门仍应处于开启状态，其他防烟分区内的阀门应全部关闭。

⑤ 自然排烟口、排烟窗、送风口应由不燃材料制作。内走道和房间的自然排烟口至该防烟分区最远点的距离不应大于 30m，自然进风口应设于房间净高度的 1/2 以下，自然排烟口应设于房间净高度的 1/2 以上，且距顶棚下 800mm 以内。

⑥ 排烟系统应设置防火阀。防火阀按功能可分为排烟阀、排烟防火阀、防火调节阀和防烟防火调节阀等。排烟防火阀安装在排烟系统管道上，平时呈关闭状态，火灾时由电信号或手动开启，同时排烟风机启动开始排烟，当管内烟气温度达到 280℃ 时自动关闭，排烟风机同时停机。

⑦ 排烟风道应采用不燃材料保温，不应穿过防火分区，保温厚度不应小于 25mm。垂直穿越各层的竖井风道应该用耐火材料构成的专用或合用管道井或采用混凝土风道。与防火阀门连接的风道，穿过防火楼板或防火墙时，风道应采用厚度不小于 1.5mm 的钢板制成。

五、压入式机械通风防烟设计

1. 压入式防烟通风风量的计算

压入式防烟通风风量应由加压空间的需要风量、加压空间的漏风量和非正压部分的排风量三部分组成，有压差法和风速法两种。

① 压差法，即当防烟区门关闭时保持一定压差所需风量的方法，排烟通风风量一般可按下式计算

$$Q_s = K_y \mu S_1 (2\Delta p/\rho)^n \tag{5-77}$$

式中　Q_s——保持压差所需的送风量，m³/s；

　　　μ——流量系数，取 0.6～0.7；

S_1——总漏风面积，m^2；

ρ——空气密度，kg/m^3；

n——指数，$0.5\sim1$，通常取 0.5；

Δp——加压区与非加压区的压差，Pa。

K_y——漏风系数，取 $1.1\sim1.25$。

② 风速法，即保证门洞开启时有一定风速的方法，排烟通风风量可按下式计算

$$Q_s = K_y v \sum S \tag{5-78}$$

式中　Q_s——维持开启门洞处一定的风速所需的送风量，m^3/s；

$\sum S$——所有门洞的面积，m^2；

v——门洞的平均风速，m/s，可取 $0.7\sim2.2m/s$。

2. 压入式防烟通风风压和风量的要求

① 压入式防烟通风风压应达到一定的要求，防烟楼梯间为 $40\sim50Pa$，前室、封闭避难层应为 $25\sim30Pa$。

② 压入式防烟通风风量，也称加压送风量，其计算结果应与表 5-20～表 5-22 比较，并取其中大值。

③ 压入式防烟通风风速的要求包括：内表面光滑的非金属风道不大于 $15m/s$，金属管道一般控制在 $14m/s$ 左右，一般建筑风道控制在 $12m/s$ 左右。

表 5-20　防烟楼梯间（前室不送风）
的加压送风量

系统负担层数/层	加压送风量/(m^3/h)
<20	25000～30000
20～32	35000～40000

表 5-21　防烟楼梯间及其合用前室的
分别加压送风量

系统负担层数/层	加压送风量/(m^3/h)
<20	25000～30000
20～32	35000～40000

表 5-22　消防电梯前室的加压送风量

系统负担层数/层	加压送风量/(m^3/h)	系统负担层数/层	加压送风量/(m^3/h)
<20	25000～30000	20～32	35000～40000

3. 压入式防烟通风设计相关问题

① 压入式通风管不设防火阀，送风口平时关闭，并与加压通风机连锁，发生火警后所有送风口均自动开启。

② 对于超高层建筑，由于自然风压过大，可将楼梯井分区（高、低区或多区），在两区之间设密闭门，隔断"烟囱效应"。

③ 为使防烟楼梯间的压力保持均匀，应使楼梯间内加压送风口均匀分布，一般可分隔 2～3 层设一个压入式通风送风口。风口应采用自垂式百叶风口，或常开百叶式百叶风口；当采用后者时，通风机的压出管上应设置止回阀。

④ 为防止楼梯间内压力过高，应设卸压装置，如余压阀，通过设在楼梯间的静压传感器控制加压送风机的旁通风门调节送风量。

⑤ 封闭避难场所的通风量按避难层净面积每 $1m^2$ 不小于 $30m^3/h$ 计算。层数超过 32 层的高层建筑，其通风系统和风量应分段设计。

六、事故通风设计

当生产设备发生偶然事故或故障时，可能突然逸出大量有害物质或易造成急性中毒或易燃易爆的化学物质进入作业场所，这时需要尽快地把有害物排除或稀释，用于排除或稀释生产房间内发生事故时突然逸出的大量有害物质或易造成急性中毒或易燃易爆的化学物质的通风方式称为事故通风。事故通风装置只在发生事故时才开启使用，并进行强制通风。

事故排风的吸气口，应布置在有害气体或爆炸性气体散发量可能最大的区域。当散发的气体或蒸气比空气重时，吸气口主要应设在下部地带。当排除有爆炸性气体时，应考虑风机的防爆问题。事故排风机的开关，应分别设置在室内和室外便于开启的地点。

事故排风装置所排出的空气，可不设专门的进风系统来补偿，排出的空气一般不进行处理，当排出有剧毒的有害物时，应将它排到 10m 以上的大气中稀释，仅在非常必要时，才采用化学方法处理，当排出空气中的可燃气体时，排风口应远离火源。

事故排风时的排风量，应由事故排风系统和经常使用的排风系统共同保证。事故通风的通风量宜根据工艺设计要求通过计算确定，但除燃油锅炉房和燃油直燃溴化锂制冷机房换气次数不宜小于每小时 6 次外，其他场所换气次数不宜小于每小时 12 次。

第七节 矿井通风设计

矿井通风设计是整个矿井设计内容的重要组成部分，是保证安全生产的重要环节。其主要内容是：确定矿井通风系统，矿井风量计算和风量分配，矿井通风阻力计算，选择通风设备，概算矿井通风费用。因此，必须周密考虑，精心设计，力求实现预期效果。

一、矿井通风系统的要求

① 矿井通风系统应具有较强的抗灾能力。确定矿井通风系统时，应根据矿井爆炸毒害气体涌出量、设计生产能力、矿层赋存条件、表土层厚度、井田面积、地温、矿物质自燃倾向性及兼顾中后期生产需要等条件，提出多个技术上可行的方案，通过优化或技术经济比较后确定矿井通风系统。

② 每一个生产水平和每一采区，都必须布置回风巷道，实行分区通风。箕斗提升井或装有胶带输送机的井筒不应兼做进风井，如果兼做回风井使用，必须采取措施，满足安全的要求。进风井口应按全年风向频率，必须布置在不受粉尘、煤尘、灰尘、有害气体和高温气体侵入的地方。

③ 在满足风量按需分配的前提下，多风机通风系统中的各主要通风机的工作风压应接近，当通风机之间的风压相差较大时，应减小共享风路的风压，使其不超过任何一个通风机风压的 30%。

④ 井下爆破材料库必须有单独的新鲜风流，回风风流必须直接引入矿井的总回风巷或主要回风巷中；井下充电室必须用单独的新鲜风流通风，回风风流应引入回风巷。

⑤ 矿井必须装设两套同等能力的主要通风设备，其中一套做备用。进、出风井井口的高差在 150m 以上，或进、出风井井口标高相同，但井深 400m 以上时，宜计算矿井的自然风压。选择的通风设备应满足第一开采水平各个时期工况变化，并使通风设备长期高效率运行。当工况变化较大时，根据矿井分期时间及节能情况，应分期选择电动机。通风机能力应留有一定的裕量，轴流式通风机在最大设计负压和风量时，轮叶运转角度应比允许范围小 5°；离心式通风机的选型设计转速不宜大于允许最高转速的 90%。

二、矿井通风总阻力和通风机风压的计算

（1）矿井通风总阻力

矿井井巷的局部阻力，新建矿井（包括扩建矿井独立通风的扩建区）宜按井巷摩擦阻力的 10% 计算，扩建矿井宜按井巷摩擦阻力的 15% 计算。矿井通风的总阻力，不应超过 2940Pa。

矿井通风总阻力是指风流由进风井口起，到回风井口止，沿一条通路（风流路线）各个分支的摩擦阻力和局部阻力的总和，用 h_m 表示。对于有两台或多台主要通风机工作的矿井，矿井通风阻力应按每台主要通风机所服务的系统分别计算。

在主要通风机的服务年限内，随着采矿工作面及采区接替的变化，通风系统的总阻力也将随之变化，应沿着通风容易和困难时期的风流路线，依次计算各段摩擦阻力 h_{fi}，然后分别累计得出容易和困难时期的总摩擦阻力 h_{fe} 和 h_{fd}，再乘以 1.1（扩建矿井乘以 1.15）后，得两个时期的矿井总阻力 h_{me} 及 h_{md}。矿井通风系统总阻力最小时称通风容易时期，通风系统总阻力最大时称为通风困难时期。

通风困难时期总阻力 $\qquad h_{md} = (1.1 \sim 1.15) h_{fd}$ $\qquad$ (5-79)

通风容易时期总阻力 $\qquad h_{me} = (1.1 \sim 1.5) h_{fe}$ $\qquad$ (5-80)

（2）通风机风压

通风机全压 H_{td} 和矿井自然风压 H_N 共同作用克服矿井通风系统的总阻力 h_m、通风机附属装置的阻力 h_d 及扩散器出口动能损失 h_{vd}。当自然风压与通风机风压作用相同时取"－"。自然风压与通风机负压作用反向时取"＋"。根据提供的通风机性能曲线求出通风机风压

$$H_{td} = h_m + h_d + h_{vd} \pm H_N \qquad (5-81)$$

通风容易时期，为使自然风压与通风机风压作用相同，通风机有较高的效率，故从通风系统阻力中减去自然风压 H_N；通风困难时期，为使自然风压与通风机风压作用反向，通风机能力满足，故通风系统阻力中加上自然风压 H_N。

对于抽出式通风矿井的轴流式通风机：

容易时期 $\qquad H_{sdmin} = h_m + h_d - H_N$ $\qquad$ (5-82)

困难时期 $\qquad H_{sdmax} = h_m + h_d + H_N$ $\qquad$ (5-83)

对于抽出式通风矿井的离心式通风机：

容易时期 $\qquad H_{tdmin} = h_m + h_d + h_{vd} - H_N$ $\qquad$ (5-84)

困难时期 $\qquad H_{tdmax} = h_m + h_d + h_{vd} + H_N$ $\qquad$ (5-85)

式中　H_{tdmin}, H_{tdmax}——容易和困难时期的离心式通风机全压；

$\qquad H_{sdmin}, H_{sdmax}$——容易和困难时期的轴流式通风机全压。

三、通风机的选择及其实际工况点计算

初选通风机根据计算的矿井通风容易时期通风机的风量 Q_{fr}、风压 H_{tdmin}（或 H_{sdmin}）和矿井通风困难时期通风机的风量 Q_{fn}、风压 H_{tdmax}（或 H_{sdmax}）在通风机特性曲线上确定。通风机的实际工况点应计算通风机的工作风阻，再在通风机特性曲线中作通风机工作风阻曲线，与风压曲线的交点即为实际工况点。计算通风机的工作风阻可按下面公式计算。

用静压特性曲线时：

困难时期 $$R_{sdmax} = \frac{H_{sdmax}}{Q_{fn}^2}$$

容易时期
$$R_{sdmin}=\frac{H_{sdmin}}{Q_{fr}^2}\qquad(5\text{-}86)$$

用全压特性曲线时：

困难时期
$$R_{tdmax}=\frac{H_{tdmax}}{Q_{fn}^2}$$

容易时期
$$R_{tdmin}=\frac{H_{tdmin}}{Q_{fr}^2}\qquad(5\text{-}87)$$

式中　R_{tdmin},R_{tdmax}——容易和困难时期的离心式通风机工作风阻；

　　　R_{sdmin},R_{sdmax}——容易和困难时期的轴流式通风机工作风阻。

按通风机容易和困难时期分别计算通风机所需输入功率 N_{min}、N_{max}

$$N_{max}=\frac{Q_f H_{sdmax}}{1000\eta_s}\quad 或\quad N_{max}=\frac{Q_f H_{tdmax}}{1000\eta_t}\qquad(5\text{-}88)$$

$$N_{min}=\frac{Q_f H_{sdmin}}{1000\eta_s}\quad 或\quad N_{min}=\frac{Q_f H_{tdmin}}{1000\eta_t}\qquad(5\text{-}89)$$

式中　η_t,η_s——通风机全压效率和静压效率。

电动机功率在 $400\sim500kW$ 以上时，宜选用同步电动机。

如容易时期功率小于困难时期功率的 60% 时，应配套两台电动机，其功率为

$$N_{emin}=k_e\sqrt{N_{min}N_{max}}/(\eta_e\eta_{tr})\qquad(5\text{-}90)$$

如容易时期功率大于困难时期功率的 60%，可配套一台电动机，电动机的功率为

$$N_e=N_{max}k_e/(\eta_e\eta_{tr})\qquad(5\text{-}91)$$

式中　k_e——电动机容量备用系数，$k_e=1.1\sim1.2$；

　　　η_e——电动机效率，$\eta_e=0.9\sim0.94$（大型电机取较高值）；

　　　η_{tr}——传动效率，电动机与通风机直联时 $\eta_{tr}=1$；皮带传动时 $\eta_{tr}=0.95$。

思考题与习题

1. 简述工业通风设计的一般步骤。
2. 工业生产中散发的爆炸毒害气体或蒸气、粉尘、余热和余湿如何确定？
3. 厂房全面正常通风风量如何计算？
4. 集气罩需要风量计算方法有哪几种？
5. 抽出式管道通风系统设计的一般步骤如何？为何要进行阻力平衡？
6. 简述均匀送风原理，分析实现均匀送风的途径和工程措施。
7. 简述置换通风设计时相关参数的确定方法。
8. 如何进行消除厂房余热所需的全面通风风量的计算？
9. 厂房自然通风时风窗孔面积计算方法如何？
10. 简述自然通风排烟和抽出式机械通风排烟设计要点。
11. 简述压入式防烟通风风量的计算方法。
12. 某厂有一体积 $1200m^3$ 的车间突然发生事故，散发某种有害气体进入车间，散发量为 $350mg/s$，事故发生后 $10min$ 被发现，立即开启事故通风机，事故排风量 $3.6m^3/s$，风机启动后多长时间内此有害物浓度才能降到 $10mg/m^3$ 以下？
13. 某车间工艺设备散发的硫酸蒸气量 $200mg/s$，已知夏季通风室外计算温度 $32℃$，车间余热量为 $174kW$。要求车间内温度不超过 $35℃$，有害蒸气浓度不超过卫生标准，试计算

该车间的全面通风需要风量。

14. 某车间同时散发 CO 和 SO_2，CO 散发量 140mg/s，SO_2 散发量 560mg/s，计算该车间的全面通风需要风量。

15. 某汽车修理厂喷漆室内对汽车外表喷漆，每台车需 1.5h，消耗硝基漆 10kg。硝基漆中含有 20% 的香蕉水，为便于操作，喷漆前又按漆与溶剂质量比 4：7 加入香蕉水。香蕉水的主要成分如下：甲苯 50%，环己酮 8%，环己烷 8%，乙酸乙酯 30%，正丁醇 4%。要使该车间空气达到卫生标准所需的通风量为多少（取 $K_x = 4.5$）？

16. 某车间局部排风量 120m³/min，冬季室内工作区温度 16℃，室外计算温度 −25℃，围护结构耗热量 5.8kW/s，为保证室内维持一定的负压，机械进风量为排风量的 90%，机械进风量和送风温度为多少？

17. 一金属熔化炉，平面尺寸为 600mm×600mm，炉内温度 $t = 600℃$，在炉口 100mm 处设接收罩，周围横向风速 0.3m/s，确定集气罩罩口尺寸以及风量。

18. 某车间形式如图 5-15 所示，车间总余热量 800kJ/s，$m = 0.3$，室外空气温度 30℃，室内工作区温度比室外高 5℃，$\mu_1 = \mu_2 = 0.6$，$\mu_3 = 0.4$。如果不考虑风压作用，求所需的各窗孔面积（要求排风窗孔面积为进风窗孔面积的一半）。

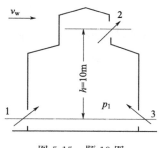

图 5-15　题 18 图

19. 已知在体积为 230m³ 的车间中设置全面通风系统，全面通风量为 0.15m³/s，CO_2 的初始体积分数为 0.05%，室内有 15 人进入轻度劳动，每人呼出的 CO_2 量为 72.5 mg/s，进风空气中 CO_2 的体积分数为 0.05%，试问：

① 达到稳定时车间内的 CO_2 体积分数为多少？

② 通风系统开启后，至少需要多长时间才能使车间中 CO_2 的体积分数接近稳定值（误差为 2%）？

20. 有一工业槽，长×宽为 2000mm×1500mm，槽内溶液温度为 20℃，采用吹吸式集气罩，试分别计算其吹风量、吸风量、吸气口和吹气口的高度。

21. 罩口尺寸为 300mm×300mm 的侧吸罩，已知其排风量为 0.54m³/s，按以下几种情况计算距罩口 0.3m 处的抽风速度：

① 自由悬挂，无法兰边；

② 自由悬挂，有法兰边；

③ 在工作台上无法兰边。

22. 根据均匀送风管道的设计原理，说明下列三种结构形式为什么都能达到均匀送风。在设计原理上有何不同？

① 风管断面尺寸改变，送风口面积保持不变；

② 风管断面尺寸不变，送风口面积改变；

③ 风管断面尺寸和送风口面积都不变。

23. 有一如图 5-16 所示的直流式通风空调系统，已知每个风口的风量为 1500m³/h，空气处理装置的阻力（过滤器 50Pa，表冷器 150Pa，加热器 70Pa，空气进出口及箱体内附加阻力 35Pa）为 305Pa；空调房间内的正压为 10Pa，管道材料为镀锌钢板。设计风道尺寸并计算风机所需的全压。

24. 如图 5-17 所示的通风除尘系统，采用矩形伞形集气罩吸尘，风管用钢板制作，粗糙度 $K = 0.15mm$，气体温度 20℃，除尘器进口尺寸为 390mm×550mm，除尘器阻力 900Pa，试

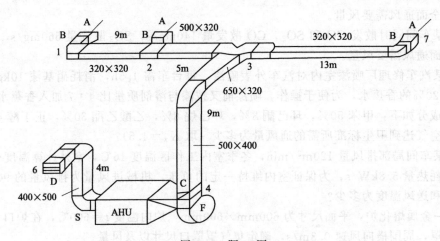

图 5-16　题 23 图

A,D—百叶空气进口；B,C—调节阀；F—通风机；AHU—空气处理装置

确定该系统各风管尺寸，并选择风机。

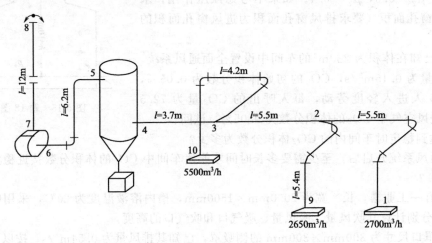

图 5-17　题 24 图

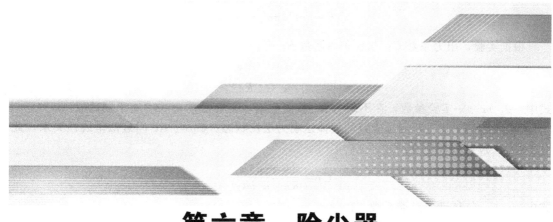

第六章　除尘器

要减少或消除工业生产过程所产生粉尘的危害，必须将粉尘从含尘空气中分离出来。除尘器是将粉尘从含尘空气中分离出来、净化含尘气体、避免空气污染的最有效设备之一。本章主要介绍典型除尘器的捕尘原理、结构形式、影响除尘效率因素及除尘器选型应用等。

第一节　除尘器的捕尘理论基础

除尘器都是依靠一种或几种捕尘分离机理来除去含尘气体中的尘粒的，例如旋风除尘器主要借助于尘粒的离心力进行分离，过滤式除尘器则依靠拦截、碰撞和扩散等几种机理进行捕尘分离。

在除尘器中，常用的捕尘分离机理有重力分离、惯性碰撞分离、截留、布朗扩散、凝集和电力捕尘分离等，此外，还有热泳力、扩散泳力、辐射力等捕尘分离机理。下面对相关捕尘分离的理论基础作一介绍。

一、尘粒在连续介质中的运动阻力

在连续的流体介质中，尘粒与流体作相对运动，尘粒所受到的阻力可以用下式表示

$$F = C_D A_P \frac{\rho_g v^2}{2} \tag{6-1}$$

式中　F——尘粒受到的运动阻力，N；

　　　C_D——阻力系数，主要取决于雷诺数 Re；

　　　A_P——尘粒垂直于运动方向上的最大断面积，m^2；

　　　ρ_g——气体密度，kg/m^3；

　　　v——微粒与气体之间的相对运动速度，m/s。

尘粒在气体中运动所受到的阻力与微粒的形状有关。对于球形颗粒，设 d_P 为球形微粒的直径，则有 $A_P = \pi d_P^2 / 4$，因此

$$F = \frac{1}{8} C_D \pi d_P^2 \rho_g v^2 \tag{6-2}$$

根据实验，阻力系数 C_D 与粒子雷诺数 Re 有如下关系

$$C_D = \frac{\rho_g d_P v}{\mu} = \frac{\beta}{Re^m} \tag{6-3}$$

式中　β, m——实验参数，在不同的 Re 数值范围，实验常数 m 和 β 有不同的值。

① 当 $Re \leqslant 1.0$ 时，流过尘粒的气体运动为层流状态，C_D 与 Re 间近似呈线性关系，此时 $\beta = 24$, $m = 1$，则

$$C_D = \frac{24}{Re} = \frac{24\mu}{\rho_g v d_P} \tag{6-4}$$

式中　μ——气体动力黏滞系数，Pa·s。

对于球形颗粒，将上式代入式(6-2)，即可得到

$$F = 3\pi \mu d_P v \tag{6-5}$$

此式即为层流区球形颗粒的阻力计算公式，也就是著名的斯托克斯（Stokes）阻力定律，通常把 $Re < 1$ 的区域称为斯托克斯区域。在实际工程应用中，当 $Re < 2$ 时，仍可近似采用。由于在除尘设备中，粉尘与气流的相对运动状态一般不超出斯托克斯区域，因而上式可作为分析除尘器内粉尘与气流相对运动和计算粉尘沉降速度的基本公式。

② 当 $1 < Re \leqslant 500$ 时，流过尘粒的气体处于紊流过渡状态，相应的 $\beta = 18.5$, $m = 0.6$，则

$$C_D = \frac{18.5}{Re^{0.5}} \tag{6-6}$$

③ 当 $Re > 500$ 时，流过尘粒的气体处于紊流状态，为通常所说的牛顿区域，相应的 $\beta = 0.38 \sim 0.50$，通常取平均值 $\beta = 0.44$, $m = 0$，则

$$C_D = 0.44 \tag{6-7}$$

由此得到紊流区尘粒的阻力计算式为

$$F = 0.055\pi \rho_g v^2 d_P^2 \tag{6-8}$$

从式(6-5)和式(6-8)可以看到，在斯托克斯区域，阻力与相对速度 v 的一次方成正比；在牛顿区域，阻力与相对速度 v 的平方成正比。

当颗粒尺寸与气体分子平均自由程大小差不多时，颗粒开始脱离与气体分子接触，颗粒运动发生"滑动"现象。这时，相对颗粒来说，气体不再具有连续流体介质的特性，流体阻力将减小。为了对这种滑动现象进行修正，将一个称为坎宁汉（Cunningham）的系数 k_c 引入斯托克斯定律，即

$$F = \frac{3\pi \mu d_P v}{k_c} \tag{6-9}$$

坎宁汉系数 k_c 与气体的温度、压力和颗粒大小有关，温度越高、压力越低、粒径越小、k_c 值越大。常温常压下，斯特劳斯（Strauss）和 Davis 均给出了相同的坎宁汉修正系数 k_c

$$\begin{aligned} k_c &= 1 + \frac{2\lambda}{d_P} \left[1.257 + 0.4 \exp\left(-1.1 \frac{d_P}{2\lambda}\right) \right] \\ &= 1 + Kn \left[1.257 + 0.4 \exp(-1.1/Kn) \right] \end{aligned}$$

式中　Kn——克努森数；

　　　λ——气体分子平均自由程，μm。

作为粗略估计，当空气的温度为 20℃、压力等于 1.01325×10^5 Pa 时，有

$$k_c = 1 + \frac{0.172}{d_P} \tag{6-10}$$

二、尘粒在静止或层流空气中重力沉降分离

尘粒在静止或层流空气中在重力作用下自然沉降可以分离。

当球形尘粒在静止的气体或层流空气中开始运动时，受到的外力是重力 G 和浮力 p，合力 F_f 为

$$F_f = G - p = \frac{1}{6}\pi d_P^3(\rho_P - \rho_g)g \tag{6-11}$$

式中　g——重力加速度，9.81m/s^2；

ρ_P——尘粒的密度，kg/m^3。

在上述外力作用下，尘粒做加速沉降，并受到气体阻力 F 的作用，此时微粒的运动方程为

$$F_f - F = m_P\frac{dv}{dt} \tag{6-12}$$

式中　m_P——尘粒的质量，kg。

将式(6-2)、式(6-11)代入式(6-12)可得

$$\frac{dv}{dt} = \frac{(\rho_P - \rho_g)g}{\rho_P} - \frac{3C_D\rho_g v^2}{4d_P\rho_P} \tag{6-13}$$

尘粒加速沉降时受到的阻力随运动速度增加而增大，直到使微粒沉降的作用力与阻力平衡。尘粒沉降的速度达到最大值 v_s，此后微粒作匀速沉降运动，此时的速度称为重力沉降速度。

在微粒作匀速沉降运动时，存在如下关系

$$\frac{dv}{dt} = \frac{(\rho_P - \rho_g)g}{\rho_P} - \frac{3C_D\rho_g v_s^2}{4d_P\rho_P} = 0 \tag{6-14}$$

由此不难得到

$$v_s = \left[\frac{4d_P g(\rho_P - \rho_g)}{3\rho_g C_D}\right]^{\frac{1}{2}} \tag{6-15}$$

由于通风除尘工程中的流动一般为斯托克斯区域，所以将式(6-4)代入式(6-15)，则得

$$v_s = \frac{(\rho_P - \rho_g)gd_P^2}{18\mu} \tag{6-16}$$

由于 $\rho_P \gg \rho_g$，式(6-16)可以简化成

$$v_s = \frac{\rho_P gd_P^2}{18\mu} \tag{6-17}$$

相对应的尘粒的直径可简化为

$$d_P = \sqrt{\frac{18\mu v_s}{\rho_g g}} \tag{6-18}$$

若尘粒不是在静止空气中，而是在流速为 v_s 的上升气流中，这时尘粒将会处于浮力状态，此气流速度称为悬浮速度。悬浮速度与沉降速度大小相等，但物理意义不同。沉降速度是指尘粒在沉降时所能达到的最大速度，悬浮速度则是指使尘粒处于悬浮状态，上升气流速度的最小值。

【例6-1】　已知空气的温度为20℃，压力为 $1.01325\times10^5\text{Pa}$，尘粒密度 2800kg/m^3，粒

径 $d_P = 55\mu m$，试计算尘粒在静止空气中的沉降速度。

解 对于 $d_P = 55\mu m$ 的尘粒

$$v_s = \frac{\rho_P g d_P^2}{18\mu} = \frac{2800 \times 9.81 \times (55 \times 10^{-6})^2}{18 \times 1.79 \times 10^{-5}} = 0.258 (m/s) = 258 (mm/s)$$

应当指出，上面分析的是单颗球形微粒的自由沉降，沉降速度由重力、浮力和阻力相平衡的关系推导而得到。实际上影响微粒沉降的因素很多，其中重要的因素有微粒的形状、微粒的凝并和变形、微粒间的互相作用、器壁影响、气流的对流作用。

三、离心力捕集分离

当含尘气体作曲线运动时，粉尘就会受到离心力的作用。粉尘在离心力和流体阻力的作用下，沿着离心力方向运动而沉降的过程，称为离心力捕尘分离。工业上广泛运用的旋风除尘器就是利用离心力分离原理工作的。

尘粒在离心力的作用下作离心运动时，同时也受到空气阻力的作用。刚开始离心运动时，离心力与空气阻力的合力使尘粒作加速运动，方向为远离旋转中心的径向，与此同时，尘粒所受到的流体阻力也迅速增大，使作用合力逐渐减小，直至为零，则离心运动速度达到最大并使其保持恒定，该离心运动速度称为**离心沉降速度**。

尘粒受到的离心力 F_r 为

$$F_r = \frac{m_P v_t^2}{r} \tag{6-19}$$

式中 r——尘粒的旋转半径，m；

v_t——旋转半径为 r 处切线的速度，m/s。

在斯托克斯区域，尘粒受到的阻力可见式(6-5)。

因 $m_P = \frac{\pi d_P^3 \rho_P}{6}$，则由式(6-18) 和式(6-5) 可得

$$F_r = \frac{\pi d_P^3 \rho_P v_t^2}{6r} = 3\pi\mu d_P v_s \tag{6-20}$$

式中 v_s——离心沉降速度。

所以 $$v_s = \frac{d_P^2 \rho_P v_t^2}{18\mu r} \tag{6-21}$$

由式(6-21) 可知，径向沉降速度与粒径二次方成正比，与旋转半径成反比。比较式(6-17)和式(6-21) 可以看出，径向沉降速度是重力沉降速度的 $v_t^2/(rg)$ 倍。因此，旋风除尘器的除尘效率总比运用重力分离的沉降室的效率高。

四、惯性碰撞、截留、布朗扩散、凝集捕集分离

惯性碰撞、截留、布朗扩散捕集分离机理如图 6-1 所示。

1. 惯性碰撞捕集分离

当含尘气体绕流液珠或固体捕集体（如过滤式除尘器中的纤维体）时，尘粒与气体分子相比具有较大的惯性力，因此气流中的尘粒会脱离弯曲的气体流线，按虚线继续向前运动，并与捕集体碰撞而被捕集沉降，如图 6-1 所示尘粒 1，这种作用称惯性碰撞捕集分离。

惯性碰撞效应中，斯托克斯数 Stk 极为重要。Stk 数又称惯性参数，表征了作用在尘粒上的惯性力与气体介质作用在尘粒上的流体阻力的比值。该准则数在数值上等于尘粒在无外

力作用时，由初速度 v_P 降低到零所通过的距离和所绕流的捕集体定性尺寸（如球或圆柱体直径）的比值。

惯性碰撞效应在各种捕集粉尘机理中是最普遍和最重要的（特别是对于 $d_P > 1\mu m$ 的尘粒），对此人们已有很多研究，提出了多种计算式。

研究结果表明，当 $Re > 500$ 时，气流流线强烈弯曲，流动成为有势绕流。

$Stk \geqslant 0.1$ 且为有势流动的球面捕集体的惯性捕集效率 η_t 为

$$\eta_t = \frac{Stk^2}{(Stk + 0.25)^2} \qquad (6-22)$$

2. 截留捕集分离

当尘粒沿气体流线随着气流直接向液珠或固体捕集体运动时，气流流线离液珠或固体捕集体表面的距离在尘粒半径 $d_P/2$ 的范围以内以及在流线与被绕物体相交表面上的粉尘，将与液珠或固体捕集体接触并被捕集（如图 6-1 所示尘粒 2），这种作用称为截留捕集分离。对截留捕尘起作用的是尘粒大小，而不是尘粒的惯性，并且与气流速度无关。

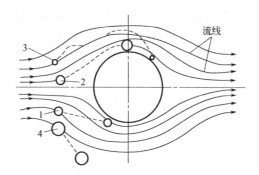

图 6-1　惯性碰撞、截留、布朗
扩散捕集分离机理示意图
1—惯性碰撞；2—截留；
3—布朗扩散；4—重力

如引入拦截参数 R'，且 $R' = \dfrac{d_P}{d_c}$，d_c 是捕集体的直径，则有势绕流截留捕集分离效率 η_k 仅取决于 R'。截留捕集分离效率 η_k 可以用下列关系式计算：

对于球形捕集体 $\qquad\qquad \eta_k = (1 + R')^2 - \dfrac{1}{1 + R'} \qquad (6-23)$

对于圆柱捕集体 $\qquad\qquad \eta_k = (1 + R') - \dfrac{1}{1 + R'} \qquad (6-24)$

3. 布朗扩散捕集分离

由于气体分子热运动，微细的粉尘随气流运动过程中常伴随有布朗扩散运动（即运行轨迹不规则的运动），如图 6-1 所示尘粒 3。由于布朗扩散运动而使微细粉尘碰撞到捕集体上而被捕集的机理，称为布朗扩散捕集分离。尘粒越细小，布朗扩散越强烈，$0.1\mu m$ 的微细尘粒，在常温下每秒钟扩散距离达 $17\mu m$，这比一般过滤器的纤维间距离大几倍至几十倍，这就使微粒有更多的机会运动到捕集体表面而沉积，即被捕集体捕集，因此，在分析 $d_P < 2\mu m$ 的尘粒沉积时，通常要考虑这种机理。

孤立捕集体的扩散捕集效率计算公式繁多，计算结果也有差异。但是，不同学者提出的不同计算公式的基本假设是一致的，即是气流通过捕集体的时间内，在捕集体附近的气流层内的尘粒有可能扩散到捕集体表面上。

现设扩散系数为 D_n，气体运动黏度系数为 ν，引入贝克来数为

$$Pe = Re \qquad\qquad Sc = \frac{\nu}{D_n} \qquad (6-25)$$

则对于绕流圆柱体的捕集体，当 Pe 很大，$\left(\dfrac{La}{Pe}\right)^{\frac{1}{3}} \ll 1$，$Re < 1$ 时，扩散捕集效率为

$$\eta = KLa^{\frac{1}{2}} Pe^{\frac{2}{3}} \qquad (6-26)$$

式中 $La=2.002-\ln Re$，$K=1.71$。

对于绕流单一圆球形捕集体，扩散效率 η 可以按下式计算

$$\eta=\frac{8}{Pe}+2.23Re^{\frac{1}{8}}Pe^{\frac{5}{8}} \tag{6-27}$$

4. 凝集分离

粉尘的凝集分离是指微细粉尘通过不同途径互相接触（不一定是由于粉尘自身的黏性）而结合成较大颗粒的过程。可以有多种途径使微细粉尘产生凝集作用，如紊流凝集、动力凝集等。显然，凝集分离本身并不是一种除尘机理，但它可以使微小的粉尘凝聚增大，有利于采用各种除尘方法去除。

五、电力捕集分离

气体中尘粒的电力捕集分离有两种形式：一种是带电尘粒或凝并后的带电尘粒，在捕集体上出现的电力捕集；另一种是在外加电场作用下，带有电晕电荷的尘粒在集尘极上发生的电力捕集。前一种形式的电力捕集，是尘粒在机械加工、筛分、输送或由气体冷凝成尘粒过程中的带电现象，这种荷电过程又称自然荷电。按照电荷守恒原理，在尘粒和捕集体上带有的正电荷数和负电荷数应当相等，一般情况下，自然荷电的电量很小。第二种形式的电力捕集则是含尘气流通过一个强电场，尘粒带上电晕放电的电荷，在电场力作用下，向集尘极运动并被捕获。

对于粉尘直径大于 $1\mu m$ 的尘粒，电场荷电量可用下式计算

$$q_1=3\pi\varepsilon_0 E_0 d_P^2\left(\frac{\varepsilon}{\varepsilon+2}\right) \tag{6-28}$$

式中 q_1——尘粒的饱和荷电量，C；

  ε_0——自由空间介电常数，且 $\varepsilon_0=8.85\times10^{-12}$；

  ε——尘粒的相对介电常数，即与真空条件下的介电常数之比；

  E_0——电场强度，V/m。

荷电尘粒在电场内受到的静电力为

$$F_J=q_1 E_0 \tag{6-29}$$

当尘粒所受的静电力和尘粒的运动阻力相等时，尘粒向集尘极作匀速运动，此时的运动速度就称为驱进速度，用 ω 表示。由式（6-29）、式（6-28）和式（6-5）可得到驱进速度计算公式为

$$\omega=\frac{\varepsilon_0\varepsilon E^2 d_P}{(\varepsilon+2)\mu} \tag{6-30}$$

对于粉尘直径小于 $5\mu m$ 的尘粒，由式（6-29）、式（6-28）和式（6-9）可得到驱进速度计算公式为

$$\omega=k_c\frac{\varepsilon_0\varepsilon E^2 d_P}{(\varepsilon+2)\mu} \tag{6-31}$$

现假定：i.除尘器中气流为紊流状态；ii.在垂直于集尘极表面任一横断面上；iii.粒子浓度和气流分布是均匀的；iv.粉尘粒径是均一的，且进入除尘器后立即完成荷电过程；v.忽略电风和二次扬尘的影响。多依奇（Deutsch）在上述假定的基础上，提出了理论捕集效率的计算公式

$$\eta=1-\frac{c_2}{c_1}=1-\exp\left(-\frac{A\omega}{Q}\right) \tag{6-32}$$

式中　c_1——电除尘器进口含尘气体的浓度，g/m^3；

　　　c_2——电除尘器出口含尘气体的浓度，g/m^3；

　　　A——集尘极总面积，m^2；

　　　Q——含小气流流量，m^3/s。

六、尘粒的泳力捕集分离

气体中的尘粒在电场、磁场、温度场、浓度场或光的作用下，会产生一定的物理效应，其中有些称为电泳、热泳、扩散泳或光泳，它们也是形成尘粒运动和分离的因素，被用作测定的根据。

在上面讨论的静电捕集机理中已涉及电泳，这里不再做进一步的分析。下面简要介绍热泳力和扩散泳力原理。

1. 热泳力捕集分离

含尘气体如有温度梯度存在，尘粒就会受到由热侧指向冷侧的力作用。温度高的区域气体分子运动剧烈，单位时间内碰撞尘粒的次数增多；温度低的区域气体分子碰撞尘粒的次数较少。尘粒两侧气体分子碰撞次数和能量传递的差异，使微粒产生由高温区向低温区的运动，这种现象称为热泳或温差泳，而把气体分子推动尘粒从高温侧向低温侧移动的力（推力）称为热泳力。由于热泳力具有促使粉尘捕集分离的作用，故称为热泳力捕集分离。

2. 扩散泳力捕集分离

扩散泳是因气体混合物存在浓度梯度造成的尘粒运动。气体介质中有浓度梯度存在时，某一方向的物质扩散速度明显大于其他方向上的扩散速度。此外，尘粒在扩散运动分子的碰撞下，也会出现与扩散方向相同的运动（图 6-2）。尘粒扩散泳运动速度与扩散体系的组成和压强、扩散物质的性质、扩散物浓度、浓度梯度等因素有关。

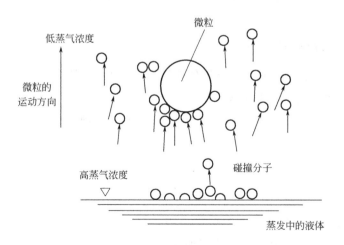

图 6-2　扩散泳示意图

扩散泳力对尘粒的运动和分离具有实际意义，例如在用喷水雾分离尘粒的净化设备中，当气体中的水蒸气未饱和时，扩散泳力对水滴捕集尘粒起阻碍作用，当气体中水蒸气过饱和时，扩散泳力有助于水滴捕集尘粒。

第二节　除尘器分类与性能指标

一、除尘装置的分类

① 按照除尘器分离捕集粉尘的主要机理，除尘器可分为以下几种。

a. 机械式除尘器。它是利用质量力（重力、惯性力和离心力等）的作用使粉尘与气流分离沉降的装置。它包括重力沉降室、惯性除尘器和旋风除尘器等。

b. 湿式除尘器。亦称湿式洗涤器，它是利用液滴或液膜洗涤含尘气流，使粉尘与气流分离沉降的装置。湿式洗涤器既可用于气体除尘，亦可用于气体吸收。

c. 过滤式除尘器。它是使含尘气流通过织物或多孔的填料层进行过滤分离的装置。它包括袋式除尘器、颗粒（床）层除尘器等。

d. 电除尘器。它是利用高压电场使尘粒荷电，在库仑力作用下使粉尘与气流分离沉降的装置。

e. 复合除尘装置。是指复合运用上述两种或以上机理的除尘装置，如旋风颗粒层除尘装置、湿式旋风除尘装置、旋风静电除尘装置等。

f. 其他形式除尘装置。除前四种除尘装置以外，随着科技的发展和通风除尘人员的努力，目前已经研制了利用声波、磁力等来去除粉尘的其他形式除尘装置，如声波除尘装置、高梯度磁力除尘装置等，这类除尘装置也可称为新型除尘装置，不过，这类除尘装置目前应用较少。

应当指出，在实际通风除尘工程中，有的是上述一种机理，有的则是几种机理的复合应用，如旋风颗粒层除尘器、湿式旋风除尘器、旋风静电除尘器等。

② 按除尘器除尘效率的高低，可分为低效、中效和高效除尘器。如电除尘器、袋式除尘器和文丘里除尘器，是目前应用较广的三种高效除尘器；重力沉降室和惯性除尘器则属于低效除尘器，一般只用于多级除尘系统中的初级除尘；旋风除尘器和其他湿式除尘器一般属于中效除尘器。

二、除尘器的性能指标

除尘器的性能指标主要包括含尘气体处理量、除尘效率和阻力等。

1. 含尘气体处理量和漏风率

含尘气体处理量是衡量除尘器处理气体能力的指标，一般用气体的体积流量来表示。考虑到装置漏气等因素的影响，因此，一般用除尘器的进出口气体流量的平均值来表示除尘器的气体处理量。

$$Q=\frac{Q_1+Q_2}{2} \tag{6-33}$$

式中　Q_1——除尘器入口气体标准状态下的体积流量，m^3/s；

　　　Q_2——除尘器出口气体标准状态下的体积流量，m^3/s；

　　　Q——除尘器处理气体标准状态下的体积流量，m^3/s。

除尘器的漏风率是用来表示除尘器严密程度的指标，用 δ 表示，计算公式如下

$$\delta=\frac{Q_1-Q_2}{Q_1}\times100\% \tag{6-34}$$

2. 除尘效率

除尘效率是表示除尘器性能的重要技术指标，包括除尘总效率、穿透率和除尘分级效率。

① 除尘总效率。除尘总效率是指在同一时间内除尘器捕集的粉尘质量占进入除尘器的粉尘质量的比值，用 η 表示。

若除尘器进口的气体流量为 Q_1（m^3/s），粉尘流入量为 G_1（g/s），气体含尘浓度为 c_1（g/m^3）；出口气体流量为 Q_2（m^3/s），粉尘流出量为 G_2（g/s），气体含尘浓度为 c_2（g/m^3）；除尘器捕集的粉尘为 G_3（g/s），则除尘总效率可用下式表示

$$\eta = \frac{G_3}{G_1} \times 100\% \tag{6-35}$$

由于 $G_3 = G_1 - G_2$，$G_1 = Q_1 c_1$，$G_2 = Q_2 c_2$，因此有

$$\eta = \frac{G_1 - G_2}{G_1} \times 100\% = 1 - \frac{G_2}{G_1} \times 100\% = \left(1 - \frac{Q_2 c_2}{Q_1 c_1}\right) \times 100\% \tag{6-36}$$

如装置不漏风，即 $Q_1 = Q_2$，则有

$$\eta = \left(1 - \frac{c_2}{c_1}\right) \times 100\% \tag{6-37}$$

当两台除尘装置串联使用时，若 η_1 和 η_2 分别表示第一级和第二级除尘器的除尘效率，则除尘系统的总效率为

$$\eta = \eta_1 + \eta_2(1 - \eta_1) = 1 - (1 - \eta_1)(1 - \eta_2) \tag{6-38}$$

当几台除尘器一起串联使用时

$$\eta = 1 - (1 - \eta_1)(1 - \eta_2) \cdots (1 - \eta_n) \tag{6-39}$$

② 穿透率。穿透率也称通过率，它是指在同一时间内，穿过除尘器的粉尘质量与进入的粉尘质量之比，可用 Pr 表示

$$Pr = \frac{G_2}{G_1} \times 100\% = (1 - \eta) \times 100\% \tag{6-40}$$

③ 分级效率。分级效率指某一粒径范围的粉尘的除尘效率，其表示方法有质量法和浓度法。

a. 质量分级效率，用 η_i 表示，可由下式计算

$$\eta_i = \frac{G_3 g_{d_3}}{G_1 g_{d_1}} \times 100\% \tag{6-41}$$

式中 G_3——被除尘器捕集的粉尘量，g/s；

g_{d_1}，g_{d_3}——某一粒径范围内除尘器进口和被除尘器捕集粉尘的质量分数。

b. 浓度分级效率，用 η_d 表示，可用下式计算

$$\eta_d = \frac{Q_1 g_{d_1} c_1 - Q_2 g_{d_2} c_2}{Q_1 g_{d_1} c_1} \times 100\% \tag{6-42}$$

如果除尘器不漏风，$Q_1 = Q_2$，则上式可以简化为

$$\eta_d = \frac{g_{d_1} c_1 - g_{d_2} c_2}{g_{d_1} c_1} \times 100\% \tag{6-43}$$

式中 g_{d_2}——某一粒径范围内除尘器出口粉尘的质量分数。

对某一除尘装置，如果已知进口含尘气体中粉尘的粒径分布 g_{d_i} 和它的分级效率 η_{d_i}，则可由下式计算除尘器的总除尘效率 η

$$\eta = \sum_{i=1}^{n} g_{d_i} \eta_{d_i} \tag{6-44}$$

式中　g_{d_i}——除尘器进口中某一粒径范围内粉尘的质量分数，%；

　　　η_{d_i}——某一粒径范围内粉尘的分级效率。

【例 6-2】　现场对某除尘器进行测定，测得除尘器进口和出口气体中含尘浓度分别为 $4 \times 10^3 \, \text{g/m}^3$ 和 500g/m^3，除尘器不漏风，除尘器进口和出口粉尘的粒径分布如下表。

粉尘的粒径/μm		$0 \sim 5$	$5 \sim 10$	$10 \sim 20$	$20 \sim 40$	>40
质量分数/%	除尘器进口	20	10	15	20	35
	除尘器出口	78	14	7.4	0.6	0

试计算该除尘器的 $5 \sim 10 \mu m$ 粒径范围的分级效率和除尘总效率。

解　① 计算除尘器的分级效率。对于 $d_P = 5 \sim 10 \mu m$ 粉尘，根据式(6-43)有

$$\eta_{5 \sim 10} = \frac{g_{d_1} c_1 - g_{d_2} c_2}{g_{d_1} c_1} \times 100\% = 1 - \frac{g_{d_2} c_2}{g_{d_1} c_1} = 1 - \frac{14 \times 500}{10 \times 4000} \times 100\% = 82.5\%$$

② 计算除尘器的除尘总效率 η

$$\eta = \left(1 - \frac{c_2}{c_1}\right) \times 100\% = \left(1 - \frac{500}{4000}\right) \times 100\% = 87.5\%$$

3. 除尘器的通风阻力

含尘气流流经除尘器时，在其进出口部件处产生涡流，在除尘器内部发生摩擦、折流、合流、扩散、收缩造成的涡流，它们都会造成风流能量或压力的损失。根据第二章叙述，这个损失即为除尘器通风阻力。

从能量损失角度，根据第二章单位体积风流能量方程，除尘器通风阻力 h_R 为

$$h_R = p_1 - p_2 + \left(\frac{v_1^2 - v_2^2}{2}\right)\rho_m + \rho_m g(Z_1 - Z_2) \tag{6-45}$$

式中　p_1，p_2——除尘器进、出口的绝对静压；

　　　v_1，v_2——除尘器进、出口的风速；

　　　ρ_m——除尘器进、出口含尘空气平均密度；

　　　Z_1，Z_2——除尘器进、出口相对于某一基准面的高度。

即除尘器通风阻力为除尘器进出口的静压差、动压差和位压差之和。如除尘器进出口不存在高差，则除尘器通风阻力为除尘器进出口的静压差、动压差之和，也就是除尘器进出口的全压差；如除尘器进出口断面相等，且不存在高差，则除尘器通风阻力为除尘器进出口的静压差。

从通风阻力的产生角度，除尘器通风阻力为摩擦阻力与局部阻力之和。在实际通风工程中，除尘器摩擦阻力可忽略不计，其除尘器通风阻力即为除尘器局部阻力，即

$$h_R = \zeta \frac{\rho v_1^2}{2} \tag{6-46}$$

式中　ζ——除尘器局部阻力系数，通过实验测得。

在实际通风防尘工程中，通风防尘设计时按式(6-46)计算，ζ 可取相关资料数据；除尘器通风阻力测定按式(6-45)计算。

除尘器阻力是其主要技术经济指标之一，它反映了除尘器运行时的能耗，装置的压力损

失越大，动力消耗也越大，除尘装置的设备费用和运行费用就越高。通常，除尘器的压力损失即通风阻力一般控制在 2000Pa 以下。

第三节　机械式除尘器

机械式除尘器是利用重力、惯性力、离心力等方法来去除尘粒的除尘器。它包括重力沉降室、惯性除尘器和旋风除尘器等类型。这种除尘器除防效率一般在 40%～85% 之间，是国内常用的一种除尘设备。

一、重力沉降室

1. 重力沉降室的原理

重力沉降室又叫重力除尘器，它是利用尘粒与气体的密度不同，通过重力作用使尘粒从气流中自然沉降分离的除尘设备。当含尘气流从管道进入比管道横截面积大得多的沉降室时，由于横截面积的扩大，气体的流速就大大降低，在流速降低的一段时间内，较大的尘粒在沉降室内有足够的时间因受重力作用而沉降下来，并进入灰斗中，净化气体从沉降室的另一端排出，如图 6-3 所示。

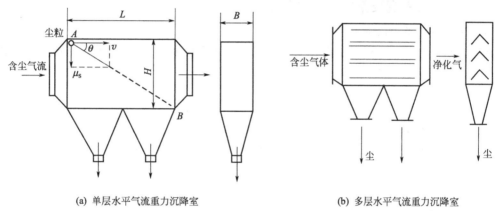

(a) 单层水平气流重力沉降室　　　　　(b) 多层水平气流重力沉降室

图 6-3　水平气流重力沉降室

2. 重力沉降室类型

根据含尘气流在除尘器内的运动状态，重力沉降室可分为水平气流重力沉降室和垂直气流重力沉降室两种。

水平气流重力沉降室如图 6-3 所示，气体流速降低后，在重力和风力共同作用下，大颗粒粉尘沿重力方向沉降到灰斗中，细小粉尘和空气气流在除尘器呈近水平运动后从沉降室的另一端排出。根据水平气流重力沉降室内部结构，水平气流重力沉降室又分为单层水平气流重力沉降室、多层水平气流重力沉降室，如图 6-3(a)、(b) 所示。

垂直气流重力沉降室如图 6-4 所示，气体流经沉降室后，风速降低，在重力和风力共同作用下，大颗粒粉尘沿重力方向沉降到灰斗中，细小粉尘和空气气流在除尘器继续向上或向人为预先设置方向运动后从沉降室的另一端排出。这种除尘器一般安装在烟囱顶部，多用于小型冲天炉或锅炉的除尘。图 6-4(a) 所示为屋顶式沉降室，捕集下来的粉尘堆积在烟气进入管伞形挡板周围的底板上，待一定时间进行清扫后，粉尘返回冲天炉中，因此它需要定期停止排尘运转以清除积尘。图 6-4(b) 所示为扩大烟管式沉降室，在烟囱顶部用大直径的可耐火材料作沉降室，沉降室的直径一般比烟囱大 2～3 倍，气体进入沉降室的流速为烟囱中气体流速的九分之一至四分之一，当烟囱中气体流速为 1.5～2.0m/s 时，沉降室可去除 200～400μm 的尘粒，所捕集的粉尘随时通过侧面降尘管落到灰斗中。

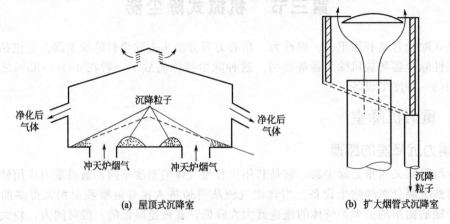

(a) 屋顶式沉降室　　　　　　　　(b) 扩大烟管式沉降室

图 6-4　垂直气流重力沉降室

3. 重力沉降室沉降条件与设计计算

（1）水平气流重力沉降室

在层流水平气流重力沉降室内，尘粒一方面以沉降速度 v_s 下降，另一方面则以气体流速 v 在沉降室内向前运动，气流通过沉降室的时间为

$$\tau = \frac{L}{v} \tag{6-47}$$

式中　L——沉降室长度，m。

尘粒从沉降室顶部沉降到底部所需要的时间为

$$\tau_s = \frac{H}{v_s}$$

式中　H——沉降室高度，m；

　　　v_s——静止空气尘粒沉降速度，m/s。

要使尘粒不被气流带走，则必须使 $\tau > \tau_s$，即

$$L \geqslant \frac{vH}{v_s} \tag{6-48}$$

此式即为层流水平气流重力沉降室沉降条件，即层流水平气流重力沉降室设计时应满足沉降室长度。

对于紊流水平气流重力沉降室，粉尘沉降速度为静止空气尘粒沉降速度 v_s 减去横向脉动速度 v_m，即

$$\tau = \frac{L}{v} > \tau_s = \frac{H}{v_s - \sqrt{v_m^2}}$$

$$L > \frac{vH}{v_s - \sqrt{v_m^2}}$$

（2）垂直气流重力沉降室

对于垂直气流重力沉降室，要使尘粒不被气流带走，则必须使粉尘沉降速度 v_s 大于气

体流速 v，则对于圆筒形垂直气流重力沉降室，设计的重力沉降室沉降条件为

$$d \geqslant \sqrt{\frac{4Q}{\pi v_s}}$$ (6-49)

式中 d——圆筒形垂直气流重力沉降室直径。

二、惯性除尘器

惯性除尘器的除尘原理是使含尘气体冲击在挡板上，气流急剧地改变方向，借助其中粉尘粒子的惯性作用使其与气流分离并被捕集的一种装置。

图 6-5 所示是惯性除尘器分离机理示意图。当含尘气流冲击到挡板 B_1 上时，惯性大的粗尘粒（d_1）首先被分离下来。被气流带走的尘粒（d_2，且 $d_2 < d_1$），由于挡板 B_2 使气流方向转变，借助离心力作用也被分离下来。若设该点气流的旋转半径为 R_2，切向速度为 u_t，则尘粒 d_2 所受离心力与 $d_2^2 \dfrac{u_t^2}{R_2}$ 成正比。回旋气流的曲率半径愈小，愈能分离捕集细小的粒子。显然，惯性除尘器的除尘是惯性力、离心力和重力共同作用的结果。

惯性除尘器分为碰撞式和回转式两种。碰撞式惯性除尘器一般是在气流流动的通道内增设挡板构成的，当含尘气流流经挡板时，尘粒借助惯性力撞击在挡板上，失去动能后的尘粒在重力的作用下沿挡板下落，进入灰斗中。挡板可以是单级，也可以是多级，如图 6-6 所示。多级挡板交错布置，一般可设置 3~6 排口。在实际工作中多采用多级型，目的是增加撞击的机会，以提高除尘效率。回转式惯性除尘器又分为弯管型、百叶窗型和多层隔板塔型三种（如图 6-7 所示）。它使含尘气体多次改变运动方向，在转向的过程中把粉尘分离出来。

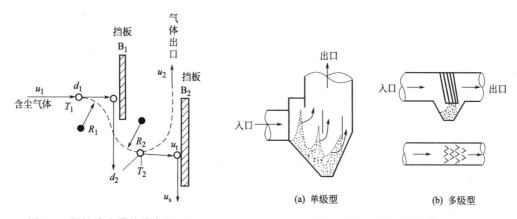

图 6-5 惯性除尘器的分离机理　　　　　图 6-6 碰撞式惯性除尘器

一般来说，惯性除尘器的气流速度愈高，气流方向转变角度愈大，转变次数愈多，净化效率愈高，压力损失或称阻力也愈大。惯性除尘器用于净化密度和粒径较大的金属或矿物性粉尘，具有较高除尘效率。对黏结性和纤维性粉尘，则因易堵塞而不宜采用。由于惯性除尘器的净化效率不高，故一般只用于多级除尘中的第一级除尘，捕集 $10 \sim 20 \mu m$ 以上的粗尘粒。压力损失依形式而定，一般为 $100 \sim 1000 Pa$。

三、旋风除尘器

旋风除尘器是利用气流在旋转运动中产生的离心力来清除气流中尘粒的设备。在旋风除尘器中作用在尘粒上的离心力可比单纯利用重力沉降室的重力大上千倍。在惯性除尘器中气

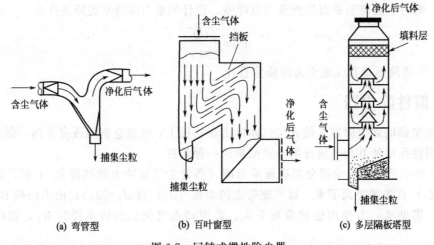

图 6-7　回转式惯性除尘器

流只是简单地改变初始方向，尘粒所得到的惯性力是有限的，而在旋风除尘器中含尘气流要完整地完成一系列旋转运动，因而尘粒获得的离心力比较大。因此旋风除尘器的除尘效率比上述两种除尘器都要高。

1. 旋风除尘器的工作原理

如图 6-8 所示，旋风除尘器由进气管、筒体、锥体和排气管组成。排气管插入外圆筒形成内圆筒，进气管与筒体相切，筒体下部是锥体，锥体下部是集尘室。含尘气体由除尘器的入口高速进入旋风除尘器，气流由直线运动变成沿筒壁向下的螺旋形旋转运动，通常称此气流为外旋流。外旋流向下到达锥体部分时，因圆锥形收缩而向除尘器中心靠近。根据旋转矩不变原理，其切向速度不断提高。外旋流到达锥体底部后，转而向上，并以同样旋转方向沿轴心向上旋转，最后经排气管排出。这股向上旋转的气流称为内旋流。气流作旋转运动时，尘粒在惯性离心力的推动下向外壁移动，尘粒一旦到达外壁与之接触，便失去惯性力，并在向下气流重力的共同作用下，沿壁面落入集尘室（一般称为灰斗）。

2. 除尘器的除尘效率计算

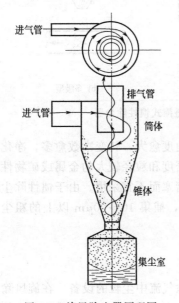

图 6-8　旋风除尘器原理图

当含尘气体进入旋风除尘器形成外旋流时，处于气流中的尘粒既会受到尘粒运动的离心力的作用，又会受到因风流能量差造成的气流向心力作用。在其他条件一定的情况下，离心力的大小与粉尘的粒径等因素有关，粒径越大，粉尘获得的离心力越大，因此，必定有一个临界粒径。当粉尘的粒径大于临界粒径时，粉尘受到的离心力大于向心力，尘粒被推至外壁面而被分离去除；相反，当粉尘的粒径小于临界粒径时，粉尘受到的离心力小于所受到的因风流能量差造成的向心力，尘粒被推入上升的内旋涡中，在轴向气流的作用下，随着气体排出除尘器。

对于粒径等于临界粒径的尘粒，由于所受的离心力等于所受的向心力，它将在内、外旋涡的交界面上旋转。在各种随机因素的影响下，或被分离排除或被内旋涡随气体带出，其概率为 50%。把能够被旋风除尘器除掉 50% 的尘粒粒径称为分割粒径，用 d_c 表示。

对于球形尘粒，所受的向心力可近似为

$$F_c = \frac{\pi d_P^2}{4} \Delta p \tag{6-50}$$

式中　Δp——风流全压差，即为风流能量差。

由式（6-20）可知，尘粒所受的离心力为

$$F_r = \frac{\pi d_P^3 \rho_P v_t^2}{6r}$$

对于粒径等于临界粒径的尘粒，$F_c = F_r$，即

$$\frac{\pi d_c^2}{4} \Delta p = \frac{\pi d_c^3 \rho_P v_t^2}{6r} \tag{6-51}$$

由此式可得

$$d_c = \frac{3r \Delta p}{2 \rho_P v_t^2} \tag{6-52}$$

显然，d_c 越小，除尘器的除尘效率越高。

一般情况，尘粒的密度越大，气体进口的切向速度越大，排出管直径越小，除尘器的分割粒径越小，除尘效率也就越高。

在确定分割粒径的基础上，可以用下式实验式近似计算旋风除尘器的分级效率

$$\eta_d = 1 - \exp\left[-0.163\left(\frac{d_P}{d_c}\right)\right] \tag{6-53}$$

应当指出，尘粒在旋风除尘器内的分离过程是非常复杂的。因此根据某些假设条件得出的理论公式还不能进行比较精确的计算。目前，旋风除尘器的效率一般通过实验确定。

3. 影响旋风除尘器性能的因素

影响旋风除尘器性能的主要因素有以下几个方面。

（1）进口风速

从式（6-52）、式（6-53）可以看出，旋风除尘器的分割粒径 d_c 是随进口速度 v_t 的增大而减小的，d_c 愈小，除尘效率愈高。但是进口速度也有一定范围，工程上一般取 $10 \sim 25\text{m/s}$，取值愈高，愈能除掉较小粒径的尘粒，从而提高除尘器的除尘效率。但是进口速度也不宜取用过高，v_t 值过大，如大于 25m/s，将会使除尘器内的气流运动过于强烈，把有些已分离的尘粒重新带走，反而导致除尘效率降低。此外，除尘器的阻力也会急剧增大，磨损加剧。进口速度也不能取用过低（如 $v_t \leqslant 10\text{m/s}$），不仅造成除尘器的除尘效率降低，在除尘器入口管中还容易造成积尘或堵塞。在实际应用中，小型旋风除尘器多取用较低的速度，大型的除尘器则取用较高的速度。

（2）筒体和锥体高度

从直观上看，增加旋风除尘器的筒体高度和锥体高度，似乎增加了气流在除尘器内的旋转圈数，有利于尘粒的分离。实际上由于外涡流有向心的径向运动，当外涡流由上而下旋转时，气流会不断流入内涡旋，同时筒体与锥体的总高度过大，还会使阻力增加。实践证明，筒体和锥体的总高度一般以不超过筒体直径的 5 倍为宜。在锥体部分，断面缩小时，尘粒到达外壁的距离也逐渐减小，气流切向速度不断增大，这对尘粒的分离都是有利的；相对来说，筒体长度对分离的影响不如锥体部分。

（3）筒体与排气管的直径

在相同的转速下，筒体的直径越小，尘粒受到的离心力越大，除尘效率越高。但筒体直径越小，处理的风量也就越少，并且筒体直径过小还会引起粉尘堵塞，筒体直径与排气管直

径相近时，尘粒容易逃逸，使效率下降，因此筒体的直径一般不小于 0.15m。同时，为了保证除尘效率，筒体的直径也不要大于 1m。在需要处理风量大的情况下，往往采用同型号旋风除尘器的并联组合或采用多管型旋风除尘器。研究表明：内、外涡旋交界面的直径近似于排气管直径的 0.6 倍。内涡旋的范围随排气管直径的减小而减小。因此，减小排气管直径有利于提高除尘效率，但同时会加大出口阻力。一般取筒体直径与排气管直径的比值为1.5～2.0。

（4）除尘器底部的严密性

旋风除尘器无论在正压还是在负压下操作，其底部总是处于负压状态。如果除尘器的底部不严密，从外部漏入的空气就会把正在落入灰斗的粉尘重新带起，使除尘效率显著下降。

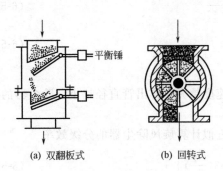

图 6-9　锁气器

因此在不漏风的情况下进行正常排灰是保证旋风除尘器正常运行的重要条件。收尘量不大的除尘器可在下部设固定灰斗，定期排放。当收尘量较大、要求连续排灰时，可设双翻板式和回转式锁气器，如图 6-9 所示。

双翻板式锁气器利用翻板上的平衡锤和积灰质量的平衡发生变化进行自动卸灰，它设有两块翻板，轮流启闭，可以避免漏风。回转式锁气器采用外来动力使刮板缓慢旋转进行自动卸灰，它适用于排灰量较大的除尘器。回转式锁气器能否保持严密，关键在于刮板和外壳之间紧密贴合的程度。

（5）进口和出口形式

旋风除尘器的入口形式大致可分为轴向进入式（如图 6-10 所示）和切向进入式（如图 6-11所示）。不同的进口形式有着不同的性能、特点和用途。切向进入式又分为直入式和蜗壳式。直入式的入口进气管外壁与筒体相切，蜗壳式的入口进气管内壁与筒体相切，外壁采用渐开线的形式。除尘器入口断面的宽高之比也很重要。一般认为，宽高比越小，进口气流在径向方向越薄，越有利于粉尘在圆筒内分离和沉降，收尘效率越高。因此，进口断面多采用矩形，宽高之比为 2 左右。

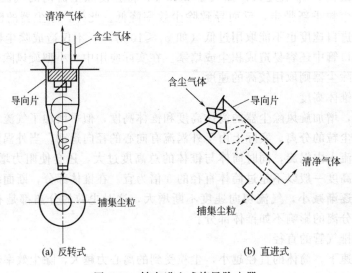

图 6-10　轴向进入式旋风除尘器

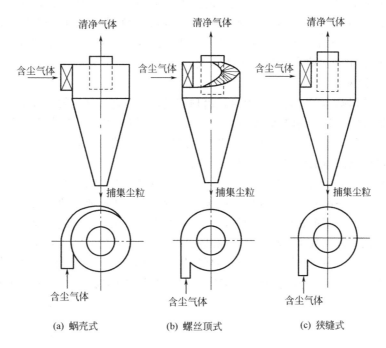

图 6-11 切向进入式旋风除尘器

旋风除尘器的排气管口均为直筒形,排气管的插入深度与除尘效率有直接关系。插入加深,效率提高,但阻力增大;插入变浅,效率降低,阻力减小。这是因为短浅的排气管容易形成短路现象,造成一部分尘粒来不及分离便从排气管排出。

(6)粉尘参数

在其他条件不变时,由式(6-52)、式(6-53)可看出,除尘器分割粒径与粉尘密度成反比,即粉尘密度增大,分割粒径减小,除尘效率提高。粉尘和气体温度升高,粉尘密度降低,分割粒径增大,除尘效率降低。

4. 几种常见的旋风除尘器结构

旋风除尘器的结构形式很多,主要有多管组合式、旁路式、扩散式、直流式、平旋式、旋流式等。根据在系统中安装位置的不同分为吸入式和压出式。根据进入气流的方向,分为 S 型和 N 型,从除尘器的顶部看,进入气流按顺时针旋转者为 S 型,逆时针旋转者为 N 型。旋风除尘器的型号名称也很多,主要有 XLT(CLT)型、XLP(CLP)型、XLK(CLK)型、XZT(CZT)型等。除此之外,还有适应于不同场合的旋风除尘器,如 XZ2 型、XZD/G型、XND/G 型、XPX、XNX 型、XCX/G 型、XZY 型、XZS 型、XWD 型、XP 型、XD 型、XM 型木工旋风除尘器,CR 型双级涡旋除尘器,XS-1B 双旋风除尘器等十多种。下面仅介绍几种国内常用的旋风除尘器。

(1)普通型旋风除尘器

普通型旋风除尘器如图 6-8 所示,它是应用最早的旋风除尘器,这种除尘器结构简单,制造容易,压力损失小,处理气量大,但除尘效率不高,其他各种类型的旋风除尘器都是由它改进而来的,目前已逐渐被其他高效旋风除尘器所取代。

XLT/A 型旋风除尘器是普通型旋风除尘器的改进型,其结构特点是具有螺旋下倾顶盖的直接式进口,螺旋下倾角为 15°,筒体和锥体均较长。有单筒、双筒、三筒、四筒、六筒等多种组合。单筒体和蜗壳可做成右旋转和左旋转两种形式，每种组合又分为水平出风、上部出风两种出风形式。含尘气体入口速度在 $10\sim18m/s$ 范围内，压力损失较大，除尘效率大约为 $80\%\sim90\%$，适用于除去密度较大的干燥的非纤维性灰尘，主要用于冶炼、铸造、喷砂、建筑材料、水泥、耐火材料等工业除尘。

(2) 旁路式旋风除尘器

对于一般的旋风除尘器，含尘气流直接沿顶盖进入，在进口气流的干扰下，上涡旋并不明显。如果除尘器按图 6-12 所示的形式布置，会形成明显的上涡旋，细小粉尘在除尘器顶部积聚而形成所谓上灰环，经排气管排走，除尘效率降低。为了消除上涡旋造成的上灰环影响，旁路式旋风除尘器的圆筒体上设置一个专门的旁路分离室（旁路），与锥体部分相通。处于上涡旋和外涡旋分界面上的粉尘产生强烈的分离作用，较粗的粉尘趋向外壁，然后沿外壁由下涡旋带至除尘器底部，另一部分细小尘粒由上涡旋气流带至上部而形成强烈的灰环，并随之造成细小粉尘的集聚作用。在圆锥处负压作用下，上涡旋的部分气流夹带粉尘一起进入旁路，灰尘在旁路出口处分离出来进入灰斗，利用这一原理制成了多种形式的旁路式旋风除尘器。

必须指出，旁路的设置不是随意的，要经过实验研究确定其合理的尺寸。使用时要十分注意旁路的积灰问题，严格防止旁路的堵塞。对于黏连大的粉尘，旁路易被堵塞，应避免采用。

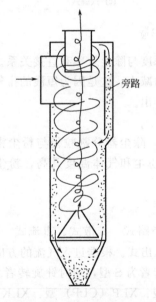

图 6-12　旁路式旋风除尘器

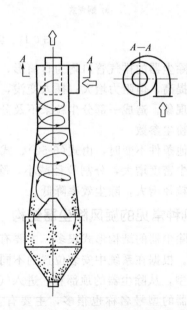

图 6-13　扩散式旋风除尘器

(3) 扩散式旋风除尘器

扩散式旋风除尘器可见图 6-13，其结构特点是在器体下部安装有倒圆锥和圆锥形反射屏（又称挡灰盘）。在一般的旋风除尘器中，有一部分气流随尘粒一起进入集尘斗，当气流自下向上进入内涡旋时，由于内涡旋负压产生的吸引力作用，使已分离的尘粒被重新卷入内旋涡，并被出气流带出除尘器，降低了除尘效率。而在扩散式旋风除尘器中，含尘气流进入除尘器后，从上而下作旋转运动，到达锥体下部反射屏时已净化的气体在反射屏的作用下，大部分气流折转形成上旋气流从排气管排出，紧靠器壁的少量含尘气流由反射屏和倒圆锥之间的环隙进入灰斗。进入灰斗后的含尘气体由于流道面积大，速度降低，粉尘得以分离，净化后的气流由反射屏中心透气孔向上排出，与上升的主气流汇合后经排气管排出。由于反射屏的作用，防止了返回气流重新卷起粉尘，提高了除尘效率。扩散式旋风除尘器对入口粉尘负荷有良好的适应性，进口气流速度 10～20m/s，压力损失 900～1200Pa，除尘效率在 90％左右。

（4）组合式多管旋风除尘器

为了提高除尘效率或增大处理气量，通常采用组合式多管旋风除尘器。

按照每个旋风除尘器的连接方式，组合式多管旋风除尘器又分为串联式和并联式多管旋风除尘器。为了净化大小不同的特别是细粉量多的含尘气体，可将多个除尘效率不同的旋风除尘器串联起来使用，这种组合方式称为串联式多管旋风除尘器组合形式，图 6-14 所示是三级串联式多管旋风除尘器示意图，第一级锥体较短，净化较大的颗粒物，第二级和第三级的锥体逐渐加长，净化较细的粉尘。当处理气体量较大时，可将多个旋风除尘器并联起来使用，这种组合方式称为并联式多管旋风除尘器组合形式，图 6-15 所示是并联式多管旋风除尘器示意图，壳体中设有旋风管单元，含尘气体经入口处进入壳体内，通过外管分离板，进入旋风管单元，分离后的气体通过出口排出，分离出来的尘粒，通过排尘装置排出。旋风除尘器串联使用并不多见，常见的是并联起来使用。在处理气量相同的情况下，以小直径的旋风除尘器代替大直径的旋风除尘器，可以提高净化效率。串联式多管旋风除尘器的处理量决定于第一级除尘器的处理量；总压力损失等于各除尘器及连接件的压损之和，再乘以 1.1～1.2 的系数。并联式多管旋风除尘器的压损为单体压损的 1.1 倍，处理气量为各单元处理气量之和。

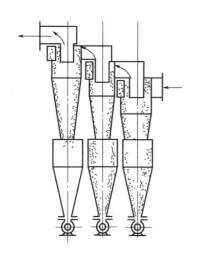

图 6-14 串联式多管旋风除尘器

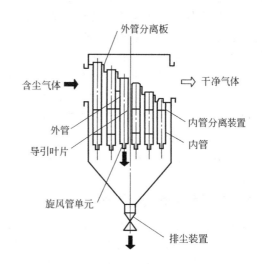

图 6-15 并联式多管旋风除尘器

按照每个旋风管单元的气流方式，多管旋风除尘器又可分为回流式和直流式两种，回流式多管旋风除尘器的每个旋风管单元都是轴向进气，在每个旋风管单元周边都设置许多导流叶片，以使轴向导入的含尘气流变为旋转运动。就回流式多管旋风除尘器来说，必须注意使每个旋风子的压力损失大体一致，否则，在一个或几个旋风除尘器中可能会发生倒流，从而使除尘效率大大降低。为了防止倒流，要求气流分布尽量均匀，下旋气流进入灰斗的风量尽量减少。也可采用在灰斗内抽风的办法，保持一定负压，一般抽风量约为总风量的 10％。直流式多管旋风除尘器由直流式旋风子组合而成，虽然不会出现倒流现象，但有时可能仅仅起到浓集器的作用。

多管旋风除尘器具有效率高、处理气量大、有利于布置和烟道连接方便等特点。但是，对旋风子制造、安装的质量要求较高。

旋风除尘器具有结构简单、制造容易、造价和运行费用较低、对大于 $10\mu m$ 的粉尘有较高的分离效率等优点，所以在工业部门有着广泛的应用。对除尘效果要求不太高的场所，旋风除尘器应用非常普遍，对除尘效果要求较高的场所，常把它作为多级除尘系统的第一级。

第四节 过滤式除尘器

过滤式除尘器是使含尘气流通过过滤材料将粉尘分离捕集的装置。过滤式除尘器主要有三类：一是利用纤维编织物作为过滤介质的袋式除尘器；二是采用砂、砾、焦炭等颗粒物作为过滤介质的颗粒层除尘器；三是陶瓷微管过滤式除尘器。

一、袋式除尘器

1. 袋式除尘器的性能特点

① 袋式除尘器是典型的高效除尘器，可用于净化粒径在 $0.1\mu m$ 以上的含尘气体，除尘效率一般可达 99% 以上，且性能稳定可靠，操作简便。

② 适应性强，可捕集各种性质的粉尘，不会因粉尘比电阻等性质而影响除尘效率。适应的粉尘浓度范围大，可从每立方米数百毫克至数十克甚至上百克。而且入口含尘浓度和烟气量波动范围大时，也不会明显影响除尘器的除尘效率和压力损失。

③ 规格多样，使用灵活。处理风量可由不足 $200m^2/h$ 直至数百万立方米每小时，既可制成直接设于室内产尘设备近旁的小型机组，也可制成大型的除尘器室。

④ 便于回收物料，没有污泥处理、废水污染等问题，维护简单。

⑤ 应用范围受滤料耐温、耐腐蚀等性能的限制，特别是长期使用，温度应限于 280℃ 以下。当含尘气体温度过高时，需要采取降温措施，导致除尘系统复杂化和造价提高。

⑥ 在捕集黏性强及吸湿性强的粉尘或处理露点很高的烟气时，容易堵塞滤袋，此时需采取保温或加热措施。

⑦ 袋式除尘器不同程度地存在着占地面积较大、滤袋易损坏、换袋困难、劳动条件差等问题。

2. 袋式除尘器除尘原理

袋式除尘器是将纤维编织物作为滤料制成滤袋对含尘气体进行过滤的除尘装置。简单袋式除尘器如图 6-16 所示，当含尘气流通过滤料孔隙时粉尘被阻留下来，清洁气流穿过滤袋之后排出，沉积在滤袋上的粉尘通过机械振动，从滤料表面脱落至灰斗中。当含尘气体通过洁净的滤袋时，由于滤料本身的网孔较大，一般为 $20\sim50\mu m$，表面起绒的滤料为 $5\sim10\mu m$，因此，新用滤袋的除尘效率是不高的，因为大部分微细粉尘会随着气流从滤袋的网孔中通过，而粗大的尘粒却因惯性碰撞、截留、布朗扩散、静电和重力沉降等作用被阻留，并在网孔中产生"架桥"现象，如图 6-17 所示。随着含尘气体不断通过滤袋的纤维间隙，纤维间粉尘"架桥"现象不断加强，一段时间后，滤袋表面积聚一层粉尘，称为粉尘初层。在以后的除尘过程中，粉尘初层便成了与气流粉尘进行惯性碰撞、截留、布朗扩散、静电和重力沉降等作用的主要过滤层，而滤布只不过起着支撑骨架的作用，随着粉尘在滤布上的积累，除尘效率和阻力（即压力损失）都相应增加。当滤袋两侧的压力差很大时，会把已附在滤料层上的细粉尘挤过去，使除尘效率明显下降，同时除尘器阻力过大会使除尘器系统的风量显著下降，以致影响生产系统的排风，因此，除尘器阻力达到一定值后，要及时进行清灰，而清灰时不能破坏粉尘初层，以免降低除尘效率。

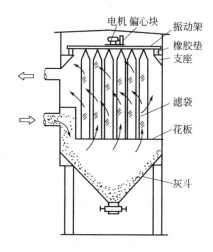

图 6-16　机械振动袋式除尘器图

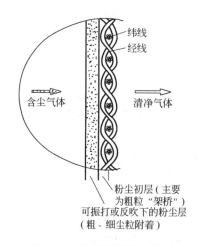

图 6-17　滤袋过滤除尘原理图

3. 影响袋式除尘器除尘效率的因素

影响袋式除尘器除尘效率的因素有过滤速度、通风阻力、滤料、清灰方式等。

（1）过滤速度

过滤速度对袋式除尘器效率有较大影响。过滤速度是指气体通过滤料层的平均速度，单位为 cm/s 或 m/min。它是表示袋式除尘器处理气体能力的一个重要技术经济指标。过滤速度的选择因气体性质和所要求的除尘效率不同而异，一般选用范围为 0.2～6m/min。提高过滤速度可以减小过滤面积，提高滤料的处理能力，除尘器体积及占地面积也将减小。但过滤速度过高会把滤袋上的粉尘压实，使阻力加大并使细微粉尘透过滤料从而降低除尘效率。过滤速度过高还会引起频繁清灰，增加清灰能耗，减少滤袋的使用寿命等。因此，过滤速度的选择要综合考虑各种因素的影响。

若通过滤布的气体量为 $Q(\mathrm{m^3/h})$，滤布的面积为 $S(\mathrm{m^2})$，则过滤速度 v_F（m/min）为

$$v_F = \frac{Q}{60S} \tag{6-54}$$

（2）通风阻力

袋式除尘器的通风阻力是重要的技术经济指标之一，它不仅决定除尘器的能量消耗，也决定除尘效率和清灰的时间间隔。袋式除尘器的压力损失与其结构形式、滤料特性、过滤速度、粉尘性质和浓度、清灰方式、气体的温度和黏度等因素有关。通风阻力可表示为

$$\Delta h = \Delta h_c + \Delta h_f + \Delta h_{dl} \tag{6-55}$$

式中　Δh——阻力损失，Pa；

Δh_c——袋式除尘器的结构阻力（正常过滤速度下，一般为 300～500Pa），Pa；

Δh_f——清洁滤料的阻力，Pa；

Δh_{dl}——粉尘层的阻力，Pa。

除尘器结构阻力 Δh_c 是指设备进、出口和内部流道内的挡板等造成的流动阻力，对一定结构的除尘器，Δh_c 基本上是不变的。

滤料阻力可按下式确定

$$\Delta h_f = \frac{\xi_f v_F \mu}{60} \tag{6-56}$$

式中 ξ_f——滤料的阻力系数；

      μ——气体黏度。

粉尘层的阻力可按下式确定

$$\Delta h_{dl} = \alpha_m \mu c_1 \tau \left(\frac{v_F}{60}\right)^2 \tag{6-57}$$

式中 α_m——粉尘层平均比阻，m/kg；

      c_1——除尘器进口浓度，kg/m^3；

      τ——连续过滤时间，s。

对于一定的处理气体和粉尘，α_m 和 μ 都是定值。从式(6-57)可以看出，粉尘层的阻力取决于过滤速度、气体的含尘浓度和滤袋的连续过滤时间。在袋式除尘器允许的 Δp_d 值确定之后，c_1、τ 和 v_F 这三个参数互相制约，并可以取得最佳组合。在过滤速度一定的情况下，如果含尘气体的浓度较低，则过滤时间可以适当延长；反之，处理的含尘气体的浓度较高时，过滤时间可以适当缩短。进口气体含尘浓度低、过滤时间短、清灰效果好的除尘器，可以选择较高的处理速度；反之，则应选择较低的过滤速度。由此可见，即使采用同一滤料的袋式除尘器，如果采用不同的清灰方法，选用的过滤速度也是不同的。

（3）滤料

滤料是袋式除尘器的主要组成部分，对袋式除尘器的除尘效率和阻力、造价和运行费用等影响很大，是袋式除尘技术中的关键之一。选择袋式除尘器的滤料时必须考虑含尘气体的特性，如粉尘和气体的组成、温度、湿度、粒径等，性能良好的滤料应具有容尘量大、吸湿性小、效率高、阻力低、使用寿命长等优点，同时还应具备耐高温、耐磨、耐腐蚀、机械强度高等优点。滤料的特性除了与纤维本身的性质有关外，还与滤料表面结构有很大关系。表面光滑的滤料容尘量小，清灰方便，适用于含尘浓度低、黏性大的粉尘，此时采用的过滤速度不宜太高。表面起毛（有绒）的滤料（如羊毛毡）容尘量大，粉尘能深入滤料内部，可以采用较高的过滤速度，但清灰周期短，必须及时清灰。

袋式除尘器采用的滤料种类较多，按滤料的材质分为天然纤维、无机纤维和合成纤维等；按滤料的结构分为滤布和毛毯两类；按滤布的编织方法分为平纹编织、斜纹编织和缎纹编织（图6-18）。

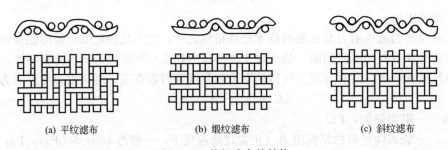

| (a) 平纹滤布 | (b) 缎纹滤布 | (c) 斜纹滤布 |

图6-18 纺织滤布的结构

从滤布的编织方面，平纹滤布净化效率高，但透气性差，阻力高，难清灰。缎纹滤布透气性好，因纱线具有活动性而易于清灰，但净化效率低。斜纹滤布中的纱线具有足够的迁移性，弹性大，机械强度稍低于平纹滤布，受力后较易错位，其表面不光滑，耐磨性能好，净化效率和清灰效果都好；滤布不易堵塞，处理气体量高，是纺织滤料中应用最广的一种。滤布表面有起绒和不起绒之分，不起绒的滤布称为素布，经起绒使表面纤维形成绒毛的滤布称为绒布。绒布的透气性及净化效率均优于素布，但是清灰比较困难。

从滤袋材料方面，天然纤维包括棉织、毛织及棉毛混织品，天然纤维的特点是透气性好、阻力小、处理气体量大、过滤效率较高、易清灰，一般适用于没有腐蚀性、操作温度在80～90℃以下的含尘气体。合成纤维滤料主要包括聚酰胺纤维（尼龙）、聚酯纤维（涤纶729、208）、聚苯硫醚（PPS）纤维、聚丙烯腈纤维（奥纶）、聚乙烯醇纤维（维尼纶）、聚酰亚胺纤维（P84）、芳香族聚酰胺纤维（诺梅克斯）、聚四氟乙烯纤维（特氟纶）等。其共性是强度高、抗折性能好、透气性好、收尘效果好等，适宜在低于120℃废气温度的袋式除尘设备中使用。其个性上也有不同方面，如尼龙织物最高使用温度为80℃，其耐酸性能不如毛织物，它的耐磨性很好，适合过滤磨损性强的粉尘如黏土、水泥熟料、石灰石尘等；奥纶的耐酸性好，耐碱性差，最高使用温度在130℃左右，适用于有色金属冶炼中含有烟气的净化；涤纶具有较强的耐热、耐酸性能，耐磨性仅次于尼龙，能长期使用的温度为140℃。玻璃纤维是无机滤料，目前国内生产的玻璃纤维滤料有普通玻璃纤维滤布、玻璃纤维膨体纱滤布、玻璃纤维针刺毡滤布和玻璃纤维覆膜过滤材料。玻璃纤维类滤料具有耐高温（280℃）、耐腐蚀、表面光滑、不易结霜、不缩水等优点；玻璃纤维较脆，织成滤袋后不柔软，经不起揉折和摩擦，不宜用于机械振打清灰的除尘器，它的过滤速度较低，除尘效率低于天然和合成纤维滤料，主要用于水泥、冶炼、炭黑、动力等部门的高温烟气净化。在玻璃纤维基布上覆合多微孔聚四氟乙烯薄膜制成的玻璃纤维覆膜，过滤材料集中了玻璃纤维的高强低伸、耐高温、耐腐蚀等优点和聚四氟乙烯多微孔薄膜的表面光滑、憎水透气、化学稳定性好等优良特性，几乎能截留含尘气流中的全部粉尘，而且能在不增加运行阻力的情况下保证气流的最大通量，是理想的过滤材料。

（4）清灰方式

清灰是袋式除尘器运行中十分重要的环节。袋式除尘器的效率、通风阻力、过滤速度及滤袋寿命等均与清灰方式有关。通常可分为简易清灰、机械清灰、气流清灰和联合清灰等。

简易清灰是通过关闭风机时滤袋的变形和依靠粉尘层的自重进行的，有时还辅以人工的轻度拍打。简易清灰法操作简单，但是只能采用较低的过滤速度，不能连续运行，使其应用受到了限制。简易式除尘器过滤速度一般取0.2～0.75m/min，压力损失约为600～700Pa，除尘效率达99%左右。

机械清灰是通过摇动、抖动和频率较高、振幅较小的振动（图6-19）等方式实现清灰的。图6-19(a)、(b)所示滤袋在振打机构的作用下，上下或左右运动，这种清灰方法容易造成滤袋的局部损坏；图6-19(c)所示是滤袋在振动装置的作用下产生微振，从而使粉尘脱落达到清灰要求。机械振动清灰袋式除尘器的过滤速度一般取1.0～2.0m/min，压力损失为800～1200Pa。该类型袋式除尘器的优点是工作性能稳定，清灰效果较好。但滤袋因受机械力作用损坏较快，滤袋检修与更换工作量大。

气流清灰是通过反方向气流的冲击和气流方向的改变造成滤袋膨胀振动，从而导致粉尘层崩落，具有处理能力大、清灰效果好、工作稳定、对滤袋损伤小等优点，我国应用较多。气流清灰包括逆气流清灰、气环反吹清灰、回旋式反吹清灰及脉冲清灰等。逆气流清灰［图6-20(a)］是利用开闭阀门，改变气流方向，造成与正常过滤气流方向相反的气流冲击，从而达到清灰的目的，它结构简单，清灰效果好，滤袋磨损少，特别适用于粉尘黏性小的玻璃纤维滤袋的情况，其过滤速度一般为0.5～2.0m/min，压力损失控制范围为1000～1500Pa。气环反吹清灰［图6-20(b)］是在滤袋外设置可以上下移动的反吹气环，用环状喷吹气流压迫滤袋，使袋内积尘脱落，从而实现清灰，一般反吹压力为3500～4500Pa。回旋式反吹清灰是由高压风机将风流压入滤袋内进行清灰，清灰时，通风机将反吹气流沿中心管送到设在滤袋上部的回旋臂（喷射管）中，气流由回旋臂垂直向下喷射，电机带动回旋臂转动，所有

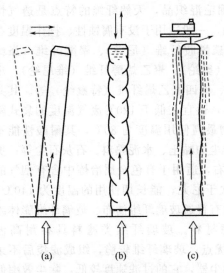

图 6-19　机械清灰方式图

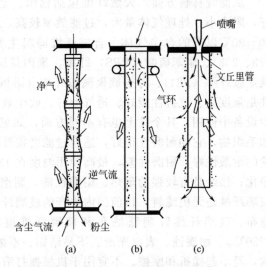

图 6-20　气流清灰方式

的滤袋都得到均匀反吹，一般每只滤袋的反吹时间约为 0.5s，反吹时间间隔约为 15min，反吹风量约为每只滤袋的过滤风量的 5 倍，反吹风压约为 2500～3660Pa。脉冲清灰 [图 6-20(c)] 利用每 60s 左右喷吹一次、每次喷吹 0.1～0.2s 左右的脉冲阀将 4～7kPa 压缩空气反吹滤袋，造成滤袋内瞬时正压，滤料及袋内空间急剧膨胀，加之气流的反向作用，使滤袋振动，导致积附在滤袋上黏附性强的粉尘在不中断过滤工作中脱落。脉冲清灰的优点是清灰过程中不中断滤袋工作，清灰时间间隔短，过滤风速高，净化效率在 99% 以上，压力损失在 1200～1500Pa 左右，过滤负荷高，滤布的磨损小，是目前应用很广的一种清灰方式；其主要缺点是需要 4～7kPa 的压缩空气作为清灰动力，清灰用的脉冲控制仪复杂，对浓度高、潮湿的含尘气体净化效果较差。

联合清灰是将两种清灰方式同时在同一除尘器内使用，目的是加强清灰效果。例如采用机械振打和反吹风相结合的联合清灰袋式除尘器，可以适当提高过滤速度和加强清灰效果。这种除尘器一般分成若干袋滤室，清灰时必须将该室的进排气口阀门关闭，切断与邻室的通路，以便在反吹气流及振打下，使抖动掉下的粉尘落入灰斗，清灰是逐室周期性地轮流进行的。这种清灰方式传动构件较多，结构比较复杂，振打装置易损坏，滤袋易磨损，从而增加了设备维修的工作量。

4. 袋式除尘器的结构形式

根据结构特点将袋式除尘器划分为四种形式，即上进风式与下进风式、圆袋式与扁袋式、吸入式与压入式、内滤式与外滤式。

① 上进风式与下进风式。上进风式是指含尘气流入口位于袋室上部，气流与粉尘沉降方向一致，如图 6-21(a)、(b) 所示。下进风式是指含尘气流入口位于袋室下部，气流与粉尘沉降方向相反，如图 6-21(c)、(d) 所示。若外观上是下进风式，但滤袋室没有导流板，将含尘气流引到上部分散的，应属上进风式。

② 圆袋式与扁袋式。圆袋式是指滤袋为圆筒形，如图 6-20 所示。而扁袋式是指滤袋为平板形（信封形）、梯形、楔形以及非圆筒形的其他形状。

③ 吸入式与压入式。吸入式是指风机位于除尘器之后，除尘器为负压工作。压入式是指风机位于除尘器之前，除尘器为正压工作。

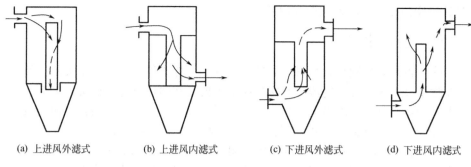

| (a) 上进风外滤式 | (b) 上进风内滤式 | (c) 下进风外滤式 | (d) 下进风内滤式 |

图 6-21　袋式除尘器的结构形式

④ 内滤式与外滤式。内滤式是指含尘气流由袋内流向袋外，利用滤袋内侧捕集粉尘，如图 6-21(b)、(d) 所示。外滤式是指含尘气流由袋外流向袋内，利用滤袋外侧捕集粉尘，如图 6-21(a)、(c) 所示。

5. 袋式除尘器选型与设计

（1）选定除尘器形式、滤料及清灰方式

首先决定除尘器形式。例如，对除尘效率要求高、厂房面积受限制、投资和设备定货皆有条件的情况，可以采用脉冲清灰袋式除尘器，除此之外可采用定期人工拍打的简单袋式除尘器或其他形式。

其次要根据含尘气体的特性，选择合适的滤袋。如气体温度超过 140℃，但低于 260℃，可选用玻璃纤维滤袋；对纤维性粉尘则选用光滑的滤料，如平绸、尼龙等；对一般工业性粉尘，可采用涤纶布、棉绒布等。最后根据除尘器形式、滤料种类、气体含尘浓度、允许的压力损失等，初步确定清灰方式。

（2）计算过滤面积

先根据气体的含尘浓度、滤料种类及清灰方式等确定过滤速度 v_F(m/min)。一般情况下，过滤速度取值为：

简易清灰 $\qquad v_F = 0.20 \sim 0.75 \text{m/min}$

机械振动清灰 $\qquad v_F = 1.0 \sim 2.0 \text{m/min}$

逆气流清灰 $\qquad v_F = 0.5 \sim 2.0 \text{m/min}$

脉冲清灰 $\qquad v_F = 2.0 \sim 4.0 \text{m/min}$

再根据除尘器的处理风量 $Q(\text{m}^3/\text{h})$ 算出总过滤面积 S

$$S = \frac{Q}{60 v_F} \tag{6-58}$$

（3）除尘器设计

若选择定型产品，则根据处理烟气量和总过滤面积，即可选定除尘器型号规格。

若需自行设计，其主要步骤如下。

a. 确定滤袋尺寸，包括直径 d 和高度 l。

b. 计算滤袋条数

$$n = S/(\pi d l)$$

c. 布置滤袋。在滤袋条数多时，根据清灰方式及运行条件将滤袋分成若干组，每组内相邻两滤袋之间的净距一般取 50～70mm；对于简易清灰的袋式除尘器，考虑到人工清灰等，其间距一般为 600～800mm。

d. 设计清灰机构及壳体。

e. 设计粉尘的输送回收及综合利用系统。

二、颗粒层除尘器

颗粒层除尘器是利用颗粒状物料（如硅石、砾石、焦炭等）作为过滤层的一种内滤式除尘装置。在除尘过程中，含尘气体中的粉尘粒子主要是在惯性碰撞、截留、扩散、重力沉降和静电力等多种作用下被分离出来。其主要优点是：ⅰ. 耐高温、抗磨损、耐腐蚀；ⅱ. 能够净化易燃易爆的含尘气体，并可同时除去 SO_2 等多种污染物；ⅲ. 除尘效率高，一般可达98%～99.9%；ⅳ. 过滤能力不受粉尘比电阻的影响，适用性广；ⅴ. 一般为干式除尘，没有湿式除尘的缺点，且维修费用低。它主要应用于高温含尘气体的除尘。

实践证明，颗粒层除尘器颗粒的粒径越大，床层的孔隙率也越大，粉尘对床层的穿透越强，除尘效率越低，但阻力损失也比较小；反之，颗粒的粒径越小，床层的孔隙率越小，除尘的效率就越高，阻力也随之增加。因此，在阻力损失允许的情况下，为提高除尘效率，最好选用小粒径的颗粒。床层厚度增加以及床层内粉尘层增加，除尘效率和阻力损失也会随之增加。因此，颗粒层除尘器过滤速度一般为 30～40m/min，除尘器总阻力约 1000～1200Pa，颗粒滤料一般为含 99%二氧化硅以上的石英砂作为颗粒滤粒，也有的使用无烟煤、矿渣、焦炭、河砂、卵石、金属屑、陶粒、玻璃珠、橡胶屑、塑料粒子等，颗粒粒径一般以 2～5mm 为宜，其中小于 3mm 粒径的颗粒应占 1/3 以上，床层厚度一般 100～500mm。

颗粒层除尘器的种类很多，按床层位置可分为垂直床层与水平床层颗粒层除尘器；按床层状态可分为固定床、移动床和流化床颗粒层除尘器；按床层数可分为单层和多层颗粒层除尘器；按清灰方式分为振动式反吹清灰、带梳耙反吹清灰及沸腾式反吹清灰颗粒层除尘器等。下面介绍两种典型的颗粒层除尘器。

（1）梳耙反吹清灰颗粒层除尘器

如图 6-22 所示是单层梳耙反吹清灰旋风式颗粒层除尘器。过滤时，含尘气体切向进入下部旋风筒，粗粉尘被分离下来进入灰斗。然后，气体经中心管进入过滤室，自上而下通过颗粒层，粉尘便被阻留在硅石颗粒表面或颗粒层空隙中，气体通过净化室和切换阀从出口排出。随着床层内粉尘的沉积，阻力加大，过滤速度下降，达到一定程度时，需及时进行清灰。此时，控制机构操纵切换阀，关闭净气排气口，同时打开反吹风入口，反吹气流按相反方向进入颗粒层，使颗粒层处于流化态。与此同时，梳耙旋转搅动颗粒层，使凝聚沉积在颗粒上的粉尘松动、脱落，并随反吹气流沿着过滤时相反的路线，经中心管进入旋风筒内。此时由于流速的突然降低及气流急剧转变，粉尘块在惯性力和重力的作用下，掉入灰斗。含少量粉尘的反吹气流，经含尘烟气进口，汇入含尘气体总管，进入并联的其他筒体内进一步净化。

（2）移动床颗粒层除尘器

图 6-23 所示为典型的移动床颗粒层除尘器工作原理图。除尘器工作时，含尘气流从输入管路进入具有大蜗壳的旋风体上体内，在旋转离心力作用下，粗大的尘粒被分离出来落入集灰斗；而其余的微细粉尘随内旋气流切向进入颗粒滤床（即由内滤网筒 6、外滤网筒 5、颗粒滤料 4 所构成的过滤床层），借其综合的筛滤效应进一步得到净化。净化后的洁净气流沿颗粒床的内滤网筒旋转上升，最后经过出气管道（22、23 和 1），再经风机排入大气。被污染了的颗粒滤料，经过床下部的调控阀（7 与 19），按设定的移动速度缓慢落入滤料清灰装置（17 与 18），除去收集到的微细粉尘。微细粉尘穿过锥形筛 17 落入集灰斗，而被清筛

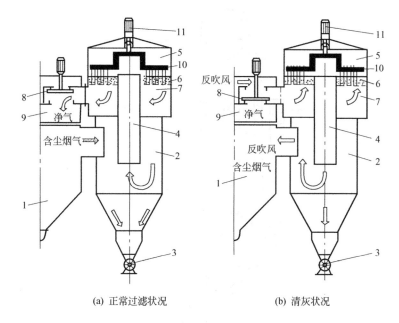

(a) 正常过滤状况　　　　　(b) 清灰状况

图 6-22　单层梳耙反吹清灰旋风式颗粒层除尘器

1—含尘气体总管；2—旋风筒；3—卸灰阀；4—中心管；5—过滤室；
6—颗粒层；7—净化室；8—切换阀；9—净气排气口；10—梳耙；11—驱动电机

过的洁净滤料沿锥筛孔及其相衔接的溜道流进贮料阀 14，最后通过气力输送装置或小型斗式提升机将其再度灌装到颗粒床内，继续循环使用。

这种除尘器从根本上解决了颗粒层除尘器的运行可靠性问题。与前述常规颗粒层除尘器相比，该移动床颗粒层除尘器实现了如下几方面的实质性技术进步：颗粒料不放在筛网或孔板上，可避免筛网或孔板被堵塞的问题，确保了除尘器的正常运行；在过滤不间断的情况下，再生过滤介质（即颗粒滤料）；过滤面积的设计值不必超过实际处理风量；变层内清灰变为床外清灰，彻底甩掉了包含众多运动部件的梳耙反吹风清灰机构，因此除尘器体内的维修几乎是不必要的。

该移动床颗粒层除尘器最显著的结构特点如下。

a. 颗粒滤料清灰是在颗粒床之外进行的，省去了水平布置颗粒层除尘器那套复杂的梳耙反吹风清灰系统。该除尘器仅在颗粒床下部设置了一个倒锥形固定滤料清灰筛，为改善颗粒料在筛上滚动清灰效果，在筛上部安装了一个伞形反射导流屏，借床下部调控阀门动作可实现在颗粒床过滤不间断的情况下清灰，再生过滤介质。而普通颗粒层除尘器只能在停机状态下间断清灰。

b. 将一个结构极其简单的圆筒状颗粒层除尘器（二级除尘）和普通的扩散型旋风除尘器（一级除尘）有机地组合为一体，巧妙地利用了旋风体内的有限空间。倘若旋风体直径不变，则圆筒状颗粒层除尘器过滤面积远大于水平布置的颗粒层除尘器的过滤面积。

c. 为了实现清筛过的洁净滤料重新灌注到颗粒床循环使用，除尘器配置了滤料气力输送装置或小型斗式提升机附加设备。

应当说明，尘粒在颗粒层内的凝并过程是必需的，它能使细小尘粒凝并成大颗粒或团块，并能在旋风筒内得到分离，反之，如果尘粒的凝并性能很差，则不宜采用颗粒层除尘器。

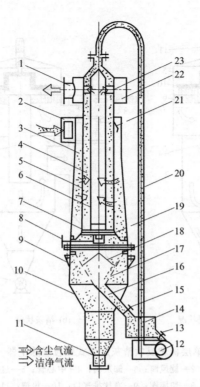

图 6-23　移动床颗粒层除尘器工作原理图

1—洁净气流出口管；2—含尘气流进口管；3—旋风体上体；4—颗粒滤料；5—颗粒
床外滤网筒；6—颗粒床内滤网筒；7—调控阀固定盘；8—调控阀操纵机构；
9—旋风体下体；10—集灰斗；11—集灰斗出口管；12—滤料输送装置；
13—贮料箱出口阀；14—贮料阀；15—溜道管出口阀；16—溜道口管；
17—锥形筛；18—反射导流屏；19—调控阀活动盘；20—滤料
输送管道；21—气流导向板；22—出风道；23—出风连通道

三、陶瓷微管过滤式除尘器

陶瓷微管过滤式除尘器核心部分为陶瓷质微孔滤管。

陶瓷质微孔滤管是采用电熔刚玉砂（Al_2O_3）、黏土（SiO_2）及石蜡等，制成坯后在高温下煅烧而成。电熔刚玉砂在高温下经熔融的熔剂黏结成坯形，其中有机物熔剂燃尽及挥发后即形成微孔。影响刚玉质滤管性能的因素很多，其中包括原料的配比、原料的粒度、成型过程的操作条件，料浆的流动性，焙烧温度及其在炉内分布的均匀性等。当其他条件保持不变时，刚玉砂（Al_2O_3）的粒度愈粗，则形成的微孔孔径就愈大；加的黏土愈多，则孔隙率

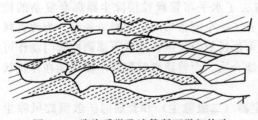

图 6-24　陶瓷质微孔滤管断面微细构造

就愈小。滤管断面微细的构造如图 6-24 所示。陶瓷质微孔滤管在反吹时形状保持不变，所形成的一次粉尘层免遭破坏，故除尘效率保持不变。

工作原理是：高温含尘气体由通风机吸入后，进入数根串联的滤管内腔，一部分较大颗粒烟尘由于惯性的作用，不会黏附管壁而直入灰斗中，直接落下的粉尘再削落黏附于管壁上的粉尘，防止粉尘层的增厚，从而减小滤管的阻力损失。其余微细烟尘由微孔滤管过滤，黏

附在管壁上，经反向清灰后，黏附在管壁上的粉尘被清除下来，落至灰斗中，过滤后的洁净气体经通风机和烟囱排入大气。

陶瓷质微孔滤管过滤式除尘器具有耐高温、耐腐蚀、耐磨损、除尘效率高、使用寿命长及操作简易等优点，适用于工业炉窑高温烟尘的治理。这种除尘装置的过滤风速一般为 $0.8 \sim 1.2 m/min$，阻力损失约为 $2.74 \times 10^3 \sim 4.60 \times 10^3 Pa$，入口烟尘浓度不大于 $20 g/m^3$，除尘效率大于 99.5%，可在小于 $550 ℃$ 的温度下使用，处理风量可达 $6500 \sim 200000 m^3/h$（系列化产品）。

第五节　湿式除尘器

湿式除尘器是通过液体捕集体与含尘气体接触的方式将粉尘从含尘气流中分离出来的装置，也称洗涤式除尘器。采用湿式除尘器可以有效地去除气流中直径在 $0.1 \sim 20 \mu m$ 的粉尘，同时，也能脱除部分气态污染物（气体吸收），对高温气体还能起到降温作用。湿式除尘装置既能除尘，也能脱除气态污染物（气体吸收，如火电厂烟气脱硫除尘一体化等），同时还能起到气体降温的作用，且具有设备投资少、构造简单、一般没有可动部件、除尘净化效率高等特点，较为适用于非纤维性、不与水发生化学反应、不发生黏结现象的各类粉尘，尤其适宜净化高温、易燃、易爆及有害气体。其缺点包括：容易受酸碱性气体腐蚀，管道设备必须防腐；需要处理污水和污泥，粉尘回收困难；冬季会产生冷凝水，在寒冷地区要考虑设备防冻等问题；疏水性粉尘除尘效率低，往往需要加净化剂来改善除尘效率。

一、湿式除尘器除尘原理及影响除尘效率主要因素

湿式除尘器的除尘机理：通过喷雾、气流冲击等方式使液体形成液滴、液膜、气泡等形式的液体捕集体，而后尘粒与液体捕集体接触，使液体捕集体和粉尘之间产生惯性碰撞、截留、扩散和凝集等作用，从而将粉尘从含尘气流中分离出来。

影响湿式除尘器除尘效率的主要因素如下。

① 粉尘与液体捕集体的相对速度。其相对速度越大，冲击能量越大，碰撞、凝集效率就越高，同时，有利于克服液体表面张力而被湿润捕获。

② 液滴粒度。液滴粒径是影响捕尘效率的重要因素，在水量相同情况下，液滴越细，液滴数量就越多，比表面积越大，接触尘粒机会越多，产生碰撞、截留、扩散及凝集效率越高，但液滴直径过小，液滴容易随气流一起运动，减小了粉尘与液体捕集体的相对速度，降低了碰撞效率，且在沉降过程中，容易蒸发，例如 $15 \mu m$ 直径的液滴，在静止的干空气中蒸发时间为 $75 s$，这一时间内的沉降距离为 $0.5 m$。因此，对于不同粒径的粉尘，有一捕获的最宜液滴粒径范围，一般认为，尘粒直径越小，最宜液滴粒径越小。有实验资料认为，液滴直径为尘粒直径的 $50 \sim 150$ 倍为宜；也有研究表明，粒度在 $10 \sim 200 \mu m$ 范围内降尘效果较好，最佳降尘粒度为 $40 \sim 50 \mu m$。

③ 粉尘的湿润性。湿润性好的粉尘，亲水粒子很容易通过液体捕集体，碰撞、截留、扩散效率高；湿润性差的粉尘与水接触碰撞时，能产生反弹现象，显然其碰撞、截留、扩散效率低，除尘效率低。因此，对于难湿润的粉尘，应向液体添加湿润剂来降低表面张力，以提高除尘效率。

④ 耗水量。单位体积的含尘空气耗水量越大，液滴粒径相同的情况下，液滴数量就越多，接触尘粒机会就越多，产生碰撞、截留、扩散及凝集效率也越高，除尘效率也越高。

⑤ 液体黏度及粉尘密度。液体黏度越大，液体越不易产生细小颗粒液滴，除尘效率也越差；粉尘密度越大，产生碰撞效率也越高，粉尘越易沉降，除尘效率也越高。

二、湿式除尘器结构形式及除尘性能

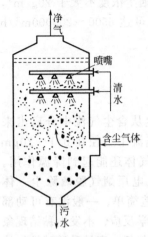

图 6-25　逆流式喷淋塔

湿式除尘器结构形式较多。根据液体捕集体产生方式，可将湿式除尘器分为喷淋塔、旋风水膜除尘器、自激式除尘器、泡沫除尘器、填料湿式除尘器、文丘里湿式除尘器及机械诱导喷雾除尘器。

根据气液分散形式，分为液滴除尘器、液膜除尘器和液层气泡除尘器。重力喷雾除尘器、自激式除尘器、文丘里湿式除尘装置和机械诱导喷雾除尘器等属于液滴除尘器；填料湿式除尘器、旋风水膜除尘器等属于液膜除尘器；泡沫除尘器属于液层气泡除尘器。

下面介绍常见的湿式除尘器。

1. 喷淋塔

喷淋塔又称喷淋除尘器或洗涤塔，是一种最简单的湿式除尘装置。按尘粒和水滴流动方式可分为逆流式、并流式和横流式。

图 6-25 所示为逆流式喷淋塔。在逆流式喷淋塔中，含尘气体向上运动，液滴由喷嘴喷出向下运动。由于尘粒和液滴之间的惯性碰撞、拦截和凝集等作用，较大的尘粒被液滴捕集。若气体流速较小，夹带了尘粒的液滴因重力作用而沉降下来，与洗涤液一起从塔底排走。为保证塔内气流分布均匀，常采用孔板型气流分布板。通常在塔的顶部安装除雾器，以除去那些十分小的液滴，减少气体带水。

喷淋塔的除尘效率取决于液滴大小、尘粒的空气动力学直径、液气比以及气体性质。为了预估喷淋塔的除尘效率，通常假设所有液滴均具有相同直径，且进入洗涤器后立刻以终端沉降速度沉降；液滴在整个过气断面上分布均匀，无聚集现象。基于这些假设条件，立式逆流喷淋塔靠惯性碰撞捕集粉尘的效率可用下式表示

$$\eta = 1 - \exp\left[-\frac{3Q_1 u_t z \eta_d}{2Q_g d_D (u_t - V_g)}\right] \tag{6-59}$$

式中　u_t——液滴的终端沉降速度，m/s；

　　V_g——空塔断面气速，m/s；

　　z——气液接触的总塔高度，m；

　　η_d——单个液滴的碰撞效率；

　Q_1，Q_g——液体和气体的流量，m^3/s。

喷淋塔的压力损失较小，一般在 250Pa 以下。喷淋塔对于 $10\mu m$ 尘粒的捕集效率较低，因而多用于净化粒径大于 $50\mu m$ 的尘粒。捕集粉尘的最佳液滴直径约为 $800\mu m$，为了防止喷嘴堵塞或腐蚀，应采用喷口较大的喷嘴，喷水压力为 1.5～8MPa。另外，液气比对除尘效果也有较大影响。因此，通过喷雾洗涤器的水流速度与气流速度之比大致为 0.015～0.075，气体入口速度范围一般为 0.6～1.2m/s，耗水量为 0.4～1.35L/min。一般工艺中应设置沉淀池，使液体沉淀后循环使用，但因为蒸发的原因，应不断给予补充。

喷淋塔具有结构简单、阻力小、操作方便等特点，但耗水量大，设备庞大，占地面积大，除尘效率低，因此，经常与高效除尘器联用捕集粒径较大的尘粒。与大多数其他类型洗

涤器一样，严格控制喷雾过程，保证液滴大小均匀，对保证除尘效果是非常必要的。

2. 冲击式除尘器

冲击式除尘器是在其内储有一定量的水，将具有一定动能的含尘气体直接冲击到液体，激起大量水滴和水雾，使尘粒从气流中分离的一种除尘设备。属于这种除尘器的有结构简单的水浴除尘器和结构较复杂的自激式除尘器。

（1）水浴除尘器

水浴除尘器的结构很简单，如图 6-26 所示。它由挡水板、进排气管、进排水管、喷头和溢流管等组成。它的除尘过程可分为三个阶段：连续进气管的喷头是淹没在器内的水室里，含尘气流经喷头高速喷出，冲击水面并急剧改变方向，气流中的大尘粒因惯性与水碰撞而被捕集，即冲击作用阶段；粒径较小的尘粒随气流以紊流的方式穿过水层，激发出大量泡沫和水花，进一步使尘粒被捕集，达到二次净化的目的，即泡沫作用阶段；气流穿过泡沫层进入筒体内，受到激起的水花和雾滴的淋浴，得到了进一步净化，即淋浴作用阶段。

这种除尘器的除尘效率和压力损失与下列因素有关：喷头喷射的气流速度；喷头在水室的淹没深度；喷头与水面接触的周长 U 与气流量 Q 之比值 U/Q 等。在一般情况下，随着喷射速度、淹没深度和比值 U/Q 的增大，除尘效率提高，压力损失也增大。当气流喷射速度一定时，除尘效率和阻力随喷头的淹没深度增加而增加；当喷头的淹没深度一定时，除尘效率和阻力随喷射速度的增加而增加。但是，当喷射速度和淹没深度到达一定值后，如再增加其除尘效率几乎不变，而阻力却继续增加，这就无意义了。水浴除尘器喷嘴淹没深度一般为 $20 \sim 30 mm$，阻力为 $400 \sim 700 Pa$。

水浴除尘器可用砖或钢筋混凝土现场构筑，结构简单，适合中小型工厂。缺点是泥浆处理较为困难。

（2）自激式除尘器

自激式除尘器可分为立式和卧式两种。典型的立式自激式除尘器由进气管、排气管、自动供水系统、S 形精净化室、挡水板、溢流箱、泥浆机械耙等组成，如图 6-27 所示。除尘过程是：含尘气体进入器内转弯向下冲击水面，粗尘粒由于惯性作用落入水中被水捕获。细尘粒随气流以 $18 \sim 35 m/s$ 的速度进入两叶片间的 S 形精净化室，由于高速气流冲击水面激起的水滴的碰撞及离心力的作用，细尘粒被捕获。净化后的气体通过气液分离室和挡水板，去除水后排出。被捕集的粗、细尘粒在水中由于重力作用，沉积于器内底部形成泥浆，再由机械耙将泥浆耙出。除尘器内的水位由溢流箱控制，在溢流箱盖上设有水位控制器，以保证除尘器的水位恒定，从而保证除尘器的效率稳定。如果除尘器较小，可以用简单的浮漂来控制水位。

自激式除尘器性能与水位、处理风量等因素有关。水位高则除尘效率高，但阻力也相应增加；水位低则除尘效率低，阻力也低。根据试验，以溢流箱高出上叶片下沿 50mm 为最佳。单位长度叶片处理风量大于 $6000 m^3/h$ 时，除尘效率基本不变，而阻力则显著增加。一般，单位长度叶片处理风量以 $5000 \sim 6000 m^3/h$ 为宜，设计时可取 $5800 m^3/h$。

3. 湿式旋风除尘器

湿式旋风除尘器与干式旋风除尘器相比，由于附加了水滴的捕集作用，除尘效率明显提高。如在旋风水膜除尘器中，含尘气体的螺旋运动产生的离心力将水滴甩向外壁形成壁流，减少了气流带水，增加了气液间的相对速度，不仅可以提高惯性碰撞效率，而且采用更细的喷雾，壁液还可以将离心力甩向外壁的粉尘立刻冲下，有效地防止了二次扬尘。

湿式旋风除尘器适用于净化粒径大于 $5 \mu m$ 的粉尘。在净化亚微米范围的粉尘时，常将

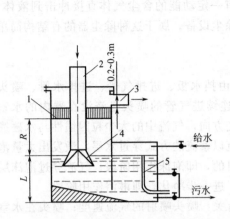

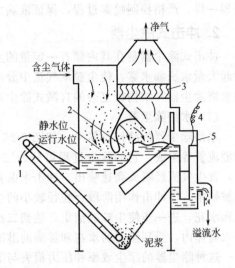

图 6-26　水浴除尘器结构示意图
1—挡水板；2—进气管；3—排气管；
4—喷头；5—溢流管

图 6-27　自激式除尘器结构示意图
1—泥浆出口；2—S 形精净化室；3—挡水板；
4—水位控制器；5—溢流箱

其串联在文丘里湿式除尘器之后，作为凝聚水滴的脱水器。湿式旋风除尘器的除尘效率一般可以达到 90% 以上，压力损失为 $250 \sim 1000 Pa$，特别适用于气量大和含尘浓度高的烟气除尘。

常用的湿式旋风除尘器有旋风水膜除尘器和中心喷雾旋风除尘器。

（1）旋风水膜除尘器

旋风水膜除尘器一般可分为立式旋风水膜除尘器和卧式旋风水膜除尘器两类。

卧式旋风水膜除尘器的阻力损失大约为 $800 \sim 1000 Pa$，平均耗水 $0.05 \sim 0.15 L/m^3$。由于它具有结构简单、压力损失小、除尘效率高、负荷适应性强、运行维护费用低等优点，因此应用十分广泛。如图 6-28 所示为卧式旋风水膜除尘器结构原理，它由外筒、内筒、螺旋导流片、集水槽及排水装置等组成，除尘器的外筒和内筒横向水平放置，设在内筒壁上的导流片使外筒和内筒之间形成一个螺旋形的通道，除尘器下部为集水槽。含尘气体沿切线方向进入除尘器，气体在内外筒形成的螺旋通道内作旋转运动，在离心力的作用下粉尘被甩向筒壁。当气流以高速冲击到水箱内的水面上时，一方面尘粒因惯性作用落于水中；另一方面气流冲击水面激起的水滴与尘粒碰撞，也会将一部分尘粒捕

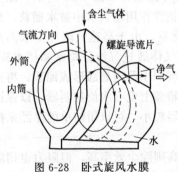

图 6-28　卧式旋风水膜
除尘器结构原理

获。由于这种卧式旋风水膜除尘器综合了旋风、冲击水浴和水膜三种除尘形式，因而其除尘效率一般为 90% 以上，最高可达 98%。

影响卧式旋风水膜除尘器效率的主要因素是气体流速和集水槽的水位。在处理风量一定的情况下，若水位过高，螺旋形通道的断面积减小，气流通道的流速增加，使气流冲击水面过分激烈，造成设备阻力增加；若水位过低，通道断面积增大，气体流速降低会使水膜形成不完全或者根本不能形成，使除尘效率下降。试验表明，槽内水位至内筒底之间距离以 $100 \sim 150 mm$ 为宜，相应螺旋形通道内的断面平均风速范围应为 $11 \sim 17 m/s$。

立式旋风水膜除尘器也是应用比较广泛的一种洗涤式除尘器，其构造如图 6-29 所示。

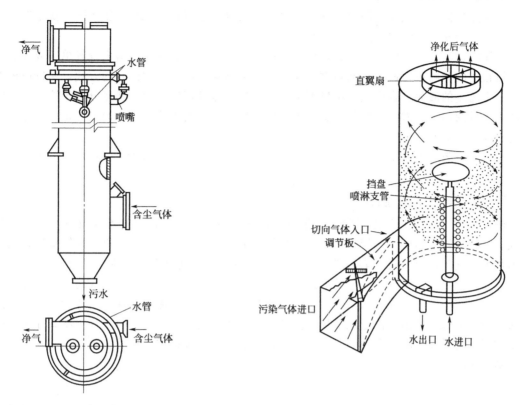

图 6-29　立式旋风水膜除尘器　　　　　图 6-30　中心喷雾旋风除尘器结构原理

在圆筒体上部设置切向喷嘴，水雾喷向器壁，使内壁形成一层很薄的不断向下流动的水膜。含尘气体由筒体下部切向导入，形成旋转上升的气流，气流中的尘粒在离心力作用下甩向器壁，从而被液滴和器壁的水膜所捕集，最终沿器壁流向下端集水槽，净化后的气体由顶部排出。立式旋风水膜除尘器的净化效率随气体入口速度增加和筒体直径减小而提高，但入口速度过高，压力损失也会大大增加，而且还会破坏水膜层，造成尾气带水，从而降低除尘效率，因此气体入口速度一般控制在 $15\sim22\text{m/s}$。筒体高度对净化效率影响也比较大，对于粒径小于 $2\mu\text{m}$ 的细粉尘影响更为显著，一般筒体高度应大于筒径的 5 倍。立式旋风水膜除尘器不但除尘效率比干式旋风除尘器高得多，而且对器壁磨损也较轻，效率一般在 90%～95%，气流压力损失为 $500\sim750\text{Pa}$。

（2）中心喷雾旋风除尘器

图 6-30 所示是中心喷雾旋风除尘器示意图。含尘气流由除尘器下部以切线方向进入，水通过轴向安装的多头喷嘴喷入，尘粒在离心力的作用下被甩向器壁，水由喷雾多孔管喷出后形成水雾，利用水滴与尘粒的碰撞作用和器壁水膜对尘粒的黏附作用而除去尘粒。入口处的调节板可以调节气流入口速度和压力损失，如需进一步控制，则要靠调节中心喷雾管入口处的水压。

中心喷雾旋风除尘器结构简单、造价低、操作运行稳定可靠。这种除尘器的入口风速通常在 15m/s 以上，除尘器断面风速一般为 $1.2\sim24\text{m/s}$，压力损失为 $500\sim2000\text{Pa}$，耗水量为 $0.4\sim1.3\text{L/m}^3$，对粒径在 $5\mu\text{m}$ 以下粉尘的净化率可达 95%～98%。这种除尘器也适于吸收锅炉烟气中的 SO_2，当用弱碱溶液作洗涤液时，吸收率在 94% 以上。

193

4. 泡沫除尘器

泡沫除尘器又称泡沫洗涤器，简称泡沫塔，如图 6-31 所示。这类除尘器一般分为无溢流泡沫除尘器和有溢流泡沫除尘器两类。

泡沫除尘器一般做成塔的形式，根据允许压力降和除尘效率，在塔内设置单层或多层塔板。塔板一般为筛板，通过顶部喷淋（无溢流）或侧部供水（有溢流）的方式，保持塔板上具有一定高度的液面。含尘气流由塔下部导入，均匀通过筛板上的小孔而分散于液相中，同时产生大量的泡沫，增加了两相接触的表面积，使尘粒被液体捕集。被捕集下来的尘粒，随水流从除尘器下部排出。

泡沫除尘效率主要取决于泡沫层的厚度，泡沫层越厚，除尘效率越高，阻力损失也越大。

5. 文丘里湿式除尘器

图 6-32 所示为文丘里湿式除尘示意图，它由喷雾器、文丘里管本体及脱水器三部分组成。文丘里管本体由渐缩管、喉管和渐扩管组成。含尘气流由进气管进入渐缩管后，流速逐渐增大，气流的压力逐渐转变为动能；进入喉管时，流速达到最大值，静压下降到最小值；以后在渐扩管中则进行着相反的过程，流速渐小，压力回升。除尘过程为：水通过喉管周边均匀分布的若干小孔进入，然后被高速的含尘气流撞击成雾状液滴，气体中尘粒与液滴凝聚成较大颗粒，并随气流进入旋风分离器中与气体分离。因此，可将文丘里湿式除尘器的除尘过程分为雾化、凝聚和分离除尘三个阶段，前两个阶段在文丘里管内进行，后一阶段在除雾器内进行。

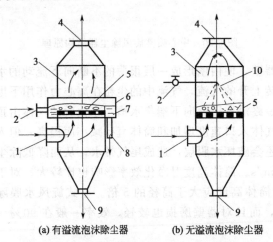

(a) 有溢流泡沫除尘器　　(b) 无溢流泡沫除尘器

图 6-31　泡沫除尘器构造示意图

1—烟气入口；2—洗涤液入口；3—泡沫洗涤器；
4—净气出口；5—筛板；6—水堰；7—溢流槽；
8—溢流水管；9—污泥排出口；10—喷嘴

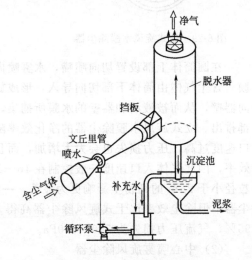

图 6-32　文丘里湿式除尘器

文丘里管本体的几何尺寸主要包括渐缩管、喉管和渐扩管的长度、直径以及渐缩管和渐扩管的张开角度等，如图 6-33 所示。进气管直径 D_1 按与之相连管道直径确定，管道中气流速度一般为 $16 \sim 22 \mathrm{m/s}$。渐缩管的收缩角 α_1 常取 $23° \sim 25°$，喉管直径 D_r 按喉管气速 v_r 确定，其截面积与进口管截面积之比的典型值为 $1:4$，v_r 的选择要考虑到粉尘、气体和洗涤液的物理化学性质，对除尘器除尘效率和阻力的要求等因素。渐扩管的扩散角 α_2 一般为

$5°\sim7°$，出口管的直径 D_2 按与其相连的除雾器要求的气速确定。由于渐扩管后面的直管道还具有凝聚和恢复压力的作用，一般设有 $1\sim2m$ 长的连接管，再接除雾器。渐缩管和渐扩管的长度 L_1 及 L_2 由下式计算

$$L_1 = \frac{D_1 - D_r}{2}\cot\frac{\alpha_1}{2} \qquad (6\text{-}60)$$

$$L_2 = \frac{D_2 - D_r}{2}\cot\frac{\alpha_2}{2} \qquad (6\text{-}61)$$

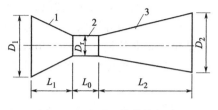

图 6-33　文丘里管结构尺寸
1—渐缩管；2—喉管；3—渐扩管

喉管长度 L_0 一般取喉管直径的 $0.8\sim1.5$ 倍，通常取 $L_0 = 200\sim500mm$。

由于文丘里湿式除尘器对细粉尘有很高的除尘效率，而且对高温气体有良好的降温效果，因此，常用于高温烟气的降温和除尘，如炼铁高炉、炼钢电炉烟气以及有色冶炼和化工生产中的各种炉窑烟气的净化方面都常使用。文丘里湿式除尘器结构简单，体积小，布置灵活，投资费用低，缺点是压力损失大。

6. 填料湿式除尘装置

填料湿式除尘装置一般分为固定床和流动床两种类型，由于固定床填料湿式除尘装置净化粉尘时很容易堵塞，所以工程上一般较少使用。

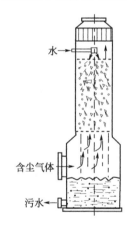

图 6-34　流动床
填料湿式除尘装置

流动床填料湿式除尘装置即湍球塔结构如图 6-34 所示，在上下两块栅板间填充若干小球，在上栅板的上方布置喷头，雾状水流经填料时，在小球表面上形成水膜，含尘气体从装置的下部进入，将小球吹成流态化，依靠碰撞、拦截、扩散等作用，颗粒物被小球上的水膜捕获。由于小球在不断湍动、旋转及相互碰撞，其表面的液膜就不断更新，从而强化了气液两相的接触，极大地提高了净化效率。流动床填料湿式除尘装置还有一个突出的优点就是能同时有效净化气态污染物。

7. 流体射流湿式通风除尘器

流体射流湿式通风除尘器包括压力水射流除尘器和压气射流通风除尘器。据第二章第八节所述，流体射流通风包括压力水射流通风、压气射流通风和气水射流通风，相应的装置称为压力水射流通风器、压气射流通风器和气水射流通风器，由于压力水射流通风器、压气射流通风器既具有吸风通风功能，又有除尘功能，因此，实际上压力水射流通风除尘器、压气射流通风除尘器就是第二章所述的压力水射流通风器、压气射流通风器，它由喷嘴、集风器、射流管（含喉管、扩散管以及吸入室）等组成，其吸风通风原理已在第二章叙述。

压力水射流通风除尘器、压气射流通风除尘器的除尘过程是：当外部空气中含有粉尘时，含尘气体由于压气或压力水射流通风除尘器的卷吸作用通过吸入室被吸入至射流管内，射流管内部的旋流状态让含尘气体与压气水或压力水进行初步混合。在混合流进入喉管后，由于流动面积的减小以及速度的增大，含尘气体与压气水进一步混合，在进行能量和质量交换的同时，粉尘与射流中的水发生碰撞并凝结，此时，大部分粉尘由于与水的碰撞而被捕捉。混合相继续向前运动进入扩散段，由于扩散段断面的不断扩大，混合相的速度逐渐降低，在此阶段水与粉尘继续发生惯性碰撞；同时一部分水滴凝结后由于重力作用开始沉降，

另一部分含尘水滴则由于管壁的黏滞性作用转变成含尘水流。在压力水射流通风除尘器、压气射流通风除尘器中，水与含尘空气接触方式大致有水滴、水膜和气泡三种形式，这三种接触形式的捕尘机理主要是依靠惯性碰撞、截留、布朗扩散及凝集的综合作用。

流体射流湿式通风除尘器在有爆炸性场所的化工企业得到局部应用，在煤矿综掘工作面、钻孔口、隅角等通风除尘、通风排瓦斯方面得到相关应用。图 6-35 所示是压气射流通风在某化工企业粒径 0.2～0.75mm 的 EBA 添加剂人工投料口通风吸尘除尘的应用，由半密闭罩、喷嘴、射流管、水池、风管、气管、水管等组成，由压缩空气和自来水预先混合后通过两个全射流喷嘴在两段射流管喷射进行通风除尘，应用后风量为 130～160m³/min，投料口粉尘浓度由原先的 165mg/m³ 降到 0.8mg/m³。

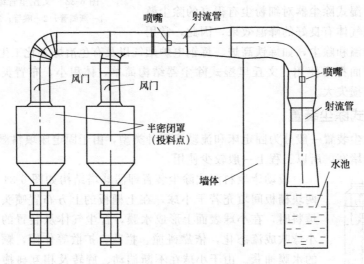

图 6-35　投料口通风吸尘除尘系统示意图

图 6-36 所示是压气射流通风在钻孔口粉尘控制中的应用，它由套管、气水射流通风吸尘器、压风管路、气水混合器、水管等组成，耗水量 5～8L/min，耗气量 0.3～0.6m³/min，吸风量 60～90m³/min，装置除尘效率大于 90%。

三、湿式除尘器的脱水

当用湿法治理尘和其他有害气体时，从处理设备排除的气体常常夹带有尘和其他有害物质的液滴。为了防止液滴带出湿式除尘器而影响其他空间，在湿式除尘器后面一般要进行脱水处理，即设计安装脱水装置，把液滴从气流中分离出来。湿式除尘器带出的液滴直径一般为 50～500μm，其量约为循环液的 1%。由于液滴的直径比较大，因此较易去除。

目前常用的脱水装置有重力式脱水器、惯性式脱水器、旋风式脱水器、过滤式脱水器。

重力式脱水器比较简单，它依靠液滴的重力使之从气流中分离出来，但只能分离粗大液滴，要求气流的上升速度不超过 0.3m/s。惯性式脱水器、旋风式脱水器与惯性除尘器、旋风除尘器结构基本相同，惯性式脱水器能分离 150μm 以上的液滴，气流通过惯性式脱水器的风速应控制在 2～3m/s 之间，小于 2m/s 时碰撞效率降低，大于 3m/s 时气流会把液滴带走。过滤式脱水器是在出口处设置多层尼龙丝或铜丝网，其分离效果较好，对于直径 100μm 以上的液滴，分离效率可高达 99%。应当指出，在选择脱水器时，除了考虑脱水效率外，还应考虑阻力的大小。

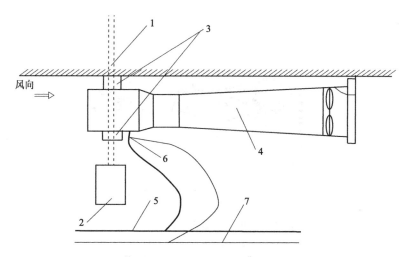

图 6-36　钻孔口压气射流通风除尘器应用示意图
1—钻杆；2—钻机；3—套管；4—气水射流通风吸尘器；
5—压风管路；6—气水混合器；7—水管

第六节　电除尘器

电除尘器（也称静电除尘器）是利用高压电场使尘粒荷电，在电场力（主要是静电力）的作用下使粉尘从气体中分离出来并沉积在电极上的除尘装置。

电除尘器主要有以下优点：可捕集微细粉尘及雾状液滴，粉尘粒径大于 $1\mu m$ 时，除尘效率可达 99%，除尘性能好；气体处理量大；可在 350～400℃ 的高温下工作，适用范围广；压力损失小，能耗低，运行费用少。其缺点是投资大、设备复杂、占地面积大，对操作、运行、维护管理都有较高的要求。另外，对粉尘的比电阻也有要求。目前，电除尘器主要用于处理气量大、对排放浓度要求较严格，又有一定维护管理水平的大企业，如燃煤发电厂、建材、冶金等行业。

一、电除尘器结构组成和工作原理

虽然在实践中电除尘器的种类和结构形式很多，但都基于相同的工作原理。图 6-37 所示为单管式电除尘器结构组成示意图，接地的金属圆管叫集尘极（或收尘极），与高压直流电源相连的细金属线叫电晕极（又称电晕线或放电极）。电晕极置于圆管中心，靠重锤张紧。含尘气体从除尘器下部进入，向上通过一个足以使气体电离的静电场，产生大量的正负离子和电子并使粉尘荷电，绝大部分荷电粉尘在电场力的作用下向集尘极运动并在集尘极上沉积，从而达到粉尘和气体分离的目的。当集尘极上的粉尘达到一定厚度时，通过清灰机构使灰尘落下。由此可见，电除尘器的工作原理涉及电晕放电、气体电离、粉尘荷电、粉尘沉积捕集、清灰等过程，图 6-38 所示为电除尘器的除尘过程示意图。

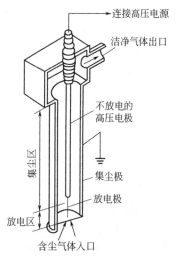

图 6-37　单管式电除尘器示意图

197

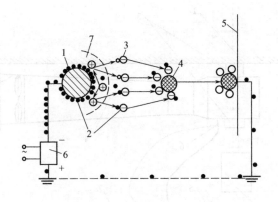

图 6-38　电除尘器除尘过程示意图
1—电晕极；2—电子；3—离子；4—粒子；
5—集尘极；6—供电装置；7—电晕区

1. 电晕放电

通常情况下，气体中只含有极其微量的自由电子和离子，因此可视为绝缘体。而当气体进入到非均匀强电场中时，则会发生改变。当电晕极与集尘极之间存在电位差时，便形成了非均匀电场（形成非均匀电场的电极组合有线状或针刺状电极与板状电极，或线状电极与管状电极两大类）。此非均匀电场距放电极表面愈近，则电场强度愈大；反之则愈小。当非均匀电场的电压增大到一定值时，气体中的自由电子具有了足够能量，致使与之碰撞的气体中性分子发生电离，产生新的电子和正离子，失去能量的电子与其他中性气体分子结合成负离子，此过程在极短的时间内即可产生大量的自由电子和正负离子，这就是气体电离。发生气体电离时，在电晕极周围可以看见一圈蓝色的光环，也能听见咝咝声和噼啪的爆裂声，这一现象称为电晕放电，开始发生电晕放电时的电压称为起晕电压。电晕放电现象首先发生在放电极，故放电极亦称为电晕极。如果在电晕极上加的是负电压，则产生的是负电晕；反之，则产生正电晕。电除尘器正常情况下，电晕放电只发生在电晕极表面附近约 2～3mm 的小区域内，即所谓电晕区，电场内的其他广大区域称为电晕外区。发生电晕放电现象后，如非均匀电场的电压继续增加，则电晕区将随之扩大，最终将致使电极间产生火花放电及电弧放电，即电场中气体全部被击穿，造成短路，极间电压将急剧下降。电除尘器运行时应经常保持在电场内气体处于不完全被击穿的电晕放电状态，尽量避免发生短路现象。

2. 粉尘荷电

在放电极附近的电晕区内，正离子立即被电晕极表面吸引而失去电荷；自由电子和负离子则因受电场力的驱使和扩散作用，向集尘极移动，于是在两极之间的绝大部分空间内部都存在着自由电子和负离子，含尘气流通过这部分空间时，粉尘与自由电子、负离子碰撞而结合在一起，实现粉尘荷电。

3. 粉尘沉积捕集

电晕区的范围一般很小，电晕区以外的空间称为电晕外区。电晕区内的空气电离之后，正离子很快向负极（电晕极）移动，只有负离子才会进入电晕外区，向阳极（集尘极）移动。含尘气流通过电除尘装置时，只有少量的尘粒在电晕区通过，获得正电荷，沉积在电晕极上。大多数尘粒在电晕外区通过，获得负电荷，在电场力的驱动下向集尘极运动，到达极板失去电荷后最后沉积在集尘极上。

4. 清灰

当集尘极表面的灰尘沉积到一定厚度后，会导致火花电压降低，电晕电流减小；而电晕极上附有少量的粉尘，也会影响电晕电流的大小和均匀性。为了防止粉尘重新进入气流，保持集尘极和电晕极表面的清洁，隔一段时间应及时清灰。

二、影响除尘性能因素

影响除尘效率的主要因素有粉尘特性、含尘气特性、结构因素和操作因素等。

1. 粉尘特性

粉尘特性包括粉尘分散度、黏附性、比电阻。

粉尘分散度（粉尘的粒径分布）。分级除尘效率随驱进速度的增加而增大，而驱进速度与粒径的大小成正比，总除尘效率随粉尘中粒径的增大而增加，随几何标准偏差的增加而减小，因此，在进行电除尘器设计或选型计算时，测定粉尘分散度是极为重要的，它是所计算排出的浓度不至于超过排放标准的基本依据。

粉尘的黏附性。如果粉尘的黏附性较强，沉积在集尘极板上的粉尘不易振打下来，使集尘极的导电性大为削弱，导致电晕电流（二次电流）减小。如果黏附在电晕线上，会使电晕线宽大，降低电晕放电效果，粉尘难以充分荷电，导致效率降低。粉尘的黏附性不仅与烟气和粉尘的组成成分有关，而且与粉尘的粒径有关，粒径愈小，黏附性愈强。粉尘的黏附力主要包括分子引力、毛细管黏着力及静电库仑引力。

粉尘的比电阻。电除尘器的性能，很大程度上取决于粉尘的比电阻。当比电阻小于 10^4 $\Omega \cdot cm$ 时，荷电粉尘一旦到达集尘极表面，便很快失去电荷，并由于静电感应而很快获得与集尘极极性相同的正电荷，若带正电荷的粒子与集尘极之间的排斥力大到足以克服粒子对极板的附着力，尘粒就会从极板上跳回气流中，重返气流中的粉尘再次荷电后被捕集，又再次跳出去，最终可能被气流带出静电除尘器，导致效率降低；相反，如果尘粒的比电阻过高（大于 $5 \times 10^{10} \Omega \cdot cm$），沉积在极板上的尘粒释放电荷的速度缓慢，形成很大的电附着力，这样不仅清灰困难，而且随着粉尘层的增厚，造成电荷积累加大，使粉尘层的表面电位增加，当粉尘层的场强大于其临界值时，就在粉尘层的孔隙间产生局部击穿，产生与电晕极极性相反的正离子，所产生的正离子向电晕极运动，中和了带负电荷的粉尘，同时也抵消了大量的电晕电流，使粉尘不能充分荷电，甚至完全不能荷电，这种现象称为反电晕。在反电晕情况下，导致粉尘二次扬尘严重、除尘性能恶化。目前降低粉尘比电阻的方法主要有：升温调质，即采用高温静电除尘器，当温度高于150℃左右，比电阻随温度升高而下降；增湿调质，增湿可提高粉尘的表面导电性，但应保证烟气温度高于露点温度；化学调质，即在烟气中混入适量的 SO_2、NH_3 以及 Na_2CO_3 等化学物质，以增强粉尘表面与离子的亲和能力，降低比电阻；采用脉冲高压电源，脉冲供电系统可通过改变脉冲频率使静电除尘器的电晕电流在很宽的范围内调节，可将电晕电流调整到反电晕的极限，而不降低电压，所以对高比电阻粉尘的收集非常有利。

2. 含尘气特性

含尘气特性主要包括含尘气温度、压力、成分、湿度、含尘浓度、断面气流速度和分布等。

（1）含尘气的温度

含尘气的温度主要对粉尘比电阻有影响，在低温区，由于粉尘表面的吸附物和水蒸气的影响，粉尘的比电阻较小，随着温度的升高，作用减弱，使粉尘的比电阻增加；在高温区，主要是粉尘本身的电阻起作用，因而随着温度的升高，粉尘的比电阻降低，但含尘气温度上升会导致含尘气处理量增大，电场风速提高，引起除尘效率下降，当烟气温度超过300℃时，就需要采用耐高温材料并且要考虑静电除尘器的热膨胀变形问题。电除尘器通常使用的温度范围是100～250℃。另外，含尘气的温度对电晕始发电压（起晕电压）、火花放电电压、含尘气量、清灰等有影响，随温度的上升，起晕电压减小，火花电压降低，当温度低于露点时，捕集到的粉尘结块黏结在降尘极和电晕极上，难于振落，从而使除尘效率下降。

（2）含尘气的湿度

原料和燃料中含有水分，参与燃烧的空气也含有水分。因此，燃料燃烧的产物及烟气中含有水蒸气，对电除尘器的运行是有利的。在正常工况下，烟气中的水蒸气不会引起极板的腐蚀。但在孔、门等漏风的地方，含尘气温度降至露点以下，就会造成酸腐蚀。增湿可以降低比电阻，提高除尘效率。为了防止含尘气腐蚀，电除尘器外壳应加保温层，使含尘气温度都保持在和湿度相对应的露点温度以上。

（3）断面气流速度

从电除尘器的工作原理不难得知，除尘器断面气流速度越低，粉尘荷电的机会越多，除尘效率也就越高。例如，当锅炉烟气的流速低于0.5m/s时，除尘效率接近100%；烟气流速高于1.6m/s时，除尘效率只有85%左右。可见，随着气流速度的增大，除尘效率也就大幅度下降。从理论上讲，低流速有利于提高除尘效率，但气流速度过低的话，不仅经济上不合理，而且管道易积灰。实际生产中，断面上的气流速度一般为0.6～1.5m/s。

（4）断面气流分布

断面气流分布均匀与否，对除尘效率影响很大。如果断面气流分布不均匀，在流速较低的区域，就会存在局部气流停滞，造成集尘极局部积灰严重，使运行电压变低；在流速较高的区域，又易造成二次扬尘。因此，断面气流速度差异越大，除尘效率越低。为解决除尘器内气流分布问题，一般采取在除尘器的入口或在出入口同时设置气流分布装置。为了避免在进、出口风道中积尘，应将风道内气流速度控制在15～20m/s之间。

（5）含尘浓度

电除尘器对烟尘入口质量浓度有一定的适宜范围，在入口质量浓度过高的情况下需要在静电除尘器前增设前级除尘器（常见为多管旋风除尘器）。在负电晕情况下，在电场空间的含尘气流中主要有电子、负气体离子和带负离子的尘粒。所以，电晕电流一部分由电子和负离子运动形成，另一部分由荷电粉尘形成。但由于粉尘的大小和质量远大于气体离子，其运动速度要比气体离子小得多（气体离子平均速度约为100m/s，带电粉尘驱进速度一般小于0.60m/s），因此，带电粉尘所形成的电晕电流很小。随着烟气含尘质量浓度的增加，带电粉尘数量增多，虽然所形成的电晕电流不大，但形成的空间电荷却很大。如果假设单位体积总带电粒子数不变，带电尘粒增多，气体离子相应减少，将导致总电晕电流减少。当含尘质量浓度达到某一极限值，对电晕极产生屏蔽作用，通过电场的电流趋于零，这种现象称为电晕闭塞，除尘效率等于零。通常气体含尘浓度大于200g/m³时，就会发生电晕闭塞。为避免产生电晕闭塞，进入电除尘器的气体含尘浓度应小于20g/m³。当气体含尘浓度过高时，除了选用曲率大的芒刺形电晕电极外，还可以在电除尘器前串接除尘效率较低的机械除尘器，进行多级除尘。

3. 火花放电频率

为了获得最佳除尘效率，通常用控制电晕极和集尘极之间火花频率的方法，做到既维持较高的运行电压，又避免火花放电转变为弧光放电。这时的火花频率被称为最佳火花频率，其值因粉尘的性质和浓度、气体的成分、温度和湿度的不同而不同，一般取 30～150 次/分钟。

4. 操作因素

操作因素主要包括伏安特性、漏风率、气流旁路、二次扬尘和清灰等。

伏安特性。电压和电流的关系称伏安特性，电除尘器的效率，主要取决于尘粒的驱进速度，而驱进速度是随荷电场强和收尘场强的提高而增大的，为实现更高的除尘效率，就要尽可能提高电场强度。场强与电晕电流有关，而电晕电流与操作电压成正比，知道在某一操作电压下的电晕电流（电晕电流线密度或电晕电流面密度）就可以计算场强。

漏风率。电除尘器一般多为负压运行，如果壳体的连接处密闭不严，漏入的冷风会使电场中的风速增大，烟气温度下降而出现结露，造成电晕极宽大、极板清灰困难、电极腐蚀等后果，最终导致除尘效率下降。如果从灰斗或排灰装置漏入空气，将会造成已沉积的粉尘二次飞扬，使除尘效果恶化。因此，电除尘器的设计要保证有良好的密闭性，壳体各连接处都应连续焊接，以避免漏风现象。

气流旁路。气流旁路是指电除尘器内的气流不通过收尘电场，而是从电除尘器集尘极板的顶部、底部和左右最外侧极板与壳体内壁之间的间隙中通过，防止气流旁路的一般措施是采用阻流板迫使气流通过收尘电场。如果不设阻流板，只要有 5% 的气体旁路，除尘效率就不会大于 95%。旁路流还会在灰斗上部和内部产生旋涡，会使已沉积于灰斗中和振打时下落的粉尘重返气流中。因此，关于气流旁路的问题需给予高度重视。

二次扬尘。所谓二次扬尘，是指在干式电除尘器中，沉积在集尘极上的粉尘再次被气流带走。产生粉尘二次飞扬的原因主要有以下几个方面：一是粉尘的比电阻过低或过高，比电阻过低，会产生反复跳跃现象，比电阻过高，容易产生反电晕，使粉尘二次飞扬；二是振打清灰过频，从极板振打脱落的粉尘是靠重力落入灰斗，如果振打频率过高，则从极板上落下的粉尘不能形成较大的片状或块状，而是呈分散的小尘粒凝聚团或单个粒子，很容易被气流重新带出静电除尘器；三是收尘电场流速分布不均或流速过高，紊流和涡流作用将导致粉尘的二次返混，因此要求风速不超过 3m/s，并尽可能使气流均匀分布。

5. 结构因素

结构因素包括电晕线的几何形状、直径、数量和线间距；集尘极的形式、极板断面形状、极间距、极板面积、电场数、电场长度；供电方式、振打方式（方向、强度、周期）、气流分布装置、外壳严密程度、灰斗形式和出灰口锁风装置等。这里主要分析电晕线形状、电极间距和集尘极板间距的影响。从物理上讲，曲率半径越小的电晕线，放电效果越好，但在实际运用中，应使电晕线有一定的起晕电压和足够的机械强度。芒刺形电晕极是比较理想的放电极形式，星形次之，圆形最差。电晕线间距太近时，电晕线之间会由于电场抑制作用使导线的电流值降低，电晕电流减小。线距过大，虽然单根电晕线的电流值较大，但减少了电场中的电晕线根数，使电晕电流面密度降低，因此存在一最佳线距。对于板间距，随板间距的增大，起晕电压稍有提高，但在相同外加电压之下，电晕电流大为降低，板间距加宽，增大了绝缘距离，抑制电场的火花放电，从而可提高外加工作电压，粉尘的驱进速度也相应提高，使得在处理烟气量相同和同样除尘效率的情况下，集尘极板面积减小，电晕线长度也相应减小，从而降低了钢材耗量。当然，极板间距不是无限制地加宽，由于电晕电流的减小，粉尘难以充分荷电，影响除尘效果。另外，板距加宽还受到高压供电装置的限制。

6. 清灰

由于电除尘器在工作过程中，随着集尘极和电晕极上堆积粉尘厚度的不断增加，运行电压会逐渐下降，使除尘效率降低。因此，必须通过清灰装置使粉尘剥落下来，以保持高的除尘效率。

三、电除尘器的结构形式

电除尘器的结构形式很多，根据电除尘器的结构特点，有以下几种分类方式。

① 按粒子荷电段和分离段的空间布置不同，可分为单区式和双区式电除尘器。电除尘的四个过程都在同一空间区域内完成的叫作单区式电除尘器。而荷电和除尘分设在两个空间区域内的称为双区式电除尘器。目前单区式电除尘器应用最广。

② 按集尘极的形式可分为管式和板式电除尘器。管式电除尘器的集尘极一般为多根并列的金属圆管（或呈六角形），适用于气体量较小的情况。板式电除尘器采用各种断面形状的平行钢板做集尘极，极板间均布电晕线。

③ 按气流流动方向可分为立式和卧式电除尘器。管式电除尘器都是立式的，板式电除尘器也有采用立式的，在工业废气除尘中，卧式的板式电除尘器应用最广。

④ 按清灰方式可分为干式和湿式电除尘器。

四、主要部件

电除尘器的结构由除尘器主体、高压供电装置和附属设备组成。除尘器主体包括电晕电极、集尘极、电极清灰装置、气流分布装置和灰斗等。

1. 电晕电极

电晕电极是产生电晕放电的电极，应具有起晕电压低、击穿电压高、电晕电流大等性能，具有较高的机械强度和耐腐蚀性能。电晕电极的形式很多，目前常用的有直径 3mm 左右的圆形线、星形线、锯齿线和芒刺线等，其中，芒刺线又可分为三角形芒刺、角钢芒刺、波形芒刺、扁钢芒刺、锯形芒刺、条形芒刺，如图 6-39 所示。

最简单的是圆形导线，圆形导线的直径越小，起晕电压越低、放电强度越高，但机械强度较低，振打时容易损坏。工业电除尘器中一般使用直径为 1.5～4mm 的镍铬线作为电晕电极。上部自由悬吊，下端用重锤拉紧，也可以将圆导线做成螺旋弹簧形，适当拉伸并固定在框架上，形成框架式结构。

星形电晕极是用 $\phi 4\sim 6mm$ 的普通钢材经冷拉而成的，它利用四个尖角边放电，放电性能好，机械强度高，采用框架方式固定，适用于含尘浓度较低的场合。

锯齿形电晕线常用宽 7mm、厚 1.5mm 的带钢制作，可加工成带状、刀状或锯齿状。这种电晕线也属点状放电，其放电性能好，放电强度比星形线高，不易断线，不晃动，无火花侵蚀，消灰性能好，多采用框架式或桅杆式结构，适合含尘浓度较高的场合。

芒刺形电晕线是以尖端放电代替沿极线全长的放电，因而放电强度高。在正常情况下，芒刺形电晕线比星形电晕线产生的电晕电流高一倍左右，而起晕电压却比其他形式都低。此外，由于芒刺尖端产生的电子和离子流特别集中，故在尖端的伸出方向，增强了电风，还可以减弱和防止粉尘浓度大时出现的电晕封闭现象，因此，芒刺形也适合含尘浓度高的场合。

相邻电晕极之间的距离对放电强度影响较大。极距太大会减弱电场强度，极距过小也会因屏蔽作用降低放电强度。实验表明，最优间距为 200～300mm。

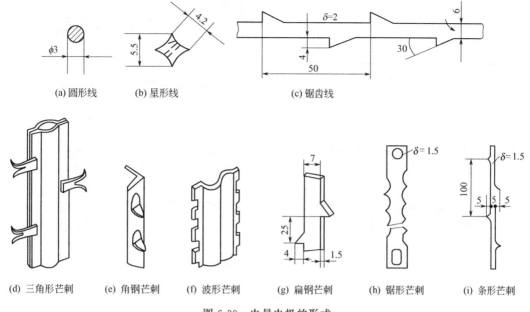

(a) 圆形线　　(b) 星形线　　　　　　　(c) 锯齿线

(d) 三角形芒刺　(e) 角钢芒刺　(f) 波形芒刺　(g) 扁钢芒刺　(h) 锯形芒刺　(i) 条形芒刺

图 6-39　电晕电极的形式

2. 集尘极

小型管式电除尘器的集尘极为直径约 15cm、长 3m 左右的管，大型的直径可加大到 40cm、长 6m。每个除尘器所含集尘管数目少则几个，多则 100 个以上。

板式电除尘器的集尘极垂直安装，电晕极置于相邻的两板之间。集尘极长一般为 10～20m，高 10～15m，板间距 0.2～0.4m，处理气量 1000m³/s 以上，效率高达 99.5％的大型电除尘器含有上百对极板。

集尘极的结构形式直接影响除尘性能。性能良好的集尘极应满足下述基本要求：ⅰ．振打时二次扬尘少；ⅱ．单位集尘面积消耗金属量低；ⅲ．极板高度较大时，应有一定的刚性，不易变形；ⅳ．气流通过极板空间时阻力小，振打时易于清灰等。

板式集尘极分为平板式和异形板式两种，其中，异形板的形式形状有多种，如图 6-40 所示。平板形极板对防止二次扬尘和使极板保持足够刚度的性能较差。异形板式极板是将极板加工成槽沟的形状。当气流通过时，紧贴极板表面处会形成一层涡流区，该处的流速较主气流流速要小，因而当粉尘进入该区时易沉积在集尘极表面。同时由于板面不直接受主气流冲刷，粉尘重返气流的可能性以及振打清灰时产生的二次扬尘都较少，有利于提高除尘效率。

极板之间的间距对电场性能和除尘效率影响较大。在通常采用的 60～72kV 变压器的情况下，极板间距一般取 200～350mm。

集尘极和电晕线的制作和安装质量对电除尘器的性能影响较大。在安装之前，极板、极线必须调直，安装时要严格控制极距，安装偏差要控制在±5％以内。如果个别区域极距偏小，会首先发生击穿现象。

3. 气流分布装置

气流分布的均匀程度与除尘器进口的管道形式及气流分布装置有密切关系。在电除尘器安装位置不受限制时，气流应设计成水平进口，即气流由水平方向通过扩散形变径管进入除尘器，然后经 1～2 块平行的气流分布板后进入除尘器的电场。在除尘器出口渐缩管前也常

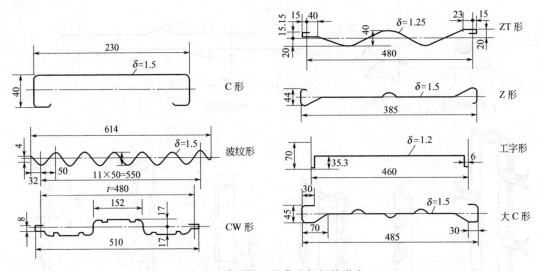

图 6-40　常用的几种集尘极板的形式

常设一块分布板。被净化后的气体从电场出来后，经此分布板和与出口管相连接的渐缩管，然后离开除尘器。

气流分布板一般为多孔薄板，孔形分为圆孔或方孔，也可以采用百叶窗式孔板。电除尘器正式运行前，必须进行测试调整，检查气流分布是否均匀，其具体标准是：任何一点的流速不得超过该断面平均流速的±40％；任何一个测定断面上，85％以上测点的流速与平均流速不得相差±25％。如果不符合要求，必须重新调整。

4. 电极清灰装置

集尘极清灰方式在湿式和干式电除尘器中是不同的。

在湿式电除尘器中一般用喷雾或溢流水等方式使集尘极表面形成一层水膜，将沉积到极板上的尘粒冲走。湿式清灰的主要优点是：二次扬尘少；不存在粉尘比电阻高的问题，空间电荷增强，不会产生反电晕；水滴凝聚在小尘粒上，便于捕集；同时，也可净化部分有害气体（如 SO_2、HF 等）。湿式清灰的主要问题是极板腐蚀和污泥处理。一般只是在气体含尘浓度较低，要求除尘效率较高时才采用。

在干式电除尘器中沉积的粉尘，是通过机械撞击或电极振动产生的振动力清除的，干式清灰便于处置和利用可以回收的干粉尘，但存在二次扬尘等问题。现代的电除尘器大都采用电磁振打或锤式振打清灰，振动器只在某些情况下用来清除电晕极上的粉尘，常用的振打器是电磁型和挠臂锤型。实践证明，振打强度和振打周期要选择适当。若振打强度太小，则不易将粉尘振落；而振打强度过大，除易引起粉尘二次飞扬外，有可能使极板变形，改变极间距，阻碍除尘器正常运行；此外振打强度还与粉尘的比电阻有关，高比电阻粉尘比低比电阻粉尘附着力大，应采用较高的振打强度。当极板上沉积的粉尘达到一定厚度后，在振打机构作用下，极板上的粉尘开始脱落，此时粉尘之间的分子力可以使脱落的粉尘成团状掉入灰斗，减少二次扬尘，对清灰有利。但是如果振打周期短，沉积在极板上的粉尘还没有积聚到足够厚度，就以松散状尘粒被连续振落，则有被重新卷入气流的可能，从而降低了除尘效率；相反，如果振打周期过长，极板上沉积的灰层太厚，则影响极板的电气性能，对除尘效果不利。因此在工程应用上，必须根据电除尘器的形式、容量、粉尘的黏性、比电阻及浓度等因素，通过试验或在实际运行中不断调整最终确定最佳的振打强度和振打周期。

5. 高压供电装置

电除尘器供电装置性能的好坏，对除尘效率及操作的稳定性有直接影响。实践证明，电除尘器的除尘效率在很大程度上与尘粒的驱进速度有关，而尘粒的驱进速度除与电晕电极的形式有关外，还随荷电电场强度和沉降电场强度的提高而增大。一般情况下，尽可能提高电极的电压，可以获得较高的除尘效率。高压供电装置工作原理是：电网输入的交流正弦电压通过 I-C 恒流变换器，转换为交流正弦电流，经升压、整流后成为恒流高压直流电流源给电除尘器电场供电。输入到整流变压器初级侧的交流电压称为一次电压，输入到整流变压器初级侧的交流电流称为一次电流；整流变压器输出的直流电压称为二次电压，整流变压器输出的直流电流称为二次电流。电除尘器的供电装置主要包括升压变压器、整流装置和控制装置等。

（1）升压变压器

工业上电除尘器通常采用的电压为 $60\sim70kV$，超高压电除尘器的电压高达 $80kV$ 以上。由于电除尘器的工作电压很高，因此要求升压变压器具有良好的绝缘性和适当的过载能力，以适应除尘器内出现的异常工作状态，确保电除尘器的正常运行。

（2）整流装置

整流装置将升压变压器输出的高压交流电整流为高压直流电，以便输入电除尘器的电晕电极和集尘电极，形成高压电场。目前工业上已多采用硅整流技术，制成各种形式的硅整流设备。硅整流装置工作性能稳定，使用寿命长，易于达到电除尘所要求的高电压，可以实现电压的自动控制，操作维修简便，是目前工业电除尘广泛采用的整流设备。

（3）控制装置

为了提高电除尘器的效率，必须使供电电压尽可能高，但电压升高到一定值后，将产生火花放电，在一瞬间极间电压下降，火花的扰动使极板上产生二次扬尘，所以，电除尘器正常运行应有最佳工作电压，即维持在欲击穿而又未击穿之前的电压，要维持这一工作状态，只有靠控制装置来实现。控制装置包括高压供电和低压供电控制装置。

高压供电控制装置有火花频率控制方式、最佳电压方式与间歇供电方式，火花频率控制方式是以控制最佳火花频率为出发点的电压自动跟踪调节控制的方式，这是因为，大量现场运行经验表明，每一个电场都有最佳火花率（每分钟产生的火花次数称为火花率，一般为 $50\sim100$ 次/分钟），此时电压升高所得到的收益恰好和火花造成的损失相抵消，其平均电压最高，除尘效率也最高，否则收益不足以抵消损失，平均电压、除尘效率降低；最佳电压方式是检测出火花放电电流值与火花放电次数的乘积保持一定的控制方式；间歇供电方式是通过供电的间歇时间抑制反电晕的出现或调节供电时间与间歇时间（即充电比）而达到提高除尘效率又降低电耗的双重目的。

低压控制装置主要指对电除尘器的阴阳极振打电动机、绝缘子室的恒温进行自动控制的装置，以及对支撑电除尘器放电极的绝缘子、高压整流变压器等设备及维护人员的安全进行保护的装置，该装置主要有程控、操作显示和低压配电三个部分。

电除尘器的供电通常是用 $220V$ 或 $380V$ 的工频交流电升压和整流后得到的单相高电压。若整流器后有滤波电容，则可得到波纹很小的接近直流的平稳电压；否则得到波纹较大的脉动电压。实验表明，对电除尘器的运行，脉动电压较优越，直流电压的火花特性不能满足要求。脉动电压又有全波电压和半波电压两种。高压供电装置输出的峰值电压为 $70\sim100kV$，电流为 $100\sim2000mA$。

为使电除尘器能在较高电压下运行，避免过大的火花损失，高压电源容量不能太大，必须分组供电。增加供电机组数目，减少每台机组供电的电晕线数，能改善电除尘器的性能。但是，增加供电机组数和电场分组数，必定增加投资。因此供电机组数的确定，应同时考虑保证除尘效率和减少投资两方面因素。一般情况下是每个电场采用一台供电机组。

在电除尘系统中，要求供电装置自动化程度高，适应能力强，运行可靠，使用寿命在20年以上。

6. 除尘器外壳

电除尘器多用来处理大气量的高温烟气，也有用来处理酸雾或其他腐蚀性气体。因此电除尘器壳体材料的选用，必须根据烟气的特性及温度来决定。外壳保温可根据实际和可能采用玻璃丝棉或矿渣棉等保温材料。具体保温要求是必须保持电场内各点的烟气温度高于烟气露点温度20℃以上。

除尘器壳体的气密性及保温性能的好坏，将影响高温电除尘器的正常运行。电除尘器一般处在负压下运行，若壳体的气密性不好，漏风量过大，势必有大量冷风渗入，这样不仅增加了风机的负荷，增加了除尘器的处理风量，使电场风速提高，降低了除尘效率，而且由于冷风的渗入，有可能使除尘器内的烟气降至露点温度以下。如除尘器的保温性能不好，除尘器壳体的热损失过大，壳体四周的烟气温度同样有可能被冷却到烟气露点温度以下，形成结露。除尘器内壁及附近的极板结露后，不仅易使构件腐蚀，而且极板上沉积的粉尘受潮黏结，不易清除，严重时直接影响电除尘器的正常运行。因此，除尘器外壳必须保证严密，减少漏风，漏风率应控制在3%以下。

五、电除尘器的设计

电除尘器的设计包括：确定各主要部件的结构形式，确定驱进速度，由设计效率、驱进速度和烟气处理量计算集尘极板总面积，根据已确定的参数确定通道数、电场长度，计算除尘器各部分的尺寸并绘制出静电除尘器的外形图，计算供电装置所需的电流值和电压值，选择供电装置的型号等。静电除尘器有平板形和圆筒形，这里仅介绍平板形静电除尘器的有关设计。

（1）各主要部件结构形式的确定

电除尘器的主要部件是电晕极线和集尘极板。对于电晕极线，从优缺点分析看，在浓度较高的第一、第二电场可选用芒刺电晕极（线），在浓度较低的第三、第四电场选用圆形或星形电晕线，以提高操作电压，加速带电细尘的运动。不过，在实际电除尘器中，多采用一种电晕极形式，以方便设备的设计、制造及维护。对于集尘极板，一般多采用Z形或大C形极板，Z形板具有较好的电性能（板电晕电流面密度较均匀），防风（阻流）沟有利于减轻二次扬尘，振打加速度分布较均匀，重量较轻等。但由于两端防风沟朝向相反，极板在悬吊后易出现扭曲变形。大C形板保持了Z形板的良好性能，并克服了Z形板易扭曲的缺点。

（2）驱进速度的确定

确定粒子的驱进速度 ω 通常有3种方法：理论计算法、经验法和类比法。理论计算法是通过计算荷电量计算理论驱进速度。经验法是根据现有电除尘器的总除尘效率，代入多依奇公式反求驱进速度。类比法主要有以下3种形式：一是调查同一行业处理同一类电除尘器的运行情况来进行本企业的电除尘器设计或选型；二是中间试验法，即先使用一台结构与实际电除尘器相似的小型电除尘器，得出一系列运行数据，然后根据这些运行参数设计制造满足烟气处理量要求的电除尘器；三是旧有静电除尘器的改造，采用旧有电除尘器的有效驱进速度。

（3）集尘极板总面积确定

电场断面面积

$$A_e = \frac{Q}{u} \qquad (6\text{-}62)$$

式中　A_e——电场断面面积，m^2；

　　　Q——处理气体流量，m^3/s；

　　　u——除尘器断面气流速度，m/s。

集尘极总面积

$$A = \frac{Q}{\omega} \ln\left(\frac{1}{1-\eta}\right) \qquad (6\text{-}63)$$

式中　A——集尘极总面积，m^2；

　　　Q——处理气体流量，m^3/s；

　　　η——集尘效率；

　　　ω——微粒有效驱进速度，m/s。

（4）通道数、电场长度的确定

由于每两块集尘极之间为一通道，则集尘室的通道个数 n 可由下式确定

$$n = \frac{Q}{bh\mu} \qquad (6\text{-}64)$$

$$n = \frac{Q}{bh} \qquad (6\text{-}65)$$

式中　b——集尘极间距，m；

　　　h——集尘极高度，m。

电场长度可用以下公式计算

$$L = \frac{A}{2nh} \qquad (6\text{-}66)$$

式中　L——集尘极沿气流方向的长度，m；

　　　h——电场高度，m。

（5）供电装置所需的电流值和电压值计算

工作电流。工作电流可由集尘极的面积 A 与集尘极的电流密度 I_d 的乘积计算

$$I = AI_d \qquad (6\text{-}67)$$

工作电压。根据实际需要，工作电压可按下式计算

$$U = 250b \qquad (6\text{-}68)$$

（6）供电装置的型号选择

目前，高压电源的种类很多，可根据运行条件和产品说明书进行供电设备的选择。

电除尘器的每个区需配用 1 台硅整流器，这是因为电除尘器工作时，每个区的浓度是不同的，分区配置高压电源有利于电流、电压的调节。整流器的容量可根据运行电压和电流值选取。

【例 6-3】 设计一静电除尘器用来处理石膏粉尘。若处理风量为 $162000 m^3/min$，入口含尘浓度为 $3.2 \times 10^{-3} kg/m^3$，要求出口含尘浓度降至 $1.6 \times 10^{-5} kg/m^3$，试计算该除尘器极板面积、电场断面面积、通道数和电场长度。

解　查表知石膏粉尘的有效驱进速度为 $0.18 m/s$（平均值）。

处理风量

$$Q = \frac{162000}{3600} = 45 (m^3/s)$$

除尘效率　　$\eta = \left(1 - \frac{c_2}{c_1}\right) \times 100\% = \left(1 - \frac{1.6 \times 10^{-5}}{3.2 \times 10^{-3}}\right) \times 100\% = 99.5\%$

取电场风速 $u = 1.0\text{m/s}$，则电场断面积为

$$A_e = \frac{Q}{u} = \frac{45}{1.0} = 45(\text{m}^2)$$

极板面积 $\qquad A = \frac{Q}{\omega}\ln\left(\frac{1}{1-\eta}\right) = \frac{45}{0.18}\ln\left(\frac{1}{1-0.995}\right) = 1325(\text{m}^2)$

取通道宽度 300mm、高 $h = 6\text{m}$，则通道数为

$$n = \frac{A_e}{bh} = \frac{45}{0.3 \times 6} = 25$$

电场长度 $\qquad L = \frac{A}{2nh} = \frac{1325}{2 \times 25 \times 6} \approx 4.42(\text{m})$

第七节　新型除尘器

随着人们生活水平提高、环保意识的增强以及环境卫生标准日益严格，对粉尘治理技术与装备的要求也越来越高，高效、新型除尘技术成为人们研究的热点和趋势之一。经过科技人员的努力，目前已研制多种新型除尘装置。下面主要介绍长芒刺电除尘器、复合式除尘器、电凝聚除尘器、高频声波助燃除尘器和高梯度磁分离除尘器等新型除尘器。

一、长芒刺电除尘器

所谓"长芒刺"，是指在粒子静电沉降方向上，放电极采用芒刺电晕极且芒刺长度远长于传统的静电除尘器的芒刺电晕极，宽通道是指长芒刺电除尘器的通道宽度大于传统的电除尘器。长芒刺电除尘器具有较高的收尘场强、较好的伏安特性、较强的离子风效应等优点。目前应用的长芒刺电除尘器主要有方筒立式宽通道长芒刺电除尘器，该电除尘器在某水泥厂生料粉磨系统的粉尘净化中应用，其主要设计参数如下：处理风量 8000～10000m³/h，总集尘极板面积为 162m²，通道截面积为 3.375m²，处理风量为 8000m³/h 时，气流速度为 0.66m/s，通道宽度为 750mm，本体阻力损失为 237Pa，生料粉磨系统平均产尘浓度为 1.66×10^5 mg/m³，工作电流为 26mA，电压为 92kV，总效率为 99.95%。

二、复合式除尘器

所谓复合式除尘器，是将不同的除尘机理相联合，使它们共同作用以提高除尘效率。复合除尘装置的形式较多，如静电旋风除尘器、静电水雾洗涤器和静电文丘里管洗涤器、惯性冲击静电除尘器、静电强化过滤式除尘器等。图 6-41 所示为惯性冲击静电除尘器示意图，图 6-42 所示为静电旋风除尘器结构示意图，图 6-43 所示为静电增强纤维逆气流清灰袋式除尘器结构图。

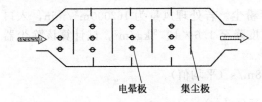

电晕极　　集尘极

图 6-41　惯性冲击静电除尘器示意图

三、高梯度磁分离除尘器

磁分离技术在物料提纯、磁力选矿应用较多，在除尘技术应用还较少。磁分离技术是利用外加磁场的作用，使具备磁性的物质得到分离，20 世纪 70 年代初钢毛类微型聚磁介质与铁销线圈相结合的 Kolm-Marston 型现代高梯度分离器的出现，扩大了传统的磁分离技术的应用范围。烟气除尘是高梯度磁分离技术在大

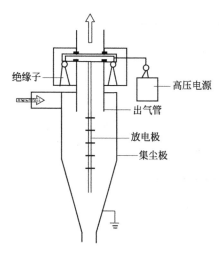

图 6-42 静电旋风除尘器结构示意图

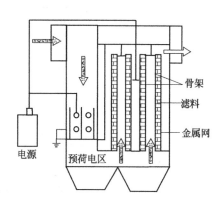

图 6-43 静电增强纤维逆气流清
灰袋式除尘器结构

气污染控制中的主要应用之一。

高梯度磁分离器除尘装置是一个松散地填装着高饱和不锈钢聚磁钢毛的容器，该容器通常安装在出螺旋管线圈产生的磁场中，当液体中的污染物对钢毛的磁力作用大于其重力、黏性阻力及惯性力等竞争力时，污染物被截留在钢毛上，分离过程可连续进行，直到通过该分离器的压力降过高或钢毛上过重的负荷降低了对污染物的去除效率为止。然后切断磁路，将钢毛捕集的污染物用干净的流体反冲洗下来，使分离器再生，达到从流体中除去污染物的目的。

高梯度磁分离除尘技术在处理磁性粉尘中的初步应用已经显示了其巨大的优越性和广阔的应用前景，如氧气顶吹转炉烟尘治理中，采用高梯度磁滤器，磁介质为钢毛，充填率 5%～10%。磁感应强度 2000～8000Gs（高斯，1Gs＝0.1mT），气体流速 7.3～8.2m/s，过滤器厚 5～10cm，粒径为 1μm 以上的除尘效率达 100%，粒径为 0.5μm 的效率 99%，粒径小于 0.25μm 的除尘效率也在 90%。另外，它具有体积小、效率高、结构简单、处理量大、维护容易、适应范围广等优点，特别适用于磁性粉尘，随着超导磁分离技术的发展和完善，将进一步提高磁场强度和梯度，可以更有效地分离弱磁性和微细颗粒，扩大分离范围，实现连续工作，大幅度提高处理量，从而应用更加完善。

四、电凝聚除尘器

电凝聚除尘器也称为电凝并除尘器。人们在同极性荷电粉尘在交变电场中的凝并方法基础上，又进行了异极性荷电粉尘在交变电场中的凝并研究。异极性荷电粉尘的库仑凝并原理如图 6-44（a）所示，微细粉尘在预荷电区中荷以异极性的电荷后，进入凝并区中，在凝并区，带电粉尘在库仑力的作用下聚集成较大的颗粒，然后进入集尘区中被捕集下来。同极性荷电粉尘在交变电场中的凝并除尘如图 6-44（b）所示。粉尘在预荷电区荷以同极性电荷后，引入到加有高压电场的凝并区中，荷电尘粒在交变电场力作用下产生往复振动，由于粒子间的相对运动或速度差，使得粒子相互碰撞而凝并，最后在集尘区中被捕集下来。异极性荷电粉尘在交变电场中的凝并除尘装置如图 6-44（c）所示，由于采用异极性预荷电方式，加快了异极性荷电粉尘在交变电场中的相对运动，有利于荷电粉尘的相互吸引、碰撞、凝并，从而提高凝并速率。异性荷电粉尘在交变电场中的凝并还可以采取双区式电极布置形式，如图

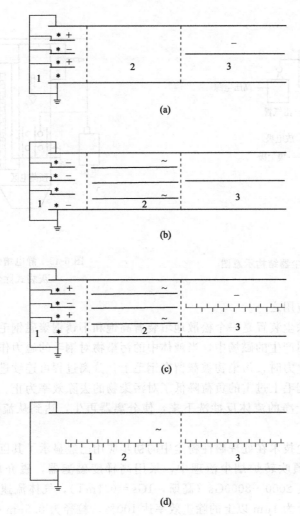

图 6-44 电凝并除尘器的结构形式
1—预荷电区；2—凝并区；3—集尘区

6-44（d）所示。

研究表明，图 6-44（b）所示的电凝并除尘装置处理 $0.06\sim12\mu m$ 的飞灰，比常规电除尘器的收尘效率提高 3%，即由 95.1% 增加到 98.1%。

五、高频声波助燃除尘器

声波能促使粉尘互相碰撞，小颗粒碰撞成大颗粒，大颗粒粉尘在含尘气流上升或前进的过程中，依靠本身重力，沉淀在锅炉内。因此，采用高频声波助燃除尘，可以减少源头烟尘的排放量。

高频声波实现炉内除尘，故可减少省煤器、空气预热器的堵灰及磨损，也减少了除尘装置和引风机的磨损，从而延长了这些设备的寿命。对锅炉起除尘消烟作用的主要是声压，声压峰值越高，作用越强，其明显的声压值频率在 $5000\sim15000\mathrm{Hz}$ 之间。高频声波助烧除尘装置已成功应用于工业锅炉，并取得了良好的效果，今后有望进一步应用于煤粉炉以及工业炉窑。该技术具有结构简单、安装方便、成本低、使用安全可靠等优点。

第八节　除尘器的选择

除尘器的种类和形式很多，具有不同的性能和使用范围。正确地选择除尘器并进行科学的维护管理，是保证除尘设备正常运转并完成除尘任务的必要条件。如果除尘器选择不当，就会使除尘设备达不到应有的除尘效率，甚至无法正常运转。

一、各类除尘器的优缺点和适用范围

1. 机械式除尘器

机械式除尘器构造简单，投资少，动力消耗低，造价比较低，维护管理方便，耐高温，耐腐蚀性，适宜含湿量大的烟气。但对粒径在 $5\mu m$ 以下的尘粒去除率较低，当气体含尘浓度高时，这类除尘器可作为初级除尘，以减轻二级除尘的负荷。

重力沉降室结构简单，投资少，压力损失小（$5\sim100Pa$），维护管理方便，适用于净化尘粒密度大、颗粒粗的含尘气体，特别是磨损性很强的粉尘。它能有效地捕集 $50\mu m$ 以上的尘粒，但不宜捕集 $20\mu m$ 以下的尘粒，且体积庞大，除尘效率低，一般仅为 $40\%\sim70\%$，所以常用于一级处理或预处理。

惯性除尘器结构简单，投资少，体积小，维护管理方便，主要用来捕集 $20\sim30\mu m$ 以上的较粗粉尘，但也不宜捕集 $20\mu m$ 以下的尘粒，且处理风量小，除尘效率低，一般用于处理风量较小、除尘效率要求较低的地方或一级处理或预处理。

旋风除尘器结构简单，投资少，体积小，维护管理方便，耐高温，耐腐蚀，但对粒径在 $5\mu m$ 以下的尘粒去除率较低，适宜除尘效率要求较低的地方或预处理，如 $1\sim20t/h$ 的锅炉烟气的处理。

2. 过滤式除尘器

袋式除尘器的除尘效率高，结构不太复杂，投资不大，可以回收有用粉料。但袋式除尘器的投资比较高，允许使用的温度低，操作时气体的温度需高于露点温度，否则，不仅会增加除尘器的阻力，甚至会由于湿尘黏附在滤袋表面而使除尘器不能正常工作。当尘粒浓度超过尘粒爆炸下限时也不能使用袋式除尘器，且袋式除尘器不适用于含有油雾、凝结水和粉尘黏性大的含尘气体，一般也不耐高温；袋式除尘器占地面积较大，更换滤袋和检修不太方便。

袋式除尘器广泛应用于各种工业生产的除尘过程，大型反吹风布袋除尘器，适用于冶炼厂、铁合金、钢铁厂等除尘系统的除尘；大型低压脉冲布袋除尘器，适用于冶金、建材、矿山等行业的大风量烟气净化；回转反吹风布袋除尘器，适用于建材、粮食、化工、机械等行业的粉尘净化；中小型脉冲布袋除尘器，适用于建材、粮食、制药、烟草、机械、化工等行业的粉尘净化；单机布袋除尘器，适用于各局部扬尘点，如输送系统、库顶、库底等部位的粉尘净化。

颗粒层除尘器适用于处理高温含尘气体，也能处理比电阻较高的粉尘，当气体温度和气量变化较大时也能适用。其缺点是体积较大，阻力较高。

3. 湿式除尘器

湿式除尘器既能除尘，也能脱除气态污染物（气体吸收，如火电厂烟气脱硫除尘一体化等），同时还能起到气体降温的作用，且具有设备投资少、构造简单、一般没有可动部件、除尘净化效率高等特点，较为适用于非纤维性、不与水发生化学反应、不发生黏结现象的各类粉尘，尤其适宜净化高温、易燃、易爆及有害气体。其缺点包括：容易受酸碱性气体腐蚀，管道设备必须防腐；需要处理污水和污泥，粉尘回收困难；冬季会产生冷凝水，在寒冷地区要考虑设备防冻等问题；疏水性粉尘除尘效率低，往往需要加净化剂来改善除尘效率。

4. 电除尘器

电除尘器主要有以下优点：可捕集微细粉尘及雾状液滴，粉尘粒径大于 $1\mu m$ 时，除尘效率可达 99%，除尘性能好；气体处理量大；可在 $350\sim400℃$ 的高温下工作，适用范围广；压力损失低，能耗低，运行费用少。

电除尘器的缺点是投资大、设备复杂、占地面积大，对操作、运行、维护管理都有较高的要求。另外，对粉尘的比电阻也有要求。目前，电除尘器主要用于处理气量大，对排放浓度要求较严格，又有一定维护管理水平的大企业，如燃煤发电厂、建材、冶金等行业。

二、除尘器的选择

选择除尘器时，必须综合考虑各方面因素：如除尘效率、压力损失、设备投资、占用空间、操作费用及对维修管理的要求等。一般来说，选择除尘器时应该注意以下几个方面的问题。

1. 了解除尘器进口含尘浓度和工业卫生及排放标准

设置除尘器的目的，不但要使生产过程产生的粉尘及时排除，使得作业场所的粉尘浓度达到工业卫生标准，而且要保证排至大气及其他空间的气体含尘浓度能够达到相关标准的要求。除尘器的除尘效率根据工业卫生及排放标准和除尘器进口气体的含尘浓度确定，要达到同样的工业卫生及排放标准，进口含尘浓度越高，要求除尘器的除尘效率也必须越高。若废气的含尘浓度较高，在电除尘器或袋式除尘器前应设置低阻力的初级净化设备。一般来说，文丘里、喷淋塔等洗涤式除尘器的理想含尘浓度应在 $10g/m^3$ 以下；袋式除尘器的理想含尘浓度范围是 $0.2\sim10g/m^3$；电除尘器的理想含尘浓度应在 $30g/m^3$ 以下。

2. 分析粉尘性质、粒径

黏性大的粉尘容易黏结在除尘装置表面，不宜采用干法除尘；比电阻过大或过小的粉尘，不宜采用静电除尘；水硬性（如水泥等）或疏水性（如石墨等）粉尘不宜采用湿法除尘。处理磨琢性粉尘时，旋风除尘器内壁应衬垫耐磨材料，袋式除尘器应选用耐磨的滤料。如果粉尘具有爆炸性，除尘装置必须有防止积聚静电荷措施。密度较大的粉尘，可选用旋风或重力沉降室。对于磁性粉尘，可以采用高梯度磁分离除尘器除尘。对于工业锅炉的除尘，可选用高频声波助燃除尘装置。工业炉窑高温烟尘的治理，可选用陶瓷微管过滤式除尘装置。

另外，选择除尘器时，必须了解处理粉尘的粒径分布和除尘器的分级效率。表 6-1 列出了用标准二氧化硅粉尘进行实验得出不同除尘器的分级效率，可供选用除尘器时参考。一般情况，当粒径较小时，应选择湿式、过滤式或电除尘器；当粒径较大时，可以选择机械式除尘器。

3. 气体的含尘浓度

若气体的含尘浓度较高，可用机械式除尘器；含尘浓度较低时，可用文丘里湿式除尘器或袋式除尘器；若进口气体的含尘浓度较高，而要求出口气体的含尘浓度低时，可采用多级除尘器串联的组合方式除尘。在电除尘器或袋式除尘器前应设置低阻力的初级净化设备，除去粗大的尘粒，降低了后面除尘器入口粉尘浓度，可以防止电除尘器由于粉尘浓度过高产生的电晕闭塞；可以减少洗涤式除尘器的泥浆处理量；可以防止文丘里湿式除尘器喷嘴堵塞和减少喉管磨损等。

表 6-1　除尘器的分级效率

除尘器名称	全效率/%	不同粒径(μm)时的分级效率/%				
		0~5(20%)	5~10(10%)	10~20(15%)	20~44(20%)	>44(35%)
带挡板的沉降室	56.8	7.5	22	43	80	90
普通的旋风除尘器	65.3	12	33	57	82	91
长锥体旋风除尘器	84.2	40	79	92	99.5	100
喷淋塔	94.5	72	96	98	100	100
电除尘器	97.0	90	94.5	97	99.5	100
文丘里湿式除尘器	99.5	99	99.5	100	100	100
袋式除尘器	99.7	99.5	100	100	100	100

注：括号中的数值为粒子的粒径分布。

4. 考虑含尘气体性质

选择除尘器时，必须考虑含尘气体的性质，如温度、湿度、可燃性、成分等。对于高温、高湿的气体不宜采用袋式除尘器，如果粉尘的粒径小，比电阻不适宜电除尘，又要求干法除尘时，可以考虑采用颗粒层除尘器。如果处理的是可燃气体或爆炸性气体，电除尘装置是不适用的。如果含尘气体有气态氟化物，就不能用玻璃纤维织物作高温过滤。如果气体中同时含有有害气体，如 SO_2、NO_x 等，可以考虑采用湿式除尘器，但是必须注意腐蚀问题。高湿可能使惯性除尘器堵塞，在过滤介质上结块，或使除尘器腐蚀。湿式除尘装置不宜在会使液体冻结、沸腾或蒸发太快的温度下使用。

5. 设备投资和运行费用

在选择除尘器时既要考虑设备的一次投资（设备费、安装费和工程费），还必须考虑易损配件的价格、动力消耗、日常运行和维修费用等，同时还要考虑除尘器的使用寿命、回收粉尘的利用价值等因素。选择除尘器时要结合本地区和使用单位的具体情况，综合考虑各方面的因素。表 6-2 是各种除尘器的综合性能表，可供选用除尘器时参考。

表 6-2　各种除尘器的综合性能

除尘器名称	适用的粒径范围/μm	除尘效率/%	压力损失/Pa	设备费用	运行费用	投资和运行费用比例
重力沉降室	>50	<50	50~130	低	低	
惯性除尘器	20~50	50~70	300~800	低	低	
旋风除尘器	5~30	60~70	800~1500	中	中	1:1
冲击水浴除尘器	1~10	80~95	600~1200	中	中	1:1
旋风水膜除尘器	≥5	95~98	800~1200	中	中	3:7
文丘里湿式除尘器	0.5~1	90~98	4000~10000	低	高	3:7
电除尘器	0.5~1	90~98	50~130	高	中	3:1
袋式除尘器	0.5~1	95~99	1000~1500	较高	较高	1:1

思考题与习题

1. 什么叫除尘分级效率和总效率？

2. 分析影响重力沉降室的效率的因素。

3. 试根据离心式除尘器的工作原理推证：离心式除尘器中被捕集粉尘粒子的沉降速度比单纯重力沉降室中粒子的沉降速度大。

4. 简述影响旋风除尘装置效率和阻力的主要因素。

5. 袋式除尘装置的性能主要受哪些因素的影响？

6. 分析影响电除尘装置除尘效率的主要因素。

7. 说明驱进速度、有效驱进速度、过滤风速的物理意义。

8. 袋式除尘装置、电除尘装置的除尘过程与机理如何？其设计计算步骤如何？

9. 试分析各类除尘装置的优缺点。

10. 选择除尘装置时要注意哪些问题？

11. 对某旋风除尘装置现场测定，得到的数据为：除尘装置的进口含尘浓度 $3000\mathrm{mg}/\mathrm{m}^3$，除尘装置的出口含尘浓度 $450\mathrm{mg}/\mathrm{m}^3$，除尘装置进口和出口处粉尘的粒径分布列于下表。

粒径/μm	0~5	5~10	10~20	20~40	>40
除尘装置前/%	25	15	10	25	25
除尘装置后/%	80	12	6	2	0

试确定该除尘装置的全效率和分级效率。

12. 根据对某旋风除尘装置的现场测试得到：除尘装置进口的气体流量为 $10000\mathrm{m}^3/\mathrm{h}$，含尘浓度为 $4.2\mathrm{g}/\mathrm{m}^3$。除尘装置出口的气体流量为 $12000\mathrm{m}^3/\mathrm{h}$，含尘浓度为 $340\mathrm{g}/\mathrm{m}^3$。试计算该除尘装置的处理气体流量、穿透率和除尘效率（分别按考虑漏风率和不考虑漏风率两种情况计算）。

13. 某种粉尘的真密度为 $2700\mathrm{kg}/\mathrm{m}^3$，气体介质（近如空气）温度为 433K，压力为 101325Pa，试计算粒径为 $10\mu\mathrm{m}$ 和 $500\mu\mathrm{m}$ 的尘粒在离心力作用下的末端沉降速度。已知离心力中颗粒的旋转半径为 200mm，该处的气流切向速度为 16m/s。

14. 有一沉降室长 7.0m，高 12m，气速 30m/s，空气温度 300K，尘粒密度 $2.5\mathrm{g}/\mathrm{cm}^3$，空气黏度 $0.067\mathrm{kg}/(\mathrm{m}\cdot\mathrm{h})$，求该沉降室能 100%捕集的最小粒径，如果将高度改为 8m，长度保持不变，除尘装置的最小捕集粒径会不会发生改变？为什么？

15. 在气体压力为 1atm（标准大气压），温度为 293K 下运行的管式电除尘装置。圆筒形集尘直径为 0.3m，$L=2.0\mathrm{m}$，气体流量 $0.075\mathrm{m}^3/\mathrm{h}$。若集尘板附近的平均场强 $E=100\mathrm{kV}/\mathrm{m}$，粒径为 $1.0\mu\mathrm{m}$ 的粉尘荷电量 $q=0.3\times10^{-15}\mathrm{C}$，计算该粉尘的驱进速度 ω 和电除尘效率。

16. 对某电除尘器进行现场实测时发现，处理风量 $55\mathrm{m}^3/\mathrm{s}$，集尘极总集尘面积为 $2500\mathrm{m}^2$，断面风速 1.2m/s，除尘器效率为 9%，计算粉尘的有效驱进速度。

17. 设计一静电除尘装置，若处理风量为 $180000\mathrm{m}^3/\mathrm{min}$，入口含尘浓度为 $4\mathrm{g}/\mathrm{m}^3$，要求出口含尘浓度降至 $0.2\mathrm{g}/\mathrm{m}^3$，试计算该除尘装置极板面积、电场段面积和电场的长度。

18. 安装一个滤袋室处理被污染的气体，试估算某些布袋破裂时粉尘的出口浓度。已知系统等操作条件：1atm，288K，进口处浓度为 9.15g/m³，布袋破裂前的出口浓度 0.0458g/m³，被污染的气体体积流量为 14158m³/h，布袋数为 6，每室中的布袋数 100，布袋直径为 15cm，系统的压降为 1500Pa，破裂的布袋数为 2。

19. 某布袋除尘装置在恒定的气流速度下运行 30min。此期间处理烟气 70.8m³，系统的最初和最终的压降分别为 40Pa 和 400Pa，假如在最终压力下过滤器再操作 1h，计算另外的气体处理量。

20. 除尘装置系统的处理烟气量为 10000m³/h，初始含尘浓度为 6g/m³，拟采用逆气流反吹清灰布袋式除尘装置，选用涤纶绒布滤料，要求进入除尘装置的气体温度不超过 393K，除尘装置压力损失不超过 1200Pa，烟气性质近似于空气。试确定：①过滤速度；②粉尘负荷；③除尘装置的压力损失；④最大清灰周期；⑤滤袋面积；⑥滤袋的尺寸（直径和长度）和滤袋条数。

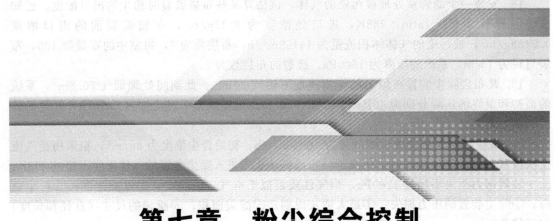

第七章 粉尘综合控制

为了减少和防止粉尘的危害，使用除尘器除尘是有效的防治粉尘措施之一，但是，更重要的是，还应采取其他综合粉尘控制措施。本章主要介绍选择合理的生产布局和工艺减少产尘、物料预先湿润黏结与湿式作业、单水喷雾降尘、物理方法降尘控尘、化学方法减尘降尘、消除落尘与个体防护、粉尘爆炸的防止与隔绝等综合粉尘控制措施。

第一节 生产布局和工艺减少产尘

由第一章介绍可知，固体物料的机械破碎和研磨、大气运动、粉状物料的混合筛分和包装运输等生产工艺过程均会产生粉尘，而不同的生产工艺产生的粉尘量是不同的，因此，选择合理的生产布局和生产工艺是有效的防尘措施之一。

一、选择合理的生产布局

由于大气运动将产生风力，会将一个地点的悬浮粉尘带至另外地点，如另外地点为人员生产、生活区域，将会对人身造成危害，因此，布置厂房时，应选择合理的厂房位置和朝向，避免人员生产、生活区域的进风含有粉尘。其具体措施举例如下。

① 产尘车间在工厂总平面图上的位置，对于集中采暖地区，应位于其他建筑物的非采暖季节主导风向的下风向的下侧；在非集中采暖地区，应位于全年主导风向的下风侧。

② 厂房主要进风面应与夏季风向频率最多的两个象限的中心线垂直或接近垂直，即与厂房纵轴成 $60°\sim90°$。

③ 对 L 形、Π 形、Ⅲ 形平面的厂房，开口部分应朝向夏季主导风向，并在 $0°\sim45°$ 之间。

④ 在考虑风向的同时，应尽量使厂房的纵墙朝南北向或接近南北向，以减少西晒，在太阳辐射热较强及低纬度地区，尤须特别注意。

⑤ 合理工艺布置。在工艺流程和工艺设备布局时，应使主要的操作地点位于车间内通风良好和空气较为清洁的地方。一般布置在夏季主导风向的上风侧。严重的产尘点应位于次

216

要产尘点的下风侧。另外，在工艺布置时，尽可能为除尘系统（管道的敷设、平台位置、粉尘的集送及污泥的处理方面）的合理布置提供必要的前提条件。

二、选择合理的生产工艺

研究表明，粉尘产生和散发量与生产工艺相关性很大，各行业生产工艺不同，采取的工艺方法、减少产尘方法也不同。下面介绍典型行业选择的合理的生产工艺减尘措施。

① 采取减少物料破碎产尘的生产工艺。例如，还原铁炼钢及惰性气体保护气氛熔化钢水等先进熔炼工艺；用烧油或天然气代替烧煤或焦炭；采用浇冒口自动切割生产线；用压力铸造、金属模铸造代替型砂铸造，用磨液喷射加工新工艺取代磨料喷射加工方法；采用高效的轮碾设备，减少砂处理设备的台数，减少扬尘点；采取铸件落砂、除芯、表面清理和旧砂再生"四合一"抛丸落砂清理设备，减少扬尘点；水泥厂用电子秤配煤，对原料和燃料预均化并设置生料预均化库，窑炉采取自动控制预加水成球工艺，采用暗火烧成工艺及添加晶种煅烧工艺，以减少粉尘产生；采煤机割煤时，根据所采煤层的具体条件，选择合理的滚筒、截齿和截齿布置方式及数量，如使用镐型截齿、及时更换磨钝的截齿、尽可能减少截齿的数量等，选择恰当的割煤方式，合理控制采煤机的截割速度和牵引速度，以增大落煤块度，美国做过相关试验，采煤机割煤的截深由 0.8cm 增至 2.1cm 时，产尘量减少 50%，截割速度从 60r/min 减小到 15r/min 时，空气中的呼吸性粉尘含量减少到 51%；机械化掘进作业中，选择合理的截凿类型、截凿锐度、截齿间距、截割速度、深度及安装角度，可减少粉尘的产生。

② 采取减少物料转载运输产尘的生产工艺。如采用皮带机输送砂子时采取皮带跑偏措施、皮带上加导料槽、装刮砂器；转载处采取密闭措施；采用配备有气力输送设备的密闭罐车和气力输送系统储运、装卸和输送各种粉粒状物料；用风选代替筛选，能避免在储运、装卸、输送和分级过程中粉尘的飞扬。

③ 采取减少喷射混凝土产尘的生产工艺。喷射混凝土是开掘矿井巷道、地下铁道、公路隧道的主要支护方式之一，混凝土由水泥、骨料（如砂子、石子）、水及速凝剂组成，喷射混凝土生产工艺好坏会影响产尘量，实践证明，增加水灰比、选择具有较高黏附性的水泥含量、增大骨料粒径等可减少粉尘产生量。

④ 优化生产原料。如控制造型工段的粉尘，采用游离二氧化硅含量低的石灰石砂、橄榄石砂代替游离二氧化硅含量很高的石英砂，用双快水泥砂、冷固树脂自硬砂造型制芯，达到既简化工序又减轻粉尘危害的目的。

第二节　物料预先湿润黏结与湿式作业

物料预先湿润黏结和湿式作业是一种简便、经济、有效的防尘技术措施，凡是在生产中允许加湿的作业场所应首先考虑采用，目前主要在矿山、隧道施工、电厂、工业厂房、道路建设行业采用。本节主要介绍使用清水的物料预先湿润黏结与湿式作业。

一、物料预先湿润黏结

物料预先湿润，是指在破碎、研磨、转载、运输等产尘工序前，预先对产尘的物料采用液体进行湿润，使产生的粉尘提前失去飞扬能力，预防悬浮粉尘的产生。例如，煤矿生产中预先对将要开采的煤体实施煤体预先湿润，隧道及地下巷道施工中将待装载运输的破碎岩石洒水预先湿润，电厂对将要被皮带输送机输送到燃烧炉的煤炭预先洒水湿润等。下面主要介绍煤体预先湿润和破碎物料预先湿润。

1. 煤体预先湿润

（1）煤体预先湿润的作用和影响因素

煤体预先湿润，是指煤矿生产中对将要开采的煤体预先注入或灌入液体，使其渗入煤体内部，增加煤的水分，从而减少煤层开采过程煤尘的产尘量。按照液体进入煤体的方法，可分为煤体注水和煤体灌水。

煤体预先湿润的减尘作用主要有以下三个方面。

① 煤体内的裂隙中存在着原生煤尘，水进入后，可将原生煤尘湿润并黏结，使其在破碎时失去飞扬能力，从而有效地消除这一尘源。

② 水进入煤体内部，并使之均匀湿润。当煤体在开采中受到破碎时，绝大多数破碎面均有水存在，从而消除细粒煤尘的飞扬，预防和减少浮尘的产生。

③ 水进入煤体后使其塑性增强，脆性减弱，改变了煤的物理力学性质，当煤体因开采而破碎时，脆性破碎变为塑性变形，因而减少了煤尘的产生量。

根据现场测定，煤体预先湿润的降尘效果一般在 $50\%\sim90\%$。

煤体预先湿润的影响因素主要有以下四个方面。

① 煤的裂隙和孔隙的发育程度。煤体的孔隙发育程度一般用孔隙率表示，系指孔隙的总体积与煤的总体积的百分比。根据实测资料，当煤层的孔隙率小于 4% 时，煤层的透水性较差，注水效果较差；孔隙率为 15% 时，煤层的透水性最高，注水效果最佳；而当孔隙率达 40% 时，煤层成为多孔均质体，天然水分丰富则无须注水，此多属于褐煤。

② 液体性质的影响。煤是极性小的物质，水是极性大的物质，两者之间极性差越小，越易湿润。

③ 上覆岩层压力及支承压力。地压的集中程度与煤层的埋藏深度有关，煤层埋藏越深则地层压力越大，而裂隙和孔隙变得越小，导致透水性能降低。

④ 注水参数的影响。煤层注水参数是指注水压力、注水速度、注水量和注水时间。注水量或煤的水分增量是煤层注水效果的标志，也是决定煤层注水除尘率高低的重要因素。注水量和煤的水分增量都和煤层的渗透性、注水压力、注水速度以及注水时间有关。

（2）煤体注水

煤体注水是指在采煤前预先在煤层中打若干钻孔，通过钻孔注入压力水，使其渗入煤体内部，增加煤的水分。

① 煤体注水方式。由第四章可知，在煤矿中，一个采区内用不同高度水平面沿倾斜方向划分后进行采煤作业的地点称为采煤工作面。根据水的加压方式，可分为静压注水和动压注水，静压注水是直接利用水的重力作用将比注水点高的水源的水注入煤体，动压注水是通过注水泵或风包加压将水源的水加压后注入煤体。根据煤层钻孔的位置、长度和方向不同，煤体注水又有以下 4 种方式。

a. 长孔注水。它是从采煤工作面的运输巷道或回风巷道，沿煤层倾斜方向平行于工作面打上向孔或下向孔注水，钻孔长度 $30\sim100m$，钻孔间距 $10\sim15m$，如图 7-1 所示。

b. 短孔注水。短孔注水是在采煤面垂直煤壁或与煤壁斜交打钻孔注水，注水孔长度一般为 $2\sim3.5m$，钻孔间距等于工作面日推进度，如图 7-2 中的 a 所示。

c. 深孔注水和中孔注水。深孔注水和中孔注水与短孔注水有相似之处，也是在采煤工作面垂直煤壁打钻孔注水，所不同的是，注水孔长度有差异，深孔注水长度一般为 $12\sim25m$，钻孔间距 $7\sim15m$，等于工作面一周推进度，如图 7-2 中的 b 所示；中孔注水长度一

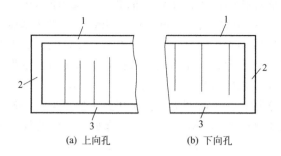

(a) 上向孔　　　　　(b) 下向孔

图 7-1　长孔注水方式示意图
1—回风巷道；2—工作面；3—进风巷道

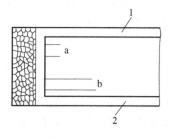

图 7-2　短孔、深孔注水方式示意图
a—短孔；b—深孔；
1—回风巷道；2—进风巷道

般为 4～6m，等于工作面 2～3 天推进度，钻孔间距等于注水孔长度。

d. 巷道钻孔注水。即由上邻近煤层的巷道向下煤层打钻孔注水。巷道钻孔注水采用小流量、长时间的注水方法，湿润效果良好；但打岩石钻孔不经济，而且受条件限制，所以极少采用。

② 煤体注水工艺与参数。煤体注水工艺包括钻孔、封孔、注水。

a. 钻孔。短孔注水和中孔注水一般采用爆破采煤的打眼工具——煤电钻和可接长的麻花钻杆钻孔，长孔注水、深孔注水及巷道钻孔注水一般采用钻机钻孔，我国煤矿注水常用的钻机如表 7-1 所列。

表 7-1　常用煤层注水钻机一览表

钻机名称	功率/kW	最大孔深度/m
KHYD40KBA	2	80
TXU-75 型油压钻机	4	75
ZMD-100 型钻机	4	100

b. 封孔。目前封孔方法主要有两种：一是水泥砂浆封孔，二是封孔器封孔。

水泥砂浆封孔是指将一定比例的水泥和砂浆混合并送入钻孔孔口，填塞注水管与钻孔的间隙，待凝固后再注水。运送水泥砂浆的方法有灌注法、捣实法。灌注法是通过风动泵或泥浆泵等动力将泥浆比为 1：（2～3）的稀水泥砂浆送入孔口；捣实法是先将水泥砂浆预先制成稠泥团，再通过人工送入孔口。

封孔器分为水力膨胀式封孔器和摩擦式封孔器。使用水力膨胀式封孔器时，将封孔器与注水钢管连接起来送至封孔位置，水流从封孔器前端的喷嘴流出进入钻孔，产生压力降，膨胀胶管内的水压升高，使胶管膨胀，封住钻孔。注水结束后，封孔器胶管将随压力下降而恢复原状，可取出复用。使用摩擦式封孔器时，将封孔器与注水钢管连接起来送至钻孔内的封孔位置，顺时针旋动注水管使其向前移动，这时橡胶密封胶管被压缩而径向胀大，封住钻孔。注水结束后，逆时针旋转注水管，密封胶管卸压，胶筒即恢复原状，可取出复用。

c. 注水。注水过程中，静压注水比较简单，直接将注水管与矿井静压供水系统连接，并安设水表即可；在动压注水中，除封孔器外，所使用的设备还有水泵、分流器及水表等。

我国常用煤层注水泵有 5D、5BD、5BZ、7BZ 型等，额定流量为 1.5～6m³/h，额定压力为 4.5～16MPa。分流器是动压注水中保证各孔的注水流量恒定的装置，现用的 DF-1 型分流器的压力范围 0.49～14.7MPa、节流范围 0.5m³/h、0.7m³/h、1.0m³/h。当注水压力大于 1MPa 时，可采用 DC-4.5/200 型注水水表，耐压 20MPa，流量 4.5m³/h；注水压力小于 1MPa 时，可采用普通自来水水表。注水压力表为普通压力表，选择时要求压力表量程应为注水管中最大压力的 1.5 倍，水泵出口端压力表的量程应为泵压的 1.5～2 倍。

注水参数方面，主要包括注水压力、注水量、注水时间等。注水压力主要根据煤层透水性、注水方式确定，如透水性强的煤层采用低压（＜2.5MPa）注水，透水性较弱的煤层采用中压（2.5～10MPa）注水，必要时可采用高压（＞10MPa）注水，长孔注水一般采用静压注水，短孔注水一般采用中压注水，深孔和中孔注水一般采用中压或高压注水。注水量与工作面尺寸、煤厚、钻孔间距、煤的孔隙率、含水率等多种因素有关，一般来说，中厚煤层的吨煤注水量为 0.015～0.03m³/t，厚煤层为 0.025～0.04m³/t。每个钻孔注水时间与钻孔注水量成正比，与注水速度成反比，在实际注水中，常把在预定的湿润范围内的煤壁出现均匀"出汗"（渗出水珠）的现象，作为判断煤体是否全面湿润的辅助方法。"出汗"后或在"出汗"后再过一段时间便可结束注水。通常静压注水时间长，动压注水时间短。

（3）煤体灌水

煤体灌水主要用在分层开采中，它是先将水注入上分层采空区破碎岩石，水在上分层采空区沿下分层上沿流动后，再慢慢渗入待湿润的下分层煤体中，从而减少煤层开采过程煤尘的产尘量。灌水方法有上分层超前钻孔灌水、采后密闭灌水、埋管灌水、水窝灌水等。上分层超前钻孔灌水是指在下分层巷道向上分层采空区灌水，钻孔间距 5～7m；采后密闭灌水是指上分层开采结束或部分结束后砌密闭墙并接入水管向密闭内灌水；埋管灌水是指上分层开采中预先在上分层采空区埋水管并接入水管向上分层采空区灌水；水窝灌水是指在上分层的回风巷道开挖深 1m、宽 2m 左右的水窝，供水系统的水先充入水窝，水窝的水在上分层采空区沿下分层上沿流动后再慢慢渗入待湿润的下分层煤体中。

2. 破碎物质或粉料预先湿润黏结

破碎物质或粉料预先湿润是指生产工艺中可加水的破碎物质或粉料在运输、转载、筛分等生产工艺前预先喷水湿润黏结，减少这些作业的产尘量，如石英砂、采出的煤炭、碎石、烧结混合料、地面道路泥土等。其预先湿润的加水量根据生产工艺要求及特点等因素确定，也可按下式确定

$$Q_{sh} = K_{sh} G_k (\beta_y - \beta_z) \tag{7-1}$$

式中 G_k——需要预先湿润的物料量，kg；

β_y——物料原始水分，%；

β_z——物料最终水分，%，一般由工艺及防尘要求提出，也可取 β_z=4%～10%；

K_{sh}——备用系数，可取 K_{sh}=1.1。

喷水装置可采用鸭嘴形或丁字形喷水管。鸭嘴形喷水管的喷口为宽度 2mm 左右的细长条缝，与胶管相连，用作移动加湿物料用。丁字形喷水管的一端与供水管相连，不与供水管直接相连的管子上均分地钻有 2～3mm 的喷孔，具体长度和喷孔数量取决于喷水宽度与需要加水量。

二、湿式作业

湿式作业是指向破碎、研磨、筛分等产尘的生产作业点加水，以减少悬浮粉尘的产生。

湿式作业场所较多，下面介绍有代表性的几种。

1. 湿式打眼

湿式打眼是指采用湿式打眼机具，将具有一定压力的水，送到打眼机具的炮眼眼底，用水湿润和冲洗打眼过程产生的粉尘，使粉尘变成尘浆流出炮眼，从而达到抑制粉尘飞扬、减少空气中矿尘含量的目的。

按湿式打眼机具的动力分，湿式打眼机具可分为湿式电钻和湿式风动打眼机具。按供水方式，湿式打眼机具可分为中心式供水和侧式供水两种。下面介绍两种典型的湿式打眼机具。

（1）中心供水凿岩机

这种凿岩机利用压缩空气进行凿岩，装有气、水联动的注水机构，风、水联动是指凿岩机风路接通以后，水路自动接通。当凿岩机开动时，压气自动开启水路，水经水针进入钎杆（或称钻杆）中心，再由钎头出来注入眼底，水与尘形成尘浆经钎杆和炮眼壁之间的间隙排出。

当凿岩机停止运转时，柄体气室压气消失，弹簧推动注水阀关闭水路，停止注水。

（2）侧式供水湿式煤电钻

侧式供水湿式煤电钻主要结构如图 7-3 所示。钻头采用人字形硬质合金钻头，在钻头的分叉处到尾部的两侧均刨成深 3mm、宽 4mm 的半圆沟槽，使水能直接到钻头前部，冲洗煤岩尘；钎杆采用头部为麻花式后部为六棱式。

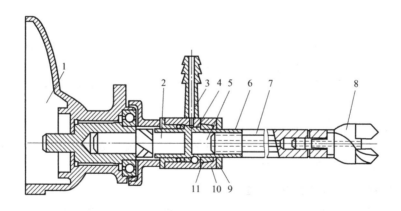

图 7-3 侧式供水湿式煤电钻

1—电钻；2—麻花钎杆钻尾；3—进水管；4—水柜；5—供水套；6—联结轴；
7—钎杆；8—钻头；9—端盖；10—钢垫圈；11——橡皮圈

供水套由联结轴 6 和水柜 4 两个主要部件组成。联结轴一端用内螺纹连接着麻花钎杆钻尾部分 2，以便插入电钻 1 的钻嘴内，另一端亦用内螺纹与钎杆 7 连接。水从水管侧式进入水柜后，即从进水眼流入钎杆尾部，经钎杆到钻头前部冲洗煤岩粉。

湿式打眼的降尘效果十分显著，降尘率达到 90％以上，湿式打眼可使作业地点空气中的含尘浓度降低到 10mg/m³ 左右。

2. 石英砂湿法生产

石英砂广泛用于铸造、玻璃、电瓷等行业，需用量很大。石英石含游离二氧化硅高达 95％以上，所以石英粉尘对人体有很大危害，如果在生产中不注意防尘，将会严重危害工人的身体健康。干法作业点含尘浓度很高，而采用湿法作业，可大大降低作业点粉尘浓度，而且还能提高产量和产品质量。某石英砂厂采用湿法生产工艺后，作业点含尘浓度由原来每立方米几百毫克降至2毫克以下，同时产量可提高18%。由于石英砂表面经水冲洗后去除了杂质，故水磨后的石英砂含铁量由干磨时的0.3%降至0.047%，质地纯洁，提高了产品质量。

石英砂湿法生产工艺由破碎、筛分、脱水沉淀等工序所组成。大块石英石运至料场后，由皮带输送机送至储料斗，在皮带输送机上部装有喷水器，将石块上夹带的泥质杂质冲洗干净。然后石块经储料斗进入颚式破碎机进行粗破碎，破碎机上装有喷水管，进行喷水湿润石英石。破碎后的小块石英石经斗式提升机送入轮碾机进行细粉碎；在粉碎过程中加入一定量的水，使水与砂两者达到合理的重量比（水砂比）。实践表明，如使用双碾机湿法生产，当水砂比等于或大于1:2.5时，作业点含尘浓度即能达到卫生标准。细粉碎后的石英砂，由斗式提升机经储料斗送至圆滚筛进行筛分，再经离心脱水机脱水后即可得到水分含量在6%~12%之间的成品石英砂。

3. 石棉湿法纺织生产线

随着现代工业的发展，石棉纺织制品的需求量也日益增加。过去生产石棉纺织制品一直是沿用棉、毛的干法梳纺工艺。这种工艺在整个生产过程中都产生大量粉尘，危害工人的健康。为了降低作业点的含尘浓度，常采用通风防尘措施，这就需要设置庞大的通风除尘设备，并消耗较大的动力。而且，由于梳纺工艺的要求，在梳纺过程中还需加入补强材料——棉花。为了解决粉尘危害，充分利用短纤维石棉，节省棉花，因而产生了石棉湿法纺线新工艺。

石棉湿法纺线工艺流程如下：

原棉处理→水选除杂→浸泡→打浆→成膜→纺线→编织→成品

石棉湿法纺线是采用化学的方法将石棉绒均匀地分散入浆液中，并使之成胶体状，经过浸泡、打浆、成膜等工序后形成皱纹纸状的石棉薄膜，再将石棉薄膜纺成线，最后编织成各种石棉纺织制品。

湿法纺线不但简化了工艺流程，还从根本上消除了粉尘的危害，不需要通风防尘设备，节省通风能耗。这种工艺还可以充分利用短石棉纤维，不需要添加棉花。由于不加棉花，所以产品的耐热性能和强度都有所提高。

4. 水力清砂、水爆清砂和电液压清砂

水力清砂是指在铸造等工艺中，利用高压水泵和水枪将水高速喷射到铸件表面，从而清洗剥离黏附在铸件上的型砂，型砂与水一起经地沟流入砂水池，经脱水烘干后回收使用。水力清砂装置主要由高压水泵、水枪、操作台、工件转运小车等部分组成，利用高压水泵将水压升高到6MPa或以上，然后通过水枪的喷嘴以高速喷射到铸件表面，使铸件上黏附的型砂在高压水冲击下剥离铸件，从而达到铸件清砂的目的。水力清砂不但可以使清砂工人免受粉尘之害，而且还可以减轻劳动强度，提高生产效率，它与风动工具清砂相比，生产效率可提高5~6倍。

水爆清砂就是将出箱后具有一定温度的铸件浸入水中，通过渗水、气化、增压而达到临界压力（超过周围型砂或芯砂的封闭阻力），使之产生爆炸，以除净铸件表面的型砂和芯砂。在此工艺中，铸钢件合适的入水温度为100~600℃，水温控制在30~60℃之间，引爆操作时可采取以下措施：ⅰ.为破坏铸件表面气层，提高其渗水能力，可用吊车吊着铸件往返运行，甚至撞击水爆池壁而引导爆炸；ⅱ.将好爆的和不好爆的铸件放在一起，以便引爆；ⅲ.加大铸件入水深度，以加大渗水静压，从而促进水爆的形成。

电液压清砂是利用高压脉冲发生装置在水中高压放电时产生的冲击波来除净铸件上的型砂和芯砂。清砂时，将铸件放置在装有电极的水槽中，其原理是：高脉冲电压（80kV）在水中放电时，能使放电通道中的水高速扩张，形成空穴，产生冲击波。冲击波的压力可达数千大气压，速度可达到 1500～2000m/s，冲击波向外扩张，使水中铸件受到一次冲击压缩，瞬间空穴又被水在极大的速度下填充，使水中的铸件又受到一次相反方向的冲击压缩。脉冲每放电一次，水中的铸件就受到两次冲击波的作用，在冲击波的重复作用下，铸件上的型砂和芯砂就被剥下来，从而达到清砂的目的。

5. 磨液喷砂

近百年来，在机器制造工业中，广泛采用干式磨料喷砂（即干喷砂）来清理或光饰工件表面。磨料喷砂的基本原理是借助压缩空气将砂粒吸引到喷枪，然后从喷枪的喷嘴以高速喷射到工件表面，利用高速运动的砂粒清理工件表面，以达到清理工件的目的。干式磨料喷砂虽然具有简单方便的优点，但会产生大量粉尘。

磨液喷砂的基本原理是：用磨液泵把一定浓度的磨液（磨料和水的混合物）从贮箱底部送到喷枪，喷枪前的旁路管使部分磨液回到贮箱，对磨液起搅拌作用，以利于磨液泵正常有效地工作，压缩空气由单设的管道通到喷枪，使磨液从喷嘴以高速喷射到工件表面，然后返回贮箱，循环使用。磨液是用掺有"缓蚀脱脂剂"的清水和适当粒度的磨料（石英砂、碳化硅等）按一定比例混合而成。缓蚀脱脂剂有缓蚀和脱脂作用，能使工件表面保持无锈、无痕、无油渍、清洁、美观。用磨液喷砂时，由于有一层液膜裹覆磨料，故能减少磨料的破碎和粉尘的产生。

6. 水封爆破与水炮泥

（1）水封爆破

水封爆破是指在打好炮眼以后，首先注入一定量的压力水，水沿矿物质节理、裂隙渗透，矿物质被湿润到一定的程度后，把炸药填入炮眼，然后插入封孔器，封孔后在具有一定压力的情况下进行爆破。

水封爆破虽能降尘、消烟和消火，但是，当炮眼的水流失过多时，也会造成放空炮，所以对炮眼中水的流失引起注意。

（2）水炮泥

水炮泥就是将装水的塑料袋代替黏土炮泥填入炮眼内，起到爆破封孔的作用。爆破时袋破裂，水在高温高压下汽化，与尘粒凝结，达到降尘的目的。水炮泥的塑料袋应难燃，无毒，有一定的强度。水袋封口是关键，目前使用的自动封口塑料水袋如图 7-4 所示，装满水后，能将袋口自行封闭。水炮泥的防尘原理与水封爆破实质上是一致的。水借助于炸药时产生的压力而压入煤层裂隙。由于水的压缩很小，水在爆破压力作用下不仅强力渗透到煤层中，而且爆破的热量可使水汽化，其降尘效果更明显。另外，炸药爆炸时可产生大量的炮烟，炮烟中易溶于水的有害气体会因遇有水蒸气而减少，从而降低了有害气体的浓度。实测

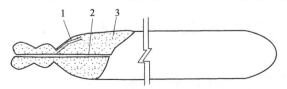

图 7-4　自动封口塑料水袋

1—逆止阀注水后位置；2—逆止阀注水前位置；3—水

表明：使用水炮泥的降尘率可达80%，空气中的有害气体可减少37%~46%。此外，使用水炮泥还容易处理瞎炮。

7. 湿式喷射混凝土

湿式喷射混凝土也称湿式喷浆，是指将一定配比的水泥、砂子、石子，用一定量的水预先拌和好（水灰比0.4左右），然后将湿料缓缓不断送入喷浆机料斗进行喷浆作业。由于在混合料中预加水搅拌，水泥水化作用充分，而且水泥被吸附在砂石表面结成大颗粒，使水泥失去浮游作用，大幅度抑制了粉尘的扩散。同时预湿的潮料比湿料（水灰比>0.35）黏结性小，能保证物料顺利输送，因此湿式喷浆对减弹、降尘有明显的效果。

第三节　单水喷雾降尘

单水喷雾降尘是指在一定的压力作用下，仅用水通过喷嘴的微孔喷出形成雾状水滴并与空气中浮游粉尘接触而捕捉沉降的方法，其降尘机理与湿式除尘相似。

单水喷雾降尘是目前广泛应用的一种防尘措施之一。与其他防尘措施相比，它具有结构简单、使用方便、耗水量少、降尘效率高、费用低等特点。缺点是单水喷雾降尘将增加作业场所空气的湿度，影响作业场所环境。

一、单水喷雾雾化机理

压力水从喷嘴喷出后，高速射流水和周围气体之间的气动干扰作用，在离喷嘴不太远的一段距离处产生脉动和表面波，当表面波的振幅大于射流半径时，波表面长度变短，压力水射流被分裂形成液滴而进行雾化。压力水分裂雾化过程中，滴状分裂、丝状分裂、膜状分裂往往同时存在。当射流速度较低时，射流在喷孔出口为连续流，在喷孔出口下游数倍喷孔直径距离处，射流会分裂成尺度大于射流直径的大液滴，液滴的形成不受气流的影响，仅受表面张力的影响。此时，破碎是由于扰动使得射流表面形成轴对称振荡波，波动在表面张力作用下振幅不断增大，最终导致丝状分裂。液滴破碎是表面张力与外力平衡的一个动态过程，液滴破碎与液体密度、表面张力、黏性力和空气动力有关，破碎需要有一个响应时间，即只有当外界对液滴作用维持足够的响应时间时，液滴才会破碎。液膜状破碎方式有三种：轮缘型破碎方式、穿孔型破碎方式和波动型破碎方式。轮缘型破碎方式是液膜受液体的表面张力影响会在薄膜的边缘处先收缩，形成像轮缘一样较厚的液膜，如果液体的黏性和表面张力很高，就会出现轮缘型薄膜的破碎形式；穿孔型破碎方式是当液膜受到同一空间内液滴的碰撞或由于液膜自身湍动而引起压力的变化时，液膜会被刺穿而形成大小不均的孔洞，这些孔洞与相邻的孔洞纵横交错在一起，形成网状液丝，最后液丝破碎成尺寸不一的液滴；波动型破碎方式是由液膜本身湍动造成的压力波使液膜波动，液膜上的某些小部分会在波节处或波峰处被撕扯下来，被扯下来的这部分液膜由于表面张力或外力的作用而收缩成小液滴。

二、影响单水喷雾降尘效果的主要因素

影响喷雾降尘效果的主要因素包括如下。

1. 影响湿式除尘器除尘效率的主要因素

影响湿式除尘器除尘效率的主要因素包括粉尘与水滴相对速度、水滴粒度、粉尘的湿润性、耗水量、液体黏度及粉尘密度等。

2. 喷雾作用范围与质量

雾体作用范围是指喷出的喷雾体所占的空间，如图 7-5 所示，它分别用作用长度 $L+B$、有效射程 B 和扩散角 α 表示，扩散角有时也称条件雾化角。雾体作用长度、有效射程和扩散角越大，喷雾作用范围越大，降尘量越大，降尘效果越好。

喷雾质量主要指雾滴粒径、雾滴密度及雾滴分布。雾滴粒径与降尘效果的关系已在第六章第五节叙述。雾滴分布越均匀，降尘效果越好，反之越差。雾滴密度越大，与粉尘接触机会越多，降尘效果越好，但太大将导致耗水量加大，并影响作业环境和生产要求，一般来说，在有效射程内雾滴平均密度为 $10^6 \sim 10^8$ 粒/立方米为宜。

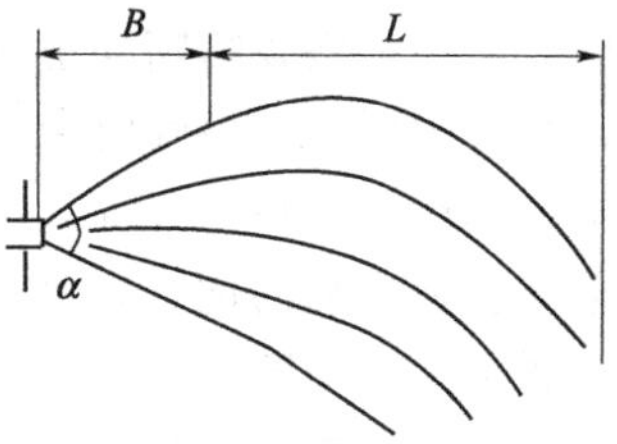

图 7-5　雾体作用范围
B—有效射程；$L+B$—作用长度；α—扩散角

3. 供水压力和喷嘴形式

供水压力和喷嘴形式直接影响喷雾作用范围与质量。

供水压力越大，雾体衰减越慢，同一位置雾滴运动速度、单位体积的雾滴数量越大，雾体分布越好，雾体运动涡流强度越大，雾滴直径越小，雾滴荷电越强，雾体作用长度、有效射程和扩散角越大，喷雾质量越好。

目前用于降尘的喷雾器形式较多，产生的雾体作用长度、有效射程和扩散角不同，其雾滴粒径、雾滴密度及雾滴分布也不同，降尘效果也不相同。

4. 喷雾器安装位置

压力水从喷孔喷出后，随着离喷孔距离的增加，雾滴运动速度、单位体积的雾滴数量及雾体分布呈衰减态势，距离越远，雾粒越分散，雾滴运动速度和单位体积的雾滴数量越少，降尘效果越差。但如雾体距喷雾出口太近，则喷雾作用范围小，因此，喷雾器与产尘点的距离应根据现场实际确定。一般来说，直接喷向产尘点喷雾降尘的合理距离为 1.5～2.5m。

5. 水质

这里所说的水质主要指水中悬浮物含量、悬浮物粒径和 pH 值。水质差，悬浮物含量多，悬浮物粒径大，容易造成喷嘴堵塞，降低喷雾作用范围与质量；pH 值太大或太小将影响作业环境，腐蚀喷嘴。因此，正常作业条件下，悬浮物含量不得超过 150mg/L，悬浮物粒径不得超过 0.3mm，pH 值应在 6～9 之间，否则，应进行相关水处理，如安设过滤装置、沉淀池等。

三、喷嘴形式与选择

降尘用的喷嘴形式较多，下面介绍几种常用分类方法。

1. 按喷嘴的材质和可耐水压分

按喷嘴的材质分，喷雾器可分为塑料喷嘴、尼龙喷嘴、单金属喷嘴、金属合金喷嘴、全陶瓷喷嘴、陶瓷嵌金属喷嘴等。

按喷嘴的可耐水压分，喷雾器可分为低压喷嘴、中压喷嘴、高压喷嘴。在其他条件不变前提下，喷雾效果方面为低压喷嘴最差、中压喷嘴次之、高压喷嘴最好，成本方面是低压喷嘴最低、中压喷嘴次之、高压喷嘴最贵。

塑料或尼龙喷嘴的材质均为塑料或尼龙，这种喷嘴成本最低，但耐压程度低，一般只适用产尘量低、水压为 2.5MPa 以下的低压喷雾，属于低压喷嘴；单金属喷嘴由普通钢材、不锈钢材、铜质材料等金属制作，成本高于塑料或尼龙喷嘴，低于其他喷嘴，适用于水压为 2.5~10MPa 的中压喷雾，属于中压喷嘴；金属合金喷嘴的喷孔由钨、钛等稀有金属和普通金属合成的合金材料制成，喷嘴外壳等其他部分由单金属制作，且合金喷孔嵌入喷嘴外壳中，耐压耐磨程度高，成本也最高，适用于产尘量高、水压大于 10MPa 的高压喷雾，属于高压喷嘴；全陶瓷喷嘴均由陶瓷材料制成，喷口耐压耐磨程度高，成本中等，但强度比金属低，有时用扳手拧喷嘴时会拧碎陶瓷喷嘴，属于中高压喷嘴；陶瓷嵌金属喷嘴是指喷孔用陶瓷材料制作，喷嘴外壳等其他部分由单金属制作，且陶瓷喷孔嵌入喷嘴外壳中，这种喷嘴具有金属合金喷嘴的优点，且成本比金属合金喷嘴稍低，较多地应用于产尘量高的高压喷雾中，属于高压喷嘴。

2. 按喷雾体形状和水流方式分

按水流方式分，喷雾器可分为直流喷嘴和旋流喷嘴。直流喷嘴内外没有使得水流旋转的部件，压力水直接通过喷嘴喷出；旋流喷嘴内外设有使得水流旋转的部件，压力水直接通过喷嘴旋转喷出。

按喷雾体形状分，喷雾器可分为线束型喷嘴、空心锥体喷嘴、实心锥体喷嘴、扇形喷嘴，各种喷嘴的喷雾体形状如图 7-6 所示。

   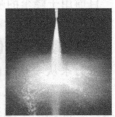

(a) 空心锥体喷嘴　　　　(b) 实心锥体喷嘴　　　　(c) 扇形喷嘴　　　　(d) 线束型喷嘴

图 7-6　喷雾体形状

线束型喷嘴也称直流喷嘴，仅有喷孔，喷嘴内无导水芯，喷孔口也无附加旋转附件，压力水轴向进出，结构简单，有效射程长，但雾化范围小，雾化效果差，这种喷嘴应用较少；扇形喷嘴内部一般无导水芯，而喷孔外部则有Ⅰ字形凹槽，如图 7-6(c) 所示；空心锥体喷嘴、实心锥体喷嘴一般有使得压力水旋转的设施，属于旋流喷嘴。实心锥体喷嘴比空心锥体喷嘴雾滴密度大，降尘效果好。一般来说，喷嘴安装位置离产尘点较远时，宜选直流喷嘴；产尘范围大且含尘量高时，宜选实心锥体喷嘴；产尘范围大而含尘量较低时，宜选空心锥体喷嘴；拦截含尘气流降尘时宜选扇形喷嘴、空心锥体喷嘴。

使得压力水旋转喷雾的方法有以下几种。

① 切向内旋流法，即通过切向或斜向进水轴向出水使得压力水旋转喷雾的方法。如图 7-7(a) 所示的斜向进水喷嘴，喷嘴入口处开 1 个或 2 个斜切孔，让进入喷嘴的水流形成旋转运动，产生横向速度，使雾化射流以一定的扩散角度喷出。

② 轴向内旋流法，即轴向进出水，喷孔内装螺旋形、涡轮形、X 形等导水芯使得压力水旋转。如图 7-7(b) 所示是喷孔内装螺旋形导水芯喷嘴，在喷嘴内部设置一个带有 2 个或 3 个螺旋槽的芯，压力水在喷嘴内部沿螺旋槽流动，在喷嘴前汇集，相互作用产生横向速度，然后在压力作用下被喷射出来，形成雾化，如图 7-7(c) 所示是喷孔内装 X 形导水芯喷嘴，它由喷嘴体 1、喷嘴芯 2 和芯体压盖 3 组成，采用双头导流折返形状，类似于 X 形状的

旋流叶片，每个叶片上又开一个方形槽口，使两股水流相互作用，压力水进入喷嘴后沿喷嘴芯形成的倾斜流道流动，到边缘后旋转折返回来形成旋转流动，最后在喷口前汇合产生更大的紊动，横向速度能量剧增，喷出后雾化均匀，分散度好，雾粒细微。

③ 轴向外旋流法，即在喷孔外部增加外螺旋设施使得压力水旋转。如图 7-7(e) 所示，压力水从喷孔喷出后，沿着外螺旋叶片运动，从而使得喷雾水旋转。

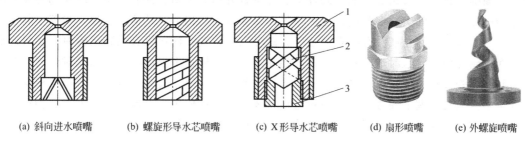

(a) 斜向进水喷嘴　(b) 螺旋形导水芯喷嘴　(c) X形导水芯喷嘴　(d) 扇形喷嘴　(e) 外螺旋喷嘴

图 7-7　旋转喷嘴结构

1—喷嘴体；2—喷嘴芯；3—芯体压盖

因此，旋流喷嘴又可分为切向内旋流喷嘴、轴向内旋流喷嘴、轴向外旋流喷嘴。

一般情况下，如图 7-7(a)、(b) 所示结构的喷雾体形状为空心锥体，如图 7-7(c)、(e) 所示结构以及如图 7-7(a)、(b) 所示结构增加轴向中心孔后的喷雾体形状为实心锥体。

四、喷雾控制方式

喷雾控制方式可分为手动和自动两种。

1. 手动控制

手动喷雾通过人工操作手动阀门来实现。用于手动喷雾的手动阀门主要有小型闸阀和球阀。

小型闸阀相当于旋钮式水龙头，由阀座、闸板、螺杆及旋盘等组成，其外形如图 7-8(a) 所示。它通过旋盘及螺杆使得闸板活动，从而达到开关目的。闸阀的闸板不留在流路上，压力损失小，但普通闸阀操作时易使阀体、阀杆及旋盘损坏，关闭不太可靠。

球阀外形如图 7-8(b) 所示，其内有一个圆球形旋塞体，旋塞体内有圆形通孔或通道，圆形通孔或通道与管壁垂直时，旋塞体的进出口全部呈现球面，阀门关闭；圆形通孔或通道与管壁夹角小于 90°时，阀门打开，球阀具有结构简单、流阻小、密封可靠、动

(a) 闸阀　　　　(b) 球阀

图 7-8　手动阀门

作灵活快捷，维修及操作方便等优点，是较好的手动阀门，缺点是价格相对较贵。

2. 自动控制

工业生产不可能 24h 连续进行，且在生产的各个环节中，情况往往是变化的，有时需要喷雾，有时则需停止，需要频繁地操作喷雾装置。另外，人的素质高低不一，往往产尘后不能及时开启喷雾装置，从本质安全角度，实施自动喷雾是非常必要的。

到目前为止，很多作业地点都先后推广了自动喷雾，积累了很多有益的经验。根据工作

原理，喷雾自动控制有机械式、液压式、弱电式自动控制装置等，光电、声电、触点超声波等多种形式。

（1）机械式自动控制

机械式自动控制是指将机械传动机构和手动阀门连接起来实现自动喷雾。

图 7-9 所示为机械式皮带输送机转载自动喷雾装置示意图，主要由球阀及其固定装置、阀杆、喷嘴、进出水管路等组成。阀杆Ⅰ、Ⅱ位置分别为关闭、开启状态。球阀的开关与阀杆连为一体，复位弹簧一端与阀杆连接，另一端固定在机架上或其他固定处，喷嘴安装在转载点上方。输送机停止或没有物料运输时，阀杆到Ⅰ位置；输送机有物料运输时，物料运输撞击阀杆到Ⅱ位置，这时球阀被打开，开始喷雾降尘；输送带上没有物料运输时，阀杆在自重力和复位弹簧拉力的作用下又回到Ⅰ位置，球阀关闭，停止喷雾。这种装置还能根据物料运输量多少来自动调节喷雾水量，物料运输量大时，阀杆偏角大，球阀开启度大；物料运输量小时，阀杆偏角小，阀门开启小；空载时，阀杆复位，球阀关闭。

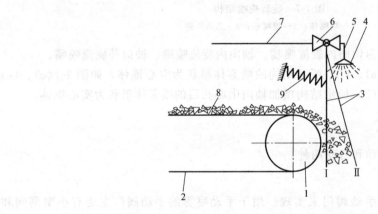

图 7-9　机械式皮带输送机转载自动喷雾装置示意图

1—卸载滚筒；2—输送带；3—阀杆；4—喷嘴；5—出水管；6—球阀；7—进水管；

8—物料；9—复位弹簧；Ⅰ—球阀关闭状态；Ⅱ—球阀打开状态

（2）液压传动式自动控制

液压传动式自动控制主要通过液压传动机构来控制喷雾的开关，其核心部件为液压-水联动阀，该联动阀内一般有阀芯、液压单向阀、液控油路、水路、液压传动机构连接口和喷雾供水连接口等。

这种自动控制主要用在有液压传动系统的产尘作业点喷雾降尘。例如，综合机械化采煤工作面移架、放顶产尘点，因液压支架移架、放顶通过液压传动系统来实现，故可以通过液压-水联动阀和液压支架的液压传动系统来控制喷雾的开关，即液压支架移架、放顶时，其中一路液压乳化油经过联动阀的其中一个接口进入联动阀的液控油路，推动控制喷雾水的阀芯打开喷雾；液压支架移架、放顶结束时，其中另一路液压乳化油经过联动阀的另一个接口进入联动阀的液控油路，推动控制喷雾水的阀芯关闭喷雾。

（3）电子电器式自动控制

这种自动控制装置主要由转变成电信号的传感器、含有控制放大电路的控制箱及电磁阀组成。它将产尘作业的信号通过传感器转变成电信号，再通过控制放大电路控制箱传给电磁阀的开关。

　　电磁阀由紧密组合的电磁线圈、电磁铁、阀芯及供水通路等组成，喷雾降尘用的电磁阀一般为常闭或常开型二通电磁阀。在常闭型阀中，通电时，电磁线圈产生电磁力把阀芯从阀座上提起，阀门打开喷雾；当线圈不通电时，电磁力消失，弹簧把阀芯压在阀座上，供水通路被阀芯关闭，喷雾停止。在常开型电磁阀中，线圈不通电时，供水通路是打开的。

　　根据产尘作业的特点，目前使用的传感器有红外线传感器、可见光传感器、声传感器、冲击波传感器、接触式传感器、电磁传感器、物料量及含湿量传感器等。其中，红外线传感器、可见光传感器一般在拦截含尘空气为主的隧道及地下巷道的风流净化喷雾中人体通过时关闭的常开型喷雾中使用，人体通过时将发出红外线或遮挡预先设置的光线，红外线传感器根据人体发出的红外线来传递信号关闭喷雾，可见光传感器一般通过光敏元件来传递信号关闭喷雾；声传感器、冲击波传感器一般用在爆破作业中，根据爆破时发出的声音和冲击波的不同传递不同的电信号；接触式传感器通过与相关物品的机械接触产生传递信号，其内一般有微动开关、干簧管、霍尔元件等，接触式传感器与外界被测物质接触时，被测物质的机械运动推动传感器的活动杆，活动杆可直接推动微动开关，也可推动磁钢接近干簧管及霍尔元件，从而产生电信号，触发稳态电路传给电磁阀开关；电磁传感器通过与相关物品接触产生变化的磁信号并传递该信号；物料量及含湿量传感器是根据运输的物料量及含湿量来发出不同的电信号的，主要用在破碎物质的运输中。

第四节　物理方法降尘控尘

　　物理方法降尘控尘是为了克服单水喷雾缺陷和提高单水喷雾降尘效果从物理方面采取的方法，目前物理降尘控尘的方法主要有自吸喷雾器降尘、压气水喷雾降尘、磁化水降尘、预荷电喷雾降尘、高压静电控尘、气幕控尘、通风排尘等。应当指出，实际应用中，往往是一种或几种的联合，如压气水自吸喷雾、磁水自吸喷雾等。

一、自吸喷雾器降尘

　　自吸喷雾器是指压力水或压气水通过喷嘴喷雾的同时，又能自吸空气而提高雾化、降尘效果的喷雾器，这种喷雾器由喷嘴、吸气通道及外壳等组成，图 7-10 所示为两种典型的自吸喷雾器结构。

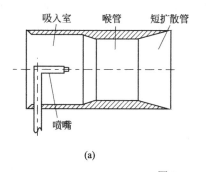

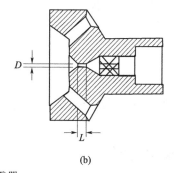

(a)　　　　　　　　　　　　　　　(b)

图 7-10　自吸喷雾器

　　图 7-10(a) 所示的自吸喷雾器也称为文丘里管自吸喷雾器，由全射流喷嘴、短射流管（含短粗喉管、短扩散管、吸入室）等组成，其自吸空气原理与第二章第八节流体射流通风原理相同，压力水在自吸式降尘喷雾器运动大致可以分为液体射流与气体相对运动段、液滴

运动段、气液泡沫运动段，压力水文丘里管自吸喷雾器降尘原理是：压力水从喷嘴喷出后，在离喷嘴不太远的一段距离处产生脉动和表面波，当表面波的振幅大于射流半径时，压力水被剪切分散形成液滴而进行一次雾化；射流体进入喉管后，与被吸入的气体分子发生碰撞，使得水滴进一步被破碎成更小粒径的雾滴；射流体进入扩散管时，外部气体进一步进入射流体，再次发生液气碰撞，并形成不稳定的水包气式气泡；射流体从扩散管出来后，以细小雾滴和气泡的混合体即泡沫流形式喷出，且雾体更均匀，此时与粉尘接触、惯性碰撞、截留、布朗扩散及凝集作用更强，从而降尘效果更好。

图 7-10（b）所示的自吸喷雾器也称为自吸喷嘴，它是在喷嘴外壳设置几个吸气通道，压力水从喷孔高速喷出后，由于其紊动卷吸作用，在喷孔附近形成负压区，在负压作用下，喷嘴附近的空气从几个吸气通道后端吸入，并与喷出的水雾混合，进一步破碎水滴，使雾粒更细微均匀，雾化效果大大改善。

研究表明，自吸喷雾器喷雾具有降尘、吸风通风、防火花等功能，雾滴粒径可降低15％～20％，降尘效果提高 30％～50％。文丘里管自吸喷雾器的研究表明，喉嘴距、扩散角及水压等参数对自吸喷雾器的性能有不同程度影响，当喉嘴距 48mm、扩散角 30°、水压 6MPa 时，自吸喷雾器的有效射程、雾化角、SMD（索太尔平均粒径）值可达到较好效果。

二、压气水喷雾降尘

压气水喷雾降尘是指压缩空气和低压水混合并通过喷嘴喷射的喷雾进行降尘，压气水喷雾的气压一般在 0.4～0.7MPa，相对于单水喷雾，具有耗水量小、雾化效果好、对水压要求低及降尘效率高（特别针对呼吸性粉尘）等优势。其雾化机理是：压气和低压水在混合器混合后，压气与水第一次惯性碰撞、切割分离雾化成气水混合物；经过喷嘴导水芯时，压气水经过导水芯呈螺旋上升，形成很大的离心力，压气水喷出喷嘴时，在离喷嘴不太远的一段距离处产生脉动和表面波，当表面波的振幅大于射流半径时，压气水混合物被剪切分散形成细小液滴而进行二次雾化。

研究表明，当供水压力固定时，分级效率随着供气流量的增大而不断增大；当供气流量不变时，随着供水流量的增加，分级效率呈现先增大后减小的变化规律；对于给定的供气流量，存在一个与之对应的最佳供水流量，在该流量下喷雾降尘效率能够达到最高值，分级效率随着粉尘粒径的增大而增大，但当粉尘粒径达到一定值后，分级效率增加不明显；当供气流量、供水流量及粉尘粒径分布指数一定时，全尘降尘效率与呼吸性粉尘降尘效率均随着粉尘中位径的增加而增加；相同工况参数和粉尘特性参数所对应的全尘降尘效率均高于呼吸性粉尘降尘效率，且二者差距随着粉尘中位径的增加而增加；当供气流量、供水流量及粉尘中位径均固定时，全尘降尘效率与呼吸性粉尘降尘效率均随着粉尘粒径分布指数的增加而增加，且二者差距不断缩小。

研究表明，压气水喷雾粒径比单水喷雾粒径可减少 15％～35％，呼吸粉尘降尘效果可提高 40％～60％。

三、磁化水降尘

磁性存在于一切物质中，并与物质的化学成分及分子结构紧密相关，因此，派生出磁化学。实践过程中又将其分为静磁学和共振磁学两种。目前国内外降尘用磁化器都是在静磁学与共振磁学理论基础上发展起来的。

磁化水是指经过磁化器处理的水，磁化水的物理化学性质可发生暂时的变化。暂时改变水性质的过程称为磁化过程，其变化的大小与磁化器磁场强度、水中含有的杂质性质、水在磁化器内流动速度等因素有关。

1. 降尘机理

水的分子结构是由两个氢原子和一个氧原子组成的，在水分子中有五对电子，一对电子（内部）位于氧核附近，其余四对电子在氧核与每一个氢原子核间各有一对；另外两对是孤对电子，在四面体上方朝向氢原子相反方向，正是由于这两对孤对电子的存在，分子间产生了氢键联系。而由于氢键的存在，又赋予水以特殊而易变的结构，在各种外界因素作用下，如温度、压力、磁场等的影响会导致水结构发生变化，使氢键产生弯曲，O—H 化学键夹角也发生变化。因此，采用磁场力是能够使水结构发生变化的，其变化的大小与磁场力大小有关。试验证明，氢键的破裂变化需要消耗的能量为 $16.7\sim25.1kJ/mol$。

水经磁化处理后，由于水系性质的变化，可以使水的硬度突然提高，然后变软；水的电导率和黏度降低；改变水的晶构；使复杂的长键转变成短键，夹角发生改变，因此，磁化水的表面张力、吸附能力、溶解能力及渗透能力增加，使水的结构和性质暂时发生显著的变化。

此外，水经磁化处理后，其黏度降低，晶构变短，会使水珠变细变小，有利于提高水的雾化程度，因此，与粉尘的接触机遇增加，特别是对于吸附性粉尘的捕捉能力加强。由于磁化水湿润性强，吸附能力大，使粉尘降落速度加快，所以有较好的降尘效果。

2. 影响磁水降尘的主要因素

影响磁水降尘的主要因素有以下几个方面。

（1）水流方向、流速及磁感应强度

将水以一定速度通过一个或多个磁路间隙，水流方向与磁场垂直或平行（透镜式磁场）均可得到磁化水。由于许多离子的抗磁性要强于水，如 Li^+、Cl^- 等，所以磁化水体最好是溶液，且离子在水体中力求分散均匀。流体中的离子的扩散程度好于层流，因此磁化水流经的管壁也应有一定的粗糙度，磁化水流速应在一定范围内，此范围可通过实验获得。磁感应强度方面，磁感应强度与水的物理化学性能改变并非呈线性关系，需通过实验确定最佳的磁感应强度。

（2）对水的磁化方式

按产生磁场的方式，磁水器一般有永磁式及电磁式两种。永磁式不需要外加能源，结构简单，但磁场强度较低，也不易调节，且使用的铁磁性物容易发生温度升高引起的退磁现象。电磁式通过激磁电流产生磁场，磁场强度可调，但构造较复杂，且存在安全问题。在处理较低温度，且组成、粒径等物化性质非常固定的粉尘时，从成本效益方面考虑，可使用永磁式磁化器。处理磁性粉尘时，宜使用电磁式磁化器形式对粉尘与水相接触的区域进行磁化。磁性粉尘的一部分因磁力吸附在磁化区域内，除尘过程后切断激磁电源而沉降，另一部分则自动聚集成团而被水润湿，从而更容易沉降。据有关文献介绍，有些金属电阻随温度上升而提高，如 Fe、Ge 等，所以电磁式磁化器在使用金属导电体时应注意这种现象。另外由于铁磁性物质具有磁化强度的各向异性，且有些各向异性常数随温度升高而下降，如 Ni；有些甚至当温度升高至一定值时改变符号；有些则随温度升高而先降后升，如 Fe_3O_4，电磁式磁化器如通过磁化铁磁性物质间接对水进行磁化，要注意磁化方向，也要注意磁化方向随温度的变化。

3. 应用效果

据报道，RMJ 型内外磁共振式永磁磁水处理装置在运输转载点应用后，磁化水渗透压比常水高 100MPa，电导率由 0.95×10^5 下降到 $0.72 \times 10^3 \sim 0.78 \times 10^3$，水的永久硬度由 18.76 下降到 $16.97 \sim 17.50$，磁水降尘率比清水降尘提高 $20\% \sim 35.7\%$。在采煤机喷雾降尘应用后采煤机磁水降尘装置的降尘效果优于普通清水，全尘降尘率比清水提高 $32\% \sim 58\%$，呼吸性粉尘降尘率提高了 $25\% \sim 46.59\%$。

四、预荷电喷雾降尘

1. 降尘机理

研究表明，悬浮粉尘大部分带有荷电，如水雾上有与粉尘极性相反的电荷，则带水雾粒不但对相反极性电荷的尘粒具有静电引力，即库仑力，而且水雾带电使粉尘颗粒上产生感应符号相反的镜像电荷，水雾对不带电荷尘粒有镜像力，这样，水雾对尘粒的捕集效率及凝聚力显著增强，导致尘粒增重而沉降，从而提高降尘效果。在荷电喷雾降尘中，水雾荷质比 ζ 是单位质量的水雾荷电量，它是影响荷电水雾降尘效率的主要因素之一，其值越高，呼吸尘降尘效率越高。

2. 水雾荷电方法

使得水雾荷电的方法主要有以下三种。

（1）电晕荷电

电晕荷电是让水雾通过电晕场，电晕场中的粒子在电场的作用下向水雾充电，水雾带电极性由电晕极性而定，负电晕带负电，正电晕带正电，电晕过程发生于电极和接地极之间，电极之间的空间内形成高浓度的气体离子，水滴通过这个空间时，将在百分之几秒的时间内因碰撞俘获气体离子而导致荷电。在相同电压下通常负电晕电极产生较高的电晕电流，且击穿电压也高得多。因此，工业气体净化通常采用稳定性强、能够得到较高操作电压和电流的负电晕极。

电晕荷电下，水雾荷电量可用下式表示

$$Q_h = 4\pi r^2 \varepsilon_0 E \frac{3\varepsilon_s}{\varepsilon_s + 2} \frac{t}{t + \tau} \tag{7-2}$$

式中　Q_h——水雾荷电量，C；

　　　ε_0——空气介电常数，C/(V·m)；

　　　ε_s——雾滴相对介电常数，C/(V·m)；

　　　E——雾滴所处位置的场强，V/m；

　　　r——雾滴半径，m；

　　　t——雾滴在电场中停留的时间，s；

　　　τ——荷电时间常数，s。

由式(7-2) 可知，水雾荷电量主要取决于雾滴半径和电场强度，雾滴半径以平方的形式出现在公式中，因此雾滴半径是影响雾滴荷电量的主要因素。

（2）感应荷电

感应荷电是外加电压直接加在感应圈上，而喷嘴设在感应圈的中心，这样当水雾通过高压感应圈与接地喷嘴之间的电场时，电场中有大量的运动离子，从而使由喷嘴喷出的水雾带上与感应圈相反极性的电荷。此法控制水雾荷电量及荷电极性比较容易，可以在不太高的电压下获得较高的水雾荷质比，也是一种有效的荷电方式。

感应荷电下，水雾带电量为

$$Q_h = GU \tag{7-3}$$

式中　U——感应电压，V；

G——电容，F，与感应环半径、中间雾滴区半径有关。

从式(7-3)可以看出雾粒获得荷电量的大小取决于感应圈上施加的电压、感应圈半径、中间雾滴区半径等因素。

（3）喷射荷电

喷射荷电是让水高速通过某种非金属材料制成的喷嘴，水在与喷嘴摩擦过程中带上电荷，其荷电量与带电极性受喷嘴材料、喷水量、水压等因素影响。此法带电性和荷电量较难控制，荷电也不够充分。

3. 影响荷电液滴捕尘效率的因素

① 荷电液滴粒度。荷电液滴粒度是影响捕尘效率的重要因素。荷电液滴越细小，在气流中的分布密度就越大，与粉尘接触机会就越多，但太小则蒸发速度大，液滴粒度就更小，不利于捕集粉尘。

② 荷电液滴喷射速度。荷电液滴速度高，则动能大、惯性大，与粉尘碰撞时易于冲破液体的表面张力，而将尘粒湿润捕集。

③ 含尘风流的速度。风流速度越小，则与液滴的接触时间越长，互相碰撞的机会就越多，粉尘被捕集的机会就越大。

④ 液滴荷电量。液滴荷电量越大，荷电液滴与粉尘之间的静电力就越大，则捕集效率就越高。

⑤ 粉尘荷电量。粉尘荷电量越大，液滴与荷电粉尘之间的静电力就越大，则捕集效率就越高。

⑥ 喷雾器性能。喷雾器的性能可用喷雾器的射程、作用距离、扩张角、雾粒分散度、雾滴密度、耗水量等表示，喷雾性能好，除尘效率高。

4. 降尘效果

该技术在选矿厂石灰石粗破碎车间应用后，降尘效果比清水提高15％；在转载矿石的链式卸料机卸载点应用荷电喷雾降尘技术后，全尘、呼吸性粉尘降尘效率分别比清水提高18.1％和58.8％；在煤炭运输及放煤口应用后，全尘降尘效率比清水提高44.97％～48.36％，呼吸性粉尘降尘效率比清水提高了50.94％～69.08％。

五、高压静电控尘

高压静电控尘是指高压静电控制产生的悬浮粉尘，把扬起的粉尘就地控制在尘源附近。它把静电除尘的基本原理和尘源控制方法结合起来，既可以用于开发性尘源，也可用于封闭性尘源，它主要用来治理振动筛、破碎机、运输机转载点、皮毛刮软机、皮毛裁制工作地点等尘源。

高压静电控制封闭性尘源的原理如图7-11所示，由电源控制器、高压发生器和高压电场三部分共同作用。交流电经高压发生器升压整流后，通过电缆线向电线输送直流负高压。这样，电晕线与尘源及密封罩之间就形成了一个高压静电场。在静电场中，电晕线周围的空气被电离，产生大量正负离子，正离子向阴极（即电晕线）方向运动，负离子向阳极（即尘源以及密封罩内侧板）方向运动，负离子在向阳极运动过程中，使电场中的粉尘荷电，在电场力的作用下，荷电粉尘向阳极运动，从而达到抑制粉尘的目的。

对于高压静电控制开放性尘源，其原理与控制封闭性尘源基本相同，所不同的是，高压静电场仅由电晕线与尘源组成，尘源为阳极。

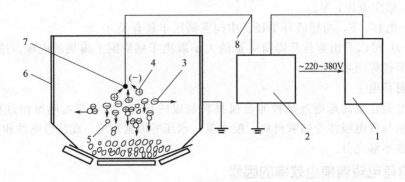

图 7-11　高压静电控尘原理

1—电源控制器；2—高压发生器；3—负离子；4—正离子；

5—粉尘；6—密封罩；7—电晕线；8—电缆线

六、气幕控尘

第三章第五节叙述可知，在离吸气口距离等于吸气口直径处的气流速度已约降至吸气口流速的 7.5%，而很多作业场所的产尘范围远远大于该距离。另外，有限作业场所因受机械运动等多种因素影响，粉尘扑向作业人员。因此，为了提高防尘效果，需采用气幕控尘方法。

目前产生控尘气幕的方法有吹吸式气幕和吸风喷雾气幕两类。吸风喷雾气幕控尘是指通过吸风喷雾器的吸风通风功能产生的气幕来控制粉尘的流动，吹吸式气幕采用第三章所述的吹吸式集气罩方式形成，既有压入式通风出风口吹出，又有抽出式通风吸入口吸入，吹吸式气幕控尘是指既通过通风机压出侧与带有出风口的压入式风筒连接产生大于作业场所空气压力的气流进行吹出，并不断卷吸两侧空气，使作业场所形成一道或多道正压隔断气幕帘（或称"正压无形透明屏障"），又由通风机吸入侧与带有吸风罩的抽出式风筒连接及时抽吸含尘气流，从而阻止粉尘扩散的控尘方法。按气幕的空气流动状态，吹吸式气幕可分为直流吹吸式气幕和旋流吹吸式气幕。

1. 直流吹吸式气幕控尘及应用

直流吹吸式气幕控尘是指由通风机通过风筒中开设的直流出风口产生的气流来控尘，直流出风口是在出风侧直接开一出风口，无旋流设施。图 7-12 所示是某消失模铸造生产线消失模浇注工位直流吹吸式气幕控尘系统示意图。气幕产生装置由气幕通风机、气幕喷管，以及送风管道构成。气幕风机型号根据气幕参数经过计算而确定，提供气幕产生所需的风量和风压，气幕喷管用来产生具有一定速度、宽度，可以起到封闭气流上升的空气幕，送风管道将吹气风机产生的风与气幕喷管连通。气幕喷嘴有渐缩形喷嘴和等截面喷嘴两种，渐缩形喷嘴使得气幕射流的速度逐渐增大，而等截面喷嘴的射流速度是一定的。确定吹气口与吸气口间的距离为 2.5m，吸气口前端部的吹气射流平均速度为 2.5m/s，射流端部轴心速度为 5.0m/s，吹风缝口高度为 0.025m，吹气射流的初速度为 18.75m/s，吹风量为 10125m³/h。集气收尘罩采用三面软封闭的形式，只在气幕喷管的正对面设置侧吸集气罩，侧吸罩与垂直面的夹角为 135°。应用表明，在不影响吊装的情况下，控尘除尘效果显著改善，彻底改善了消失模车间浇注工位的恶劣作业环境，通过测量达到了防尘验收的标准。

图 7-13 所示是某采煤机的直流吹吸式气幕控尘装置，由气幕风机、消声管、连接管、保护罩和气幕发生管等组成。气幕风机选用 No.4 高压离心风机，风机风量为 21.5～

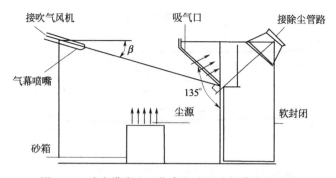

图 7-12 消失模浇注工位直流吹吸式气幕控尘系统

51.4m³/min，风压为 3200～1400Pa，连接管为内径 100mm、外径 120mm 的无缝钢管，气幕风机水平安设在 12CM15-10D 型采煤机的除尘器机体平台上，用压入式风管连接气幕风机和横向布置于连采机平台上的气幕发生管。气幕发生管内径为 105mm，沿管子全长连续布置直径为 5.0mm 的喷孔，气幕发生管内静压 1700Pa，距离孔轴向 0.6m 处的轴心速度为 4.0m/s，压风沿小孔方向喷出，形成气幕，阻止粉尘向司机处扩散，将粉尘控制在司机前方，通过机载除尘器将含尘气流净化处理。应用表明，气幕控尘装置将产尘区与司机工作区隔开，使粉尘不向司机处扩散，极大地提高了机载除尘器的收尘效果，从而提高了除尘器的除尘效率。

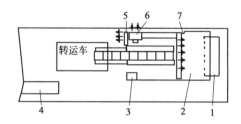

图 7-13 采煤机通风机直流气幕控尘装置
1—截割筒；2—连采机；3—司机处；4—送风筒；
5—机载除尘器；6—气幕风机；7—气幕发生管

2. 旋流吹吸式气幕控尘及现场试验

旋流吹吸式气幕控尘是指由通风机通过风筒中安设的旋流设施及出风口产生的旋转气流来控尘，图 7-14 所示是矿井综掘工作面采用通风机压出的风流通过安设的附壁风筒产生的旋流气幕来控尘的示意图。附壁风筒又称康达（coanda）风筒，是利用气流的边界层吸附效应，将压入式风筒供给的轴向风流改变为沿巷道壁的旋转风流（或径向风流），并以一定的旋转速度吹向巷道的周壁及整个巷道断面，在掘进机司机工作区域的前方形成具有较高动能的螺旋线状气流，阻挡粉尘向外扩散，并在配套除尘器的共同作用下，将封锁住的粉尘经过吸尘罩吸入除尘器中进行净化，以提高收尘效率。目前试验效果较好的附壁风筒有螺旋出风附壁风筒和柔性导流附壁风筒，螺旋出风附壁风筒结构如图 7-15 所示，柔性导流附壁风筒结构如图 7-16 所示。其中，柔性导流附壁风筒筒体前端连接有不同直径开口的锥形风筒工作时，压入式风筒的风流一部分从锥形风筒以射流方式吹向工作面，另一部分风流通过条状导风管螺旋向前吹出，形成如图 7-17 所示的附壁效应，现场试验测得掘进机司机处的平均粉尘浓度从 531.5mg/m³ 降至 22.3mg/m³，降尘效率达 95.8%，有效地改善了作业环境的劳动卫生条件。

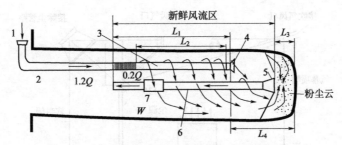

图 7-14　附壁风筒旋流气幕控尘示意图

1—压入式局部通风机；2—柔性风筒；3—带缝隙的附壁风筒；4—自动控制阀；
5—抽出式风机；6—抽出式短风筒；7—除尘器

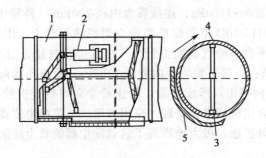

图 7-15　螺旋出风附壁风筒结构示意图

1—蝶阀；2—气缸；3—出风阀门；4—筒体；5—狭缝状风流喷出口

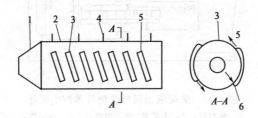

图 7-16　柔性导流附壁风筒结构示意图

1—柔性筒体；2—柔性条状导风管；3—挂钩；4—锥形风筒；5—条形导风管出风口；6—筒壁出风口

3. 吸风喷雾气幕控尘应用

图 7-18 所示是吸风喷雾气幕控制采煤机产尘装置，由 8 组文丘里管自吸喷雾器组成，通过合理调整 8 组文丘里管自吸喷雾器的方向，使得 8 组文丘里管自吸喷雾器形成一道导向煤壁的气幕，迫使含尘空气沿气幕带流动并降尘，如图 7-19 所示，应用表明，吸风喷雾气幕可有效消除粉尘逆流，司机处粉尘降尘效果提高 75% 以上。

七、通风排尘

由于目前的防尘除尘措施的降尘率尚未达到百分之百，且有些防尘措施不能使用在某些场合，总有一部分作业场所产生的粉尘逸散到附近空气中，因此，有必要采取通风的方法对含尘空气进行稀释、排除，如有些产尘作业点采取抽出式通风除尘系统排走粉尘，地下作业及隧道施工采取通风方法稀释、排走粉尘及其他有害气体。影响通风排尘的主要因素为排尘风速、粉尘密度、粒度、湿润程度等，下面主要介绍最低和最优排尘风速。

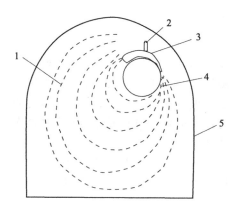

图 7-17　柔性导流附壁风筒附壁效应示意图

1—风流流线模拟；2—挂钩；3—柔性条状导风管；4—柔性风筒；5—巷道

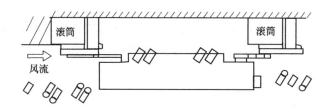

图 7-18　吸风喷雾器配置示意图

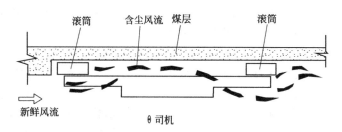

图 7-19　吸风喷雾气幕控尘示意图

1. 最低排尘风速

　　粉尘悬浮速度的概念已在第六章叙述。最低排尘风速一般是指促使对人体最有害的呼吸性粉尘保持悬浮状态并随风流流动的最低风速。

　　对于垂直向上的风流，由第六章可知，只要风流速度大于粉尘的悬浮速度，粉尘即能随风流向上运动。最低排尘风速可为按式（6-16）、式(6-17)计算的沉降速度或悬浮速度。

　　对于水平运动的风道中，风流方向与粉尘沉降方向垂直，风流的推力对粉尘的悬浮没有直接作用。使粉尘悬浮的主要速度，是垂直风道方向的紊流脉动速度。由于紊流脉动速度与风道风速成正比，因此，在水平直线流动中，为使粉尘能够悬浮并随风流运动，必须是紊流运动状态，并且紊流的横向脉动速度要大于尘粒在静止空气中的沉降速度，即

$$\sqrt{v'^2} > v_s \tag{7-4}$$

式中　$\sqrt{v'^2}$——风速横向脉动速度均方根值，一般为风流平均速度的 $3\% \sim 10\%$；

　　　　v_s——尘粒静止空气中的沉降速度。

　　对最低排尘风速，有人在实验室和矿井巷道中进行过专门试验，结果认为：风道平均风速为 0.15m/s 时，能使 $5 \sim 6\mu m$ 的赤铁矿尘在无支护巷道中保持悬浮状态，并使粉尘浓度

在断面内分布均匀，粉尘随风运动。

2. 最优排尘风速

排尘风速逐渐增大，能使较大的尘粒悬浮并被带走，同时增强了稀释作用。在连续产尘强度一定条件下，粉尘浓度随风速的增加而降低，说明增加风量的稀释作用是主要的。当风速增加到一定数值时，粉尘浓度可降低到一个最低数值，这时的风速叫作最优排尘风速。风速再增高时，粉尘浓度将随之再次增高，说明沉降的粉尘被再次吹扬，该风速造成吹扬在起主导作用，稀释作用变为次要地位。

最优排尘风速受多种因素影响，如一般干燥风道中为 1.2～2m/s；而在潮湿风道，粉尘不易被吹扬起来，最优排尘风速可提高到 5～6m/s 以下。在产尘最大的地方，适当提高排尘风速，可加强稀释作用。

第五节　化学方法减尘降尘

化学减尘降尘是指采用化学的方法来减少浮游粉尘的产生，以提高其降尘效果。到目前为止，化学减尘降尘的方法主要有湿润剂减尘降尘、泡沫降尘、化学抑尘剂保湿黏结粉尘。

一、表面活性剂

能显著降低溶剂（一般为水）表面张力和液-液界面张力的物质称为表面活性剂，是化学减尘降尘的核心物质。表面活性剂具有亲水、亲油的性质，能起乳化、分散、增溶、洗涤、润湿、发泡、消泡、保湿、润滑、杀菌、柔软、拒水、抗静电、防腐蚀等一系列作用。

从结构看，所有的表面活性剂分子都是由极性的亲水基和非极性的憎水基两部分组成的。亲水基使分子引入水，而憎水基使分子离开水，即引入油，因此它们是两亲分子。表面活性剂分子的亲油基一般是由碳氢原子团，即烃基构成的，而亲水基种类繁多。所以表面活性剂在性质上的差异，除与碳氢基的大小和形状有关外，还与亲水基团的不同有关。亲水基团在种类上和结构上的改变，远比亲油基团的改变对表面活性剂的影响大。因此，表面活性剂一般以亲水基团的结构为依据来分类，通常分为离子型和非离子型两大类。离子型表面活性剂在水中电离，形成带阳电荷或带阴电荷的憎水基。前者称为阳离子表面活性剂，后者称为阴离子表面活性剂，在 1 个分子中同时存在阳离子基团和阴离子基团者称为两性表面活性剂。非离子型表面活性剂在水中不电离，呈电中性。此外，还有一些特殊类型的表面活性剂。

1. 阴离子表面活性剂

阴离子表面活性剂分为高级脂肪酸盐、磺酸盐、硫酸酯盐、磷酸酯盐、脂肪酸-肽缩合物等。

（1）高级脂肪酸盐

肥皂、硬脂酸钠、月桂酸钾，即属高级脂肪酸盐，其化学式为 RCOOM，这里 R 为烃基，其碳数在 8～22 之间，M 一般为 Na、K。

（2）磺酸盐

磺酸盐的化学通式为 $R\text{-}SO_3Na$，碳链中的碳数在 8～20 之间。这类表面活性剂主要用于生产洗涤剂，易溶于水，有良好的发泡作用。磺酸盐在酸性溶液中不发生水解，可以放心使用。常见的磺酸盐有烷基苯磺酸盐、烷基磺酸盐、硫酸酯盐、脂肪酸-肽缩合物、磷酸酯盐，如二辛基琥珀酸脂肪酸钠、十二烷基苯磺酸钠、十二烷基硫酸钠、月桂酰肌氨酸钠等。

2. 阳离子表面活性剂

阳离子表面活性剂大部分为氨基化合物，有胺盐型和季氨盐型两类。阳离子表面活性剂主要用作杀菌剂、织物软化剂和专用乳化剂，也是高效抗静电剂。

（1）胺盐型阳离子表面活性剂

伯胺盐、仲胺盐和叔胺盐总称为胺盐，这是因为它们的性质非常相近，难以区分，且它们往往混在一起。这种类型表面活性剂的憎水基的碳数在 12～18 之间。

（2）季氨盐型阳离子表面活性剂

一般常用的阳离子表面活性剂为季氨型的，系由季氨和烷化剂反应而制得，从形式上看是氨离子的 4 个氢原子被有机基团所取代，成为 $R_1R_2N^+R_3R_4$ 的形式。季氨盐的碱性较强，其水溶液遇碱无变化。

阳离子表面活性剂的水溶液通常显酸性，而阴离子表面活性剂的水溶液一般呈中性或碱性，两者是不相容的，所以两者一般不能混合使用。

3. 两性表面活性剂

两性表面活性剂分子是由非极性部分和 1 个带正电基团及 1 个带负电的基团组成的，即在憎水基的一端既有阳离子也有阴离子，由两者结合在一起集成分子一身的表面活性剂（R-A+-B），这里 R 为非极性基团，可以是烷基也可以是芳基或其他有机基团，A+为阳离子基团，常为含氮基团，B 为阴离子基团，一般为羧酸基和磺酸基，如氨基酸型、甜菜碱型、咪哇啉型、氧化胺两性表面活性剂。

4. 非离子表面活性剂

非离子表面活性剂溶于水时不发生离解，其分子中的亲油基团与离子型表面活性剂的大致相同，其亲水基团主要是由具有一定数量的含氧基团（如羟基和聚氧乙烯链）构成的。

非离子表面活性剂在溶液中由于不是以离子状态存在，所以稳定性高，不易受强电解质存在的影响，也不易受酸、碱的影响，与其他类型表面活性剂能混合使用，相容性好，在各种溶剂中均有良好的溶解性，在固体表面上不发生强烈吸附。

非离子表面活性剂大多为液态和浆状态，它在水中的溶解度随温度升高而降低，按亲水基分类，有聚乙二醇型和多元醇型两类，有良好的洗涤、分散、乳化、发泡、润湿、增溶、抗静电、匀染、防腐蚀、杀菌和保护胶体等多种性能。

5. 特殊类型表面活性剂

特殊类型表面活性剂主要包括以下几种。

（1）氟表面活性剂

氟表面活性剂主要是指碳氢链憎水基上的氢完全为氟原子所取代了的表面活性剂。具有氟碳链憎水基的表面活性剂与前述的表面活性剂比较具有系列独特的界面活性，故广泛地用于各种润滑剂、浸蚀剂、添加剂及表面处理剂中。

（2）硅表面活性剂

以硅氧烷链为憎水基，聚氧乙烯链、羧基、酮基或其他极性基团为亲水基构成的表面活性剂称为硅表面活性剂。硅氧烷链的憎水性非常大，所以不长的硅氧烷链的表面活性剂就具有良好的表面活性。

这种表面活性剂的 Si—O—C 键在酸性溶液易发生水解，为克服这一缺点，通常制得无 Si—O—C 键的表面活性剂。

（3）氨基酸系表面活性剂

氨基酸与憎水物质发生反应，生成的表面活性物质称为氨基酸系表面活性剂。近年来氨基酸系表面活性剂广泛用于化妆品和卫生用品生产中，其年产量以相当大的百分率增长着。

氨基酸分子中既有氨基又有羧基，为两性电解质，水溶液的 pH 值不同，电离的形式也不同。

（4）高分子表面活性剂

分子量在数百的属于低分子表面活性剂，而分子量在数千以上并具有表面活性的物质称为高分子表面活性剂。对于高分子表面活性剂并没有严格规定，许多高分子物质特别是在水溶液中表现出表面活性。

（5）生物表面活性剂

所有的生物都是由细胞所构成。细胞中 70％的水分、蛋白质、核酸、糖类、脂类等各种物质通过细胞内的精细结构进行着有序的活动。表面活性剂作为控制细胞界面秩序不可缺少的物质起重要的作用。

生物表面活性剂具有合成的表面活性剂所没有的结构特征，大多有着发掘新表面活性机能的可能性，人们正希望开发出生物降解性和安全性及生理活性都好的生物表面活性剂。

二、湿润剂减尘降尘

润湿作用是一种界面现象，它是指凝聚态物体表面上的一种流体被另一种与其不相混溶的流体取代的过程。常见的润湿现象是固体表面被液体覆盖的过程。

在许多实际应用中都涉及润湿作用，如防尘、洗涤、粉体在液体介质中的分散和聚集作用、液体在管道中的输送、液态农药制剂的喷洒、金属材料的防锈与防蚀、印染、焊接与黏合、矿物浮选等。在这些应用中大多是使液体能润湿固体表面。

湿润剂一般由表面活性剂和相关助剂复配而成。表面活性剂是湿润剂的核心，作为增加湿润作用的表面活性剂一般为阴离子表面活性剂，如高级脂肪酸盐、磺酸盐、硫酸醋盐、磷酸醋盐、脂肪酸-肽缩合物等，助剂是为了提高湿润效果而添加的，常用助剂有 Na_2SO_4、NaCl 等无机盐类。根据表面活性剂及相关助剂的不同，目前研制了很多种湿润剂，并用于煤体及破碎物料预先湿润黏结、湿式作业、喷雾等减尘降尘措施，如 CHJ-1 型、J-85 型、R1-89 型、DS-1 型、快渗 T、配方 1、配方 2、洗衣粉、黏尘棒等。

1. 湿润剂减尘降尘机理

以阴离子表面活性剂和 Na_2SO_4、NaCl 等无机盐类助剂的湿润剂为例，其作用机理如下。

一方面，湿润剂的表面活性剂是由极性的亲水基和非极性的憎水基（或称亲油基）两部分组成的化合物，表面活性剂分子的亲油基一般是由碳氢原子团，即烃基构成的，而亲水基种类繁多。湿润剂溶于水时，其分子完全被水分子包围，亲水基一端使分子引入水，而憎水基一端被排斥使分子离开水伸向空气或油。于是，表面活性剂的分子会在水溶液表面形成紧密的定向排列，即界面吸附层，由于存在界面吸附层，水的表层分子与空气的接触状态发生变化，接触面积大大缩小，水的表面张力降低。

另一方面，固体或粉尘的表面由疏水和亲水两种晶格组成，表面活性剂离子进入固体或粉尘表面空位，与已吸附的离子成对，如固体或粉尘的正离子与阴离子表面活性剂相吸引，阴离子表面活性剂的疏水基进入固体或粉尘空位，使固体或粉尘的疏水性晶格转化为亲水状态。

另外，如果表面活性剂分子的亲水头被吸引到的亲水晶格的正离子层，则这种反应使亲水晶格转化为不湿润的不希望状态。添加比表面活性剂分子离解性高的无机盐，使无机盐被优先吸引到固体或粉尘的正离子层，有效地防止固体或粉尘亲水晶格转化成疏水晶格。

从而，以上几个方面综合作用，增加了固体或粉尘对水的湿润性能，提高减尘降尘效果。

2.湿润剂的添加方法

在实际使用中，通常要考虑添加湿润剂的方法。

添加湿润剂的方法一般有两种：一是单箱调配方法，即对小型试验可采用定容积的箱体，一次调配后，供试验应用；二是连续添加方法，即在实际生产中长周期连续添加配制固定浓度的添加法。连续添加法有下列几种。

① 添加调配器。如图 7-20 所示，其原理是在湿润剂溶液箱的上部通入压气（气压大于水压），承压湿润剂溶液从底部供液管的入口进入供液导管，经三通添加于供水管路。调节阀门，使添加湿润剂溶液的流量与供水流量相配合而达到所需的添加浓度。这种方法结构简单，操作方便，无供水压力损失，但必须以压气作动力。

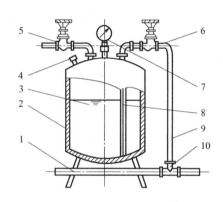

图 7-20　压气添加调配器
1—供水针；2—溶液箱；3—溶液；4—加液口；
5—供气阀；6—调节阀；7—压力表；
8—箱内供液管；9—加液管；10—三通

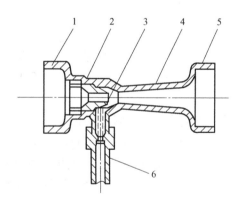

图 7-21　液气射流混合泵
1—进水端；2—喷嘴；3—调节阀；
4—扩散段；5—出液端；6—吸液管

② 液气射流混合泵。如图 7-21 所示，湿润剂溶液被液气射流泵所造成的负压所吸入，并与水流混合加于供水管路中，添加浓度由吸液管上的调节阀进行调节。为使液气射流混合泵具有较高的效能，其几何尺寸要合理。

③ 定量泵。通过定量泵把液态湿润剂压入供水管路，通过调节泵的流量与供水管流量配合达到所需浓度。

④ 利用孔板减压调节器进行的湿润剂添加调配。如图 7-22 所示，湿润剂溶液在减压孔板 10 前端高压水作用下（在溶液箱中，下部通入的高压水与上部的湿润剂溶液用橡胶薄膜隔开），被压入孔板后端的低压水流中，调节阀门，可获得所需溶液的流量。

⑤ 其他。在动压注水中，可利用注水泵吸入管的负压来吸入湿润剂溶液箱中溶液，经调节阀调节流量，即可获得所需的添加浓度。对固态的湿润剂，为达到连续添加的目的，可

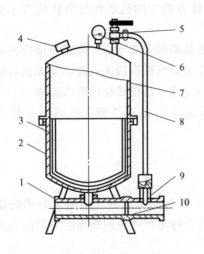

图 7-22　孔板减压添加调节器结构图

1—进水三通；2—冷液箱下部；
3—橡胶薄膜；4—进液口；
5—调节阀；6—压力表；
7—液箱下部；8—输液管；
9—加液三通；10—减压孔板

将固态物加工成棒状，通过水流冲刷溶解达到连续添加的目的。

3. 湿润剂减尘降尘的应用与效果

30 多年来，湿润剂相继在物料预先湿润减尘、湿式作业、喷雾降尘中进行应用，取得了良好的效果。据研究应用表明，添加快渗 T、配方 1 湿润剂可使煤体预先湿润宽度增加 1 倍多，液体渗透长度增加 2.45 倍，降尘率提高 15%～20%；添加黏尘棒可使煤层注清水的水分增加 75.7%，降尘率比清水提高 20%～30%；添加 CHJ-1 型湿润剂可使湿式打眼降尘率提高 42.5%；添加 J 型湿润剂可使喷射混凝土的粉尘含量比清水提高 50%～60%；在水炮泥中添加湿润剂可使得爆破作业降尘效果比清水提高 35%；添加湿润剂进行喷雾降尘，呼吸性粉尘降尘率提高 40%。

三、化学抑尘剂保湿黏结粉尘

化学抑尘剂主要由表面活性剂和其他材料组成，化学抑尘剂保湿黏结粉尘主要在处理地面道路运输、地下巷道的落尘或粉料中应用，它是指将化学抑尘剂和水的混合物喷洒覆盖于原生粉尘或落尘上，使得原生粉尘或落尘保湿黏结，从而防止这些粉尘在外力作用下飞扬。按其主要作用原理，用于保湿黏结落尘的化学抑尘剂主要是黏结型抑尘剂、固结型抑尘剂和吸湿保湿型抑尘剂。

1. 黏结型和固结型抑尘剂

黏结型和固结型抑尘剂是将一些无机固结材料或有机黏性材料的水溶液喷洒到落尘中黏结、固结落尘，防止落尘二次飞扬。黏结型和固结型抑尘剂可广泛应用于建筑工地、土路面、堤坝、矿井巷道、散体堆放场等领域的落尘黏结。

固结型抑尘剂的主要化学成分通常有石灰、粉煤灰、泥土、黏土、石膏、高岭土等无机固结材料；可作为黏结型抑尘剂的材料一般有原油重油、橄榄油废渣、石油渣油、生物油渣、木质素衍生物、煤渣油、沥青、石蜡、石蜡油、减压渣油、植物废油等有机黏性材料或加工成这些有机黏性材料的乳化物。这里主要介绍黏尘效果较好、来源较广、成本较低的乳化沥青和乳化渣油。

乳化渣油。它主要是由渣油、水、乳化剂等组分组成，成本最低。它用于黏结粉尘的作用有：一是乳化渣油与尘粒接触时，形成以范德华力为主的物理吸附和以化学键为主的化学吸附，促使了乳化液与地表尘粒之间的黏结；二是乳化渣喷洒到物质表面后，分散介质的一部分油珠由于密度和布朗运动在尘粒表面形成一层油膜，抑制水分的蒸发，使粉尘保持湿润；三是乳化液中游离的少量表面活性剂分子在水面的憎水基在水和尘粒之间架起"通桥"，冲破尘粒表面吸附的空气膜，促进了水对粉尘的湿润凝结作用，且乳化液喷洒后，由于破乳，原来油-水界面上的乳化剂分子的憎水基伸向尘粒表面，使得粉尘湿润较容易；四是乳化液中的表面活性剂在尘粒表面形成定向排列的吸附膜，抑制其基底水分蒸发；五是乳化渣油可以透入细小孔隙，待水分蒸发或渗透后，油相以薄膜形式包裹并黏结着尘粒。

乳化沥青。它主要是由沥青、水、乳化剂、稳定剂等组分组成。其中，沥青是乳化沥青的基本组分，约占 55%～70%。水为第二大组分，水起到润湿、溶解、黏附其他物质，及其缓和化学反应的作用。乳化剂使各不相溶的两相（沥青和水）形成一相（沥青），均匀分散了另一相（水）中的稳定分散系。稳定剂可分为两类：一类是无机稳定剂，如氯化钙、氯化镁、氯化铵和氯化铬等；另一类是有机稳定剂，如聚乙烯醇、聚丙烯酰胺、羧甲基纤维素钠、糊精、MP 废液等，其作用是使乳化沥青具有良好的储存和施工过程稳定性。

2. 吸湿保湿型抑尘剂

吸湿保湿型化学抑尘剂是利用一些吸水、保水能力较强的化学材料的特性，将这些固态或液态材料喷洒到需要抑制原生粉尘或落尘飞扬的场所，使得原生粉尘或落尘保持较高的含水率而黏结，从而防止飞扬。常用的吸湿保湿型抑尘剂可分为高聚物超强吸水树脂抑尘剂和无机盐类吸湿保湿型抑尘剂两大类。

目前的高聚物超强吸水树脂可分为三大系列，即淀粉系（如淀粉接枝丙烯腈、淀粉羧甲基酯等）、纤维素系（如纤维素接枝丙烯酸盐、纤维素羧甲基化环氧氯丙烷等）、合成聚合物系（如聚丙烯酸盐、聚丙烯酰胺、聚乙烯醇-丙烯酸接枝共聚物等）。其作用主要包括：一是该材料喷洒到尘粒表面后，借助于布朗运动使溶液逐渐向尘粒靠近，并依靠范德华力使尘粒黏结；二是该材料吸水后，形成坚固的三维网状结构，与水是溶胀关系，各链节相互吸引，形成内聚力，水分蒸发或脱水缓慢，且该材料含有极性基，具有强的亲水性、较强的失水再生能力，脱水后可重新吸收空气中的水蒸气使尘粒的含水量增加，使尘粒长时间保持湿润黏结；三是这些不溶于水的大分子长链与尘粒形成一个强大的三维空间网，使尘粒获得某些抗拉强度和抗压强度，从而防止了粉尘飞扬。

可作为无机盐类吸湿保湿型抑尘剂的材料主要有卤化物（如 $CaCl_2$、$MgCl_2$、$AlCl_3$）、活性氧化铝、水玻璃、碳酸氢铵、偏铝酸钠或其复合物等，这些材料比纯水的吸湿保湿效果要好，但脱水后不能重新吸水，吸湿保湿性能低于高聚物超强吸水树脂，有的无机盐材料在现场使用有异味，故应用越来越少。为提高这些材料的吸湿保湿性能或除去相关异味，目前有关学者对这些材料进行了复配研究，如固体卤化物添加 CaO、氯化钙，水玻璃溶液中添加十二烷基苯磺酸钠、助渗剂与氮化钙和水玻璃复合等，一定程度地提高了吸湿保湿性能。

四、泡沫降尘

泡沫降尘在二十世纪七十年代中期开始广泛应用，我国对外因火灾应用泡沫技术进行灭火，对作业场所的泡沫降尘技术也进行了广泛的试验研究，降尘效果比清水可提高 60%以上。

1. 泡沫降尘原理

泡沫降尘是利用表面活性剂的特点，使其与水一起通过泡沫发尘器，产生大量的高倍数的空气机械泡沫，利用无空隙的泡沫体覆盖和遮断尘源。泡沫降尘原理包括：拦截、黏附、湿润、沉降等，几乎可以捕集全部与其接触的粉尘，尤其对细微粉尘有更强的聚集能力。泡沫的产生有化学方法和物理方法两种，降尘的泡沫一般是物理方法的，属机械泡沫。

2. 泡沫药剂配方要求

泡沫除尘效率主要取决于泡沫药剂的配方。根据配方中各药剂的选择和含量，泡沫药剂一般可分为起泡剂、湿润剂、稳定剂、增溶剂等表面活性剂（或称助剂）。在泡沫药剂配方中，不能把阳离子表面活性剂和阴离子表面活性剂混合使用，最好选用阴离子表面活性剂或非离子型表面活性剂，另外还要考虑表面活性剂来源要广泛、价格便宜、易于加工制作和现场应用。下面介绍发泡剂、稳定剂、增溶剂的要求。

（1）发泡剂

在泡沫降尘中，发泡剂性能的强弱直接影响泡沫发生量的多少和降尘效率。一般情况下，泡沫药剂是在起泡性能很强的发泡剂中加入不同性能的稳定剂及其他助剂，按一定比例配制而成的。发泡剂的分子结构不同，相同条件下发泡倍数也不一样，所谓发泡倍数，是指一定数量的泡沫自由体积与该体积的泡沫全部破灭后析出的溶液体积之比。一般 10～20 倍为低倍数泡沫，20～200 倍为中倍数泡沫，200～1000 倍为高倍数泡沫，而降尘中应用的泡沫倍数一般为 10～400 倍。

（2）稳定剂

稳定剂（或称稳泡剂）是指在发泡剂中能产生稳定泡沫作用的某种助剂（表面活性剂）。

实践证明，泡沫稳定剂都有一定的选用范围，稳定剂添加不适当，不仅不能增加泡沫的稳定性，反而会降低起泡剂的原有各项技术性能指标。泡沫的稳定性取决于泡沫药剂配方、发泡方式和泡沫赋存的外界因素，一般用限定容器内泡沫破碎 1/2 高度的时间来衡量。破泡时间的长短，即泡沫稳定性的好坏，决定于排液快慢和液膜强度，而液膜强度的大小受泡沫液的表面张力、表面枯度、溶液黏度、分子的大小及分子间作用力强弱等因素的影响。一般来说，溶液的表面张力低，易生成泡沫，稳定时间长；溶液的表面黏度大，所生成的泡沫稳定时间也长。

（3）增溶剂

表面活性剂在水溶液中形成胶束后具有能使不溶或微溶于水的有机物的溶解度显著增大的能力，且此时溶液呈透明状，胶束的这种作用称为增溶，能产生增溶作用的表面活性剂叫增溶剂，被增溶的有机物称为被增溶物。影响增溶作用的主要因素是增溶剂和被增溶物的分子结构和性质、温度、有机添加物、电解质等。因此，泡沫药剂配方中增溶剂是必不可少的成分。

（4）配方中各药剂含量的确定方法

由于泡沫药剂配方中各药剂所起的作用不同，因而各药剂的含量也不一定相同，需要通过实验来确定。实验方法主要采用正交试验，即根据正交表的要求，分别确定各组配方中各药剂的含量，测出泡沫药剂溶液的表面张力、泡沫高度、稳定时间，并进行正交试验的直观和统计分析，然后根据实际需要确定泡沫药剂配方中各药剂的最优含量。配方确定后，并配制一定的泡沫药剂水溶液，通过泡沫发生器产生泡沫，进行泡沫除尘效果试验，再根据除尘效率的测定结果，进一步确定泡沫药剂与水混合的最佳比例。

3. 泡沫发生器的性能及参数

泡沫发生器的性能及参数如下。

① 发泡量：泡沫发生器每分钟产生泡沫的自由体积。

② 发泡倍数：一定数量的泡沫自由体积与该体积的泡沫全部破灭后析出的溶液的体积比。一般 1～20 倍为低倍数泡沫，20～200 是中倍数泡沫，200～1000 是高倍数泡沫。

③ 析出时间：随着泡沫消失而析出一定重量的溶液所需要的时间。析液时间越长，泡沫越稳定。

④ 风泡比：供给泡沫发生器的风量与发泡量的比值。

⑤ 成泡率：实际成泡量与理论成泡量之比。

第六节　清除落尘与个体防护

工业生产中产生的粉尘是很多的，由于目前的其他防尘技术和防尘管理方法尚未能将所有的粉尘全部根除，因此，清除落尘与个体防护也是综合防尘的重要环节。

一、清除落尘

清除落尘方法包括人工清扫落尘、冲洗落尘、真空清扫吸尘等。

1. 人工清扫落尘

人工清扫落尘是指人工用一般的打扫工具把沉积的粉尘清扫集中起来，然后运到指定地点。为了作好清扫落尘，厂房设计应注意以下几点。

① 在可能从设备中扬出粉尘的车间中，不应存在可能在其上沉积粉尘的突出建筑结构，如由于生产要求而必须采用这类建筑物构件时，突出部分与水平面的倾角不应大于 $60°$。

② 车间墙的内表面、筒仓、料仓、楼板、梁柱等的表面应光滑，以利于清扫粉尘。建筑构件中的接合点，应仔细抹平和涂刷光滑，不应存留可沉积和堆积粉尘的空穴。可能沉积粉尘的地方，应易于清理。车间的内表面应涂以与粉尘色泽有区别的色调。

③ 装粉状物料的筒仓和料仓，宜用钢筋混凝土或金属制成，仓壁和出料斗的内壁应光滑，并装设专门装置以防止粉状物料堵住和结拱。筒仓和料仓的结构应采用溜管，以保证能完全卸出物料，墙与沿之间的夹角应圆滑。

④ 房式仓的墙应具有光滑的内表面，没有缝隙、裂缝、突出部分、棱角、凹处等，以便于清扫粉尘。

⑤ 对接触粉尘和加工粉尘设备的设计原则是尽可能紧凑，减小死空间，以便容易清扫积尘。

这种方法不需要配备相关设备，投资少，但清扫工作本身会扬起部分粉尘，积尘范围大时要消耗大量的人力，因此，在现代化作业地点已较少大面积采用此法，只有在生产和工艺条件限制既不宜采用水冲洗又不宜采用真空吸尘的有关地点，才进行人工清扫。

2. 冲洗落尘

冲洗落尘是指用一定的压力水将沉积在产尘作业点及其下风侧的地面或有限空间四周的粉尘冲洗到有一定坡度的排水沟中，然后通过排水沟将粉尘集中到指定地点处理。

冲洗落尘清除效果好，既简单又经济，因此，我国隧道、地下铁道、地下巷道、露天矿山及地面厂房的很多地点均采用此法清除沉积粉尘。为了作好冲洗落尘，应注意如下几点。

① 在厂房水冲洗中，建筑物外围结构的内表面应做成光滑平整的水泥砂浆抹面。地面和各层平台均应考虑防水，并有不少于 1% 的坡度至排水沟，各层平台上的孔洞（安装孔、楼梯口等）要设防水台。

② 供水方法有两种：一种是供水管路系统供水；另一种是洒水车供水。具体采取哪一种，应根据技术可行、经济合理的原则确定。

③ 采用供水管路系统供水时，冲洗供水管路的设置要保证能将水冲洗到所有能产生或沉积粉尘的地点，冲洗供水管路也可与消防供水系统合用。供水管路一般由硬质管路和软质管路组成，硬质供水管路应每隔一定的距离设置一个与供水软管连接的三通阀门。一般来说，地面应每隔 30m 设一个三通阀门，产尘积尘量大的地下巷道应每隔 30m 设置一个三通阀门。

④ 对禁止水湿的设备应设置外罩，所有金属构件均应涂刷防锈漆。北方地区应设采暖设备，建筑物外围结构内表面温度应保持在 $0℃$ 以上。

⑤ 冲洗供水压力应不低于 $2×10^5 Pa$，用水量可按每冲洗 $1m^2$ 面积耗水 6L 计算。

⑥ 地面冲洗时的排水点应与三通阀门配合得当，并保证全部冲洗的污水能顺利排至排

水点。污水的排水管道或排水沟均应按输送泥浆的有关资料设计计算，排水沟和排水点应有盖板。

⑦ 冲洗周期根据现场的产尘、积尘强度等具体情况确定，保证及时清除积尘。

3. 真空清扫吸尘

真空清扫吸尘就是依靠通风机或真空泵的吸力，用吸嘴将积尘（连同运载粉尘的气体）吸进吸尘装置，经除尘器净化后排入室外大气或回到车间空气中。它主要用在地面厂房清除。

真空清扫吸尘装置主要有以下两种形式。

（1）移动式

移动式真空清扫机是一种整体设备。它由吸嘴、软管、除尘器、高压离心式鼓风机或真空泵等部分组成，适用于积尘量不大的场合，使用起来比较灵活，主要用来清扫地面、墙壁、操作平台、地坑、沟槽、灰斗、料仓和机器下方许多难以清扫的角落，并能有效地吸除散落的金属或非金属碎块、碎屑和各种粉尘。常用设备有 IS150 移动式清扫器、S-3 型真空清扫器、大型真空清扫车等。

（2）集中式

集中式适用于清扫面积较大、积尘量大的地面厂房，它运行可靠，只需少数人员操作。图 7-23 所示的是集中式真空清扫吸尘装置，容许多个吸嘴同时吸尘。

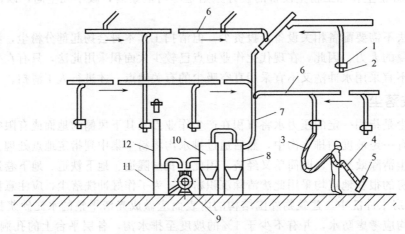

图 7-23　集中式真空清扫吸尘装置

1—堵头；2—管接头；3—软管；4—吸嘴把手；5—吸嘴；6—引出管；7—干管；8—旋风除尘器；
9—水环式真空泵；10—袋式除尘器；11—集水箱；12—排风管

二、个体防护

个体防护是指通过佩戴防尘面具以减少吸入人体粉尘的最后一道措施。防尘面具的作用是将含尘空气中的粉尘通过过滤材料过滤，使人体吸入清洁的空气，防止空气中的粉尘进入呼吸系统，从而避免接尘人员受到粉尘的危害。目前的防尘面具可分为过滤式和隔离式两大类。一般来说，氧气含量大于 18%、粉尘毒害性及产尘量不大的作业场所可使用过滤式防尘面具；而氧气含量大于 18%、或粉尘毒害性大、或产尘量大的作业场所宜使用隔离式防尘面具。

1. 过滤式防尘面具

过滤式防尘面具又分为自吸式和动力送风式两种。自吸式是依靠人体呼吸器官吸气过滤，例如各种自吸式防尘口罩；动力送风式是利用微型风机抽吸含尘空气，例如送风口罩、送风头盔等。

（1）自吸过滤式防尘口罩

这是最常见的防尘面具。目前，我国生产的自吸过滤式防尘口罩主要有两种：一种是带有换气阀的口罩；另一种则是不带换气阀的口罩。

① 带有换气阀的口罩。它带有呼气阀，而滤料装在专门的滤料盒内，滤料被污损后可以更换。如图 7-24 所示是武安 302 型防尘口罩。面具由橡皮模压制而成，边缘有泡沫塑料，能贴紧面部。口罩下部两侧各有一个进气口朝下的滤料盒，盒内装有滤布和滤纸，用以滤尘。口罩下部中央为呼气阀。这种口罩阻尘率高，呼吸阻力低，严密性好。但是这种口罩的缺点是重量较大，妨碍视线，影响操作。

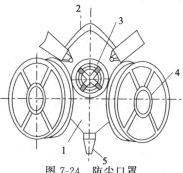

图 7-24　防尘口罩
1—主体件；2—密封脸形的坐圈；
3—呼气阀；4—滤料盒；
5—带有逆止浮球的出气嘴

② 不带有换气阀的口罩。这种口罩又称简易口罩，口罩无呼气阀，吸入和呼出的空气都经过同一通道。吸入空气时矿尘被阻留在过滤层上，呼出的水分也同时浸湿了过滤层，这样呼吸阻力增加，加上这种口罩本身阻力就大，所以，在矿尘浓度较高的作业环境中，或对劳动强度大的工人，很快就会有呼吸费力的感觉。但简易口罩的优点是结构简单、轻便，容易清洗、成本低。

（2）动力送风过滤式防尘面具

这类防尘面具是由电源、微型电机和风机、过滤器及管路等部件组成的，其形式可分为送风口罩和送风头盔两种。

① 送风口罩。送风口罩借助于小型通风机的动力，将含尘空气过滤净化，然后把净化后的清洁空气经过蛇形管送到口罩内，供佩戴者呼吸使用。如 AFK、YMK-3 型送风防尘口罩，具有阻尘率高、泄漏低、呼吸阻力小、重量轻、携带方便、活动自如、成本低、易于维修和使用安全可靠等优点。

② 送风头盔。送风头盔也称为防尘帽。图 7-25 所示为 AFM-1 型送风头盔，在该头盔间隔中，安装有微型轴流风机、主过滤器、预过滤器，面罩可自由开启，由透明有机玻璃制

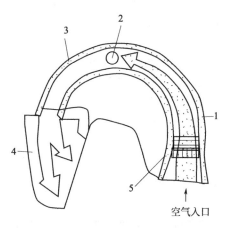

空气入口

图 7-25　AFM-1 型送风头盔
1—轴流风机；2—主过滤器；3—头盔；
4—面罩；5—预过滤器

成，送风头盔进入工作状态时，环境含尘空气被微型风机吸入，预过滤器可截留 80%～90% 的粉尘，主过滤器可截留 99% 以上的粉尘。经主过滤器排出的清洁空气，一部分供呼吸，剩余气流带走使用者头部散发的部分热量，由出口排出。

这种送风头盔的微型风机可连续工作 6h 以上，阻尘率大于 95%；净化风量大于 200L/min；耳边噪声小于 75dB(A)。其优点是与安全帽一体化，减少佩戴口罩的憋气感。主要缺点是：体积和噪声较大，呼出的水蒸气在透明面罩前易形成水珠影响视线。

2. 隔离式防尘面具

隔离式防尘面具可将人的呼吸器官与含尘空气隔离，使人体吸入专门提供的新鲜空气。这种专门呼吸用的新鲜空气可由自备的空气呼吸装置提供，也可由空气压缩机提供的压缩空气进行减压和净化处理的压风呼吸器提供。压风呼吸器对防止微尘有明显作用，其优点是佩戴者呼吸脱离了含尘空气，呼吸舒畅。缺点是使用地点不但需要有压气设备及压气管路，而且每个佩戴者拖着一根管子，不能交叉作业和远距离行走，活动范围受到限制。

第七节 粉尘爆炸的防止与隔绝

一、防止粉尘爆炸的技术措施

由第一章可知，粉尘爆炸必须同时具备三个条件：粉尘本身具有爆炸性，粉尘悬浮在一定氧含量的空气中并达到一定浓度，有足以引起粉尘爆炸的点火源。因此，防止粉尘爆炸的技术措施就是破坏上述爆炸条件之一或二，可采取的措施包括：添加惰化气体或粉体；防止落尘再次飞扬；采取各种减少粉尘产生和降尘措施，防止粉尘浓度超限；消除引火源。减少粉尘产生和降尘措施以及防止落尘再次飞扬措施已在前述章节介绍，所以，下面主要介绍添加惰化气体或粉体、消除引火源技术措施。

（1）添加惰化气体或粉体

添加惰化气体的作用：一是惰性气体可隔绝空气，例如易燃固体的压碎、研磨、筛分、混合以及输送等工艺过程，可在惰性气体的覆盖下进行；二是降低空气中氧含量，使其降到极限氧浓度以下，以使粉尘爆炸不可能发生。常用的惰性气体有 N_2、CO_2、水蒸气、卤代烃等。当作业场所充满高浓度的有爆炸危险的粉尘时，可向这一地区放送大量惰性气体加以冲淡。

生产装置添加惰化气体防爆炸时，实际氧含量必须保持比临界氧含量再低 20%（体积分数）的安全系数。如果输入氮气，使气体中氧含量降到 8% 时，就可使可燃有机粉尘惰化。在通入惰化气体时，必须注意把装置里的气体充分混合均匀。在生产过程中，要对惰性气体的气流、压力或氧浓度进行测试，应保证不超过临界氧含量。一旦超过，必须以最快的速度消除这种危险浓度的粉尘。

添加惰化粉体的作用主要是增加有爆炸性粉尘的灰分，阻挡粉尘爆炸形成过程的热辐射，破坏链反应，防止粉尘爆炸。可作为惰化粉体的材料有石灰岩粉、泥岩粉等。

（2）消除引火源

引起粉尘爆炸的引火源多种多样，就其种类来说，如明火、摩擦和冲击、电火花等。

① 消除明火。作业场所里的明火一般可分为两类：一是生产明火，即生产过程中正常使用或产生的明火，如焊接、切割、锅炉、加热炉、烟囱中的火星或火焰；二是非生产明火，如燃着的烟头、火柴等生产过程不必要或不应该产生的明火。为防止明火成为引火源，

常用的措施如下。

a. 在有火灾和爆炸危险的场所，禁止吸烟和携带火柴、打火机等火种，并在明显处张贴警告标志。

b. 在有火灾和爆炸危险的场所内不得使用蜡烛、火柴或普通灯具等明火照明，应采用封闭式或防爆型电气照明。在有爆炸危险的车间和仓库内，禁止吸烟和携入火柴、打火机等。

c. 在工艺过程中，加热易燃液体时应采用热水、水蒸气或密闭的电路，以及其他安全的加热设备，如必须采用明火加热，设备应密封，炉灶单独布置在一个房间内。

d. 对设备、容器、管道等进行明火修理或使用喷灯等作业前，应严格执行动火制度。在修理动火前应进行动火分析。

② 消除摩擦和撞击火花。摩擦和撞击会产生火花，成为粉尘着火爆炸的原因之一。摩擦和冲击成为引火源的情形很多，如：机械传动系统中的轴承等，由于润滑油干枯而摩擦发热时，就可能成为点火源；机器上转动部分的摩擦、铁器的互相撞击或铁制工具打击混凝土地面，带压管道或铁制容器裂开，物料高速喷出与器壁摩擦等。又如：金属零件、铁钉等落入粉碎机、提升机、反应器等设备内时，可能由于铁器件相互撞击而起火；棉纺厂的原棉中，如混有金属，在进入机器进行整理时，可能因金属与轴辊碰撞而引燃棉花；机器上的轴承箱缺油，引起机件摩擦发热，也可能起火等。

在有爆炸性粉尘危险的生产中，应避免摩擦、撞击火花的出现，机件的运转部分应该用不发生火花的材料制作，如铜、铝等有色金属。机器的轴承等转动部分，应该有良好的润滑，并经常清除附着的可燃污垢。敲打工具必须避免使用铁制工具，而要用铜或铝等的合金制造，或用镀铜的钢板等不发火材料制造；轴承应与充满粉尘的内部隔离，并保证可靠的固定轴，防止纵向位移。

③ 消除电火花火源。此处的电火花是广义的，包括流电火花、静电火花、雷电火花、高频感应火花等。电火花按其产生的性质可分为工作火花和事故火花，前者是电气设备正常工作（如打开开关）时产生的火花；后者是电气设备或线路发生故障或误操作出现的火花。电火花是很常见的火源，生产中应采取消除电火花措施，如：在有爆炸性粉尘危险的生产中，电线接头符合相关规定，电气设备应采用防爆隔爆电器；在机器内部不应装有能形成点火源的电器装置；采取防静电措施等。

④ 消除其他火源。除上述火源外，生产场所还有其他火源，如火灾、气体爆炸、爆破等，均应消除。

二、控制粉尘爆炸扩大的技术措施

粉尘爆炸的显著特点是可连续爆炸，且其破坏力更强，因此，采取控制粉尘爆炸扩大的技术措施，减少爆炸产生的危害，有着非常重要的意义。这里主要介绍管道容器和地下空间的控制粉尘爆炸扩大技术措施。

1. 控制地面场所粉尘爆炸扩大的技术措施

控制地面场所粉尘爆炸扩大的技术措施主要有以下几种。

（1）安设阻火装置

阻火装置的作用是防止火焰蹿入设备、容器与管道内，或阻止火焰在设备和管道内扩展。其工作原理是在含尘气体进出口两侧之间设置阻火介质，当任一侧着火时，火焰的传播被阻而不会烧向另一侧。常用的阻火装置有安全水封、阻火器。

① 安全水封。它以水作为阻火介质，一般安装在压力低于 0.2 倍表压的气体管线与生产设备之间。常用的安全水封有开敞式和封闭式两种，分别如图 7-26、图 7-27 所示。

对于开敞式安全水封，正常工作时，来自气体发生器或贮气容器内的可燃气体从进气管经安全水封到生产设备中去。一旦火焰从进气侧进入水封即被熄灭。而从出气侧进入筒内即发生回火现象时，首先反应产物在筒内产生压力，水被压入进气管和安全管，进气管被切断，同时筒内水面下降，当水面降至安全管下端时，燃烧产物经安全管排入大气，火焰也被熄灭，从而阻止了火势的蔓延。

对于封闭式安全水封，当发生回火时，燃烧产物在筒内产生压力，这个压力一方面推动逆止阀关闭进气管道，阻止可燃气体进入筒内；另一方面将爆破片冲破，燃烧产物由此排入大气。

安全水封的可靠性与筒内水面高度直接有关，水面过高，可燃气经水封的流动阻力就大；水面过低，则起不到水封作用。由于气体会带走一定的水分，会使液面下降，所以在使用中要通过水位计或水位阀经常检查筒内水面高度。寒冷时节为防止水冻结，可加入适量的防冻剂，如食盐等，或适量加入甘油、矿物油或乙二醇等，如已冻结，只能用热水或通入蒸汽加热解冻，不得用明火或高温烘烤。在设备不用时，也可将水倒出。

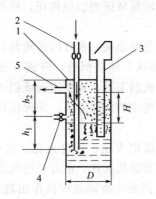

图 7-26　开敞式安全水封示意图
1—罐体；2—进气管；3—安全管；
4—水位截门；5—出气管

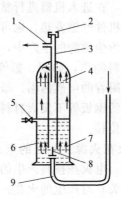

图 7-27　封闭式安全水封
1—出管；2—爆破片；3—分水管；4—分水板；5—水位阀；
6—罐体；7—分气板；8—逆止阀；9—进气管

② 阻火器。阻火器的工作原理是：火焰在管中蔓延的速度随着管径的减小而减小，最后可以达到一个火焰不蔓延的临界直径。按照热损失的观点分析可知，随着管子直径减小，热损失将逐渐增大，燃烧温度和火焰传播速度相应降低。当管径小到某一极限时，管壁的热损失大于反应热，从而使火焰熄灭。

阻火器一般安装在容易引起燃烧爆炸的高热设备、燃烧室、高温氧化炉、高温反应器与输送可燃气体、易燃液体蒸气的管线之间，以及可燃气、易燃液体蒸气的排气管上。

阻火器中起阻火作用的是阻火构件，它具有足够小的缝隙，当火焰进入阻火器时，便被阻火构件切断，从而阻止火焰扩展到另一侧。根据阻火构件的不同，阻火器可分为筛网式阻火器、缝隙式阻火器、填料式阻火器和金属陶瓷阻火器等。

筛网式阻火器的阻火构件是安装在筒体内的一叠筛网，筛网的孔隙很小。如图 7-28 所示，它用若干具有一定孔径的金属网把空间分隔成许多小孔隙，对于一般有机溶剂，采用 4 层金属网已可阻止火焰扩展，其通常采用 6～12 层。这种阻火器制造简单，气体阻力小，但阻火构件的机械强度弱，遇到火焰时有可能很快被烧尽，影响到阻火能力，因此，未得到广泛应用。

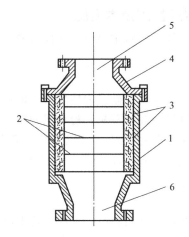

图 7-28　金属网阻火器
1—阀体；2—金属网；3—垫圈；4—上盖；5—进口；6—出口

缝隙式阻火器的阻火构件是由一层波纹金属带和一层平金属带紧贴在一起卷绕而成，在两层金属带之间形成许多垂直的小窄缝，可燃混合物可自由通过，而火焰却受到阻止无法通过。这种阻火器用得较多。

填料式阻火器的阻火构件由填料放置在格板上组成，填料之间保持一定的缝隙。填料可采用玻璃或陶瓷小球、砾石、砂粒、铁屑、钢屑或其他粒状材料，这些阻火介质将阻火器内的空间分成许多非直线性小孔隙，当可燃气体发生倒燃时，这些非直线性微孔能有效地阻止火焰的蔓延，其阻火效果比金属网阻火器更好。这种阻火器用得也很多，但由于制造简单和不规格，因此，大都是使用单位自己设计制造的。

金属陶瓷阻火器是用一块多孔性金属陶瓷板作为阻火构件。对于临界直径很小的可燃气体，采用前面几种阻火构件很难满足要求，只有采用多孔性金属陶瓷才容易达到很小的缝隙。金属陶瓷是用金属小球加压烧结而成的。

除了缝隙大小外，影响阻火效果的还有阻火器的长度，因为阻火构件的冷却作用与其长度有直接的关系。

（2）安设爆破片

爆破片又称防爆膜、泄压膜，是一种断裂型的安全泄压装置。它的一个重要作用就是当设备发生化学性爆炸时，保护设备免遭破坏。其工作原理是：根据爆炸过程的特点，在设备或容器的适当部位设置一定大小面积的脆性材料，构成薄弱环节。爆炸刚发生时，这些薄弱环节在较小的爆炸压力作用下，首先遭受破坏，立即将大量气体和热量释放出去，爆炸压力也就很难再继续升高，从而保护设备或容器的主体免遭更大损失，使在场的生产人员不致遭受致命的伤亡。爆破片的安全可靠性决定于爆破片的厚度、泄压面积和膜片材料的选择。

（3）工艺及设备设计上控制粉尘爆炸扩大

工艺及设备设计上控制粉尘爆炸扩大的措施有：设备的强度应能承受设备内部爆炸所产生的最大压力；对内部能形成爆炸源的设备，如磨粉机、粉碎机、提升机、输送机等，为了降低爆炸威力，应尽可能减小产生爆炸浓度的空间；尽可能不采用地下仓库结构；多采用分离式建筑结构，粉尘爆炸危险性大的工序实行隔离操作；减少中间连接接头和通道；房顶尽量采用钢架结构，少用砖、水泥结构；除尘器应尽可能设置在建筑物外部。

251

2. 地下空间控制粉尘爆炸扩大技术措施

地下空间控制粉尘爆炸扩大技术措施主要有：安设水棚、安设岩粉棚、撒布岩粉、安设自动隔爆装置等。

（1）撒布岩粉

撒布岩粉是指定期在地下某些空间中撒布惰性岩粉，增加沉积爆炸性粉尘的灰分，抑制爆炸性粉尘爆炸的传播。惰性岩粉一般为石灰岩粉和泥岩粉。对惰性岩粉的要求是：可燃物含量不超过 5%，游离 SiO_2 含量不超过 10%；不含有害有毒物质，吸湿性差；粒度应全部通过 50 号筛孔（即粒径全部小于 0.3mm），且其中至少有 70%能通过 200 号筛孔（即粒径小于 0.075mm）。

（2）安设岩粉棚

岩粉棚是由安装在某些地下空间（如巷道）上部的若干块岩粉台板组成，台板的间距稍大于板宽，每块台板上放置一定数量的惰性岩粉，当发生粉尘爆炸事故时，火焰前的冲击波使台板震倒，岩粉即弥漫于巷道中，火焰到达时，岩粉从燃烧的煤尘中吸收热量，使火焰传播速度迅速下降，直至熄灭。

（3）安设水棚

水棚包括水槽棚和水袋棚两种。水槽棚主要为隔爆棚，水袋棚辅助隔爆棚。

水槽为改性聚氯乙烯制成的倒梯形状、外观为半透明的槽体。槽体质硬、易碎。地下一旦发生爆炸，暴风将水槽击碎或崩翻，水雾形成一道屏障，起到阻隔、熄灭爆炸火焰，防止爆炸传播的作用。

水袋棚原理与水槽棚相似，所不同的是，水袋采用专用的挂钩吊挂，爆炸冲击波冲击后使得挂钩脱钩后水袋脱落而形成水雾。它是一种经济可行的辅助隔爆措施，水袋作为盛水容器的材料，必须能经受水的长期浸泡，材质不腐烂和机械强度不下降，且有阻燃性和抗静电性。

（4）安设自动隔爆装置

自动隔爆装置利用各种传感器，瞬间测量爆炸产生的各物理参量，并迅速转换成电信号，指令机构演算器根据这些信号可以准确计算出火焰的传播速度，并选择恰当时间发出动作信号，让抑制装置强制喷洒固体、气体或液体等消火剂，可靠地扑灭爆炸火焰，阻隔爆炸蔓延。

思考题与习题

1. 如何从生产布局及生产工艺方面减少粉尘的产生？
2. 什么是物料的预先湿润？简述煤体预先湿润的防尘机理。
3. 试述石英砂湿法生产的工艺过程。
4. 喷雾控制的方式主要有哪些？
5. 试述影响单水喷雾降尘效率的主要因素。
6. 简述文丘里管自吸喷雾器降尘原理。
7. 试述荷电喷雾与磁水降尘的机理。
8. 叙述气幕控尘的方法。
9. 试述湿润剂的抑尘机理及其高聚物超强吸水树脂保湿黏结粉尘的原理。
10. 泡沫降尘原理如何？

11. 清理落尘通常采用哪些方法？

12. 厂房水冲洗时，要注意哪些因素？

13. 防止粉尘侵入呼吸道的防尘面具可分为哪几种？它们各有什么特点？

14. 控制地面场所粉尘爆炸扩大的技术措施主要有哪些？

15. 控制地下空间粉尘爆炸扩大技术措施主要有哪些？

16. 型砂的真密度 $\rho_P = 2700\text{kg/m}^3$，在大气压力 $p = 101.325\text{kPa}$、温度 $t = 20℃$ 的静止空气中自由沉降，计算粒径 $d_P = 2\mu\text{m}$，$6\mu\text{m}$，$12\mu\text{m}$，$15\mu\text{m}$，$25\mu\text{m}$，$60\mu\text{m}$ 时尘粒所受的阻力及沉降速度。

17. 计算粒径不同的三种飞灰颗粒在空气中的重力沉降速度，以及每种颗粒在 30s 内的沉降高度。假定飞灰颗粒为球形，颗粒直径分别为 $0.4\mu\text{m}$、$40\mu\text{m}$、$4000\mu\text{m}$，空气温度为 387.5K，压力为 101325Pa，飞灰真密度为 2310kg/m^3。

18. 直径为 $200\mu\text{m}$、真密度为 1850kg/m^3 的球形颗粒置于水平筛上，用温度 293K 和压力为 101325Pa 的空气由筛下部垂直向上吹筛上的颗粒，试确定：①恰好能吹起颗粒时的气速；②在此条件下的颗粒雷诺数。

19. 某种粉尘的真密度为 2700kg/m^3，气体介质（近如空气）温度为 433K，压力为 101325Pa，试计算粒径为 $10\mu\text{m}$ 和 $500\mu\text{m}$ 的尘粒在离心力作用下的末端沉降速度。已知离心力中颗粒的旋转半径为 200mm，该处的气流切向速度为 16m/s。

第八章 通风与粉尘测定

为了正确评价、完善通风系统和作业场所的劳动卫生条件，通风与粉尘测定是必不可少的环节。本章重点介绍空气温度与湿度的测定、空气压力的测定、风道风量的测定、通风机性能测定、通风阻力测定、粉尘测定性质和浓度等。

第一节 空气温度与湿度测定

一、空气温度测定

空气温度由温度测量仪表测定。工业通风常用的温度测量仪表有水银温度计、热电偶温度计、电阻温度计和红外线温度计等。

1. 水银温度计

水银温度计以摄氏温标为基础，是一般场所最常用的温度计。水银具有热导率大、热容小、热膨胀系数比较均匀、不容易附着在玻璃壁上等特点。水银温度计结构简单，价格便宜，具有较高的精确度，且使用方便，缺点是易损坏，并且水银毒性较大。由于水银的熔点是$-38.862℃$，沸点是$356.66℃$，因此，水银温度计一般的使用范围为$-35\sim360℃$。

2. 热电偶温度计

如图 8-1 所示，将两种金属导线构成一封闭回路，如果两个接点的温度不同，则由于两种金属的电子逸出功不同，在接点处产生一个接触电势，以及同一种金属由于温度不同而产生一个温差电势（也称热电势）。如在回路中串接一个毫伏表，则可粗略显示该温差电势的量值。这便是著名的塞贝克温差电现象。这一对金属导线的组合就构成了热电偶温度计，简称热电偶。实验表明，温差电势 E 与两个接点的温度差 Δt 之间存在函数关系。如果其中一个接点的温度 T_1 恒定不变，则温差电势只与另一个接点的温度有关：$E = f(T_2)$。通常将其一端置于标准大气压 p_0 下的冰水共存体系中，那么，通过温差电势就可直接测出另一端的温度值，这便是热电偶温度计的测温原理。

常用的热电偶为镍铬-镍铝，与之配用的温度指示仪表多为高温毫伏计。热电偶温度计具有以下特点：i. 灵敏度高，配以精密的电位差计，通常可达到 0.01K；ii. 热电偶经过精密的热处理后，其热电势-温度函数关系的重现性极好；iii. 量程宽，其量程仅受其材料适用范围的限制；iv. 使用方便，热电偶测温可将温度信号直接转变成电压信号，便于自动记录与自动控制，测杆能根据需要制成任意长度，且适用于远距离测量，因而在管道测试特别是在高温烟道测试中，得到广泛应用。

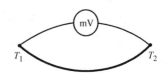

图 8-1　热电偶温度计测温原理图

3. 电阻温度计

电阻温度计一般由电阻、连接导线和显示仪表等组成，它的测量范围为 $-260\sim600℃$，分为金属电阻温度计和半导体电阻温度计，均根据电阻值随温度的变化这一特性制成。金属温度计主要是用铂、金、铜、镍等纯金属，以及铑铁、磷青铜合金制成的；半导体温度计主要用碳、锗等制成的。

4. 红外线温度计

它是一种非接触式测温仪表，其原理如图 8-2 所示。图中 R_b 是红外敏感元件，接收红外辐射能；R_c 是补偿元件，被外壳隐蔽起来，不吸收红外辐射能；E_b 和 E_c 组成偏压电源。R_b 接收红外辐射能，其阻值下降，电桥失去平衡。输出电压信号到前置放大器放大，经处理和转换环节，由显示器显示，或送到报警电路进行报警。R_c 阻值或输出电压信号的强弱由红外辐射能量决定，而接收的红外能量多少与被测点温度高低有关，仪器显示的数据直接反映被测点温度值及其变化状态。

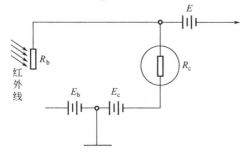

图 8-2　红外线温度计原理图

二、空气湿度测定

空气湿度是计算空气密度、风道风量的重要参数，主要通过湿度仪表测定。根据测量湿度的原理，目前的湿度仪表主要有如下几类。

1. 干湿球湿度计

干湿球湿度计既是最基本又是最古老的湿度计，一般含有两个水银温度计，其中一个直接露置于空气中，用来测定空气温度，称为干球温度计，而另一个的球体部分则包着微湿的棉布或纱布，称为湿球温度计。由于湿球表面的水分蒸发要吸热，因而湿球温度计的温度低于干球温度计的温度，空气的相对湿度越小，蒸发吸热作用越显著，干湿温度差也就越大。根据干、湿温度计读值的差值（Δt）和湿球温度计读值（t），由附录 2 即可查出空气的相对湿度（φ）。例如，设干球温度计所示的温度是 22℃，湿球温度计所指示的是 16℃，两球的温度差是 6℃，则在附录 2 查得的相对湿度是 54%。

干湿球湿度计分为普通型干湿球湿度计和吸气型干湿球湿度计。普通型干湿球湿度计仅由两个温度计组成，靠水分的自然蒸发来测定湿球的温度，一般可在湿度较小、通风良好的场合使用。吸气型干湿球湿度计又称通风干湿表，主要用在湿度较大的地下空间等场合，除普通型干湿球湿度计的两个温度计外，通风干湿表的顶部装有用电力或弹簧力使螺旋桨叶转动的吸风器，如图 8-3 所示为弹簧力式通风干湿表，水银温度计 1 为干球温度计，水银温度计 2 的水银球上裹有一层湿的棉纱布,为湿球温度计;水银温度计的外面均罩着内外表面光亮的双层金属保护管,以防热辐射的影响;吸风器内有发条和风扇,风扇在发条作用下工作,以在风管中产生稳定的气流,使温度计水银球处于同一风速下,测定流动状态下的空气温度。使用时,先湿润纱布,然后上紧发条,小风扇转动,空气由金属保护管吸入,经中间管从上部排出。

2. 伸缩式湿度计

根据测定感湿元件种类,伸缩式湿度计可分为毛发湿度计和尼龙丝湿度计。尼龙丝湿度计以尼龙丝为感湿元件,利用其线性尺寸的变化与气体湿度之间的关系来确定气体的湿度。毛发湿度计以毛发为感湿元件,利用脱脂毛发的线性尺寸随环境气体含水量而变的原理制成,因人的头发吸收空气中水汽的多少是随相对湿度的增大而增加的,而毛发的长短又和它所含有的水分多少有关。图 8-4 为典型的毛发湿度计结构示意图,可用酒精等物将毛发洗净除油脂,以毛发十根为一束装置在容器中,利用杠杆原理,扩大它的伸缩计指针直接在刻度板上指出湿度。当毛发温度计的示值需要进行校正时先拧开紧固螺母,然后转动调节螺母,调准后再拧紧紧固螺母。这种毛发温度计的放大倍率亦可调整,由于其放大倍率等于指针长度与毛发下固定点到指针转动轴心的距离之比,因此只要改变后者,移动固定毛发的套筒即可调整放大倍率。

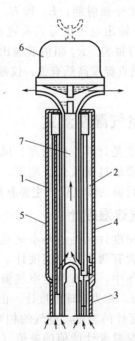

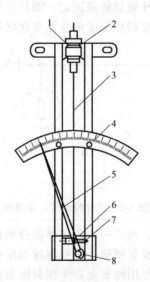

图 8-3　弹簧力式通风干湿表

1—干球温度计;2—湿球温度计;3—棉纱布;
4,5—双层金属保护管;6—吸风器;7—风管

图 8-4　毛发湿度计

1—紧固螺母;2—调节螺母;3—毛发;4—刻度
尺;5—指针;6—弧块;7—重锤;8—转轴

3. 露点湿度计

露点是指用冷却方法使得空气水分达到饱和并开始结露的温度,因露点的饱和水汽压跟空气中原有的未饱和水汽压相等,也就是露点时的饱和水汽压与原来温度时空气的绝对湿度相等,因此,将测定露点装置略加改良就可制成测定湿度的仪器。在露点湿度计中,乙醚盛

于表面极光滑的金属盒里，盒盖上开有三个小孔，在一个小孔内插入一支温度计，一个小孔插入一根弯曲的玻璃管，其一端浸入乙醚中，空气可由这根管子的另一端进入金属盒内，最后一个小孔是出气孔。测定时，可用气筒向盒内打气，乙醚迅速蒸发，同时吸收周围空气里的热量而使周围空气温度降低到一定温度，金属盒附近空气里的水汽达到饱和，于是盒面上就出现了一层很薄的细露珠，记下当时的温度 T_1，这一温度已较露点略低，以后停止打气，使金属盒的温度回升，等到金属面上的露珠完全消失，再记下温度 T_2，这一温度已较露点略高，T_1 和 T_2 的平均温度就是露点。为能更正确地觉察出露珠的出现和消失，可在盒壁的周围加上一个用同样的金属制成的边框，让边框和盒壁之间留有小缝，于是边框的温度比盒壁冷得慢。

4. 电子式湿度计

电子式湿度计利用一些物质的电特性与周围气体湿度之间的关系来确定空气湿度，可分为电阻、电容、电解、电阻与电容组件、热敏电阻等湿度计。其中，电阻式湿度计利用固体电解质、高分子有机物、半导体陶瓷等吸湿性能较好的物质吸附水汽后，其电阻率变化的原理来测定相对湿度；电容湿度计利用高分子有机物质、陶瓷、等离子体复合膜及玻璃陶瓷等物质吸附水汽后，其介电系数、电容量变化的原理来测定相对湿度；热敏电阻式湿度计用来测定绝对湿度，它将热敏电阻的一方封入干燥空气中，另一方暴露在大气中。

5. 其他形式湿度计

其他形式湿度计主要包括电磁波湿度计、吸收式湿度计等。

电磁波湿度计利用某些物质吸附水汽后，振荡频率、传播速度、整流特性等物理性能变化的原理测定相对湿度，包括晶振式、二极管式、微波式、声表面波湿度计。

吸收式湿度计利用硅胶、五氧化二磷、氯化钙等干燥剂吸收含湿气体中的水蒸气至完全干燥，然后测出水分来直接求得空气湿度。

第二节　空气压力测定

一、空气压力测定仪器

工业通风测定空气压力的测定仪器主要有气压计、压差计、压差传感器和皮托管等，现分叙如下。

1. 气压计

气压计主要用来测定大气压力或大断面空间的空气压力，常用的气压计包括空盒气压计和数字气压计两种。

（1）空盒气压计

空盒气压计一般测量空气绝对压力，如图 8-5 所示为空盒气压计工作原理示意图。它主要是由感受压力的波纹真空膜盒、传动机构、指针及刻度盘组成。空气压力发生变化时，波纹真空膜盒收缩或膨胀，产生轴向变形，通过拉杆和传动机构使指针偏转，指示空气压力值。其测压范围一般为 80000～108000Pa。

使用时，空盒气压计水平放在测点处，并轻轻敲击仪器外壳，以消除传动机构的摩擦误差；由于该仪器有滞后现象，因此在测压地点一般要放置 3～5min（从一点移到另一点，若两点压差为 2668～5337Pa，则需放置 20min）方可读数；读数时，视线与刻度盘平面保持垂直。

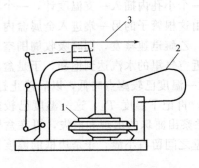

图 8-5　空盒气压计工作原理图
1—波纹真空膜盒；2—传动机构；3—指针

为了提高测定精度，读数值应按厂方提供校正表（或曲线）进行刻度、温度和补偿校正。每台仪器出厂检定书中均附有这三个校正值。其中温度校正值 p_t 用下式计算

$$p_t = \Delta p_t t \tag{8-1}$$

式中　Δp_t——温度变化 1℃ 时的气压校正值，Pa/℃；

　　　　t—— 读数时仪器所在的环境温度，℃。

（2）数字气压计

数字气压计既可测定空气的绝对压力，也可测定相对压力或压差。图 8-6(a) 所示为 BJ-1 型数字气压计的工作原理，它由气压探头组件、面板组件、电源和机壳、机箱等组成。其中，气压感受装置由真空波纹管和弹性元件构成，气压探头感受的气压及其变化量经机-电转换、放大和调节，最终以数字显示出来。面板组件如图 8-6(b) 所示，包括信号调节、面板表等。

BJ-1 型数字气压计的操作过程如下。

① 打开总开关，按下"电压"按键，显示 7～11V 可正常工作，否则应充电。

② 测定之前，要先开机预热 30min。

③ 绝对压力测定：进入测点，按下面板上的"绝对"压力键，标高键置于"0"挡，显示值稳定后，方可读数，绝对压力按下式计算

$$p = p_0 \pm B \tag{8-2}$$

式中　p_0——仪器的基准气压值，由厂方调定，一般为 1000kPa；

　　　　B——仪器显示数值，单位为 kPa，加或减由显示符号而定。

④ 压差测量：首先在测段始点按③所述方法测定当地大气压值，然后按下"相对"键，再根据现场标高按下相应的标高键，调"调基"电位器，使显示数字为零（当测段两点压差不超过量程时，也可记下显示数值）。将仪器移至测段终点，其显示值（与前一点的示值之差）即为测段的压差，单位为 Pa。

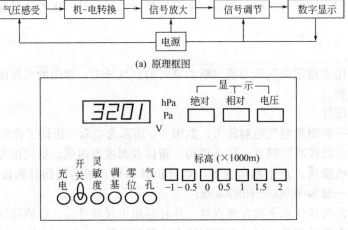

(a) 原理框图

(b) 面板布置示意图

图 8-6　BJ-1 型数字气压计

2. 压差计

压差计包括 U 形压差计、补偿式微压计、单管倾斜微压计等，主要用来测定通风风筒内空气压力及压差。

（1）U 形压差计

U 形压差计又称 U 形水柱计，如图 8-7 所示，分为垂直型和倾斜型两类。U 形压差计是把一根等直径的玻璃管弯成 U 形，装入蒸馏水或酒精，中间放置一个刻度尺。测压前，U 形管的两个液面处于同一水平面。测压时，在压差作用下，较大压力液面下降，较小压力液面上升。

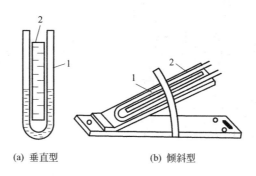

(a) 垂直型　　　　(b) 倾斜型

图 8-7　U 形压差计
1—U 形玻璃槽；2—刻度尺

U 形倾斜压差计两端压差为

$$\Delta p = \rho g L \sin\alpha \qquad (8-3)$$

式中　Δp——压差，Pa；

　　　α——U 形管倾斜的角度；

　　　L——两液柱面长度差，mm；

　　　ρ——液体密度，t/m³。

对于 U 形垂直压差计的两端压差，则只要将 $\alpha = 90°$ 代入式（8-3）即可。

（2）补偿式微压计

补偿式微压计是一种精度较高（达 0.02～0.05mm 水柱）的压差计，它除了作一般微小压差的测量外，还用于校正其他压差计。这类仪器有 DJM9 型、YJB-150/250-Ⅰ型等。

补偿式压差计 [如图 8-8(a)] 是用胶皮管连接充满水的小容器和大容器所组成的系统。大容器具有螺旋沟槽，与中央的螺杆相配，螺杆下端用铰与仪器的底座相连，而上端连于读数盘上。在无压差时，两容器液面处于同一水平面上。大压力作用在小容器上时，其液面下降。为了恢复其原液位，转动固定于丝杆上的读数盘，大容器沿丝杆上升。在小容器内装有光学设备，可在反射镜内看到水准器的尖端同它自己的像互相接触，如图 8-8(b) 所示，从而由大容器液面新的平衡位置来确定大小容器所受到的压力差。借助于螺盖上的柱销使其向左向右旋转，从而带动大容器上下移动，由于大容器的位置改变，小容器中的水位也不断变化，一直到设于小容器内部的三角形指示指针的针尖与水表面接触为止。

使用补偿式微压计测定前的准备工作是，先转动读数盘，使读数盘及位移指针均处于零点，再打开螺盖，注入蒸馏水，直到从反射镜中观察到水准器中的正倒影像近似相接，然后盖好螺盖，缓慢转动读数盘使大容器上下移动数次，以排除大、小容器间连接胶皮管内的气泡。用调平螺钉将仪器调平，慢慢转动螺母，小容器微微移动，水准器中的正倒影尖端恰好

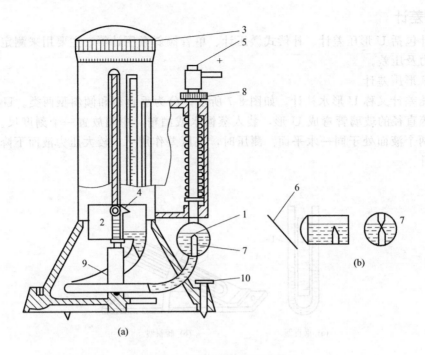

图 8-8　补偿式微压计示意图

1—小容器；2—大容器；3—读数盘；4—指针；5—螺盖；
6—反射镜；7—水准器；8—螺母；9—胶皮管；10—调平螺钉

相接触。如不能相接，两个影像重叠，表明水量不足，则应加水；若两尖端分离，表明水过多，则应减水。

测压时，应预先测算被测压力的最大值，再转动读数盘至被测压力最大值，后将被测压力较大的胶皮管接到螺盖附近的"＋"接头上，压力较小的胶皮管接到指针附近的"－"接头上，此时小容器中的液面下降，反射镜中观察到的水准器正倒影像消失，此时缓慢转动读数盘，直至恢复两影像尖端再次刚好相接。指针位移后指的整数与读数盘所指的小数之和，即为所测压力差。

（3）单管倾斜微压计

① 仪器结构与测压原理。单管倾斜微压计由一个盛有工作液体的容器和一根直径比较小的斜管组成，工作原理如图 8-9 所示，为了使斜管液面上升到拟定高度而容器内液面下降得不太多，一般斜管内径是盛液体容器内径的 1/10 或 1/15。当容器断面积为 S_2，并且液面上受到压力为 p_1，斜管断面积为 S_1，其液面受到压力为 p_2，且 $p_1 > p_2$ 时，设容器液面下降 h_2 高度，斜管液面上升高度 $h_1 = l\sin\alpha$，这时容器内液体下降的体积等于斜管内液体上升的体积，即

$$h_2 = l\frac{S_1}{S_2} \tag{8-4}$$

亦即

$$h = h_1 + h_2 = l\left(\sin\alpha + \frac{S_1}{S_2}\right) \tag{8-5}$$

所以，压差为

$$\Delta p = p_1 - p_2 = h\rho g = l\rho g\left(\sin\alpha + \frac{S_1}{S_2}\right) \tag{8-6}$$

式中　ρ——单管倾斜微压计液体的密度，g/cm³，一般用工业酒精和蒸馏水配成密度为 0.81kg/m³ 的工作液。

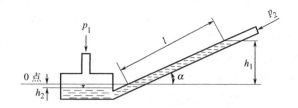

图 8-9　单管倾斜微压计原理图

令 $K_{dw}=\rho g(\sin\alpha+\dfrac{S_1}{S_2})$ 为校正系数，则

$$\Delta p=p_1-p_2=K_{dw}l \tag{8-7}$$

一般来说，单管倾斜微压计的 K_{dw} 值都标在斜管限位标尺上，因此，测定时只要读出斜管上酒精液柱长度再乘上相应的 K_{dw} 值，就得到测量的压力值。

实际的单管倾斜微压计结构如图 8-10 所示，它由大断面的容器和小断面的倾斜测量管及游标等组成。大容器装在有三个定位螺钉和一个水准指示器的底板上，底板上还装有弓形支架，用它可把倾斜测量管固定在 5 个不同的位置上，刻在支架上的数字即为校正系数。

② 单管倾斜微压计的操作步骤和注意事项。

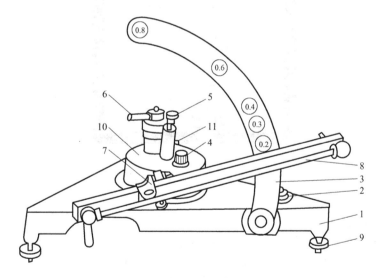

图 8-10　单管倾斜微压计结构

1—底板；2—水准指示器；3—弓形支架；4—加液盖；5—零位调整旋钮；
6—阀门柄；7—游标；8—倾斜测量管；9—定位螺钉；10—大容器；11—多向阀门

a. 使用时将仪器从箱内取出，放置在平整且无振动影响的工作台上，调节前后三个定位螺钉，使仪器处于水平位置，根据被测压力的大小，将倾斜测量管固定在弓形支架相应的校正系数上。

b. 取下容器上的加液盖，缓缓加入密度为 0.81kg/m³ 的工作液，使液面在倾斜测量管上的"零"点刻度线附近，旋紧盖帽，检查容器和倾斜测量管之间管道内有无气泡存在，如有气泡，应在容器接嘴上接上橡皮管轻轻吹气，使倾斜测量管液面上升到接近于顶端处，排除存留在容器、连接管和倾斜测量管之间的气泡，反复数次，至气泡排尽为止。

c. 旋动容器零位调整旋钮校正液面的"零"点，若旋钮已转至最低位置但仍不能使液面上升至倾斜测量管的"零"点，则所加的酒精过少，应再加入酒精，使液面上升至稍高于"零"点，再用旋钮校准液面至"零"点，反之则加的酒精过多，可轻吹接在容器接嘴上的橡皮管使液面从倾斜测量管上端的负压接嘴溢出多余的酒精。

d. 测气压时，用测压管与接嘴相接，如被测压力高于大气压，则被测压力与容器接嘴相接。测压差时，较大压力与容器接嘴相接，较小压力与测量管接嘴相接。

e. 测压时，要注意被测压力大会将工作液体压出或吸走，为了避免这种情况的发生，将测压计和测压管之间的橡皮管拧紧，等测压管放好后再徐徐放开。

f. 使用后，在短期内仍需要将容器接嘴和测量管接嘴的保护螺母拧上，以免溶液泄出，当要搁置较长时间不用时，最好将酒精倒出。

g. 在读数时，把倾斜测量管上的读数乘以修正系数即为所得水柱高度。

3. 压差传感器

压差传感器应用了差动变压器原理，如图 8-11 所示。其探头是由差压膜盒和差动变压器组成的差压变换器，并将差压膜盒和差动变压器封装在一个容器内，容器上留有两个压力输入孔以传递压力。

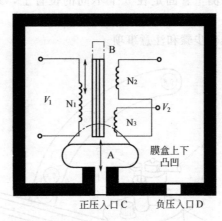

图 8-11　差动变压器原理

差压变换器是由一个可移动的铁芯 B，一个初级线圈 N_1 和两个次线圈 N_2、N_3 组成。差压变换器的活动铁芯串联在膜盒 A 中心的硬芯部分，当压力发生变化，差压膜盒产生轴向位移，其位移量的大小正比于外加压力。这样，膜盒 A 便带动了铁芯 B 上下移动，引起差压变换器的次级电压的变化，从而实现了压力/电量的转换。

4. 皮托管

皮托管是一种测压管，它是测定风筒内气压时承受和传递压力的工具，它由两个同心管组成。常用的形式有 L 形皮托管和 S 形皮托管两种。

图 8-12 所示是 L 形标准皮托管结构图，头部和柄均由套管组成，头的端部呈椭圆形，端顶有小孔 A，在距端顶 8D 处的 B 断面，环周有数个等距的小孔，其孔径不超过 1mm，数目不少于 6 个。当皮托管置于管道气流中时，A 点迎向气流，因此小孔 A 所感受的是全压，头部管段 AB 平行于气流，因此 B 断面沿周各小孔感受的是静压。

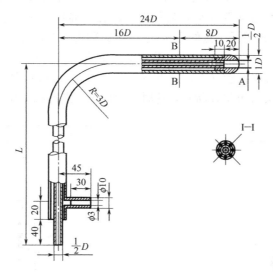

图 8-12　L 形标准皮托管

图 8-13 所示是 S 形皮托管结构图，它由两根同样的金属管组成，测端做成方向相反的两个相互平行的开口。测定时一个开口面向气流，另一个背向气流，面向气流的开口测得的是全压值，背向气流的开口测得的是静压值。但由于在背向气流的开口上受吸力影响，测得的静压值与实际静压值之间有一定的误差。因此 S 形皮托管在使用前，须用 L 形标准皮托管进行校正，求出它的校正系数。校正方法是在管道中以不同的风速，分别用 L 形标准皮托管和 S 形皮托管进行对比测定，两者测得速度之比称为 S 形皮托管的速度校正系数，即

$$K = \frac{v_b}{v_S} \tag{8-8}$$

式中　v_b——标准皮托管测得的速度，m/s；

　　　v_S——S 形皮托管测得的速度，m/s。

应当指出，同一个皮托管，在不同的气流速度范围内，其校正系数不是完全相同的。因此在校正时，要选择合适的流速范围，一般当流速处在 5～30m/s 的范围内时，校正系数平均值为 0.84 左右（国外 S 形皮托管为 0.85）。还应指出：L 形标准皮托管因测孔很小，当测量含尘气流（如烟道内）时易被堵塞，L 形标准皮托管只适用于在较清洁气流中使用；而 S 形无标准型皮托管的 90°弯角，可以容易伸入

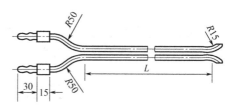

图 8-13　S 形皮托管

厚壁的管道中，另外，由于它的开口较大，减小了被尘粒堵塞的可能性，但在低流速的情况下，由于其断面积较大，测量时受到涡流和气流不均匀的影响，灵敏度下降，故 S 形皮托管一般不宜用于测量小于 3m/s 的气流。

二、空气点压力测定方法

大气压力及大断面风道空气点压力一般采用空盒气压计或数字气压计测定。

测定小断面管道及软质风筒内空气点压力时，可将皮托管尖端头部插入风筒、尾部与压

差计连接即可。如图 8-14 所示，将皮托管尖端孔口 a 在 i 点正对风流，侧壁孔口 b 平行于风流方向，只感受 i 点的绝对静压 p_i，故称为静压孔；端孔 a 除了感受 p_i 的作用外，还受该点的动压 h_{vi} 的作用，即感受 i 点的全压 p_{ti}，因此称之为全压孔。用胶皮管分别将皮托管的（＋）、（－）接头连至压差计上，即可测定 i 点的点压力。如图 8-15 所示的连接，测定的是 i 点的动压；如果将皮托管（＋）接头与压差计断开，这时测定的是 i 点的相对静压；如果将皮托管（－）接头与压差计断开，这时测定的是 i 点的相对全压。

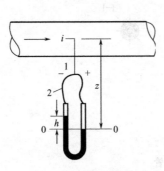

图 8-14　点压力测定

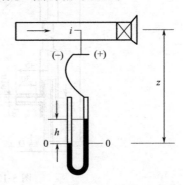

图 8-15　抽出式通风点压力测定原理

下面以图 8-15 所示的抽出式通风风筒中 i 点的相对静压测定为例，说明风流点压力的测定原理。

其测定布置如图 8-15 所示，皮托管的（－）接头用胶皮管连在 U 形压差计上，压差计的压差为 h，以压差计的等压面 0—0 为基准面，设 i 点至基准面的高度为 Z，胶皮管内的空气平均密度为 ρ_m，胶皮管外的空气平均密度为 ρ'_m，与 i 点同标高的大气压为 p_0，则水柱计等压面 0—0 两侧的受力分别为：

压差计左边等压面上受到的力　　　　$p_{0i}+\rho_m gz$　　　　　　　　　　　　　　(8-9)

压差计右边等压面上受到的力　　　　$p_i+\rho'_m g(z-h)+h$　　　　　　　　　　(8-10)

由等压面的定义得

$$p_{0i}+\rho_m gz=p_i+\rho'_m g(z-h)+h \tag{8-11}$$

设 $\rho_m=\rho'_m$ 且忽略 $\rho'_m gh$ 这一微小量，经整理得

$$h=p_i-p_{0i} \tag{8-12}$$

由此可见，这样测定的 h_i 值就是 i 点的相对静压。同理可以证明相对全压、动压及压入式通风时的情况，请读者自行证明。

第三节　风道风量测定

由第二章可知，风道内的风速分布是不均匀的，因此，要正确测定风道风量，就应测定其平均风速，风道的风量为风道断面积与平均风速的乘积。根据测定原理和现场条件，风道风量的常用测定方法有速压法、静压差法、风速仪法三种，现分述如下。

一、速压法风量测定

此方法是测定管道、软质风筒及烟道风量的一种最基本方法。其测定原理：选择正确的测定断面后，在测定断面上布置若干个测点，测定各测点的速压，然后根据速压与速度的关系计算各测定的风速，最后计算断面平均风速和风量。

1. 测定断面的确定

由第二章可知，在风机出口、风流拐弯、三通、断面突然增大或缩小等处，其气流很不稳定，存在涡流，在实际测定中，有时会发现在气流不稳定断面上的动压读数为零，甚至是负值，这样的断面不宜作为测定断面。因此，测定断面应选择在气流平稳、扰动小的直线段风筒内。当设在弯头、三通、断面突然增大或缩小等局部构件或净化设备前面（按气流运动方向）时，测定断面与它们的距离要大于 3 倍风筒直径；而设在这些部件或设备的后面时，则应大于 6 倍管道直径（图 8-16）。离这些部件或设备的距离远，则气流平稳，测量结果准确。如现场测定很难满足这样的要求，可选择距局部构件或设备的最小距离至少不小于管道直径的 1.5 倍左右处为测定断面，不过，此时应适当增加断面上的测点数。另外，还应从操作方便和安全角度考虑测定断面的选择。

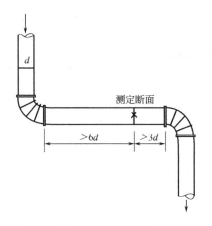

图 8-16　测定断面的确定

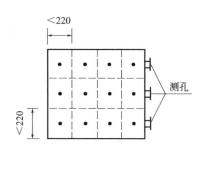

图 8-17　矩形风道测点布置图

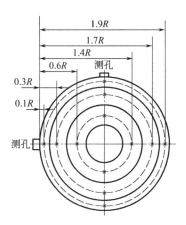

图 8-18　圆形风道测点布置图

2. 测点布置

由于风流速度在管道断面上的分布是不均匀的，随之造成压力分布也不均匀，因此，在测定断面上必须布置多个测点，然后求出断面上压力和速度的平均值。

（1）矩形风道

将风管断面划分为若干等面积的小矩形，测点布置在每个小矩形的中心，小矩形每边的长度一般不大于 220mm 左右，如图 8-17 所示。实测时，测点数可按表 8-1 确定。

（2）圆形风道

将管道断面分成一定数量、面积相等的同心圆环，在每个面积环的面积平分线上，沿互相垂直或互成 120°角的线布置测点。图 8-18 是划分为三个同心环的圆形风道上沿互相垂直的线布置测点的示意图，其他同心环的测点布置可参照图 8-18。根据经验，一般圆形风道同心环的环数可按表 8-2 确定，烟道测量断面分环数可按表 8-3 确定。

表 8-1 矩形风道测定断面的测点数

风道断面积/m²	<1	1~4	4~9	9~16	16~20
测点数	4	9	12	16	20

表 8-2 圆形风道测定断面分环数

风道直径/mm	≤500	500~1100	100~2200	2200~2600	2700~3400
分环数 n	2~3	4~5	5~6	6~7	7~10

表 8-3 烟道测定断面分环数

烟囱直径/m	<0.5	0.5~1	1~2	2~3	3~5
测定断面分环数	1	2	3	4	5
测点数	4	8	12	16	20

同心圆环上各测点与圆心的距离可按下式确定

$$R_i = R_0 \sqrt{\frac{2i-1}{2n}} \tag{8-13}$$

式中　R_0——圆形风道半径，mm 或 m；

　　　R_i——风道中心到第 i 点的距离，mm 或 m；

　　　i——从风管中心算起的同心环顺序号；

　　　n——测定断面上划分的同心环数。

（3）环形断面风道

对于环形断面风道，方法与圆形风道基本相似，各测点位置按下式计算

$$R_i = \frac{D}{2} \sqrt{\left(\frac{d}{D}\right)^2 + \frac{2i-1}{2n}\left[1 - \left(\frac{d}{D}\right)^2\right]} \tag{8-14}$$

式中　d——环形风道内径；

　　　D——环形风道外径。

3. 平均风速与风量测算

确定测定断面和布置测点后，就可通过皮托管和压差计测算平均风速与风量。皮托管和压差计测定平均风速，目前常用以下两种方法。

（1）各点分别测定法

即用一台压差计依次测各点的动压或用多台压差计同时测各点速压，按下式求断面平均

风速 v_m

$$v_m = \frac{1}{n}\sqrt{\frac{2}{\rho}}\sum_{i=1}^{n}\sqrt{h_{vi}} = \frac{1}{n}\sum_{i=1}^{n}v_i \tag{8-15}$$

式中 h_{vi}，v_i——第 i 测点的速压、风速；

　　　n——测点数；

　　　ρ——空气密度，kg/m^3，测得湿度后按第一章计算。

各点分测，需大量连接胶皮管，测定比较麻烦，读数时间长，但测定结果的精度高，容易发现胶皮管或皮托管堵塞和漏气故障，而且能测定出断面上的速度场分布。

（2）多点联合测定法

即将各皮托管所有静压端相连，所有全压端相连后，集中用一压差计测平均动压为 $\frac{1}{n}\sum_{i=1}^{n}h_{vi}$，其断面平均风速 v_m 近似按 v_m' 计算，且

$$v_m' = \sqrt{\frac{2}{\rho n}\sum_{i=1}^{n}h_{vi}'} \tag{8-16}$$

比较式(8-15) 和式(8-16)，当各点的风速不等时，显然 $v_m' > v$，即多点联合测定法测定值偏大。根据经验数据，在速度场分布比较正常的条件下，这个偏差值较小，用 v_m' 代替 v_m 可保证足够精度，而在速度场分布特别不正常的条件下，偏大值就不能忽略。另外，采用多点并联测压的误差大小还与并联各点的胶皮管长度及其内径有关，因此为了减小误差，应用此法时，应尽量使连接各测点的胶皮管长度和内径相等。

应当指出，如现场测定中速压出现负值或零值，计算平均速压时，宜将负值作零值处理，测点数应为全部测点的数目。

二、静压差法风量测定

此法的原理是，当水平风道中存在有断面增大或缩小等（因长度较短可忽略摩擦阻力且局部阻力系数为已知）的局部构件时，通过测定局部构件两端的静压差，再利用局部构件两侧的风流能量方程来计算风道风量。下面通过两个例子说明静压差法风量测定原理与方法。

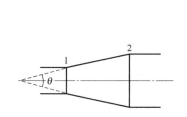

图 8-19　断面增大的风道

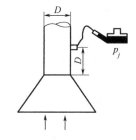

图 8-20　集气罩风量测定

案例一：在如图 8-19 所示风道中，设通过风量为 Q，1、2 断面积分别为 S_1、S_2，空气密度为 ρ，1、2 之间局部阻力系数为 ξ，1、2 断面的静压分别为 p_1、p_2，则忽略 1、2 之间摩擦阻力后，在断面 1、2 之间列出的能量方程为

$$\xi\frac{\rho}{2}\left(\frac{Q}{S_1}\right)^2 = (p_1 - p_2) + \frac{\rho}{2}\left(\frac{Q}{S_1}\right)^2 - \frac{\rho}{2}\left(\frac{Q}{S_2}\right)^2 \tag{8-17}$$

解得

$$Q=\sqrt{\frac{2S_1^2S_2^2(p_1-p_2)}{\rho(S_1^2+\xi S_2^2-S_2^2)}} \tag{8-18}$$

从该式可看出，如局部阻力系数 ξ 已知，则只要测得 1、2 断面的静压差 $\Delta p=p_1-p_2$ 和断面积 S_1、S_2，就可按此式计算风道风量。

案例二： 在如图 8-20 所示的圆锥形水平集气罩中，其入口为角度为 45° 圆锥管，局部阻力系数为 ξ，空气密度为 ρ，现在离集气罩距离为风管直径 D 处开设静压测试孔，并测得该处相对静压为 p_j，如设通过该处风管的风量和断面为 Q、S，并选两个断面，一个是静压测试孔的断面，另一个为与静压测试孔断面平行、离集气罩一定距离且风速为零的进风断面，同时忽略两断面之间的风流摩擦阻力，则对这两个断面列出的能量方程为

$$p_j-\frac{\rho}{2}\left(\frac{Q}{S}\right)^2=\xi\frac{\rho}{2}\left(\frac{Q}{S}\right)^2$$

解得

$$Q=S\sqrt{\frac{2p_j}{(1+\xi)\rho}} \tag{8-19}$$

不难看出，静压测试孔断面测定的相对静压 p_j 即为上述两断面的静压差。式(8-19) 表明，如局部阻力系数 ξ 已知，则只要测得开设静压测试孔断面积 S 和静压 p_j，就可按此式计算风道风量。

应当指出，为了提高测量精度，采用此法测定风量时，一般应测定同一断面周边的平均静压。方法是：在风道周边壁上均匀布置 3～4 个静压孔，孔径约 2.5mm，在孔上垂直壁面焊接或安装 3～4 个金属管，然后用内径和长度相等的胶皮管将其并联后接在补偿式微压计上。

三、风速仪法风量测定

风速仪法主要在可放置风速测量仪器的风道中使用，如管道及软质风筒的出口处、地下巷道等。其测定原理是：选择正确的测定断面后，在测定断面上布置若干个测点，采用风速测量仪器测定各测点的风速 v_i，最后按下式计算风道风量

$$Q=S\frac{1}{n}\sum_{i=1}^{n}v_i \tag{8-20}$$

式中　n——测点数；

　　　S——测点断面积。

风速仪法测定断面和测点布置的确定原则与速压法基本相同，测定时可用风速测量仪器依次测各点的风速，也可用多台风速测量仪器同时测定各点速度。

目前常用的风速测量仪器仪表有叶轮式机械风表、叶轮式数字风表、热球风速仪和超声波旋涡风速仪等。

1. 叶轮式机械风表

（1）原理结构

按其结构，叶轮式机械风表有叶轮式和杯式两种，如图 8-21 所示，两者内部结构相似，主要由叶轮、传动蜗轮、蜗杆轴、计数器、风表指针及回零杆、离合闸板、护壳底座等构成。离合闸板能使计数器与叶轮轴连接和分开，用来开关计数器。回零杆的作用是能够使风表指针回零。风表的叶轮由铝合金叶片组成，叶片与旋转轴的垂直平面成一定角度。当风流吹动风轮时，通过传动机构将运动传给计数器，指示出叶轮的转速，称为表速 v_a，再按风表校正曲线查得真实风速 v_t，即为测风断面上的风速。叶轮式风表的校正曲线包括非线性

区和线性区。

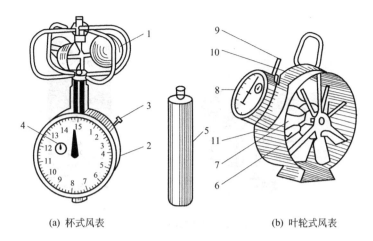

(a) 杯式风表　　　　　　　　　　　(b) 叶轮式风表

图 8-21　叶轮式机械风表

1—旋杯；2—计数器；3—启动杆；4—风表指针；5—表把；
6—叶轮；7—蜗杆轴；8—计数器；9—开关；10—回零杆；11—外壳

在线性区内 v_t 与 v_a（格/分或格/秒）的关系可用下式表示

$$v_t = a + bv_a \tag{8-21}$$

式中　a——常数，取决于风表转动部件的惯性和摩擦力；

　　　b——校正系数，取决于风表的构造和尺寸；

　　　v_a——风表的指示风速。

叶轮式机械风表按测量范围又分为高速风表（1～30m/s）、中速风表（1～10m/s）、低速风表（0.1～0.5m/s）。

（2）操作方法

① 测定前先打开离合闸板，风表转动而指针不动，然后按一下回零杆，使大小指针回零。同时准备好一块秒表，并使秒表回零。

② 为了克服风表运转部件的惯性抵抗力，让风表空转 20～30s，风表的叶轮面尽量与风流方向垂直。

③ 测风时，风表和秒表同时动作，并按一定的测定路线均匀地移动风表。当到达测定时间后，同时制停风表和秒表，从风表的表盘上读取表速 v_a。

使用风表注意如下几个问题：ⅰ. 风表要远离人体；ⅱ. 所用风表的测量范围要与所测风速相适应；ⅲ. 叶轮平面要与风流垂直，风表度盘一侧背向风流，按线路法测风时，移动风表速度要均匀；ⅳ. 秒表和风表的开关要同步；ⅴ. 同一断面测定三次，三次测值之差不应超过 5%，然后取其平均值。

2. 叶轮式数字风表

叶轮式数字风表外形如图 8-22 所示，感受元件仍是叶轮，只是在叶轮上安装一些附件，根据光电、电感和干簧管等原理把物理量转变为电量，利用电子线路实现自动记录和检测数字化。如 XSF-Ⅰ型数字风表，叶轮在风流作用下，连续不断转动，带动同轴上的光轮做同步转动。当光轮上的孔正对红外光电管时，发射管发出的脉冲信号被接收管接收，光轮每转动一次，接收管接收到两个脉冲。由于风轮的转动与风速成线性关系，故接收管接收到的脉冲与风速成线性关系。脉冲信号经整形、分频和一分钟记数后，LED 数码管显示一分钟的平均风速值。

图 8-22　叶轮式数字风表

3. 热球风速仪

（1）构造原理

热球风速仪是一种能测低风速的仪器，其测定范围为 0.05～10m/s。它是由热球式测杆探头和测量仪表两部分组成。探头有一个直径 0.6mm 的玻璃球，球内绕有加热玻璃球用的镍铬丝圈和两个串联的热电偶。热电偶的冷端连接在磷铜质的支柱上，直接暴露在气流中。当一定大小的电流通过加热圈后，玻璃球的温度升高。升高的程度和风速有关，风速小时升高的程度大；反之，升高的程度小。升高程度的大小通过热电偶在电表上指示出来。根据电表的读数，查校正曲线，即可查出风速。

（2）使用方法

① 使用前观察电表的指针是否指于零点，如有偏移，可轻轻调整电表的机械调整螺钉，使指针回到零点；

② 将校正开关置于断的位置；

③ 将测杆插头插在插座上，测杆垂直向上放置，螺塞压紧使探头密封，"校正开关"置于满度位置，慢慢调整"满度调节"旋钮，使电表指针指在满度位置；

④ 将"校正开关"置于"零位"，慢慢调整"粗调""细调"两个旋钮，使电表指针指在零点的位置；

⑤ 经以上步骤后，轻轻拉动螺塞，使测杆探头露出（长短可根据需要选择），并使探头上的红点面对着风向，根据电表度读数，查阅校正曲线，即可查出被测风速；

⑥ 在测定若干分钟后（10min 左右），必须重复 ③、④ 步骤一次，使仪表内的电流得到标准化；

⑦ 测毕，将"校正开关"置于断的位置。

4. 超声波旋涡风速仪

超声波旋涡风速仪是应用卡门涡街理论来实现风速检测的。所谓卡门涡街理论，就是在无限流场中，垂直流体流向插入一根无限长的非流线型阻挡体（旋涡发生体），在雷诺数为 200～50000 范围内，阻挡体的下游将产生内旋的、互相交替的旋涡列，其旋涡频率 f 与流体流速 v 成正比，与阻挡体直径 d 成反比，即

$$f = S_t \frac{v}{d} \tag{8-22}$$

式中 S_t——常数，在雷诺数 $Re=200\sim200000$ 范围内，对于圆柱体 $S_t=0.21$；

　　f——卡门旋涡频率，次/s；

　　v——流体流速，m/s；

　　d——阻挡体直径，m。

由式(8-22)可知，只要准确测出旋涡频率 f，就可以确定出流体流速的大小。

图 8-23(a)、(b) 所示分别为超声波风速仪结构和工作原理图，超声波发生器产生连续等幅振荡信号，经放大后加到发射换能器（F）上，转换成等幅连续的超声波信号并发射到流体中。接收换能器（S）接收到的是经旋涡调制的超声波信号，并转换成电信号，送到选频放大器，选频放大器把经旋涡调制了的微弱信号放大送到检波器，检出旋涡信号，经低频放大和电路整形，输出脉冲计数信号。其中一部分由显示电路显示风速；另一部分送给频率-电压变换电路，转换成模拟信号，与各种监测系统配套使用，也可以配上专用电源单独使用。

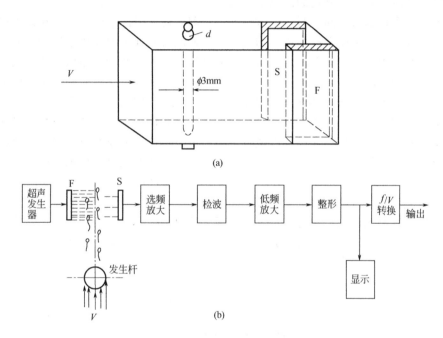

图 8-23　超声波风速仪结构和工作原理示意图

第四节　通风机性能测定

通风机在出厂前必须进行性能测定，作出通风机性能特性曲线，以供选用。然而，在实际工作中，由于通风机的制造与现场安装质量以及增加外扩散器等原因，通风机的实际运转特性与风机厂提供的特性曲线（大型风机是模型试验曲线）有一定出入，因此，通风机投产之前，应进行现场通风机性能测定，而且以后一般应每5年至少进行一次性能测试，以获得通风机的实际性能。

现场进行的通风机性能测定的主要工作是：测出在管网风阻不同条件下的通风机工作风压 H、通风机工作风量 Q、通风机转速 n、效率 η 及电动机输入功率 N 等，绘出通风机的 H-Q、N-Q、η-Q 曲线。此外，在测定各工况点的同时，还应测定通风机装置的噪声。

一、参数测定

现场进行通风机性能测定前，要因地制宜地制订测试方案，其内容包括：确定风量、风压测定断面的位置及测定方法；确定调节风阻的地点及调阻方式；测定前的准备与测试中的组织工作。在测定过程中，为提高精度，在测量时间内（如1min内）应读取三次各测定参数，再取平均值。

1. 工作风量测定

风量测定方法如本章第三节所述，可采用静压法、速压法和风速仪法测定。

测风断面选择是风量测定的最重要方面之一，一般应按下面原则进行。

如通风机前后附近存在有断面增大或缩小等因距离较短可忽略摩擦阻力且局部阻力系数为已知的局部构件时，如测定 GAF、BDK 系列通风机、通风机进风侧附近装有集气罩等，可采用静压法测定。静压法测定的测风断面就选在该局部构件前后。

采用速压法和风速仪法测定时，应考察通风机前后通风断面上的速度分布是否稳定。通常情况下，测风断面尽可能选择在风流均匀、靠近通风机并处于通风机进风侧断面上，如抽出式管道通风系统中，可选择在离通风机较近的进风管道中。非管道通风系统的大型轴流式通风机通风性能测定时，测风断面一般选择在集风器与一级叶片之间筒体的平直段的环形断面上，因该断面气流经过导叶整流，气流较平稳，此处通风断面较小风速较高，动压值较大，相对减少了测量误差，且风流稳定、风速较大且分布比较均匀。如在风机入风侧确实没有合适的测风断面，可选择在通风机出风侧。在出风侧选择测风断面时，更应注意测风断面应选风流分布尽可能均匀、稳定的断面。例如，小型轴流式通风机出口风道中风流不稳定长度可达 50m 以上，图 8-24 所示是距小型轴流式通风机出口不同距离（L）断面上的速度分布实测图，由此可见，测风断面距通风机出口应大于 50m，否则影响测风精度。又如非管道抽出式通风系统的大型轴流式通风机，可布置在环形扩散器出口断面，再如非管道抽出式通风系统的大型离心式风机可布置在通风机出口扩散器内平直段上。大型通风机外接扩散器出口断面，一般风流不稳定，不宜测风。

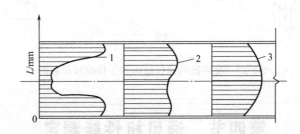

图 8-24 距通风机出口不同距离 L 的断面风速分布

1—L 为 8.5m；2—L 为 47.5m；3—L 为 87.4m

2. 工作风压的测定

由前叙述可知，通风机工作风压分为通风机全压和通风机静压，通风机全压为风机出口风流的全压与入口风流全压之差。通风机静压为通风机全压与出口速压之差，即为克服风道通风阻力的风压。

由于通风机出口的一定范围内风流不稳定，在通风机出口较近的距离不易测得准确的全压，因此，在通风测定中，一般通过测定通风机进风、出风口的平均相对静压 h_{jj}、h_{jc} 和通

风机工作风量 Q，再按下式计算通风机全压 H_t

$$H_t = |h_{jc} - h_{jj}| + \frac{\rho}{2}Q^2\left(\frac{\rho_c}{S_c^2} - \frac{\rho_j}{S_j^2}\right) \tag{8-23}$$

式中 S_c，S_j——通风机出口、进口相对静压测定断面的断面积；

　　ρ_c，ρ_j——通风机出口、进口相对静压测定断面的空气密度。

通风机静压 H_s 按下式计算

$$H_s = H_t - \frac{\rho_c Q^2}{2S_c^2} \tag{8-24}$$

为了减小误差，通风机进风、出风口的平均相对静压 h_{jj}、h_{jc} 的常用测定方法是：在通风机进、出风口处的风道周边壁上均匀布置 3~4 个静压孔，孔径约 2.5mm，在孔上垂直壁面焊接或安装 3~4 个金属管，然后用内径和长度相等的胶皮管将其并联后接在 U 形压差计或单管倾斜微压计上测得。在式（8-23）中，h_{jj}、h_{jc} 为代数值，应注意 h_{jj}、h_{jc} 的正负号。

还应指出，对于通风机进风侧风道很长、出风侧很短的抽出式通风系统，一般其通风机出风口的平均相对静压 h_{jc} 等于或近似为零，此时，通风机全压 H_t 也可按下式计算

$$H_t = |-h_{jj}| + \frac{\rho}{2}Q^2\left(\frac{\rho_c}{S_c^2} - \frac{\rho_j}{S_j^2}\right) \tag{8-25}$$

实际上，非管道抽出式通风系统的大型通风机一般构筑有通风机房，其内安装有测定通风机进风平均相对静压 h_{jj} 的 U 形压差计（也称水柱计）。

3. 空气物理参数的测定

空气物理参数测定包括大气压力 p_0、空气气温 t、空气相对湿度 φ、空气密度 ρ，大气压力 p_0 采用空盒气压计或数字气压计测定，空气气温 t、空气相对湿度 φ 使用湿度计测量计算，空气密度 ρ 按第一章公式计算，此时的空气压力 p 应为测定断面的空气绝对静压值。

4. 电动机功率测定

（1）电动机输入功率 N_m

电动机输入功率测定方法有以下三种。

一是用功率表测出电动机输入功率。

二是测出电动机的电流 I、电压 V 和功率因数 $\cos\varphi$，按下式求电动机输入功率

$$N_m = \sqrt{3}IV\cos\varphi \times 10^{-3} \tag{8-26}$$

三是采用电参数多功能测量仪表测定电机的输入功率、功率因数、电流、电压等。

（2）电动机效率及输出功率

现场测定电动机效率的基本方法一般为分离损耗累加法（即损耗分析法），即分别测定电动机的恒定损耗、负载损耗和负载附加损耗，总损耗 N_z 为上述各项分离损耗之和，电机效率 η_m 按下式计算

$$\eta_m = \frac{N_m - N_z}{N_m} \tag{8-27}$$

分离损耗累加法的具体测定要求可见 IEC 60034-2《旋转电机确定损耗和效率的试验方法》。

电动机输出功率即通风机轴功率 N 按下式计算

$$N = N_m \eta_m \eta_{tr} \tag{8-28}$$

式中 η_{tr}——传动效率。

5. 通风机转速和噪声的测定

通风机转速可直接用转速计测定，通风机噪声采用声级计测量。

转速计一般有机械式和激光转速仪。激光转速仪使用方便，操作简单。电机启动前在电机（或风机动轮）的轴表面贴好激光反射纸，测定每个工况时将仪器激光束照在反射纸上，仪器的显示值即是转速。还可用频闪（闪影）法测算同步电动机拖动的风机的转速。

二、工况调节

一般用调节通风阻力的方法来获得风机的不同工况。抽出式通风时调阻的地点应选择在通风机进风侧，离风压、风量测定断面较远处，压入式通风时调阻的地点一般选择在通风机出风侧 15m 范围以内，以保证测定地点的风流比较稳定，同时还要使调阻方便、安全。调节次数一般不少于 8～10 次，以获得完整的特性曲线，轴流式通风机曲线驼峰附近工况点要加密。

对于管道通风系统，可采用管道调节阀门改变其开启度来调节通风阻力；对于压入式软质风筒通风系统，既可采用管道调节阀门改变其开启度来调节通风阻力，也可用细绳捆扎软质风筒来调节通风阻力；对于大型通风机，可根据现场条件，或通过改变现场原构筑风门开启度来调节通风阻力，或通过改变通风机附件本身带有的调节闸门开启度来调节通风阻力，或采用在风口框架上增减木板的方法来调节通风阻力。

根据轴流式和离心式风机功率曲线的不同特点，调节工况时，轴流式风机应由小风阻逐步增加到大风阻，离心式风机则相反。

三、数据整理和特性曲线绘制

数据整理和特性曲线绘制按以下步骤进行。

① 根据测定的原始记录按公式计算测试条件下通风机的风压 H'、风量 Q'、轴功率 N' 和效率 η'（η'_s 或 η'_t）。

② 把上述所得的参数换算至标准状态下的通风机风压 H、工作风量 Q 和功率 N，为此需要计算下列校正系数。

a. 转速校正系数 k_{ni}

$$k_{ni} = \frac{n_0}{n_i} \tag{8-29}$$

式中 n_0——通风机铭牌转速，r/min；

n_i——i 工况时的转速，r/min。

b. 空气密度校正系数 $k_{\rho i}$

$$k_{\rho i} = \frac{1.2}{\rho_i} \tag{8-30}$$

式中 1.2——在标准条件下的空气密度，kg/m³；

ρ_i——i 工况时的空气密度，kg/m³。

c. 计算校正后的 H、Q 和 N

$$\begin{cases} Q_i = Q'_i k_{ni} \\ H_i = H'_i k_{\rho i} k_{ni}^2 \\ N_i = N'_i k_{\rho i} k_{ni}^3 \end{cases} \tag{8-31}$$

③ 绘制特性曲线。根据校正计算后的数据，以 Q 为横坐标，以 H、N、η 分别为纵坐

标，将与 Q_i 相对应的点 H_i、N_i 和 η_i 描在图上，即可得各个工况点，然后用光滑的曲线将各参数点连接起来，便是通风机装置在标准状态下的个体特性曲线。

通风机性能测定的数据整理和特性曲线绘制过程也可借助计算机电子表格功能，即 EXCEL 来完成。

第五节　通风阻力测定

通风阻力测定是通风技术管理的重要内容之一。其目的主要有：考察通风除尘设备与设施的通风阻力，提供实际的阻力系数和风阻值；了解通风系统中阻力分布情况，以便降阻增风；为通风设计、网络解算、通风系统优化等提供可靠的基础资料。

一、阻力测定路线选择和测点布置

如果测定目的是为了了解通风系统的阻力分布，其测定路线必须选择通风系统的最大阻力路线，因为最大阻力路线决定通风系统的阻力。

如果测定目的是获得摩擦阻力系数、局部阻力系数或分支风阻，则应选择不同类型的典型风道，测点布置选择在风流比较稳定的风道内，同时应考虑测点间的压差不小于 $10\sim 20\mathrm{Pa}$。在进行通风局部阻力、摩擦阻力系数、局部阻力系数测定时，要求测段内风道断面基本一致，无风流汇合、分岔点；测点前后 $3\mathrm{m}$ 的地段内通风断面没有突然扩大或缩小，也没有堆积物。

二、通风阻力测定方法

通风阻力的测定方法通常有压差计法和气压计法两种。

1. 压差计法

该方法适用于任何风道，它采用压差计测定两个测定断面的静压差和位压差，速压差按照本章第二节方法测定风道风量后计算确定。如图 8-25 所示，压差计两侧用胶皮管与固定于 1、2 断面的皮托管的静压接口（一）相连，则压差计两侧液面所受压力分别为

$$p_1 + \rho'_{m1} g\ (Z_1 + Z_2) \ \text{和} \ p_2 + \rho'_{m2} g Z_2$$

式中　ρ'_{m1}，ρ'_{m2}——两胶皮管中空气的平均密度。

故压差计所示测值

$$h = p_1 + \rho'_{m1} g (Z_1 + Z_2) - (p_2 + \rho'_{m2} g Z_2) \tag{8-32}$$

设 $\rho'_{m1} g\ (Z_1 + Z_2) - \rho'_{m2} g Z_2 = \rho_m Z_{12}$，且 ρ'_m 与 1、2 断面间巷道中空气平均密度 ρ_m 相等，则

$$h = (p_1 - p_2) + Z_{12} \rho_m g \tag{8-33}$$

式中　Z_{12}——1、2 断面高差；

　　　h——1、2 两断面静压差和位压差。

根据能量方程，则 1、2 风道段的通风阻力 h_{R12} 为

$$h_{R12} = h + \frac{\rho_1}{2} v_1^2 - \frac{\rho_2}{2} v_2^2 \tag{8-34}$$

式(8-34) 成立的前提是胶皮管内的空气平均密度 ρ_m 与风道中的空气平均密度 ρ_m 相等。为此，测定前应将胶皮管放置在风道相应位置上保存一定时间，使胶皮管中的气温与风道气温平衡，必要时可用集气筒换气，把风道中的空气置换到胶皮管中，以缩短气温平衡时

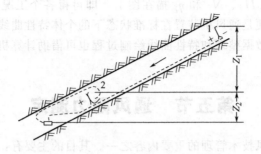

图 8-25　压差计法测定通风阻力原理

间。这在测段高差较大的风道中测定阻力时尤为重要。

这种方法适用性强，比较精确，数据整理比较简单，但对于线路较长的地下风道来说，收放胶皮管工作量较大，倾角较大的地下风道测量较为困难。

还应指出，在测定管道通风阻力时，为提高测量精度，应采用本章第三节测定平均相对静压差方法；而在测定非管道的风道通风阻力时，因风道周边壁面布置静压孔较为困难，故静压测点一般仅选在风道轴线上的点。

2. 气压计法

气压计法测量工作简便、快速、省人省力，但仅用于气温正常且能放置气压计的非风筒（即管道及软质风筒除外）风道，如地下风道等。它采用数字气压计测出测点间的绝对静压差，用风速仪法测定风量并得出动压差，然后查出各测点标高以计算位压差，最后计算通风阻力。

对于图 8-25 所示的风道，可由下式能量方程求得

$$h_{R12} = (p_1 - p_2) + \left(\frac{\rho_1}{2}v_1^2 - \frac{\rho_2}{2}v_2^2\right) + \rho_m g Z_{12} \tag{8-35}$$

其中，绝对静压 p_1、p_2 采用数字气压计测定；平均风速 v_1、v_2 用风速仪器测定；气温 t_1、t_2 和相对湿度 φ_1、φ_2 用通风干湿表测定；各断面的空气密度 ρ 根据各断面的 p、t、φ 值求出。若两断面标高相差不大，式中 1、2 两断面间空气柱的平均密度 ρ_m 可近似取为 ρ_1、ρ_2 的平均值；若两断面高差很大，则应分段测算空气密度，精确求出两断面的位压差。

在地下风道阻力测定中，由于风道距离长，若用一台数字气压计分别测定 p_1、p_2，两点测定将不能同时，且地面大气压力可能发生变化，则测得的静压差与实际将有偏差。因此，通常使用两台基本一致的数字气压计采用逐点测定法或双测点同时测定法测定。

双测点同时测定法的测定步骤如下。

① 将编号为 1#、2# 的两台气压计放在测点 1，待仪器读值稳定后同时读取绝对气压值 $p_{1,1}$、$p_{1,2}$ 或相对气压值 $\Delta p_{1,1}$、$\Delta p_{1,2}$；

② 将编号为 1# 的气压计原地不动，作为基点气压变化监测仪，将编号为 2# 气压计移置测点 2，约定时间在 1、2 测点同时分别读取绝对气压值 $p'_{1,1}$、$p'_{1,2}$ 或相对气压值 $\Delta p'_{1,1}$、$\Delta p'_{2,2}$；

③ 按式（8-36）或式（8-37）求算两测点的绝对静压差（$p_1 - p_2$），并代入式（8-35）即可求得测段通风阻力

$$p_1 - p_2 = (p_{1,2} - p'_{1,2}) - (p_{1,1} - p'_{1,1}) \tag{8-36}$$

$$p_1 - p_2 = (\Delta p_{1,2} - \Delta p'_{1,2}) - (\Delta p_{1,1} - \Delta p'_{1,1}) \tag{8-37}$$

如测定中采用绝对气压值，则可用式（8-36）计算，如测定中采用相对气压值，则可用

式(8-37) 计算。式(8-36) 或式(8-37) 右端第一项为 2♯气压计在 1、2 测点的测值差，第二项为 1♯气压计在 1 测点不同时间的测值差，它是前后两次读数时地面大气压变化（认为基点的气压变化与地面大气压变化是同步而且同幅度的）和通风系统内风压变化的修正值。如果此修正值很大，说明测定时通风系统不正常（风量也发生了变化），测定无效。如果修正值很小，可认为是地面大气压力的影响，予以修正。

三、通风阻力测定的误差检验

由于仪表精度、测定技巧和各种因素的影响，测定时总会产生各种误差。如果这些误差是在允许范围以内，那么测定结果是可用的。为此，在测定资料汇总计算以后，应对全系统或个别地段测定结果进行检查校验。

1. 风量检验

根据流体连续特性，在空气密度不变的条件下，流进汇点或闭合风路的风量，应等于流出汇点或闭合风路的风量。则在重要的风流汇合点检验流入和流出该汇点的风量，在无分岔的线路上，各测点的风量误差不应超过 5%。对于误差过大和明显错误的地段，应该分析、查明原因，必要时进行局部或全部重测。

2. 自然风压 H_N 的计算

为了对测得的通风阻力进行校验，对于有高差的通风系统，如隧道、地下风道等，通常要进行自然风压计算。自然风压可按式(8-38) 计算。

计算通风系统的自然风压时，一般以最低水平为界面，将通风系统分为两个高度均为 z 的空气柱，并分别计算平均密度值 ρ_{m1}、ρ_{m2}。密度较大的一个称为进风空气柱，密度较小的一个称为回风空气柱（有时也含有部分实际通风系统进风段）。

若各测点间高差相等，可用算术平均法求各点密度的平均值，即

$$\rho_{m1} = \frac{1}{n} \sum_{i=1}^{n} \rho_i, \qquad \rho_{m2} = \frac{1}{N} \sum_{i=1}^{N} \rho_i \tag{8-38}$$

若高差不等，则按高度加权平均法求其平均值，即

$$\rho_{m1} = \frac{1}{Z} \sum_{i=1}^{n-1} \frac{\rho_i + \rho_{i+1}}{2} |z_i - z_{i+1}|, \rho_{m2} = \frac{1}{Z} \sum_{i=1}^{N-1} \frac{\rho_i + \rho_{i+1}}{2} |z_i - z_{i+1}| \tag{8-39}$$

式中　n，N——进风空气柱、回风空气柱中通风阻力测定的测点数；

　　　ρ_i——i 测点的空气密度；

　　　z_i——i 测点的标高。

3. 阻力检验

通风系统阻力测定的相对误差（检验精度）可按下式计算

$$\varepsilon = \left| \frac{h_{Rs} - h_{Rm}}{h_{Rm}} \right| \times 100\% < 5\% \tag{8-40}$$

$$h_{Rm} = H_s \pm H_N \tag{8-41}$$

式中　ε——测定结果的相对误差；

　　　h_{Rs}——全系统测定阻力累计值，Pa；

　　　h_{Rm}——全系统计算阻力值，Pa。

　　　H_s——通风机静压，Pa，取该系统整个测定过程中读数的平均值；

　　　H_N——测定系统自然风压，Pa，自然风压与风流同向取"＋"，反之取"－"。

第六节　粉尘主要物理性质测定

一、粉尘真密度测定

粉尘真密度是研究粉尘运动规律的重要参数，也是测定粉尘分散度即粉尘粒度分布的依据。

1. 原理

粉尘真密度的测定是通过求出粉尘的真实体积进而计算出真密度，一般用液体置换法（或称比重瓶法）将粉尘颗粒之间的空隙和外开孔孔隙的空气置换出来以获得粉尘的真实体积，按式(8-42)计算粉尘真密度

$$\rho = \frac{m_3 - m_2}{m_1 + m_3 - m_2 - m_4} \rho_0 \qquad (8-42)$$

式中　ρ——粉尘真密度，g/cm^3；

m_1——装满液体的比重瓶质量，g；

m_2——装半瓶液体的比重瓶质量，g；

m_3——装半瓶液体加粉尘的比重瓶质量，g；

m_4——装满液体、粉尘的比重瓶质量，g；

ρ_0——液体密度，g/cm^3。

2. 仪器设备与材料

液体置换法需要的仪器设备与材料包括天平（感量 0.001g）、恒温器（0～50℃）、抽气装置（真空度低于 0.09MPa）、比重瓶（25mL）、烧杯（25mL）、滴管（10mL）、温度计（0～50℃，分度值 0.1℃）、漏斗（ϕ50mm）、支架等。

3. 测定步骤

测定按以下步骤进行。

① 洗净并烘干比重瓶。

② 将比重瓶注满液体，放入恒温器恒温 20min，记录恒温器中的温度。

③ 从恒温器中取出比重瓶，擦干外表面液迹，添满液体，称量液体和比重瓶的质量，计为式(8-42)中的 m_1。

④ 将比重瓶中的液体倒出约一半，称量此时液体和比重瓶的质量，计为式(8-42)中的 m_2；在比重瓶中装入处理后的粉尘试样约 3～5g，称量此时液体、粉尘和比重瓶的质量，计为式(8-42)中的 m_3，并静止存放 30min 以上。

⑤ 将装有粉尘和液体的比重瓶放入抽气装置中抽气，抽气时间应不少于 20min，并防止比重瓶中的气泡不要太大以免将粉尘带出，待比重瓶中液体不冒气泡后停止抽气。

⑥ 取出比重瓶，将液体添至瓶颈，放入恒温器中按步骤②中的温度恒温 20min。

⑦ 从恒温器中取出比重瓶，擦干瓶外液迹，添满液体，称量此时装有粉尘、液体的比重瓶质量，计为式(8-42)中的 m_4。

该法测定时，一个试样做两次平行测定，取其平均值作为测定结果，测定数据按同一试样测定的平行试样误差应不大于 0.02g/cm³，否则重做。

二、粉尘分散度测定

测定粉尘分散度的方法很多。每一种方法基本原理不尽相同，往往适合一定的条件。这里简单介绍测定粉尘分散度的滤膜溶解涂片计数法、自然沉降计数法、移液管计重法、沉降天平计重法、离心沉降计重法、惯性冲击计重法及电导计数法等。

1. 滤膜溶解涂片计数法

该法的原理是，采样后的滤膜溶解于有机溶剂中，形成粉尘粒子的混悬液，制成标本，在显微镜下测定。需要的试剂和器材包括醋酸丁酯（化学纯）、瓷坩埚（25mL）或小烧杯（25mL）、玻璃棒、玻璃滴管或吸管、载玻片（75mm×25mm×1mm）、显微镜、目镜测微尺、物镜测微尺等。但本法不适用于可溶于有机溶剂中的粉尘和纤维状粉尘。

操作步骤如下。

① 将采样粉尘的滤膜放在瓷坩埚或小烧杯中，用吸管加入 1～2mL 醋酸丁酯，再用玻璃棒充分搅拌，制成均匀的粉尘混悬液，立即用滴管吸取一滴，滴于载玻片上，用另一载玻片成 45°角玻片，贴上标签、编号，注明采样地点及日期。

② 镜检时如发现涂片上粉尘密集而影响测定，可再加适量醋酸丁酯稀释，重新配制标本。

③ 制好的标本应保存在玻璃平皿中，避免外界粉尘的污染。

④ 在 400～600 倍的放大倍率下，用物镜测微尺（如图 8-26）校正目镜测微尺每一刻度的间距，即将物镜测微尺放在显微镜载物台上，目镜测微尺放在目镜内。在低倍镜下（物镜 4× 或 10×），找到物镜测微尺的刻度线，将其刻度移到视野中央，然后换成测定时所需倍率，在视野中心，使物镜测微尺的任一刻度与目镜测微尺的任一刻度相重合。然后找出两尺再次重合的刻度线，分别数出两种测微尺重合部分的刻度数，计算出目镜测微尺一个刻度在该放大倍数下代表的长度。如目镜测微尺的 45 个刻度相当于物镜测微尺 10 个刻度，已知物镜测微尺一个刻度为 10μm，则目镜测微尺一个刻度为 10×10/45＝2.2（μm），见图 8-27。

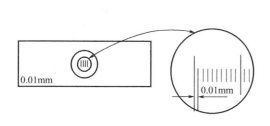

图 8-26　物镜测微尺

图 8-27　目镜测微尺的标定

⑤ 测定分散度。取下物镜测微尺，将粉尘标本放在载物台上，先用低倍镜找到粉尘粒子，然后用 400～600 倍观察。用目镜测微尺无选择地依次测定粉尘粒子的大小，遇长径量长径，遇短径量短径，至少测量 200 个尘粒，算出百分数，如图 8-28 所示。

2. 自然沉降计数法

该法适用于可溶于有机溶剂中的粉尘和纤维状粉尘，它是将含尘空气采集在沉降器内，使尘粒自然沉降在盖玻片上，在显微镜下测定。需要的器材包括格林沉降器、盖玻片

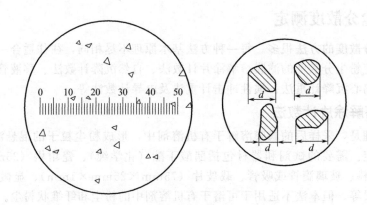

图 8-28　粉尘分散度的测定

（18mm×18mm）、载玻片（75mm×25mm×1mm）、显微镜、目镜测微尺、物镜测微尺等，粉尘分散度的测算与滤膜溶解涂片计数法相同。

操作步骤如下。

① 将盖玻片用铬酸洗液浸泡，用水冲洗后，再用 95％酒精擦洗干净。然后放在沉降器的凹槽内，推动滑板至与底座平齐，盖上圆筒盖以备采样。

② 采样时将滑板向凹槽方向推动，直至圆筒位于底座之外，取下筒盖，上下移动数次，使含尘空气进入圆筒内，盖上圆筒盖，推动滑板至与底座平齐，然后将沉降器水平静置 3h，使尘粒自然降落在盖玻片上。

③ 将滑板推出底座外，取出盖玻片贴在载玻片上，编号，注明采样日期及地点，然后在显微镜下测量。

3. 移液管计重法

移液管计重法是将粉尘均匀搅拌于液体溶液后，利用粒径不同的粉尘在液体介质中沉降速度不同的原理来测得粒径分布的。当液体介质温度一定时，同一种物料的沉降速度是随粒径的增大而增加的。移液管装置的形式很多，图 8-29 所示是我国用得较多的三管移液管。仪器全部用玻璃制作。移液管的内径为 6cm，高 28cm，吸管内径 0.15cm。每根移液管有三通活塞和 10mL 的定量球。借助三通活塞，改变开启位置，从定量球中取出沉降液。沉降瓶上刻有表示液体体积的刻度线。三根移液管的高度不同，可供测定不同粒径的尘粒时选用，以缩短测定时间。

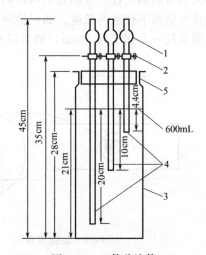

图 8-29　三管移液管
1—定量球；2—三通活塞；3—沉降瓶；
4—移液管；5—磨口瓶瓶塞

计算某一粒径间隔的尘粒所占的质量百分数 $d\phi_i$，可按下式计算

$$d\phi_i = \frac{G_i - G_{i+1}}{G_0} \qquad (8\text{-}43)$$

式中　G_i，G_{i+1}——第 i、$i+1$ 次吸出的悬浮液中所含尘粒质量，g；

　　　　G_0——10mL 悬浮液中原始的尘粒质量，g。

4. 沉降天平计重法

沉降天平计重法的原理和移液管计重法基本相同，它是利用粒径不同的粉尘在液体介质中沉降速度、沉降时间不同，使粉尘颗粒分级的。

测定时，将粉尘均匀搅拌于液体溶液后，经过 t_1 沉降到测定平面的重量为 ΔG_1，即为粒径 d_1 范围的沉降重量；经过 t_2 沉降到测定平面的重量为 ΔG_2，即为粒径 d_2 范围的沉降重量；经过 t_3 沉降到测定平面的重量为 ΔG_3，即为粒径 d_3 范围的沉降重量；依次类推，即可得出各粒径范围的沉降重量，这些沉降重量 ΔG_1、ΔG_2、ΔG_3、……分别除以试验粉尘的总重量即为粉尘质量分散度。

在较好的沉降天平中，各粒径粉尘沉降时间 t_i、沉降重量 ΔG_i 及分散度曲线可直接给出。

5. 离心沉降计重法

离心沉降计重法采用离心分级机将不同粒径粉尘分级，其原理是，不同粒径的尘粒在高速旋转时，受到不同的惯性离心力，从而实现尘粒的分级。与上述移液管计重法和沉降天平计重法相比，用离心沉降计重法实现粉尘分级有不少优点，因此应用较广。

在粉尘离心分级机操作中，一般由最小的风量开始，逐渐加大风量，则其风速也由小到大，实现由小到大逐级把粉尘由分级机吹出，使粉尘由细到粗逐渐分级，每分组一次应把分级室内残留的粉尘仔细刷清、称重，两次分级的质量差就是被吹出的尘粒质量，也就是两次分组相对应的尘粒粒径间隔之间的粉尘质量。

离心分级机一般带有一套节流片（多为 7 片），制造厂先用标准粉尘进行试验，确定每一个节流片即每一种风量所对应的粉尘粒径。试验用粉尘的密度与标准粉尘不同时应进行修正，为了便于计算，有的厂家随产品提供换算表，根据粉尘真密度和节流片规格，即可测得分级粒径。这种仪器适用于松散性的粉尘，如滑石粉尘、石英粉尘、煤尘等，不适用于黏性粉尘或粒径小于 $1\mu m$ 的粉尘。

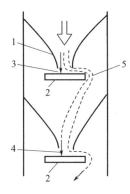

图 8-30 惯性冲击计重法进行尘粒分级示意图

1—喷嘴；2—冲击板；3—粗大粉尘；
4—细小粉尘；5—气流

计算某一粒径间隔的尘粒所占的质量百分数 $d\phi_i$，可按下式计算

$$d\phi_i = \frac{G_{i-1} - G_i}{G_0} \qquad (8\text{-}44)$$

式中　G_i，G_{i-1}——第 i、$i-1$ 次分级后在分级室内残留的尘粒质量，g；

G_0——试验粉尘质量，g。

6. 惯性冲击计重法

惯性冲击计重法是利用惯性冲击原理对粉尘粒径进行分级的。图 8-30 所示是它的原理图，含尘气流被迫通过喷嘴（圆孔或条缝），形成高速的射流，直接冲向位于其前方的冲击板表面，含尘气流中惯性大的尘粒会脱离气流，碰撞到冲击板上；由于黏性力、静电力等作用，尘粒间互相黏聚并沉积到冲击板表面上，而惯性力较小的尘粒随气流改变自身的流动方向，进行绕流并进入到下一级，在此以更高的射流速度冲向下一级的冲击板。如果把几个喷嘴依次串联，逐渐减小喷嘴直径（即加大喷嘴出口流速），并由上而下依次减小喷嘴与冲击板的距离，则从气流中分离出来的尘粒也逐渐减小。对于每一级冲击板，都有一特征粉尘粒径，并称为有效分割径，它表示这种粒径的粉尘有 50% 被冲击板捕集（即捕集效率为50％），而50％的粉尘随气流进入下一级。

用上述原理测定粉尘粒径分布的仪器称为串联冲击器，它通常由两级以上的喷嘴串联而成。

7. 电导计数法

库尔特粒径测定仪（计数器）是用电导计数法使粉尘分级的一种仪器。其基本原理是尘粒在电解液中通过小孔时，小孔处电阻发生变化，由此引起电压波动，其脉冲值与尘粒的体积成正比，从而使粉尘颗粒分级。这种仪器最早用于检查血球数，随后用于测定粉尘的粒度，即进行粉尘颗粒的分级。

三、粉尘中游离 SiO_2 含量测定

对于某些粉尘，特别是矿物质粉尘，粉尘中游离 SiO_2 是导致尘肺病的主要成分，因此，粉尘中游离 SiO_2 测定也是非常重要的基础工作。

粉尘中游离 SiO_2 测定方法可分为化学法和物理法两大类，这里主要介绍常用的焦磷酸溶解测定法和红外光谱测定法。

1. 焦磷酸溶解测定法

（1）原理与器材

该法的原理是，硅酸盐溶于加热的焦磷酸而石英几乎不溶，以质量法测定粉尘中 SiO_2 的含量。所用的器材与试剂包括焦磷酸（将85％的磷酸加热到沸腾，至250℃不冒泡为止，放冷，储存于试剂瓶中）、氢氟酸、结晶硝酸铵、盐酸锥形烧瓶（50mL）、量筒（25mL）、烧杯（200～400mL）、玻璃漏斗和漏斗架、温度计（0～360℃）、电炉（可调）、高温电炉（附温度控制器）、瓷坩埚或铂坩埚（25mL）、坩埚钳或铂金坩埚钳、干燥器（内盛变色硅胶）、分析天平（感量为0.0001g）、玛瑙研钵、定量滤纸（慢速）、pH 试纸等。以上试剂均为二级化学纯试剂。

（2）分析步骤

① 将采集的粉尘样品放在（105±3）℃烘箱中烘干2h，稍冷，储于干燥器中备用。如粉尘粒子较大，需用玛瑙研钵磨细到手捻有滑感为止。

② 准确称取0.1～0.2g粉尘样品于50mL的锥形烧瓶中。

③ 样品中若含有煤、其他碳素及有机物的粉尘，应放在瓷坩埚中，在800～900℃下灼烧30min以上，使碳及有机物完全灰化，冷却后将残渣用焦磷酸洗入锥形烧瓶中，若含有硫化矿物，应加数毫克结晶硝酸铵于锥形烧瓶中。

④ 用量筒取15mL焦磷酸，倒入锥形烧瓶中摇动，使样品全部湿润。

⑤ 将锥形烧瓶置于可调电炉上，迅速加热到245～250℃，保持15min，并用带有温度计的玻璃棒不断搅拌。

⑥ 取下锥形烧瓶，在室温下冷却到100～150℃，再将锥形烧瓶放入冷水中冷却到40～50℃，在冷却过程中，加50～80℃的蒸馏水稀释到40～45mL，稀释时一边加水，一边用力搅拌混匀。

⑦ 将锥形烧瓶内溶物小心移入烧杯中，再用热蒸馏水冲洗温度计、玻璃棒及锥形烧瓶。把洗液一并倒入烧杯中，并加蒸馏水稀释至150～200mL，用玻璃棒搅匀。

⑧ 将烧杯放在电炉上煮沸内溶物，趁热用无灰滤纸过滤（滤液中有尘粒时，须加纸浆），滤液勿倒太满，一般约在滤纸的三分之二。

⑨ 过滤后，用0.1mol/L盐酸洗涤烧杯并将其移入玻璃漏斗中，将滤纸上的沉渣冲洗

3~5次，再用热蒸馏水洗至无酸性反应为止（可用 pH 试纸检验），如用铂坩埚，要洗至无磷酸根反应后再洗三次。上述过程应在当天完成。

⑩ 将带有沉渣的滤纸折叠数次，放于恒量的瓷坩埚中，在 80℃ 的烘箱中烘干，再放在电炉上低温炭化，炭化时要加盖并稍留一小缝隙，然后放入高温电炉（800~900℃）中灼烧30min，取出瓷坩埚，在室温下稍冷后，再放入干燥器中冷却 1h，称至恒重并记录。

（3）粉尘中游离 SiO_2 含量的计算

粉尘中游离 SiO_2 含量 H_{SiO_2} 按下式计算

$$H_{SiO_2} = \frac{m_2 - m_1}{G} \times 100\% \tag{8-45}$$

式中　m_1——坩埚质量，g；

m_2——坩埚加沉渣质量，g；

G——粉尘样品质量，g。

2. 红外光谱测定法

红外吸收波谱是电磁波谱中的一种。按红外波长的不同，可分为三个区域：近红外区，其波长在 $0.77 \sim 2.5\mu m$；中红外区，其波长在 $2.5 \sim 25\mu m$；远红外区，其波长在 $25 \sim 1000\mu m$。红外光谱分析主要是应用中红外光谱区域。物质的分子是由原子或原子团组成的，在一个含有多原子的分子内，其原子的振动转动能级具有该分子的特征性频率。具有相同振动频率的红外线通过分子时，将会激发该分子的振动转动能级由基态能量跃迁到激发态，从而引起特征性红外吸收谱带，其特征性吸收谱带强度与该化合物的质量在一定范围内呈正相关，符合比尔-朗伯定律，此即红外光谱的定量分析。生产性粉尘中最常见的为 α-石英。α-石英在红外光谱中于 12.5（$800cm^{-1}$）、12.8（$780cm^{-1}$）及 14.4（$695cm^{-1}$）处出现特异性的吸收谱带，在一定范围内其吸光度值与 α-石英质量呈线性关系，符合比尔-朗伯定律。

红外光谱测定法的核心仪器为上述原理的红外分光光度计。图 8-31 所示为典型的红外分光光度计基本结构示意图，由光源发出的光（碳化硅棒），被分为对称的两束，一束通过样品，称为样品光（S），另一束作为基准用，称为参比光（R），这两束光通过样品室进入光度计后，被一个以每秒十周旋转着的扇形镜所调制，形成交变光信号，然后合为一路，并交替地通过入射狭缝而进入单色器中。在单色器中，离轴抛物镜将来自入射狭缝的光束转变为平行光投射在光栅上，经光栅色散并通过出射狭缝之后，被滤光片滤出高级次光谱，再经椭球镜而聚焦在探测器的接收面上。探测器将上述的交变光信号转换为相应的电信号，经过放大器进行电压放大后，馈入转换单元，将放大电信号转换为相应的数字量，然后进入数据处理系统的计算单元中去。在计算单元中，运用同步分离原理，将被测信号中的基频分量（$R-S$）和倍频分量（$R+S$）分离开来，再通过解联立方程求出 R 和 S 的值，最后再求出 S/R 的比值。这个比值表示被测样品在某一固定波数位置的透过率值，可以通过仪器的终端显示器显示出来，也可运用终端绘图打印装置记录下来。当仪器从高波数至低波数进行扫描时，就可连续地显示或记录被测样品的红外吸收光谱。

红外光谱测定法测定游离 SiO_2 时，应先制备石英标准曲线：将不同质量的标准石英锭片，置于样品室光路中进行波数扫描，根据红外光谱 $600 \sim 900cm^{-1}$ 区域内游离 SiO_2 具有三个特征的吸收带的特点，即 $800cm^{-1}$、$780cm^{-1}$、$595cm^{-1}$ 三处吸光度值为纵坐标，石英质量为横坐标，绘制出三条不同波数的石英标准曲线。制备标准曲线时，每条曲线有 6 个以上质量点，每个质量点应不少于 3 个平行样品，并求出标准曲线回归方程。在无干扰的情况下，一般选用 $800cm^{-1}$ 标准曲线进行定量分析。然后根据实测的粉尘样品的吸光度值，查

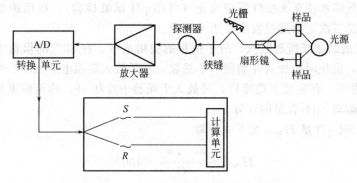

图 8-31　红外分光光度计基本结构示意图

SiO_2 含量。

第七节　粉尘浓度测定

一、粉尘浓度测定方法

粉尘浓度测定方法很多，除按计量方法可分为计重法和计数法外，这里另外介绍两种分类。

① 按检测原理，可分为滤料计量法和快速直读法。

a. 滤料计量法。可分为滤料计重法和滤料计数法两种，滤料计重法是通过采样器将悬浮粉尘采集到测尘滤料中，再用天平称其质量求出粉尘的质量浓度，是我国目前规定的测定方法；滤料计数法是通过采样器将悬浮粉尘采集到测尘滤料中，再用显微镜计数求其数量浓度。

b. 快速直读法。它是直接在现场测定与悬浮粉尘量有相关性的物理量，如光、β 射线等，经换算直接求得粉尘浓度。

② 按测尘时间长短，可分为长时间连续测尘和短时间连续测尘，长时间连续测尘法一般是连续测尘 6h 或以上，如作业人员佩戴的个体粉尘采样器，作业人员作业期间连续采集粉尘浓度；短时间连续测尘法一般是连续测尘几分钟至 30 分钟之间，可测得瞬时粉尘浓度。

测尘方法的选择应随测尘的目的而定，如为探索作业场所粉尘分布规律和监督检查，采用快速测尘法较为方便；为确定尘源强度，了解产尘环境被尘污染程度，研究改善防尘措施，采用现行的短时间定点连续采样法较为合适；为检测作业人员吸入的粉尘量，采用个体连续采样方法较为合适。

二、粉尘采样器和测尘滤料

1. 测尘滤料

测尘滤料按其收尘量和形状可分为滤膜和滤筒两类。

滤膜由一种孔隙直径为 $1.2\sim1.5\mu m$、带有电荷的超细纤维（高分子聚合物）构成，常用的测尘滤膜为过氯乙烯纤维滤膜和玻璃纤维滤膜。过氯乙烯纤维滤膜所组成的网状薄膜孔隙很小，表面成细绒状，不易破裂，具有静电性、憎水性、耐酸碱和质量轻等特点，纤维滤膜质量稳定性好，在低于 55℃ 的气温下不受温度变化影响，因此，正常情况下（温度低于 60℃、相对湿度不高于 95%）一般使用过氯乙烯纤维滤膜测尘，如现场条件不适用过氯乙烯纤维滤膜，则改用玻璃纤维滤膜。滤膜形状多为圆形，规格有直径 40mm 和 75mm 两种，当粉尘浓度低于 200mg/m³ 时，用直径为 40mm 的滤膜；高于 200mg/m³ 时，用直径为 75mm 的滤膜。

滤筒的外形如图 8-32 所示，滤筒的集尘面积大，容尘量大，过滤效率高，对 0.3～

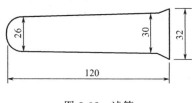

图 8-32　滤筒

0.5μm 的尘粒捕集效率接近 100%，主要用于粉尘浓度较高的管道含尘气流测定。我国目前常见的滤筒多为玻璃纤维滤筒和刚玉滤筒。玻璃纤维滤筒又分加胶合剂的和不加胶合剂的两种，加胶合剂的使用温度在 200℃ 以下，不加胶合剂的使用温度在 400℃ 以下；刚玉滤筒使用温度在 850℃ 以下。有胶合剂的玻璃纤维滤筒，其中含有少量的有机黏合剂，在高温时使用，由于黏合剂蒸发，滤筒质量会略有减轻。为使滤筒质量保持稳定，在使用前、后作加热处理，除去有机物质。

2. 粉尘采样器

粉尘采样器是滤料计重法的主要仪器，其基本构件一般由采样头、滤料安放装置、流量计、抽气泵、流量调节阀、控制电路及其他相关附件组成。其基本原理是：电源打开后，抽气泵形成负压，待测定的含尘空气在负压的作用下被抽吸到采样器，待测的粉尘被阻留在滤膜或滤筒中，而流量计、流量调节阀、控制电路及其他相关附件为控制采样流量、粉尘的装置。根据适宜采样的主要地点和结构的不同，可分为作业场所粉尘采样器和管道粉尘采样器，其中作业场所粉尘采样器一般不适宜在管道（包括烟道）中采样，管道粉尘采样器主要用在管道（包括烟道）中。

（1）作业场所粉尘采样器

典型的作业场所粉尘采样器外形如图 8-33 所示。根据测尘浓度类型，作业场所粉尘采样器有以下几种类型。

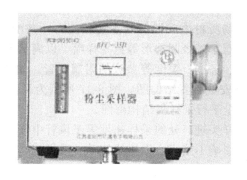

图 8-33　作业场所粉尘采样器外形图

① 全尘浓度采样器。全尘浓度采样器指的是将全部粉尘采集到一个测尘滤料的采样器，即将一定体积的含尘空气通过采样头，全部大小不同的粉尘粒子被阻留于夹在采样头内的滤膜表面，根据滤膜的增重和通过采样头的空气气体体积，计算出空气中的粉尘浓度。

② 呼吸性粉尘采样器。呼吸性粉尘采样器指的是仅将粒径小于 5μm 的呼吸性粉尘采集到一个测尘滤料进行称重计算的采样器。呼吸性粉尘采样器与全尘采样器差别在于呼吸性粉尘采样器增设了一个前置预捕集器。前置预捕集器用以捕集非呼吸性粉尘，能对危害人体的

呼吸性粉尘和非呼吸性粉尘进行分离，分离效果达到国际公布的 BMRC 曲线标准。预捕集器主要有：水平淘析器、旋风分离器和惯性冲击器，各种预捕集器呼吸性粉尘分离原理如图 8-34 所示，其中旋风分离器、惯性冲击器分离原理与本章第六节粉尘分散度测定的离心沉降计重法、惯性冲击计重法基本相似。水平淘析器若干条平行狭缝由多层平行薄板构成，其工作原理与多层水平沉降室相似，工作时水平放置，当含尘空气通过这些狭缝时，粗颗粒粉尘受重力作用逐渐沉降下来，细颗粒的粉尘沉降速度缓慢，随气流穿过狭缝被后置过滤器捕集在滤膜上，如图 8-34(a) 所示。

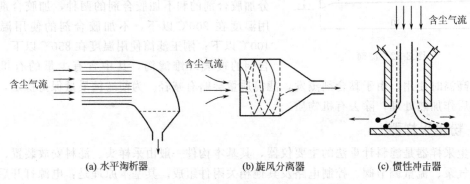

图 8-34　呼吸性粉尘采样器分离原理示意图

　　③ 两级计重粉尘采样器。两级计重粉尘采样器指的是将粒径小于 $5\mu m$ 的呼吸性粉尘和粒径大于 $5\mu m$ 的粗颗粒粉尘分级采集到测尘滤料和前置预捕集器进行称重计算的采样器，能测定全尘、呼吸性粉尘及两级计重粉尘，如 AFQ-20A 粉尘采样器。两级计重粉尘采样器与全尘浓度采样器的区别是能对粒径小于和大于 $5\mu m$ 的粉尘分别采样；与呼吸性粉尘采样器的区别是前置预捕集器捕集的粒径大于 $5\mu m$ 的粗颗粒粉尘也进行称重并计算全尘浓度，其前置预捕集器多以惯性冲击器为主，水平淘析器不宜作为两级计重粉尘采样器的前置预捕集器。

　　(2) 管道粉尘采样器

　　管道粉尘采样器与作业场所粉尘采样器的主要区别：一是配置有内径小于 14mm 的采样杆，且采样杆最前端安装有小管径圆锥形等速采样嘴，以满足等速采样的要求；二是采样器一般配置有测定空气压力、温度、湿度等参数的附属装置，如图 8-35 所示。图 8-36 所示为测尘滤料置于管道内滤筒安放装置结构图，图 8-37 所示为目前广泛应用于管道及烟道粉尘采样的 TH-880 微电脑烟尘平行采样仪结构框图。

　　所谓等速采样，是指采样头进口处的采样速度等于风管中该点的气流速度，而非等速采样时，较大的尘粒会因惯性影响不能完全沿流线流动。采样流速小于风管的气流速度时，处于采样头边缘的一些粗大尘粒本应随气流一起绕过采样头，因惯性作用，粗大尘粒会继续按原来方向前进，进入采样头内，使测定结果偏高。当采样速度大于风管小流速时，处于采样头边缘的一些粗大尘粒，由于本身的惯性，不能随气流改变方向进入采样头内，而继续沿着原来的方向前进，在采样嘴外通过，使测定结果比实际情况偏低。因此，只有当采样流速等于风管内气流速度时，采样管收集到的含尘气流样品才能反映风管内气流的实际含尘情况。

　　等速采样方式有预测流速型等速采样法、皮托管平行等速采样法、动压平衡型等速采样管法、静压平衡型等速采样管法等四种。

　　① 预测流速型等速采样法。采样前预先测出各采样点处排气温度、压力、水分质量浓度和气体流速等参数，结合所选用的采样嘴直径，计算出等速采样条件下各采样点所需的采

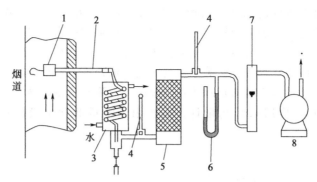

图 8-35　某烟尘采样装置示意图

1，2—滤筒采样管；3—冷凝器；4—温度计；
5—干燥器；6—压力计；7—转子流量计；8—抽气泵

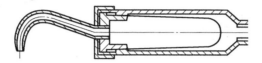

图 8-36　滤筒安放装置结构图

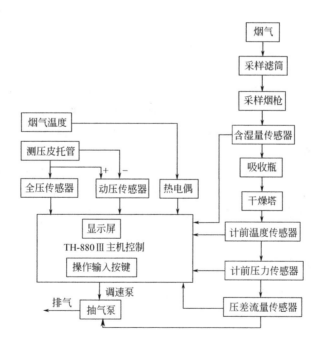

图 8-37　微电脑烟尘平行采样仪结构框图

样流量，然后按此流量再各点采样。预测流速型等速采样嘴一般由进口内径为 4mm、5mm、6mm、8mm、10mm、12mm、14mm 的系列采样嘴组成，典型的采样嘴如图 8-38 所示，一般制作成渐缩锐边圆形，锐边的角度以 30°为宜，在测尘之前，先要测出风管测定断面上各测点的气流速度，并根据各测点速度计算选择其中之一采样嘴。

②静压平衡型等速采样管法。利用在采样管入口配置的专门的采样嘴，在嘴的内外壁上分别开有测量静压的条缝，调节采样流量，使采样嘴内外条缝处静压相等，以实现采样。

应用较广泛的平衡型静压等速采样嘴结构如图 8-39 所示，在等速采样嘴的内、外壁上各有一根静压管，其原理是：对于采用锐角边缘、内外表面加工精密的等速采样嘴，可以近似认为，气流通过采样嘴时的阻力为零，只要采样头内外的静压值相等，采样头内和采样头外的动压就相等，采样嘴内的气流速度就等于风管内的气流速度。应当指出，平衡型静压等速采样嘴是利用静压而不是采样流量来指示等速情况的。而瞬时流量是被动的，所以记录采样流量不能用瞬时流量计，要用累计流量计。此法用于测量低含尘量的排放源，操作简单、方便。

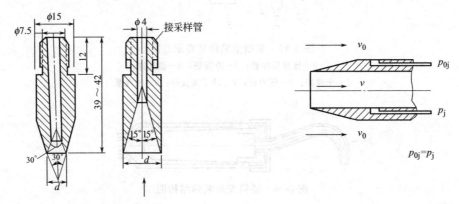

图 8-38　预测流速型等速采样嘴　　　　　　图 8-39　静压平衡型等速采样嘴

③ 皮托管平行等速采样法。这种采样方法是预测流速型等速采样法的改进方法，它将采样管、皮托管和热电偶温度计固定在一起插入同一采样点，根据预先测得的含尘气静压、含湿量和当时测得的动压、温度等参数，结合选用的采样嘴直径，由编有程序的计算器及时算出等速采样流量，迅速调节转子流量计至所要求的读数，图 8-37 所示的平行采样仪即按此方法设计。此法与预测流速型等速采样法不同之处在于测定流量和采样几乎同时进行，适用于工况点易发生变化的含尘气流。

④ 动压平衡型等速采样管法。它是将采样管与皮托管平行放置在采样点，利用装置在采样管的滤筒夹后的孔板压差与皮托管指示的采样点含尘气的动压相平衡来实现等速采样，具有静压平衡等速型采样管相同的优点，而且加工较为方便，但采样装置需附加皮托管，装置稍加复杂。

三、快速直读测尘仪

不同的快速直读测尘仪是利用不同的物理学原理而研制的。下面主要介绍光散射式测尘仪、β 射线测尘仪、压电晶体测尘仪。

1. 光散射式测尘仪

光散射式测尘仪是利用光照射尘粒引起的散射光经过光电器件变为电子信号以测量悬浮粉尘浓度的一种快速测尘仪。其工作原理是，被测量的含尘空气由微型抽气泵吸入到仪器内，通过尘粒测量区域。此时尘粒受到由专门光源经透镜产生的平行光照射，各个尘粒引起的不同方向（或某一方向）的散射光，由光电倍增管接收转变为电子信号。如果光学系和尘粒系一定，则这种散射光强度就与粉尘浓度成正比，这样，可将散射光量经过转换元件变换成为有比例的电脉冲，通过单位时间内的脉冲记数，就可以测知悬浮粉尘的相对浓度，如图 8-40 所示。如通过采样前后干净滤膜与含尘滤膜的光电流为 I_0、I，试验确定的粉尘消光系

数为 K_g，采样流量为 Q，采样时间为 t，则可根据下式专门制造直接读取粉尘浓度 C 的刻度盘

$$C = \frac{\ln I_0 - \ln I}{K_g Q t} \tag{8-46}$$

光散射式测尘仪的优点是可立即测得瞬间空气的粉尘浓度，缺点是所测得的结果受粉尘粒子大小和粉尘颜色的影响。因此，在使用这种相对浓度测尘仪时，需先用滤膜质量测尘法进行对比实验和标定，以得出相应的质量浓度转换系数。

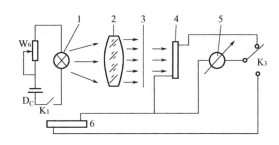

图 8-40　光散射式测尘仪原理图

1—小电珠；2—透镜；3—滤纸；4—检测硅光电池；5—指示电表；6—校正硅光电池；
K_1—电源开关；K_3　校正开关；W_6—调整电位器；D_C—电池组

2. 压电晶体测尘仪

压电晶体测尘仪利用石英压电晶体有一定的振荡频率，当晶体表面沉积有一定量的粉尘粒子时就会改变其振荡频率，根据频率的变化求出粉尘浓度。压电晶体测尘仪一般由颗粒物浓度变送器和颗粒物浓度计算器组成，如图 8-41 所示。

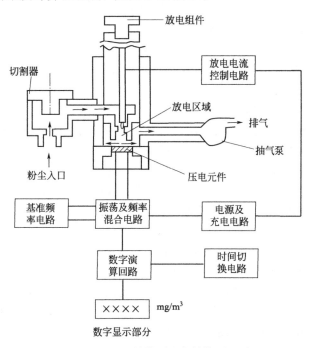

图 8-41　压电晶体测尘仪结构原理图

颗粒物浓度变送器由颗粒物浓度传感器、测量振荡线路、参比振荡线路、混频器、整形

器、高压恒流电源、高压控制单元、恒流单元、针阀、转子流量计和抽气泵组成。传感器是仪器的关键部件，被测空气由气体入口进入测量气室。高压放电针和测量谐振器下面的电极构成静电采样器。在高压电晕放电的作用下，气流中的颗粒物全部沉降于测量谐振器的电极表面上，然后气流经参比谐振器和参比室排出传感器。颗粒物浓度计算器由可逆计数器、数模转换器、显示器和电源等组成。它有两个作用：一是控制整个仪器自动地进行周期性循环工作；二是将测量结果进行数字显示，以模拟量形式输出。

其工作程序是：用小型抽气泵把含尘空气抽到一个惯性冲击式的分粒装置中，除去粒径大于 $10\mu m$ 的尘粒，然后利用电沉降的原理，使尘粒采集在石英晶体上。采样时间一般为 24s 或 120s。根据采样后粉尘质量的不同，振荡频率的改变，以一定的系数换算成粉尘的质量浓度，这种测尘仪的优点是能较快地获得现场的粉尘浓度，如多次连续采样可以了解生产过程中粉尘浓度的变化规律。其缺点是粉尘浓度的测定范围有限，一般在 $10mg/m^3$ 以内，因此在粉尘浓度较高的生产场所使用是不适用的。由于该仪器所测得的结果是相对浓度，故需要用直接方法（如滤膜法）测定的结果进行比较，找出一定的换算系数，经计算后求得粉尘浓度。

石英振荡器实际上相当于一个超微量天平，因此也称压电天平，灵敏度很高。因此比较适合测定大气中的飘尘、呼吸性粉尘及小粒径占绝大多数的粉尘，如测定室内污染等。

3. β射线测尘仪

β射线测尘仪是利用尘粒可以吸收β射线的原理而研制的。β射线是一种电子流，当β射线通过被测物质后，射线强度衰减程度与所透过物质的质量有关，而与物质的物理、化学性质无关。当它能量小于 1MeV，穿透物质的质量小于 $20mg/cm^2$ 而被吸收时，这一吸收量与物质的质量成正比，即

$$Y = Y_0 e^{\gamma B\rho}$$

式中　Y——采样后经介质吸收后β粒子计数；

　　　Y_0——采样前未经介质吸收的β粒子计数；

　　　γ——β粒子对特定介质的吸收系数，cm^2/mg；

　　　B——吸收介质的厚度，cm；

　　　ρ——吸收介质的相对密度，mg/cm^3。

因为采集空气样的体积是已知的，所以可利用这种β射线的吸收原理，通过测定清洁滤膜和采样滤膜对β射线吸收程度的差异来测定采样滤膜粉尘浓度。

β射线测尘仪一般由样品采集系统——采样入口装置、气路、集尘滤纸、采样泵，尘样检测系统——β射线源、盖格计数管、前置放大器、信号整形电路，微电脑控制及数据处理系统，结果显示系统，电源及操作面板等部分组成，安装在一小箱体内。图 8-42 所示为典型β射线测尘仪结构示意图。

β射线测尘仪可以直接读出粉尘的质量浓度。这种仪器操作比较简单，获得结果迅速，适于瞬间测定环境中的粉尘浓度。但也可以较长时间采样，粉尘一般是采集在有黏合剂的玻璃板上，多是利用冲击的原理采样，也可以采集在滤膜上，采集在滤膜上的粉尘处理后也可以在显微镜下观察或作成分分析。该仪器除可测定总粉尘浓度，如使用呼吸性粉尘预分离器，还可测定呼吸性粉尘浓度，测定精度一般为 ±10%。

四、作业场所滤料计重法粉尘浓度测定

作业场所滤料计重法粉尘浓度测定时，要采集一定体积的含尘空气，将粉尘阻留在已知

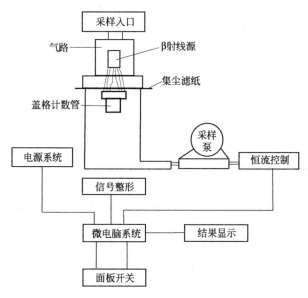

图 8-42 β射线测尘仪结构示意图

质量的滤膜或前置预捕集器上，出采样器采样后滤膜或前置预捕集器的增量来求出单位体积空气中粉尘的质量。

1. 测尘点的选择

测尘点的选择以能代表粉尘对人体健康的危害为原则，应考虑粉尘发生源在空间和时间上的扩散规律，以及工人接触粉尘情况的代表性，测定点应根据工艺流程和工人操作方法而确定。

① 在生产作业地点较固定时，应在工人经常操作和停留的地点，采集工人呼吸带水平的粉尘，距地面的高度应随工人生产时的具体位置而定，例如在站立生产时，可在距地面 1.5m 左右尽量靠近工人呼吸带进行采样。坐位、蹲位工作时，应适当放低。

为了测得作业场所的粉尘平均浓度，应在作业范围内选择若干点（尽可能均匀分布）进行测定。求得其算术或几何平均值和标准差。

② 在生产作业不固定时，应在接触粉尘浓度较高的地点、接触粉尘时间较长的地点和工人集中的地点分别进行采样。

③ 在有风流影响的作业场所，应在产尘点的下风侧或回风侧粉尘扩散较均匀地区的呼吸带进行粉尘浓度的测定。

2. 测定工作相关要求

① 滤膜的准备。用镊子取下滤膜两面的夹衬纸，置于天平上称量，记录初始质量，然后将滤膜装入滤膜夹，确认滤膜无褶皱或裂隙后，放入带编号的样品盒里备用。

② 采样器的架设。取出准备好的滤膜夹，装入采样头中拧紧，采样时，滤膜的受尘面应迎向含尘气流。当迎向含尘气流无法避免飞溅的泥浆、砂粒对样品的污染时，受尘面可以侧向。

③ 采样开始的时间。连续性产尘作业点，应在作业开始 30min 后，阵发性产尘作业点，应在工人工作时采样。

④ 采样的流量。常用流量为 15～40L/min。浓度较低时，可适当加大流量，但不得超过 80L/min。在整个采样过程中，流量应稳定。

⑤ 采样的持续时间。根据测尘点的粉尘浓度估计值及滤膜上所需粉尘增量的最低值确定采样的持续时间（当粉尘浓度高于 10mg/m³ 时，采气量不得小于 0.2m³；低于 2mg/m³，采气量为 0.5～1m³）。采样持续时间一般按下式估算

$$t \leqslant \frac{\Delta m \times 1000}{9C'Q} \tag{8-47}$$

式中　t——采样持续时间，min；

　　　Δm——要求的粉尘增量，其质量应大于或等于 1mg；

　　　C'——作业场所的估计粉尘浓度，mg/m³；

　　　Q——采样流量，L/min。

⑥ 采集在滤膜上的粉尘的增量。直径为 40mm 滤膜上的粉尘的增量，不应少于 1mg，但不得多于 10mg；直径为 75mm 的滤膜，应做成锥形漏斗进行采样，其粉尘增量不受此限。

⑦ 采样后样品的处理。采样结束后，将滤膜从滤膜夹上取下，一般情况下，不需干燥处理，可直接放在感量不低于 0.0001g 的分析天平上称量，记录质量。如果采样的现场的相对湿度在 90% 以上或有水雾存在，应将滤膜放在干燥器内干燥 2h 后称量，并记录测定结果。称量后再放入干燥器中干燥 30min，再次称量。当相邻两次的质量差不超过 0.1mg 时，取其最小值。

3. 粉尘浓度的计算

① 使用单级计重的全尘浓度采样器和呼吸性粉尘采样器时，按下式计算

$$C = \frac{m_2 - m_1}{Q't} \times 1000 \tag{8-48}$$

式中　C——粉尘质量浓度，mg/m³；

　　　m_1——采样前的滤膜质量，mg；

　　　m_2——采样后的滤膜质量，mg；

　　　Q'——换算标准状态下采样器采样流量，L/min；

　　　t——采样器采样时间，min。

② 使用两级计重粉尘采样器时，呼吸性粉尘浓度按式（8-48）计算，总粉尘浓度 C_T 的计算公式为

$$C_T = \frac{(G_2 - G_1) + (f_2 - f_1)}{Q't} \times 1000 \tag{8-49}$$

式中　f_1——采样前滤膜的质量，mg；

　　　f_2——采样后滤膜质量，mg；

　　　C_T——总粉尘浓度，mg/m³；

　　　G_1——采样前预捕集器的质量，mg；

　　　G_2——采样后预捕集器的质量，mg；

　　　Q'——换算标准状态下采样器采样流量，L/min；

　　　t——采样器采样时间，min。

式（8-48）、式（8-49）中换算标准状态下采样器采样流量 Q' 为

$$Q' = \frac{1.2}{\rho_i} Q_x \tag{8-50}$$

式中　Q_x——测定时采样器显示的采样流量。

在实际测尘工作中，如现场状态与标准状态相差不大，式（8-48）、式（8-49）中 Q' 可以

用式（8-50）的 Q_x 代入。

五、管道及烟道粉尘浓度测定

1. 管道及烟道测定断面平均粉尘浓度的采样方法

研究表明，风管断面上含尘浓度的分布是不均匀的。在气流稳定的垂直管中，含尘浓度由管中心向管壁逐渐增加；在气流稳定的水平管中，由于重力的影响，下部的含尘浓度较上部大，而且粒径也大；在气流不均匀的风管中，断面上含尘浓度分布不稳定。因此，作为管道及烟道粉尘浓度的测定目的之一即测算管道除尘装置的除尘效率时应测定管道平均粉尘浓度。对于采样断面的选择，除应按本章第三节速压法风量测定的测定断面确定要求外，尽可能选择垂直管道。

采样断面确定后，应选定正确的管道测定断面平均粉尘浓度的采样方法。目前管道测定断面平均粉尘浓度的采样方法主要有以下几种。

（1）多点分别采样法

该法按本章第三节速压法风量测定的断面测点布置方法，确定断面中的采样点位置和数量，然后分别在已定的每个采样点上等速采样，每点采集一个样品，然后再计算出断面的平均粉尘浓度。这种方法可以测出各点的粉尘浓度，了解断面上的浓度分布情况，找出平均浓度点的位置，缺点是测定时间长，工序烦琐。

（2）多点移动采样法

该法的样点数量和位置同多点分别采样法，所不同的是，该法用同一测尘滤料，在已确定的各采样点位置上，用相同的时间移动采样头连续等速采样。出于各测点的气流速度是不同的，要做到等速采样，移动一个测点，必须迅速调整采样流量。在测定过程中，随滤膜上或滤筒内粉尘的积聚，阻力也会不断增加，必须随时调整螺旋夹，保证各测点的采样流量保持稳定。每个采样点的采样时间不得少于 2min。

这种方法比点分别采样法简单、省事、省时间，平均浓度测定结果精度高，目前应用较为广泛。

（3）固定点采样法

该法是预先了解断面上的浓度分布情况及管道平均浓度点的位置，在管道中确定一点为固定采样点进行等速采样，把测得的粉尘浓度再乘以平均浓度系数作为断面的平均浓度。这个固定采样点有的为平均流速点，有的为平均浓度点，也有的为管道中心点。平均浓度系数一般在预先了解的断面粉尘浓度分布情况获取，一般来说，在平均浓度点采样时，其平均浓度系数为 1；平均流速点、管道中心点作为固定采样点时，其平均浓度系数不为 1。

这种方法最为简便，对粉尘浓度随时间变化显著的场合最为适合，但这种方法应预先了解断面上的浓度分布情况，如没有相关资料，应按第（1）种方法预先测定断面上的浓度分布情况。

2. 采样操作与粉尘浓度计算

粉尘浓度一般可按下式计算

$$C = \frac{m_2 - m_1}{Q't} \times 1000 \tag{8-51}$$

$$Q' = \frac{1.2}{\rho_i} Q_x \tag{8-52}$$

$$Q' = 0.003 Q_x \sqrt{\frac{R_x p_s}{T}} \tag{8-53}$$

式中　C——粉尘质量浓度，mg/m³；

t——采样时间，min；

m_1——采样前的滤筒质量，mg；

m_2——采样后的滤筒质量，mg；

Q'——换算标准状态下采样流量，L/min；

ρ_i——管道气体密度，kg/m³；

Q_x——采样系统流量计流量值，L/min；

R_x——管道气体的气体常数，J/(kg/K)；

p_s——采样断面绝对静压；

T——管道气体温度，K。

一般采样步骤是：计算出采样操作应调至的流量，将已称量的滤筒（放入干燥器24h或烘箱102℃烘干1h）放入采样管滤筒夹内，组装仪器，并检查系统不漏气后将采样管放入管道采样，使采样头背着气流。预热5min后，把采样头对准气流方向，同时启动抽气泵，迅速调整采样流量达到等速采样流量。由于采样时间的延续，烟尘在滤筒上逐渐沉积，阻力会逐渐增加，需要随时调节流量，并记录采样时流量计前的温度和压力。抽出采样管，小心取出滤筒，将采集尘样的滤筒放在105℃烘箱中烘2h，取出置于玻璃干燥器内冷却20min后，用分析天平称重。采样之后，应再次测定采样点的压力（静压、动压），与采样前的预测值比较，若相差不大于20％则数据可用，否则应重复测定。

目前广泛应用的微电脑烟尘平行采样仪在操作时主要应注意以下几个方面。

① 采样前准备。

a. 更换干燥塔内的干硅胶和双氧水（3％），要求双氧水和干硅胶适量，然后接好气管。

b. 将含湿量传感器湿球加水湿润待用。在测定时须将采样杆与仪器气管连好后，再将含湿量传感器插头接上。

c. 根据被测烟道断面大小确定采样点数，在采样杆上标出测定标识符。

② 采样操作。微电脑烟尘平行采样仪的操作过程分三个阶段，见图8-43。

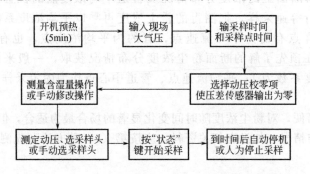

图 8-43　微电脑烟尘平行采样仪操作流程

第一阶段：设置采样所需的参数，包括大气压、烟道面积、皮托管参数、日期、时间选择，以及动静压校零和选采样头。

第二阶段：采样过程中的平行跟踪阶段既可选择是否连续采样，又可查询相应测定数据。

294

第三阶段：采样结束后，仪器自动处理采样测量数据。这时既可继续采样，也可打印数据。

测定完毕，烘干滤筒并称重，通过采样前后滤筒质量变化及测定的烟气流量，可计算出粉尘浓度。

思考题与习题

1. 工业通风常用的温度测量仪表有哪些？
2. 工业通风常用的湿度仪表主要有哪些？
3. 热电偶温度计的测温原理如何？如何用干湿温度计测定湿度？
4. 试分析各空气压力测定仪器的原理。
5. 试分析风流点压力的测定原理。
6. 试分析速压法、静压差法、风速仪法测定风道风量的原理。
7. 速压法风量测定中，测定断面的选择和测点布置有何要求？
8. 如已知某通风管道的一段弯道局部阻力系数为 ξ，弯道两端静压差为 h，空气密度为 ρ，管道直径均为 d，该通风管道如何？
9. 现场进行的通风机性能测定的主要工作包括哪些？通风机工作风压、电动机功率与效率测定如何测定？
10. 试分析压差计法和气压计法测定通风阻力的原理。
11. 用压差计法测定通风阻力，当两断面相等时，为什么压差计的读数就等于通风阻力？
12. 利用通风机相似原理推导实际测得的通风机工作风量、功率以及换算至标准状态下的通风机工作风量、功率的关系式。
13. 简述粉尘粒度和粒度分布测定方法种类。
14. 简述粉尘浓度测定原理以及基本步骤。
15. 简述光学显微镜法测试粉尘粒度和粒度分布的基本步骤。
16. 简述粉尘中游离二氧化硅含量的测定方法种类及其测试原理。
17. 简述焦磷酸的质量法测定粉尘中游离二氧化硅含量的方法。
18. 简述红外分光光度法测定粉尘中游离二氧化硅含量的基本方法和步骤。
19. 测定粉尘分散度有哪些方法？作业场所粉尘浓度测定有哪些方法？
20. 计重法作业场所粉尘浓度测定工作有哪些要求？
21. 测定管内含尘浓度时为什么必须实现等速采样？如何做到等速采样？管道中粉尘采样时等速采样方式有哪几种？简述静压平衡型等速采样头的结构原理。
22. 如何确定排气管道中粉尘采样点位和采样点数？如何确定排气中气体样品采样点位？用校正系数为 0.85 的 S 形皮托管测得管道的空气动压为 78.8Pa，空气温度为 20℃，绝对压力接近大气压力，与标准状态基本相同，试求空气的流速。
23. 某排烟气管道的断面为 1.5m²，烟气平均流速为 15m/s，烟气温度为 120℃，烟气静压为 -1.3kPa，大气压力为 100.6kPa，烟气中相对湿度为 12%，求标准状态下的干烟气流量。
24. 某车间的空气温度有 32℃，大气压力 100kPa，采样时转子流量计读数为 25L/min，流量计前温度为 30℃，压力为 -3Pa，采样时间为 20min，采样前滤膜重为 40.1mg，采样后滤膜增重至 46.9mg，求空气中含尘浓度。

25. 直径为400mm的通风管道，用标准皮托管（校正系数 $K=1$）和单管倾斜微压计测定动压，读数分别为 250Pa，260Pa，260Pa，270Pa，260Pa，250Pa，250Pa，240Pa，250Pa，260Pa，250Pa，倾斜式微压计常数 $K=0.3$，用干湿温度测得管内气流干温度为 20℃、湿温度为 17℃，当地大气压力 101kPa，计算该风管的风量。

26. 如图 8-44 所示的局部通风系统，三个局部集气罩的结构完全相同。已知系统总风量为 2.5m³/s，A 点静压 $p_{Aj}=-150Pa$，B 点静压 $p_{Bj}=-180Pa$，C 点静压 $p_{Cj}=-150Pa$，求各个集气罩的风量。

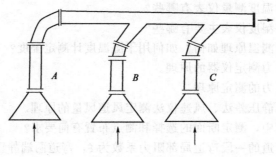

图 8-44　题 26 图

附　录

附录1　饱和水蒸气参数表

干球温度 $t/℃$	水蒸气分压 P_{sat}		水蒸气密度 ρ_{sat} /(kg/m³)	比湿 d /(g/kg)	比焓 i /(kJ/kg)
	Pa	mmHg			
-1	562	4.22	4.50×10^{-3}	3.52	7.8
0	611	4.58	4.84×10^{-3}	3.82	9.5
2	705	5.29	5.56×10^{-3}	4.42	13.1
4	813	6.10	0.00636	5.10	16.8
6	935	7.01	0.00726	5.87	20.7
7	1001	7.51	0.00775	6.29	22.8
8	1072	8.04	0.00826	6.74	25.0
9	1147	8.61	0.00882	7.22	27.2
10	1227	9.21	0.00940	7.73	29.5
11	1312	9.84	0.01001	8.27	31.9
12	1401	10.51	0.01066	8.84	34.4
13	1500	11.23	0.01134	9.45	37.0
14	1597	11.98	0.01206	10.10	39.5
15	1704	12.78	0.01282	10.78	42.3
16	1817	13.61	0.01363	11.51	45.2
17	1936	14.53	0.01447	12.28	48.2
18	2062	15.47	0.01536	13.10	51.3
19	2196	16.47	0.01630	13.97	54.5
20	2337	17.53	0.01729	14.88	57.9
21	2485	18.65	0.01833	15.85	61.4
22	2642	19.82	0.01942	16.88	65.0
23	2808	21.07	0.02057	17.97	68.8
24	2982	22.38	0.02177	19.12	72.8
25	3167	23.75	0.02303	20.34	77.0
26	3360	25.21	0.02437	21.63	81.3

| 干球温度 t/℃ | 水蒸气分压 P_{sat} | | 水蒸气密度 ρ_{sat} /(kg/m³) | 比湿 d/(g/kg) | 比焓 i/(kJ/kg) |
	Pa	mmHg			
27	3564	26.74	0.02576	22.99	85.8
28	2778	28.35	0.02723	24.42	90.5
29	4004	30.04	0.02876	25.94	95.4
30	4241	31.83	0.03037	27.52	100.5
31	4491	33.70	0.0320	29.25	106.0
32	4753	35.67	0.0338	31.07	111.7
33	5029	37.73	0.0357	32.94	117.6
34	5318	39.90	0.0376	34.94	123.7
35	5622	42.18	0.03962	37.05	130.2

附录 2　由干湿温度计读值查相对湿度表

| 湿球温度/℃ | 干温球温度差/℃ | | | | | | | | | | | | | | |
| | 0 | 0.5 | 1 | 1.5 | 2.0 | 2.5 | 3.0 | 3.5 | 4.0 | 4.5 | 5.0 | 5.5 | 6.0 | 6.5 | 7.0 |
	相对湿度 φ/%														
1	100	91	83	76	69	62	56	48	44	39	34	30	25	21	17
2	100	92	83	77	70	64	58	50	47	42	37	33	28	24	21
3	100	92	84	78	72	65	60	52	49	44	39	35	31	27	23
4	100	93	85	79	73	67	61	54	51	46	42	37	33	30	26
5	100	93	86	80	74	68	63	57	54	48	44	40	36	32	29
6	100	93	87	81	75	68	64	59	56	50	46	42	38	34	31
7	100	93	87	81	76	70	65	60	57	52	48	44	40	37	33
8	100	94	88	82	76	71	66	62	59	53	49	46	42	39	35
9	100	94	88	82	77	72	68	63	60	55	51	47	44	40	37
10	100	94	88	83	78	73	69	64	61	56	52	49	45	42	39
11	100	94	89	84	79	74	69	65	62	57	54	50	47	44	41
12	100	94	89	84	79	75	70	66	63	59	55	52	49	45	42
13	100	95	90	85	80	76	71	67	64	60	56	53	50	47	44
14	100	95	90	85	81	76	72	68	65	61	57	54	51	48	45
15	100	95	90	85	81	77	73	69	66	62	59	55	52	50	47
16	100	95	90	86	82	78	74	70	67	63	60	57	54	51	48
17	100	95	91	86	82	78	74	71	68	64	61	58	55	52	49
18	100	95	91	87	83	79	75	71	69	65	62	59	56	53	50
19	100	95	91	87	83	79	76	72	69	65	62	59	57	54	51
20	100	96	91	87	83	80	76	73	70	66	63	60	58	55	52
21	100	96	92	88	84	80	77	73	71	67	64	61	58	56	53
22	100	96	92	88	84	81	77	74	71	68	65	62	59	57	54
23	100	96	92	88	84	81	78	74	72	68	65	63	60	58	55
24	100	96	92	88	85	81	78	75	72	69	66	63	61	58	6
25	100	96	92	89	85	82	78	75	73	69	67	64	62	59	57
26	100	96	92	89	85	82	79	76	73	70	67	65	62	60	57
27	100	96	93	89	86	82	79	76	74	71	68	65	63	60	58
28	100	96	93	89	86	83	80	77	74	71	68	66	63	61	59
29	100	96	93	89	86	83	80	77	75	72	69	66	64	62	60
30	100	96	93	90	86	83	80	77	75	72	69	67	65	62	60
31	100	96	93	90	87	84	81	78	76	73	70	68	65	63	61
32	100	97	93	90	87	84	81	78		73	71	68	66	63	61

附录3　作业场所空气中粉尘容许浓度

序号	粉尘名称	PC-TWA[①]	PC-STEL[②]	序号	粉尘名称	PC-TWA[①]	PC-STEL[②]
1	白云石粉尘 总尘 呼尘	 8 4	 10 8	26	膨润土粉尘（总尘）	6	6
				27	皮毛粉尘（总尘）	8	10
2	玻璃钢粉尘（总尘）	3	6	28	凝聚 SiO₂ 粉尘 总尘 呼尘	 1.5 0.5	 3 1
3	茶尘（总尘）	2	3				
4	沉淀 SiO₂ 总尘（白炭黑）	5	10	29	麻尘（游离 SiO₂ 含量 <10%）（总尘） 亚麻 黄麻 苎麻	 1.5 2 3	 3 4 6
5	大理石粉尘 总尘 呼尘	 8 4	 10 8				
6	电焊烟尘（总尘）	4	6	30	洗衣粉混合尘	1	2
7	二氧化钛粉尘（总尘）	8	10	31	烟草尘（总尘）	2	3
8	沸石粉尘（总尘）	5	10	32	珍珠岩粉尘 总尘 呼尘	 8 4	 10 8
9	酚醛树脂粉尘（总尘）	6	10				
10	谷物粉尘（游离 SiO₂ 含量<10%）（总尘）	4	8	33	人造玻璃质纤维 玻璃棉粉尘（总尘） 矿渣棉粉尘（总尘） 岩棉粉尘（总尘）	 3 3 3	 5 5 5
11	硅灰石粉尘（总尘）	5	10				
12	硅藻土粉尘 游离 SiO₂ 含量 <10%（总尘）	6	10	34	石灰石粉尘 总尘 呼尘	 8 4	 10 8
13	滑石粉尘（游离 SiO₂ 含量<10%） 总尘 呼尘	 3 1	 4 2	35	石棉纤维及含有10% 以上石棉的粉尘 总尘 纤维	 0.8 0.8	 1.5 1.5
14	桑蚕丝尘（总尘）	8	10	36	石墨粉尘（7782-42-5） 总尘 呼尘	 4 2	 6 3
15	砂轮磨尘（总尘）	8	10				
16	石膏粉尘 总尘 呼尘	 8 4	 10 8	37	水泥粉尘（游离 SiO₂ 含量<10%） 总尘 呼尘	 4 1.5	 6 2
17	铝、氧化铝、铝合金粉尘 铝、铝合金（总尘） 氧化铝（总尘）	 3 4	 4 6				
18	活性炭粉尘（总尘）	5	10	38	碳化硅粉尘 总尘 呼尘	 8 4	 10 8
19	聚丙烯粉尘（总尘）	5	10				
20	聚丙烯腈纤维粉尘（总尘）	2	4	39	萤石混合性粉尘（总尘）	1	2
21	煤尘（游离 SiO₂<10%） 总尘 呼尘	 4 2.5	 6 3.5	40	碳纤维粉尘（总尘）	3	6
				41	炭黑粉尘（总尘）	4	8
22	聚氯乙烯粉尘（总尘）	5	10	42	蛭石粉尘（总尘）	3	5
23	聚乙烯粉尘（总尘）	5	10	43	云母粉尘 总尘 呼尘	 2 1.5	 4 3
24	棉尘（总尘）	1	3				
25	木粉尘（总尘）	3	5				

序号	粉尘名称	PC-TWA[①]	PC-STEL[②]	序号	粉尘名称	PC-TWA[①]	PC-STEL[②]
44	矽尘总尘			44	含 50%～80%游离 SiO_2 粉尘	0.3	0.5
	含 10%～50%游离 SiO_2 粉尘	1	2		含 80%以上游离 SiO_2 粉尘	0.2	0.3
	含 50%～80%游离 SiO_2 粉尘	0.7	1.5	45	重晶石粉尘(总尘)	5	10
	含 80%以上游离 SiO_2 粉尘	0.5		46	稀土粉尘(游离 SiO_2	2.5	5
	呼尘		1.0		含量<10%)(总尘)		
	含 10%～50%游离 SiO_2 粉尘	0.7	1.0	47	其他粉尘[③]	8	10

① 时间加权平均容许浓度，mg/m^3。
② 指该粉尘时间加权平均容许浓度的接触上限值，mg/m^3。
③ "其他粉尘"指不含有石棉且游离 SiO_2 含量低于 10%，不含有毒物质，尚未制定专项卫生标准的粉尘。

附录4　通风压力单位换算表

单位名称	帕斯卡 Pa	巴 bar	公斤力/米² mmH_2O	公斤力/厘米² (工程大气压)at	毫米汞柱 mmHg	标准大气压 atm
帕斯卡	1	10^{-5}	0.101972	0.101972×10^{-4}	7.50062×10^{-3}	9.86923×10^{-6}
公斤力/米²	9.80665	9.80665×10^{-5}	1	1×10^{-4}	7.35559×10^{-2}	9.67841×10^{-5}
毫米汞柱	133.322	1.33322×10^{-4}	13.595	1.3595×10^{-3}	1	1.31579×10^{-3}
标准大气压	101325	1.01325	10332.3	1.03323	760	1

附录5　作业场所空气中有毒物质最高容许浓度

mg/m^3

序号	名称	MAC	TWA	* STEL	序号	名称	MAC	TWA	* STEL
1	安妥	—	0.3	0.9 *	17	丙醇	—	200	300
2	氨	—	20	30	18	丙酸	—	30	60 *
3	2-氨基吡啶(皮)	—	2	5 *	19	丙酮	—	300	450
4	氨基磺酸铵	—	6	15 *	20	丙酮氰醇	3	—	—
5	氨基氰	—	2	5 *	21	丙烯醇(皮)	—	2	3
6	奥克托今	—	2	4	22	丙烯腈(皮)	—	1	2
7	巴豆醛	12			23	丙烯醛	0.3		
8	百菌清	1			24	丙烯酸(皮)	—	6	15 *
9	倍硫磷(皮)	—	0.2	0.3	25	丙烯酸甲酯(皮)	—	20	40 *
10	苯(皮)	—	6	10	26	丙烯酸正丁酯	—	25	50 *
11	苯胺(皮)	—	3	7.5 *	27	丙烯酰胺(皮)	—	0.3	0.9 *
12	苯基醚(二苯醚)	—	7	14	28	草酸	—	1	2
13	苯硫磷(皮)	—	0.5	1.5 *	29	抽余油	—	300	450 *
14	苯乙烯(皮)	—	50	100	30	臭氧	0.3	—	—
15	吡啶	—	4	10 *	31	滴滴涕	—	0.2	0.6 *
16	苄基氯	5	—	—	32	敌百虫	—	0.5	1

序号	名称	MAC	TWA	*STEL	序号	名称	MAC	TWA	*STEL
33	敌草隆	—	10	25*	64	二聚环戊二烯	—	25	50*
34	碲化铋	—	5	12.5	65	二硫化碳(皮)	—	5	10
35	碘	1	—	—	66	1,1-二氯-1-硝基乙烷	—	12	24*
36	碘仿	—	10	25*	67	对二氯苯	—	30	60
37	碘甲烷(皮)	—	10	25*		邻二氯苯	—	50	100
38	叠氮酸蒸气	0.2	—	—	68	1,3-二氯丙醇	—	5	12.5*
	叠氮化钠	0.3	—	—	69	1,2-二氯丙烷	—	350	500
39	丁醇	—	100	200*	70	1,3-二氯丙烯(皮)	—	4	10*
40	1,3-丁二烯	—	5	12.5*	71	二氯代乙炔	0.4	—	—
41	丁醛	—	5	10	72	二氯二氟甲烷	—	5000	7500*
42	丁酮	—	300	600	73	二氯甲烷	—	200	300*
43	丁烯	—	100	200*	74	1,2-二氯乙烷	—	7	15
44	对苯二甲酸	—	8	15	75	1,2-二氯乙烯	—	800	1200*
45	对硫磷(皮)	—	0.05	0.1	76	二缩水甘油醚	—	0.5	1.5*
46	对特丁基甲苯	—	6	15*	77	二硝基苯	—	1	2.5*
47	对硝基苯胺(皮)	—	3	7.5*	78	二硝基甲苯(皮)	—	0.2	0.6*
48	对硝基氯苯/二硝基氯苯(皮)	—	0.6	1.8*	79	4,6-二硝基邻苯甲酚(皮)	—	0.2	0.6*
49	多次甲基多苯基多异氰酸酯	—	0.3	0.5	80	二氧化氮	—	5	10
50	二苯胺	—	10	25*	81	二氧化硫	—	5	10
51	二苯基甲烷二异氰酸酯	—	0.05	0.1	82	二氧化氯	—	0.3	0.8
52	二丙二醇甲醚(皮)	—	600	900	83	二氧化碳	—	9000	18000
53	2-N-二丁氨基乙醇(皮)	—	4	10*	84	二氧化锡	—	2	5*
54	二噁烷(皮)	—	70	140*	85	2-二乙氨基乙醇(皮)	—	50	100*
55	二氟氯甲烷	—	3500	5250	86	二乙撑三胺(皮)	—	4	10*
56	二甲胺	—	5	10	87	二乙基甲酮	—	700	900
57	二甲苯	—	50	100	88	二乙烯基苯	—	50	100*
58	二甲苯胺(皮)	—	5	10	89	二异丁基甲酮	—	145	218*
59	1,3-二甲基丁基醋酸酯	—	300	450*	90	二异氰酸甲苯酯	—	0.1	0.2
60	二甲基二氯硅烷	2	—	—	91	二月桂酸二丁基锡(皮)	—	0.1	0.2
61	二甲基甲酰胺(皮)	—	20	40*	92	五氧化二钒烟尘	—	0.05	0.15*
62	3,3-二甲基联苯胺(皮)	0.02	—	—		钒铁合金尘	—	1	2.5*
63	二甲基乙酰胺(皮)	—	20	40*	93	呋喃	—	0.5	1.5*
					94	氟化氢	2	—	—
					95	氟化物(不含氟化氢)	—	2	5*

序号	名称	MAC	TWA	* STEL	序号	名称	MAC	TWA	* STEL
96	锆及其化合物	—	5	10	129	甲硫醇	—	1	2.5 *
97	镉及其化合物	—	0.01	0.02	130	甲醛	0.5	—	—
98	金属汞(蒸气)	—	0.02	0.04	131	甲酸	—	10	20
	有机汞化合物(皮)	—	0.01	0.03	132	甲氧基乙醇(皮)	—	15	30 *
99	钴及其氧化物	—	0.05	0.1	133	甲氧氯	—	10	25 *
100	光气	0.5	—	—	134	间苯二酚	—	20	40 *
101	癸硼烷(皮)	—	0.25	0.75	135	焦炉逸散物	—	0.1	0.3 *
102	过氧化苯甲酰	—	5	12.5 *	136	肼(皮)	—	0.06	0.13
103	过氧化氢	—	1.5	3.75 *	137	久效磷(皮)	—	0.1	0.3 *
104	环己胺	—	10	20	138	糖醇	—	40	60
105	环己醇(皮)	—	100	200 *	139	糖醛(皮)	—	5	12.5 *
106	环己酮(皮)	—	50	100 *	140	考的松	—	1	2.5 *
107	环己烷	—	250	375 *	141	氢氧化钠	2	—	—
108	环氧丙烷	—	5	12.5 *		氢氧化钾	2	—	—
109	环氧氯丙烷(皮)	—	1	2	142	枯草杆菌蛋白酶	—	15ng/m	30ng/m
110	环氧乙烷	—	2	5 *	143	苦味酸	—	0.1	0.3 *
111	黄磷	—	0.05	0.1	144	乐果(皮)	—	1	2.5 *
112	邻茴香胺(皮)	—	0.5	1.5 *	145	联苯	—	1.5	3.75 *
	对茴香胺(皮)	—	0.5	1.5 *	146	邻苯二甲酸二丁酯	—	2.5	6.25 *
113	己二醇	100	—	—	147	邻苯二甲酸酐	1	—	—
114	1,6-己二异氰酸酯	—	0.03	0.15 *	148	邻氯苯乙烯	—	250	400
115	己内酰胺	—	5	12.5 *	149	邻氯苄叉丙二腈(皮)	0.4	—	—
116	2-己酮(皮)	—	20	40	150	邻仲丁基苯酚(皮)	—	30	60 *
117	甲醇(皮)	—	25	50	151	磷胺(皮)	—	0.02	0.06 *
118	甲拌磷(皮)	0.01	—	—	152	磷化氢	0.3	—	—
119	甲苯(皮)	—	50	100	153	磷酸	—	1	3
120	N-甲苯胺(皮)	—	2	5 *	154	磷酸二丁基苯酯(皮)	—	3.5	8.75 *
121	甲酚(皮)	—	10	25 *	155	硫化氢	10	—	—
122	甲基丙烯腈(皮)	—	3	7.5 *	156	硫酸钡	—	10	25 *
123	甲基丙烯酸	—	70	140 *	157	硫酸二甲酯(皮)	—	0.5	1.5 *
124	甲基丙烯酸甲酯	—	100	200 *	158	硫酸及三氧化硫	—	1	2
125	甲基丙烯酸缩水甘油酯	5	—	—	159	硫酸氟	—	20	40
126	甲基肼(皮)	0.08	—	—	160	六氟丙酮(皮)	—	0.5	1.5 *
127	甲基内吸磷(皮)	—	0.2	0.6 *	161	六氟丙烯	—	4	10 *
128	18-甲基炔诺酮(炔诺孕酮)	—	0.5	2	162	六氟化硫	—	6000	9000 *

序号	名称	MAC	TWA	*STEL	序号	名称	MAC	TWA	*STEL
163	六六六	—	0.3	0.5	199	金属镍与难溶性镍化合物	—	1	2.5 *
164	γ-六六六	—	0.05	0.1		可溶性镍化合物	—	0.5	1.5 *
165	六氯丁二烯(皮)	—	0.2	0.6 *	200	铍及其化合物	—	0.0005	0.001
166	六氯环戊二烯	—	0.1	0.3 *	201	偏二甲基肼(皮)	—	0.5	1.5 *
167	六氯萘(皮)	—	0.2	0.6 *	202	铅尘	0.05	—	
168	六氯乙烷(皮)	—	10	25 *		铅烟	0.03	—	
169	氯	1	—	—	203	氢化锂	—	0.025	0.05
170	氯苯	—	50	100 *	204	氢醌	—	1	2
171	氯丙酮(皮)	4			205	氢氧化铯	—	2	5 *
172	氯丙烯	—	2	4	206	氰氨化钙	—	1	3
173	氯丁二烯(皮)	—	4	10 *	207	氰化氢(皮)	1	—	—
174	氯化铵烟	—	10	20	208	氰化物(皮)	1	—	—
175	氯化苦	1			209	氰戊菊酯(皮)	—	0.05	0.15 *
176	氯化氢及盐酸	7.5			210	全氟异丁烯	0.08	—	
177	氯化氰	0.75			211	壬烷	—	500	750 *
178	氯化锌烟	—	1	2	212	溶剂汽油	—	300	450 *
179	氯甲甲醚	0.005			213	n-乳酸正丁酯		25	50 *
180	氯甲烷	—	60	120	214	三次甲基三硝基胺	—	1.5	3.75 *
181	氯联苯	—	0.5	1.5 *	215	三氟化氯	0.4	—	—
182	氯萘(皮)	—	0.5	1.5 *	216	三氟化硼	3	—	—
183	氯乙醇(皮)	2	—	—	217	三氟甲基次氟酸酯	0.2		
184	氯乙醛	3	—	—	218	三甲苯磷酸酯(皮)	—	0.3	0.9 *
185	氯乙烯	—	10	25 *	219	三氯丙烷(皮)	—	60	120 *
186	α-氯乙酰苯	—	0.3	0.9 *	220	三氯化磷	—	1	2
187	氯乙酰氯(皮)	—	0.2	0.6	221	三氯甲烷		20	40 *
188	马拉硫磷(皮)	—	2	5 *	222	三氯硫磷	0.5	—	—
189	马来酸酐	—	1	2	223	三氯氢硅	3	—	—
190	吗啉(皮)	—	60	120 *	224	三氯氧磷	—	0.3	0.6
191	煤焦油沥青挥发物	—	0.2	0.6 *	225	三氯乙醛	3	—	—
192	锰及其无机化合物	—	0.15	0.45 *	226	1,1,1-三氯乙烷		900	1350 *
193	钼,不溶性化合物	—	6	15 *	227	三氯乙烯		30	60 *
	可溶性化合物	—	4	10 *	228	三硝基甲苯(皮)	—	0.2	0.5
194	内吸磷(皮)	—	0.05	0.15 *	229	三氧化铬、铬酸盐、重铬酸盐	—	0.05	0.15 *
195	萘	—	50	75					
196	2-萘酚	—	0.25	0.5	230	三乙基氯化锡(皮)	—	0.05	0.1
197	萘烷	—	60	120 *	231	杀螟松(皮)	—	1	2
198	尿素	—	5	10	232	砷化氢(胂)	0.03	—	—

序号	名称	MAC	TWA	*STEL	序号	名称	MAC	TWA	*STEL
233	砷及其无机化合物	—	0.01	0.02	269	硝基甲苯	—	10	25 *
234	升汞(氯化汞)	—	0.025	0.075 *	270	硝基甲烷	—	50	100 *
235	石腊烟	—	2	4	271	硝基乙烷	—	300	450 *
236	石油沥青烟	—	5	12.5 *	272	辛烷	—	500	750 *
237	双二辛基锡	—	0.1	0.2	273	溴	—	0.6	2
238	双丙酮醇	—	240	360 *	274	溴化氢	10	—	—
239	双硫醌	—	2	5 *	275	溴甲烷(皮)	—	2	5 *
240	双氯甲醚	0.005	—	—	276	溴氰菊酯	—	0.03	0.09 *
241	四氯化碳(皮)	—	15	25	277	氧化钙	—	2	5 *
242	四氯乙烯	—	200	300 *	278	氧化乐果(皮)	—	0.15	0.45 *
243	四氢呋喃	—	300	450 *	279	氧化镁烟	—	10	25 *
244	四氢化锗	—	0.6	1.8 *	280	氧化锌	—	3	5
245	四溴化碳	—	1.5	4	281	液化石油气	—	1000	1500
246	四乙基铅	—	0.02	0.06 *	282	一甲胺	—	5	10
247	松节油	—	300	450 *	283	一氧化氮	—	15	30 *
248	铊及可溶性化合物	—	0.05	0.1	284	一氧化碳 非高原	—	20	30
249	碳酸钠(纯碱)	—	3	6		2~3千米高原	20	—	—
250	羰基氟	—	5	10		>3千米高原	15	—	—
251	羰基镍	0.002	—	—	285	乙胺	—	9	18
252	锑及其化合物	—	0.5	1.5 *	286	乙苯	—	100	150
253	铜尘	—	1	2.5 *	287	乙醇胺	—	8	15
	铜烟	—	0.2	0.6 *	288	乙二胺(皮)	—	4	10
254	钨及其不溶性化合物	—	5	10	289	乙二醇	—	20	40
255	五氟氯乙烷	—	5000	7500 *	290	乙二醇二硝酸酯	—	0.3	0.9 *
256	五硫化二磷	—	1	3	291	乙酐	—	16	32 *
257	五氯酚及其钠盐	—	0.3	0.9 *	292	N-乙基吗啉(皮)	—	25	50 *
258	五羰基铁	—	0.25	0.5	293	乙基戊基甲酮	—	130	195 *
259	五氧化二磷	1	—	—	294	乙腈	—	10	25 *
260	戊醇	—	100	200 *	295	乙硫醇	—	1	2.5 *
261	戊烷	—	500	1000	296	乙醚	—	300	500
262	硒化氢	—	0.15	0.3	297	乙硼烷	—	0.1	0.3 *
263	硒及其化合物	—	0.1	0.3 *	298	乙醛	45	—	—
264	纤维素	—	10	25 *	299	乙酸	—	10	20
265	硝化甘油(皮)	1	—	—	300	2-甲氧基乙基酯	—	20	40 *
266	硝基苯(皮)	—	2	5 *	301	乙酸丙酯	—	200	300
267	1-硝基丙烷	—	90	180 *	302	乙酸丁酯	—	200	300
268	2-硝基丙烷	—	30	60 *					

序号	名称	MAC	TWA	*STEL	序号	名称	MAC	TWA	*STEL
303	乙酸甲酯	—	100	200	316	异稻瘟净(皮)	—	2	5
304	乙酸戊酯	—	100	200	317	异佛尔酮	30	—	—
305	乙酸乙烯酯	—	10	15	318	异佛尔酮二异氰酸酯	—	0.05	0.1
306	乙酸乙酯	—	200	300	319	异氰酸甲酯(皮)	—	0.05	0.08
307	乙烯酮	—	0.8	2.5	320	异亚丙基丙酮	—	60	100
308	乙酰甲胺磷(皮)	—	0.3	0.9 *	321	铟及其化合物	—	0.1	0.3
309	乙酰水杨酸	—	5	12.5 *	322	茚	—	50	100 *
310	2-乙氧基乙醇(皮)	—	18	36	323	正丁胺(皮)	15	—	—
311	2-乙氧基乙基乙酸酯(皮)	—	30	60 *	324	正丁基硫醇	—	2	5 *
312	钇及其化合物	—	1	2.5 *	325	正丁基缩水甘油醚	—	60	120 *
313	异丙铵	—	12	24	326	正庚烷	—	500	1000
314	异丙醇	—	350	700	327	正己烷(皮)	—	100	180
315	N-异丙基苯胺	—	10	25 *	328	重氮甲烷	—	0.35	0.7

* 时间加权平均容许浓度，mg/m³。

* * 指该粉尘时间加权平均容许浓度的接触上限值，mg/m³。

附录6　各种粉尘的爆炸浓度下限

名　称	浓度下限/(g/m³)	名　称	浓度下限/(g/m³)	名　称	浓度下限/(g/m³)
铝粉末	58.0	马铃薯淀粉	40.3	硫黄	2.3
蒽	5.0	玉蜀黍	37.8	硫矿粉	13.9
酪素赛璐珞尘末	8.0	木质	30.2	页岩粉	58.0
豌豆	25.2	亚麻皮屑	16.7	烟草末	68.0
二苯基	12.5	玉蜀黍粉	12.6	泥炭粉	10.1
木屑	65.0	硫的磨碎粉末	10.1	六次甲基四胺	15.0
渣饼	20.2	奶粉	7.6	棉花	25.2
工业用酪素	32.8	面粉	30.2	菊苣(蒲公英属)	45.4
樟脑	10.1	萘	2.5	茶叶末	32.8
煤末	114.0	燕麦	30.2	兵豆	10.1
松香	5.0	麦糠	10.1	虫胶	15.0
饲粉粉末	7.6	沥青	15.0	一级硬橡胶尘末	7.6
咖啡	42.8	甜菜糖	8.9	谷仓尘末	227.0
染料	270.0	甘草尘土	20.2	电子尘	30.0

附录7　大气污染物排放限值

序号	污染物	最高允许排放浓度/(mg/m³)	无组织排放浓度限值/(mg/m³)	序号	污染物	最高允许排放浓度/(mg/m³)	无组织排放浓度限值/(mg/m³)
1	二氧化硫	960(含硫物生产)	0.40	16	甲苯	40	2.4
		550(含硫物使用)		17	二甲苯	70	1.2
2	氮氧化物	1400(硝酸、氮肥和火炸药生产)	0.12	18	酚类	100	0.080
				19	甲醛	25	0.20
		240(硝酸使用和其他)		20	乙醛	125	0.040
3	颗粒物	18(炭黑尘、染料尘)	肉眼不可见	21	丙烯醛	22	0.60
		60(玻璃棉尘、石英粉尘、矿渣棉尘)	1.0	22	丙烯醛	16	0.40
				23	氯化氢	1.9	0.024
		120(其他)	1.0	24	甲醇	190	12
4	氟化氢	100	0.20	25	苯胺类	20	0.40
5	铬酸雾	0.070	0.0060	26	氯苯类	60	0.40
6	硫酸雾	430(火炸药厂)	1.2	27	硝基苯类	16	0.040
		45(其他)		28	氯乙烯	36	0.60
7	氟化物	90(普钙工业)	20(μg/m³)	29	苯并[a]芘	0.30×10^{-3}(沥青及碳素制品生产和加工)	0.008(μg/m³)
		9.0(其他)					
8	氯气	65	0.40	30	光气	3.0	0.080
9	铅及化合物	0.70	0.0060	31	沥青烟	140(吹制沥青)	生产设备不得有明显的无组织排放存在
10	汞及化合物	0.012	0.0012			40(溶炼、浸涂)	
11	镉及化合物	0.85	0.040			75(建筑搅拌)	
12	铍及化合物	0.012	0.0008	32	石棉尘	1根纤维/cm³ 或 10mg/m³	
13	镍及化合物	4.3	0.040	33	非甲烷总烃	120(使用溶剂汽油或其他混合烃类物质)	
14	锡及化合物	8.5	0.24				
15	苯	12	0.40				

注：1. 一般应于无组织排放源上风向2～50m范围内设参照点，排放源下风向2～50m范围内设监控点。

2. 周界外浓度最高点一般应设于排放源下风向的单位周界外10m范围内。如预计无组织排放的最大落地浓度点越出10m范围，可将监控点移至该预计浓度最高点。

附录8　局部阻力系数表

序号	名称	图形和断面	局部阻力系数 ξ（ξ值以图内所示的速度 v 计算）											
								h/D_0						
				0.1	0.2	0.3	0.4	0.5	0.6	0.7	0.8	0.9	1.0	∞
1	伞形风帽（管边尖锐）		排风	2.63	1.83	1.53	1.39	1.31	1.19	1.15	1.08	1.07	1.06	1.06
			进风	4.00	2.30	1.60	1.30	1.15	1.10	—	1.00		1.00	—
2	带扩散管的伞形风帽		排风	1.32	0.77	0.60	0.48	0.41	0.30	0.29	0.28	0.25	0.25	0.25
			进风	2.60	1.30	0.80	0.7	0.60	0.60		0.60		0.60	—

序号	名称	图形和断面	局部阻力系数 ξ(ξ值以图内所示的速度 v 计算)					

序号 3　渐扩管

$\dfrac{F_1}{F_0}$	α/(°)				
	10	15	20	25	30
1.25	0.02	0.03	0.05	0.06	0.07
1.50	0.03	0.06	0.10	0.12	0.13
1.75	0.05	0.09	0.14	0.17	0.19
2.00	0.06	0.13	0.20	0.23	0.26
2.25	0.08	0.16	0.26	0.38	0.33
3.50	0.09	0.19	0.30	0.36	0.39

序号 4　渐扩管

α	22.5	30	45	90
ζ_1	0.6	0.8	0.9	1.0

序号 5　突扩

$\dfrac{F_1}{F_2}$	0	0.1	0.2	0.3	0.4	0.5	0.6	0.7	0.9	1.0
ζ_1	1.0	0.81	0.64	0.49	0.36	0.25	0.16	0.09	0.01	0

序号 6　突缩

$\dfrac{F_1}{F_2}$	0	0.1	0.2	0.3	0.4	0.5	0.6	0.7	0.9	1.0
ζ_1	0.5	0.47	0.42	0.38	0.34	0.30	0.25	0.20	0.09	0

序号 7　渐缩管

当 $\alpha \leqslant 45°$ 时　$\xi = 0.10$

序号 8　伞形罩

α/(°)	20	40	60	90	100
圆形	0.11	0.06	0.09	0.16	0.27
矩形	0.19	0.13	0.16	0.25	0.33

序号 9　圆(方)弯管

序号 10　矩形弯头

r/b	a/b										
	0.25	0.5	0.75	1.0	1.5	2.0	3.0	4.0	5.0	6.0	8.0
0.5	1.5	1.4	1.3	1.2	1.1	1.0	1.0	1.1	1.1	1.2	1.2
0.75	0.57	0.52	0.48	0.44	0.40	0.39	0.39	0.40	0.42	0.43	0.44
1.0	0.27	0.25	0.23	0.21	0.19	0.18	0.18	0.19	0.20	0.27	0.21
1.5	0.22	0.20	0.19	0.17	0.15	0.14	0.14	0.15	0.16	0.17	0.17
2.0	0.20	0.18	0.16	0.15	0.14	0.13	0.13	0.14	0.14	0.15	0.15

序号	名称	图形和断面	局部阻力系数 ξ(ξ 值以图内所示的速度 v 计算)										
11	板弯头带导叶		1. 单叶式 $\xi=0.35$ 2. 双叶式 $\xi=0.10$										
12	乙形管		t_0/D_0	0	1.0	2.0	3.0	4.0	5.0	6.0			
			R_0/D_0	0	1.90	3.74	5.60	7.46	9.30	11.3			
			ζ	0	0.15	0.15	0.16	0.16	0.16	0.16			

序号	名称	图形和断面										
13	乙形弯		l/b_0	0	0.4	0.6	0.8	1.0	1.2	1.4	1.6	1.8	2.0
			ζ	0	0.62	0.89	1.61	2.63	3.61	4.01	4.18	4.22	4.18
			l/b_0	2.4	2.8	3.2	4.0	5.0	6.0	7.0	9.0	10.0	∞
			ζ	3.75	3.31	3.20	3.08	2.92	2.80	2.70	2.5	2.41	2.30
14	Z形管		l/b_0	0	0.4	0.6	0.8	1.0	1.2	1.4	1.6	1.8	2.0
			ζ	1.15	2.40	2.90	3.31	3.44	3.40	3.36	3.28	3.20	3.11
			l/b_0	2.4	2.8	3.2	4.0	5.0	6.0	7.0	9.0	10.0	∞
			ζ	3.16	3.18	3.15	3.00	2.89	2.78	2.70	2.50	2.41	2.30

局部阻力系数 ξ($\begin{smallmatrix}\xi_1\\\xi_2\end{smallmatrix}$ 值以图内所示速度 $\begin{smallmatrix}v_1\\v_2\end{smallmatrix}$ 计算)

15	合流三通							F_2/F_3						
			L_2/L_3	0.00	0.03	0.05	0.1	0.2	0.3	0.4	0.5	0.6	0.7	0.8	1.0

$F_1+F_2=F_3,\alpha=30°$

ξ_2

L_2/L_3	0.00	0.03	0.05	0.1	0.2	0.3	0.4	0.5	0.6	0.7	0.8	1.0
0.06	−1.13	−0.07	−0.30	+1.82	10.1	23.3	41.5	65.2	—	—	—	—
0.10	−1.22	−1.00	−0.76	0.02	2.88	7.34	13.4	21.1	29.4	—	—	—
0.20	−1.50	−1.35	−1.22	−0.84	−0.05	1.4	2.70	4.46	6.48	8.70	11.4	17.3
0.33	−2.00	−1.80	−1.70	−1.40	−0.72	−0.12	0.52	1.20	1.89	2.56	3.30	4.80
0.50	−3.00	−2.80	−2.6	−2.24	−1.44	−0.91	−0.36	0.14	0.56	0.84	1.18	1.53

ξ_1

L_2/L_3	0.00	0.03	0.05	0.1	0.2	0.3	0.4	0.5	0.6	0.7	0.8	1.0
0.01	0.00	0.06	0.04	−0.10	−0.81	−2.10	−4.07	−6.60	—	—	—	—
0.10	0.01	0.10	0.08	0.04	−0.33	−1.05	−2.14	−3.60	−5.40	—	—	—
0.20	0.06	0.10	0.13	0.16	0.06	−0.24	−0.73	−1.40	−2.30	−3.34	−3.59	−8.64
0.33	0.42	0.45	0.48	0.51	0.52	0.32	0.07	−0.32	−0.83	−1.47	−2.19	−4.00
0.50	1.40	1.40	1.40	1.36	1.26	1.09	0.86	0.53	0.15	−0.52	−0.82	−2.07

序号	名称	图形和断面	局部阻力系数 ξ（ξ_1，ξ_2 值以图内所示的速度 v_1，v_2 计算）							

				F_2/F_3						
			$\dfrac{L_2}{L_3}$	0.1	0.2	0.3	0.4	0.6	0.8	1.0
				ξ_2						
16	合流三通（分支管）	v_1F_1 v_3F_3 α v_2F_2 $F_1+F_2>F_3$ $F_1=F_3$ $\alpha=30°$	0	−1.00	−1.00	−1.00	−1.00	1.00	−1.00	−1.00
			0.1	+0.21	−0.46	−0.57	−0.60	−0.62	−0.63	−0.63
			0.2	3.1	+0.37	−0.06	−0.20	−0.28	−0.30	−0.35
			0.3	7.6	1.5	0.50	0.20	+0.05	−0.08	−0.10
			0.4	13.50	2.95	1.15	0.59	0.26	0.18	+0.16
			0.5	21.2	4.58	1.78	0.97	0.44	0.35	0.27
			0.6	30.4	6.42	2.60	1.37	0.64	0.46	0.31
			0.7	41.3	8.5	3.40	1.77	0.76	0.56	0.40
			0.8	53.8	11.5	4.22	2.14	0.85	0.53	0.45
			0.9	58.0	14.2	5.30	2.58	0.89	0.52	0.40
			1.0	83.7	17.3	6.33	2.92	0.89	0.39	0.27

				F_2/F_3						
			$\dfrac{L_2}{L_3}$	0.1	0.2	0.3	0.4	0.6	0.8	1.0
				ξ_1						
17	合流三通（直管）	v_1F_1 v_3F_3 α v_2F_2 $F_1+F_2>F_3$ $F_1=F_3$ $\alpha=30°$	0	0.00	0	0	0	0	0	0
			0.1	0.02	0.11	0.13	0.15	0.16	0.17	0.17
			0.2	−0.33	0.01	0.13	0.18	0.20	0.24	0.29
			0.3	−0.10	−0.25	−0.01	+0.10	0.22	0.30	0.35
			0.4	−2.15	−0.75	−0.30	−0.05	0.17	0.26	0.36
			0.5	−3.60	−1.43	−0.70	−0.35	0.00	0.21	0.32
			0.6	−5.40	−2.35	−1.25	−0.70	−0.20	+0.06	0.25
			0.7	−7.60	−3.40	−1.95	−1.2	−0.50	−0.15	+0.10
			0.8	−10.1	−4.61	−2.74	−1.82	−0.90	−0.43	−0.15
			0.9	−13.0	−6.02	−3.70	−2.55	−1.40	−0.80	−0.45
			1.0	−16.30	−7.70	−4.75	−3.35	−1.90	−1.17	−0.75

序号	名称	图形和断面	ξ 值											

			支管 ξ_{31}（对应 v_3）											
			$\dfrac{F_2}{F_1}$	$\dfrac{F_3}{F_1}$	L_3/L_2									
					0.2	0.4	0.6	0.8	1.0	1.2	1.4	1.6	1.8	2.0
18	合流三通	F_2L_2 F_1L_1 $45°$ F_3L_3	0.3	0.2	−2.4	−0.01	2.0	3.8	5.3	6.6	7.8	8.9	9.8	11
				0.3	−2.8	−1.2	0.12	1.1	1.9	2.6	3.2	3.7	4.2	4.6
			0.4	0.2	−1.2	0.93	2.8	4.5	5.9	7.2	8.4	9.5	10	11
				0.3	−1.6	−0.27	0.18	1.7	2.4	3.0	3.6	4.1	4.5	4.9
				0.4	−1.8	−0.72	0.07	0.66	1.1	1.5	1.8	2.1	2.3	2.5
			0.5	0.2	−0.46	1.5	3.3	4.9	6.4	7.7	8.8	9.9	11	12
				0.3	−0.94	0.25	1.2	2.0	2.7	3.3	3.8	4.2	4.7	5.0
				0.4	−1.1	−0.24	0.42	0.92	1.3	1.6	1.9	2.1	2.3	2.5
				0.5	−1.2	−0.38	0.18	0.58	0.88	1.1	1.3	1.5	1.6	1.7
			0.6	0.2	−0.55	1.3	3.1	4.7	6.1	7.4	8.6	9.6	11	12
				0.3	−1.1	0	0.88	1.6	2.3	2.8	3.3	3.7	4.1	4.5
				0.4	−1.2	−0.48	0.10	0.54	0.89	1.2	1.4	1.6	1.8	2.0
				0.5	−1.3	−0.62	−0.14	0.21	0.47	0.68	0.85	0.99	1.1	1.2
				0.6	−1.3	−0.69	−0.26	0.04	0.26	0.42	0.57	0.66	0.75	0.82

309

序号	名称	图形和断面	ξ 值

支管 ξ_{31}（对应 v_3）

$\dfrac{F_2}{F_1}$	$\dfrac{F_3}{F_1}$	L_3/L_2									
		0.2	0.4	0.6	0.8	1.0	1.2	1.4	1.6	1.8	2.0
0.8	0.2	0.06	1.8	3.5	5.1	6.5	7.8	8.9	10	11	12
	0.3	−0.52	0.35	1.1	1.7	2.3	2.8	3.2	3.6	3.9	4.2
	0.4	−0.67	−0.05	0.43	0.80	1.1	1.4	1.6	1.8	1.9	2.1
	0.6	−0.75	−0.27	0.05	0.28	0.45	0.58	0.68	0.76	0.83	0.88
	0.7	−0.77	−0.31	−0.02	0.18	0.32	0.43	0.50	0.56	0.61	0.65
	0.8	−0.78	−0.34	−0.07	0.12	0.24	0.33	0.39	0.44	0.47	0.50
1.0	0.2	0.40	2.1	3.7	5.2	6.6	7.8	9.0	11	11	12
	0.3	−0.21	0.54	1.2	1.8	2.3	2.7	3.1	3.7	3.7	4.0
	0.4	−0.33	0.21	0.62	0.96	1.2	1.5	1.7	2.0	2.0	2.1
	0.5	−0.38	0.05	0.37	0.60	0.79	0.93	1.1	1.2	1.2	1.3
	0.6	−0.41	−0.02	0.23	0.42	0.55	0.66	0.73	0.80	0.85	0.89
	0.8	−0.44	−0.10	0.11	0.24	0.33	0.39	0.43	0.46	0.47	0.48
	1.0	−0.46	−0.14	0.05	0.16	0.23	0.27	0.29	0.30	0.30	0.29

支管 ξ_{21}（对应 v_2）

$\dfrac{F_2}{F_1}$	$\dfrac{F_3}{F_1}$	L_3/L_2									
		0.2	0.4	0.6	0.8	1.0	1.2	1.4	1.6	1.8	2.0
0.3	0.2	5.3	−0.01	2.0	1.1	0.34	−0.20	−0.61	−0.93	−1.2	−1.4
	0.3	5.4	3.7	2.5	1.6	1.0	0.53	0.16	−0.14	−0.38	−0.58
0.4	0.2	1.9	1.1	0.46	−0.07	−0.49	−0.83	−1.1	−1.3	−1.5	−1.7
	0.3	2.0	1.4	0.81	0.42	0.08	−0.20	−0.43	−0.62	−0.78	−0.92
	0.4	2.0	1.5	1.0	0.68	0.39	0.16	−0.04	−0.21	−0.35	−0.47
0.5	0.2	0.77	0.34	−0.09	−0.48	−0.81	−1.1	1.3	−1.5	−1.7	−1.8
	0.3	0.85	0.56	0.25	0.03	−0.27	−0.48	−0.67	−0.82	−0.96	−1.1
	0.4	0.88	0.66	0.43	0.21	0.02	−0.15	−0.30	−0.42	−0.54	−0.64
	0.5	0.91	0.73	0.54	0.36	0.21	0.06	−0.06	−0.17	−0.26	−0.35

序号 18 名称：合流三通

$\alpha/(°)$	A_0/A_1					
	1.5	2	2.5	3	3.5	4
10	0.08	0.09	0.1	0.1	0.11	0.11
15	0.1	0.11	0.12	0.13	0.11	0.15
20	0.12	0.14	0.15	0.16	0.17	0.18
25	0.15	0.18	0.21	0.23	0.25	0.26
30	0.18	0.25	0.3	0.33	0.35	0.35
35	0.21	0.31	0.38	0.41	0.43	0.44

序号 19 名称：通风机出口变径管

序号	名称	图形和断面	局部阻力系数 ξ（ξ 值以图内所示的速度 v 计算）

支管道（对应 v_3）

v_2/v_1	0.2	0.4	0.6	0.7	0.8	0.9	1.0	1.1	1.2
ξ_{13}	0.76	0.60	0.52	0.50	0.51	0.52	0.56	0.6	0.68
v_3/v_1	1.4	1.6	1.8	2.0	2.2	2.4	2.6	2.8	3.0
ξ_{13}	0.86	1.1	1.4	1.8	2.2	2.6	3.1	3.7	4.2

主管道（对应 v_2）

v_2/v_1	0.2	0.4	0.6	0.8	1.0	1.2	1.4	1.6	1.8
ξ_{12}	0.14	0.06	0.05	0.09	0.18	0.30	0.46	0.64	0.84

序号 20 名称：分流三通（$1.5D_3$，D_3，$45°$）

序号	名称	图形和断面	局部阻力系数 ξ(ξ 值以图内所示的速度 v 计算)				

序号 21　90°矩形断面吸入三通

$\dfrac{L_2}{L_1}$	$\dfrac{F_2}{F_3}$			$\dfrac{F_2}{F_3}$	
	0.25	0.50	1.0	0.5	1.0
	ξ_2(对应 v_2)			ξ_3(对应 v_3)	
0.1	−0.6	−0.6	−0.6	0.20	0.20
0.2	0.0	−0.2	−0.3	0.20	0.22
0.3	0.4	0.0	−0.1	0.10	0.25
0.4	1.2	0.25	0.0	0.0	0.24
0.5	2.3	0.40	0.1	−0.1	0.20
0.6	3.6	0.70	0.2	−0.2	0.18
0.7	—	1.0	0.3	−0.3	0.15
0.8	—	1.5	0.4	−0.4	0.00

序号 22　矩形三通

F_2/F_1	0.5	1
分流	0.304	0.247
合流	0.233	0.072

序号 23　圆形三通

合流($R_0/D_1=2$)

L_3/L_1	0	0.10	0.20	0.30	0.40	0.50	0.60	0.70	0.80	0.90	1.0
ξ_1	−0.13	−0.10	−0.07	−0.03	0	0.03	0.03	0.03	0.03	0.05	0.08

分流($F_3/F_1=0.5$, $L_3/L_1=0.5$)

R_0/D_1	0.5	0.75	1.0	1.5	2.0
ξ_1	1.10	0.60	0.40	0.25	0.20

序号 24　直角三通

v_2/v_1	0.6	0.8	1.0	1.2	1.4	1.6
ξ_{12}	1.18	1.32	1.50	1.72	1.98	2.28
ξ_{21}	0.6	0.8	1.0	1.6	1.9	2.5

序号 25　矩形送出三通

$v_2/v_1<1$ 时可不计，$v_2/v_1 \geqslant 1$ 时

x	0.25	0.5	0.75	1.0	1.25	
ξ_2	0.21	0.07	0.05	0.15	0.36	$\Delta p=\xi\dfrac{\rho v_1^2}{2}$
ξ_3	0.30	0.20	0.30	0.4	0.65	

表中：$x=\left(\dfrac{v_3}{v_1}\right)\times\left(\dfrac{a}{b}\right)^{1/4}$

序号 26　矩形吸入三通

v_1/v_3	0.4	0.6	0.8	1.0	1.2	1.5	
$\dfrac{F_1}{F_3}=0.75$	−1.2	−0.3	0.35	0.8	1.1	—	$\Delta p=\xi\dfrac{\rho v_3^2}{2}$
0.67	−1.7	−0.9	−0.3	0.1	0.45	0.7	
0.60	−2.1	−0.3	−0.8	0.4	0.1	0.2	
ζ_2	−1.3	−0.9	−0.5	0.1	0.55	1.4	

序号 27　侧孔吸风

$\dfrac{F_2}{F_1}$	L_2/L_0				
	0.1	0.2	0.3	0.4	0.5
	ξ_0				
0.1	0.8	1.3	1.4	1.4	1.4
0.2	−1.4	0.9	1.3	1.4	1.4
0.4	−9.5	0.2	0.9	1.2	1.3
0.6	−21.2	−2.5	0.3	1.0	1.2

序号	名称	图形和断面	局部阻力系数 ξ（ξ 值以图内所示的速度 v 计算）								

序号 27 侧孔吸风

$\dfrac{F_2}{F_1}$	L_2/L_0			
	0.1	0.2	0.3	0.4
	ξ_1			
0.1	0.1	-0.1	-0.8	-2.6
0.2	0.1	0.2	-0.01	-0.6
0.4	0.2	0.3	0.3	0.2
0.6	0.2	0.3	0.4	0.4

序号 28 调节式送风口

$\alpha/(°)$	30	40	50	60	70	80	90	100	110
流线形叶片	6.4	2.7	1.7	1.6	—	—	—	—	—
简易叶片	—	—	—	1.2	1.2	1.4	1.8	2.4	3.5

序号 29 带外挡板的条缝形送风口

v_1/v_0	0.6	0.8	1.0	1.2	1.5	2.0
ξ_1	2.73	3.3	4.0	4.9	6.5	10.4

序号 30 侧面送风口

$\xi = 2.04$

序号 31 45°的固定金属百叶窗

$\dfrac{F_1}{F_0}$	0.1	0.2	0.3	0.4	0.5	0.6	0.7	0.8	0.9	1.0
进风 ξ	—	45	17	6.8	4.0	2.3	1.4	0.9	0.6	0.5
排风 ξ		58	24	13	8.0	5.3	3.7	2.7	2.0	1.5

F_0—净面积

序号 32 单面空气分布器

当网格净面积为 80% 时　　$r = 0.2D$　　$R = 1.2D$

$b = 0.7D$　　$l = 1.25D$

$\xi = 1.0$　　　　　　　$K = 1.8D$

序号 33 侧面孔口（最后孔口）

F/F_0	0.2	0.3	0.4	0.5	0.6	0.7	0.8	0.9	1.0	1.2	1.4	1.6	1.8
送出 单孔 ξ	65.7	30.0	16.4	10.0	7.30	5.50	4.48	3.67	3.16	2.44	—	—	—
送出 双孔 ξ	67.7	33.0	17.2	11.6	8.45	6.80	5.86	5.00	4.38	3.47	2.90	2.52	2.25
吸入 单孔 ξ	64.5	30.0	14.9	9.00	6.27	4.54	3.54	2.70	2.28	1.60	—	—	—
吸入 双孔 ξ	66.5	36.5	17.0	12.0	8.75	6.85	5.50	4.54	3.84	2.76	2.01	1.40	1.10

$F = b \times h$　$h = 0.875D_0$

序号	名称	图形和断面	局部阻力系数 ξ（ξ 值以图内所示的速度 v 计算）

序号 34　墙孔

$\dfrac{l}{h}$	0.0	0.2	0.4	0.6	0.8	1.0	1.2	1.4	1.6	1.8	2.0	4.0
ξ	2.83	2.72	2.60	2.34	1.95	1.76	1.67	1.62	1.6	1.6	1.55	1.55

序号 35　孔板送风口

v	开孔率					
	0.2	0.3	0.4	0.5	0.6	
0.5	30	12	6.0	3.6	2.3	$\Delta p = \xi \dfrac{v^2 \rho}{2}$
1.0	33	13	6.8	4.1	2.7	v 为面风速
1.5	35	14.5	7.4	4.6	3.0	
2.0	39	15.5	7.8	4.9	3.2	
2.5	40	16.5	8.3	5.2	3.4	
3.0	41	17.5	8.0	5.5	3.7	

序号 36　插板槽

ξ 值（相应风速为管内风速 v_0）

h/D_0	0	0.1	0.13	0.2	0.3	0.4	0.5	0.6	0.7	0.8	0.9	1.0
1. 圆　管												
F_h/F_0	0	—	0.16	0.25	0.38	0.50	0.61	0.71	0.81	0.90	0.96	1.0
ξ	∞	—	97.9	35.0	10.0	4.60	2.06	0.98	0.44	0.17	0.06	0
2. 矩　形　管												
ξ	∞	193	—	44.5	17.8	8.12	4.02	2.08	0.95	0.39	0.09	0

序号 37　蝶阀

ξ 值（相应风速为管内风速 v_0）

$\theta/(°)$	0	10	20	30	40	50	60
1. 圆　管							
ξ_0	0.20	0.52	1.5	4.5	11	29	108
2. 矩　形　管							
ξ_0	0.04	0.33	1.2	3.3	9.0	26	70

序号 38　矩形风管平行式多叶阀

ξ 值（相应风速为管内风速 v_0）

$\dfrac{l}{s}$	$\theta/(°)$								
	80	70	60	50	40	30	20	10	0
0.3	116	32	14	9.0	5.0	2.3	1.4	0.79	0.52
0.4	152	38	16	9.0	6.0	2.4	1.5	0.85	0.52
0.5	188	45	18	9.0	6.0	2.4	1.5	0.92	0.52
0.6	245	45	21	9.0	5.4	2.4	1.5	0.92	0.52
0.8	284	55	22	5.4	5.4	2.5	1.5	0.92	0.52
1.0	361	65	24	10	5.4	2.6	1.6	1.0	0.52
1.5	576	102	28	10	5.4	2.7	1.6	1.0	0.52

$$\frac{l}{s} = \frac{nb}{2(a+b)}$$

l ——合计的阀门叶片总长度，mm；

s ——风管的周长，mm；

n ——阀门叶片的数量；

b ——平行于叶片轴的风管尺寸，mm。

序号	名称	图形和断面	局部阻力系数 ξ（ξ 值以图内所示的速度 v 计算）								
			ξ 值（相应风速为管内风速 v_0）								
			$\dfrac{l}{s}$	$\theta/(°)$							
				80	70	60	50	40	30	20	10	0
39	矩形风管对开式多叶阀		0.3	807	284	73	21	9.0	4.1	2.1	0.85	0.52
			0.4	915	332	100	28	11	5.0	2.2	0.92	0.52
			0.5	1045	377	122	33	13	5.4	2.3	1.0	0.52
			0.6	1121	411	148	38	14	6.0	2.3	1.0	0.52
			0.8	1299	495	188	54	18	6.6	2.4	1.1	0.52
			1.0	1521	547	245	65	21	7.3	2.7	1.2	0.52
			1.5	1654	677	361	107	28	9.0	3.2	1.4	0.52

附录 9　通风管道同一规格表

一、圆形通风管道规格

mm

外径 D	钢板制风道		塑料制风道		外径 D	除尘管道		气密性管道	
	外径允许偏差	壁厚	外径允许偏差	壁厚		外径允许偏差	壁厚	外径允许偏差	壁厚
100					80、90、100				
120					110、120				
140	±1	0.5		3.0	(130)140				
160					(150)160				
180					(170)180				
200					(190)200				
220			±1		(210)220		1.5		
250					(240)250				
280					(260)280				
320		0.75		4.0	(300)320	±1			
360					(340)360				
400					(380)400				
450					(420)450				3.0~4.0
500	±1				(480)500				
560					(530)560				
630					(600)630		2.0		
700				5.0	(670)700				
800					(750)800				
900	±1	1.0	±1.5	5.0	(850)900	±1	2.0		3.0~4.0
1000					(950)1000				
1120				6.0	(1060)1120				
1250		1.2~1.5			(1180)1250				
1400					(1320)1400				
1600					(1500)1600		3.0		4.0~5.0

二、矩形通风管规格

mm

外边长 $A \times B$	钢板制风管		塑料制风管		外边长 $A \times B$	钢板制风管		塑料制风管	
	外边长允许偏差	壁厚	外边长允许偏差	壁厚		外边长允许偏差	壁厚	外边长允许偏差	壁厚
120×120					630×250				
160×120					630×630				5.0
160×160		0.5			800×320				
220×120					800×400				
200×160					800×500				
200×200					800×630				
250×120					800×800		1.0		
250×160				3.0	1000×320			−3	
250×200					1000×400				
250×250	−2				1000×500				
320×160					1000×630				
320×200					1000×800				6.0
320×250					1000×1000				
320×320					1250×400				
400×200		0.75			1250×500				
400×250					1250×630				
400×320	−2				1250×800		1.2		
400×400					1250×1000				
500×200				4.0	1600×500				
500×250					1600×630				
500×320					1600×800			−3	
500×400					1600×1000				
500×500					1600×1250				8.0
630×250					2000×800				
630×320		1.0		5.0	2000×1000				
630×400					2000×1250				

附录 10　地下风道摩擦阻力系数表

一、水平风道

（1）不支护风道 $\alpha \times 10^4$ 值

风道壁的特征	$\alpha \times 10^4 / (\mathrm{N \cdot s^2/m^4})$	风道壁的特征	$\alpha \times 10^4 / (\mathrm{N \cdot s^2/m^4})$
顺走向在煤层里开掘的巷道	58.8	巷壁与底板粗糙程度相同的巷道	56.8~78.4
交叉走向与岩层里开掘的巷道	68.7~78.4	同上,在底板阻塞情况下	47~98

（2）混凝土、混凝土砖及砖、石砌碹的水平风道 $\alpha \times 10^4$ 值

类　　别	$\alpha \times 10^4 / (\mathrm{N \cdot s^2/m^4})$	类　　别	$\alpha \times 10^4 / (\mathrm{N \cdot s^2/m^4})$
混凝土砌碹、外抹灰浆	9.2~29.4	砖砌碹、不抹灰浆	29.4~30.2
混凝土砌碹、不抹灰浆	8.6~49	料石砌碹	9~39.2
砖砌碹、外抹灰浆	9.4~24.		

（3）圆木棚子支护的风道 $\alpha \times 10^4$ 值

木柱直径	支架纵口径 $\Delta = L/d_0$ 时 $\alpha \times 10^4 / (\mathrm{N \cdot s^2/m^4})$							按断面校正	
	1	2	3	4	5	6	7	断面/m²	校正系数
15	88.2	115.2	137.2	155.8	174.4	164.6	158.8	1	1.2
16	90.16	118.6	141.1	161.7	180.3	167.6	159.7	2	1.1
17	92.12	121.5	141.1	165.6	185.2	169.5	162.7	3	1.0
18	94.03	123.5	148	169.5	190.1	171.5	164.6	4	0.93
19	96.04	127.4	154.8	177.4	198.9	175.4	168.6	5	0.89
20	99	133.3	156.8	185.2	208.7	178.4	171.5	6	0.80
24	102.9	138.2	167.6	193.1	217.6	192	174.4	8	0.82
26	104.9	143.1	174.4	199.9	225.4	198	180.3	10	0.78

注：表中 $\alpha \times 10^4$ 值适合支架后净断面 $S = 3\mathrm{m^2}$ 的风道,对于其他断面的巷道应乘以校正系数。

（4）金属支架的风道 $\alpha \times 10^4$ 值

① 工字梁拱形和梯形支架风道 $\alpha \times 10^4$ 值

金属梁尺寸/cm	支架纵口径 $\Delta = L/d_0$ 时 $\alpha \times 10^4 / (\mathrm{N \cdot s^2/m^4})$					按断面校正	
	2	3	4	5	8	断面/m²	校正系数
10	107.8	147	179.4	205.4	245	3	1.08
12	127.4	166.6	205.8	245	294	4	1.00
14	137.2	186.2	225.4	284.2	333.2	6	0.91
16	147	205.8	254.8	313.6	392	8	0.88
18	156.8	225.4	294	382.2	431.2	10	0.84

注：d_0 为金属梁截面的高度。

② 金属横梁和帮柱混合支护的水平风道 $\alpha \times 10^4$ 值

边柱厚度 d_0/cm	支架纵口径 $\Delta = L/d_0$ 时 $\alpha \times 10^4 / (\mathrm{N \cdot s^2/m^4})$					按断面校正	
	2	3	4	5	6	断面/m²	校正系数
40	156.8	176.4	205.8	215.6	235.2	3	1.08
						4	1.00
						6	0.91
50	166.6	196	215.6	245	264.6	8	0.88
						10	0.84

注：帮柱是混凝土或砌碹的柱子,呈方形。

（5）钢筋混凝土预制支架的风道 $\alpha \times 10^4$ 值为 88.2～186.2N·s²/m⁴（纵口径大，取值亦大）

（6）锚杆或喷浆风道的 $\alpha \times 10^4$ 值为 78.4～117.6N·s²/m⁴

对于装有皮带运输机的风道 $\alpha \times 10^4$ 值可增加 147～196N·s²/m⁴。

二、井筒、暗井

（1）无任何装备的清洁的混凝土和钢筋混凝土井筒 $\alpha \times 10^4$ 值

井筒直径 /m	井筒断面 /m²	$\alpha \times 10^4$/(N·s²/m⁴)		井筒直径 /m	井筒断面 /m²	$\alpha \times 10^4$/(N·s²/m⁴)	
		平滑的混凝土	不平滑的混凝土			平滑的混凝土	不平滑的混凝土
4	12.6	33.3	39.2	7	38.5	29.4	35.3
5	19.6	31.4	37.2	8	50.3	29.4	35.3
6	28.3	31.4	37.2				

（2）砖和混凝土砖砌的无任何装备的井筒，其 $\alpha \times 10^4$ 值按下表值增大一倍

井筒特征	断面	$\alpha \times 10^4$/(N·s²/m⁴)
人行格间有平台的溜道	9	460.6
有人行格间的溜道	1.95	196
下放煤的溜道	1.8	156.8

（3）有装备的井筒

井壁用混凝土、钢筋混凝土、混凝土砖及砖砌碹 $\alpha \times 10^4$ 值为343～490（N·s²）/m⁴。选取时应考虑到罐道梁的间距，装备物纵口径以及有无梯子间和梯子间规格等。

附录 11　气体和蒸气的爆炸极限浓度

名称	气体、蒸气比重	爆炸浓度				生产类别	发火点/℃
		按体积/%		按质量/(mg/L)			
		下限	上限	下限	上限		
氨	0.59	16.00	27.00	111.20	187.70	乙	
乙炔	0.90	3.50	82.00	37.20	870.00	甲	
汽油	3.15	1.00	6.00	37.20	223.20	甲	−50～+30
苯	2.77	1.50	9.50	49.10	31.00	甲	−50～+10
氢	0.07	9.15	75.00	3.45	62.50	甲	
水煤气	0.54	12.00	66.00	81.50	423.50	乙	
发生炉煤气	2.90	20.70	73.70	221.00	755.00	乙	
高炉煤气	—	35.00	74.00	315.00	666.00	乙	
甲烷	0.55	5.00	16.00	32.60	104.20	甲	
甲苯	3.20	1.20	7.00	45.50	266.0	甲	
丙烷	1.52	2.30	9.50	41.50	170.50	甲	
乙烷	1.03	3.00	15.00	30.10	180.50	甲	
戊烷	2.49	1.40	8.00	41.50	170.50	甲	−10
丁烷	2.00	1.60	8.50	38.00	201.50	甲	
丙酮	2.00	2.90	13.00	69.00	308.00	甲	−17
二氯化乙烯	3.55	9.70	12.80	386.00	514.00	甲	+6

名称	气体、蒸气比重	爆炸浓度				生产类别	发火点/℃
		按体积/%		按质量/(mg/L)			
		下限	上限	下限	上限		
氯化乙烯	—	3.00	80.00	54.00	144.00	甲	
照明气	0.50	8.00	24.50	47.50	145.20	甲	
乙醇	1.59	3.50	18.00	66.20	340.10	甲	+9~+32
丙醇	2.10	2.50	8.70	62.30	226.00	甲	+22~+45
煤油	—	1.40	7.50	—	—	甲	+28
硫化氢	1.19	4.30	45.50	60.50	642.20	甲	
二硫化碳	2.60	1.90	81.30	58.80	250.00	甲	−43
甲醇		6.00	36.50	78.50	478.00	甲	−1~+32
丁醇	—	3.10	10.20	94.00	309.00	甲	+27~+34
乙烯	0.97	3.00	34.00	34.80	392.00	甲	
丙烯	1.45	2.00	11.00	34.40	190.00	甲	
松节油			0.80	—	44.50	—	乙	

附录 12 几种典型通风机性能范围

种类	型号	名称	全压范围/Pa	风量范围/(m³/h)	功率范围/kW	操作温度/℃	主要用途
一般离心通风机	4-72-11	离心通风机	200~3240	990~227500	1.1~210	≤80	一般厂房通风换气
	T4-72	离心通风机	180~3200	850~408000	0.75~310	≤80	一般厂房通风换气
	4-79	离心通风机	180~3400	990~438000	0.75~245	≤80	一般厂房通风换气
	11-74	低噪声离心通风机	150~760	500~82700	0.18~10		要求低噪声场所通风换气
排尘离心通风机	C4-73-11	排尘离心通风机	300~4000	1730~19350	0.8~22	≤80	输送尘埃、纤维、杂屑
	6-46-11	排尘离心通风机	410~1900	710~46320	1.1~55		输送尘埃、纤维、杂屑
防爆离心通风机	B4-72-11	防爆离心通风机	200~3240	990~77500	1.1~75		用于产生易挥发气体的厂房通风换气
防爆离心通风机	F4-72	不锈钢离心通风机	280~3240	1470~8370	1.1~13		
高压离心通风机	9-26-11101	离心通风机	3370~16250	690~57590	1.5~410	≤50	高压强制通风、气力输送用
	8-18-00112	离心通风机	3450~16900	620~97600	1.5~410	≤80	
塑料离心通风机	上塑 4-72	塑料离心通风机	90~1560	400~18560	0.37~5.5		用于防腐、防爆厂房排风
	北塑 4-72	塑料离心通风机	280~1160	1170~10180	1.1~4.0		用于防腐、防爆厂房排风
	P4-72	塑料离心通风机	90~1160	400~18560	0.6~5.5		用于防腐、防爆厂房排风

参 考 文 献

[1]　王汉青，等．通风工程．北京：机械工业出版社，2018.

[2]　蒋仲安，杜翠凤，牛伟．工业通风与除尘．北京：冶金工业出版社，2010.

[3]　王志，林秀丽．工业通风与除尘．北京：中国质检出版社，2015.

[4]　孙一坚，沈恒根．工业通风．北京：中国建筑工业出版社，2010.

[5]　郭春．地下工程通风与防灾．成都：西南交通大学出版社，2018.

[6]　田冬梅．工业通风与除尘．北京：煤炭工业出版社，2017.

[7]　鲁忠良．煤矿井下粉尘防治．北京：煤炭工业出版社，2016.

[8]　杨胜强．粉尘防治理论与技术．2版．徐州：中国矿业大学出版社，2015.

[9]　李雨成，杨艳国，赵千里，等．矿井粉尘防治理论及技术．北京：煤炭工业出版社，2015.

[10]　张江石，解兴智，许红杰．粉尘防治理论与方法．北京：煤炭工业出版社，2018.

[11]　马中飞，沈恒根，等．工业通风与除尘．北京：中国劳动社会保障出版社，2009.

[12]　向晓东．现代除尘理论与技术．北京：冶金工业出版社，2002.

[13]　胡学毅，薄以匀．工业通风与空气调节实用技术．北京：中国劳动社会保障出版社，2011.

[14]　陈开岩，鲁忠良，陈发明．通风工程学．徐州：中国矿业大学出版社，2013.

[15]　王新泉．通风工程学．北京：机械工业出版社，2008.

[16]　刘顺波，等．地下工程通风与空气调节．西安：西北工业大学出版社，2015.

[17]　谢中朋．消防工程．北京：化学工业出版社，2011.

[18]　杨政，姜迪宁，杨佳庆，等．建筑消防工程学．北京：化学工业出版社，2018.

[19]　徐志嫱，李梅，孙小虎，等．建筑消防工程学．北京：中国建筑工业出版社，2018.

[20]　张国枢，等．通风安全学．徐州：中国矿业大学出版社，2000.

[21]　谭天佑，等．工业通风除尘技术．北京：中国建筑工业出版社，1984.

[22]　叶钟元．矿尘防治．徐州，中国矿业大学出版社，1991.

[23]　杨立中．工业热安全工程．合肥：中国科技大学出版社，2001.

[24]　孙研．通风机选型实用手册．北京：机械工业出版社，2000.

[25]　苏德权，等．通风与空气调节．哈尔滨：哈尔滨工业大学出版社，2002.

[26]　孙一坚．简明通风设计手册．北京：中国建筑工业出版社，1994.

[27]　闫跃进，等．呼吸性粉尘监测技术与防治方法．武汉：中国地质大学出版社，1998.

[28]　路乘风，等．防尘防毒技术．北京：化学工业出版社，2004.

[29]　浑宝炬，等．矿井粉尘检测与防治技术．北京：化学工业出版社，2005.

[30]　吴超．化学抑尘．长沙：中南大学出版社，2003.

[31]　胡传鼎．通风除尘设备设计手册．北京：化学工业出版社，2003.

[32]　赵兵涛．大气污染控制工程．北京：化学工业出版社，2017.

[33]　郝吉明，等．大气污染控制工程．北京：高等教育出版社，2002.

[34]　王家德，成卓伟．大气污染控制工程．北京：化学工业出版社，2019.

[35]　赵衡阳．气体和粉尘爆炸原理．北京：北京理工大学出版社，1996.

[36]　苏汝维，等．工业通风与防尘工程学．北京：北京经济学院出版社，1990.

[37]　赵承庆，姜毅．气体射流动力学．北京：北京理工大学出版社，1998.

[38]　陈莹．工业防火与防爆．北京：中国劳动出版社，1993.

[39]　何天祺．供暖通风与空气调节．重庆：重庆大学出版社，2002.

[40]　吴忠标．大气污染控制技术．北京：化学工业出版社，2002.

[41]　何争光．大气污染控制工程及应用实例．北京：化学工业出版社，2004.

[42]　郑道访．公路长隧道通风方式研究．北京：科学技术文献出版社，2000.

[43]　马中飞，赵威振，靳鹏岗．降尘泡沫剂配方优选及其在岩巷综掘面的应用．中国粉体技术，2017.

[44]　尹惠，马中飞，陈力．水气射流通风试验研究．流体机械，2014.

[45]　马中飞，张于祥，杨秀莉．自吸式喷雾降尘性能试验．排灌机械工程学报，2012.

[46]　马中飞，王付勤，曹化朋．钻孔口旋转水射流吸除尘试验研究．金属矿山，2012.

[47]　马中飞，赵锋．水气射流通风器参数对吸风性能影响的实验研究．流体机械，2007.

[48] 马中飞，郝明奎，赵峰．二次实心旋转水气射流驱散积聚瓦斯的理论与试验．煤炭学报，2008.
[49] 马中飞，等．采煤机吸尘滚筒降尘技术的初步研究．煤炭科学技术，2001.
[50] 马中飞，等．文氏管组喷雾器在采煤机降尘技术中的应用．煤矿安全，2003.
[51] 马中飞，等．煤层中深孔注水的试验．煤炭科技，2000.
[52] 马中飞，张化龙．水力吸尘管性能优化实验研究．煤矿机械，2008.
[53] 马中飞，戴洪海．旋流送风与直流送风改善回风隅角风流状态的3CFD数值模拟．煤炭学报．2008.
[54] 马中飞，樊博，张震．基于Fluent的压气水自吸风喷雾与常规喷雾比较分析．工业安全与环保，2014.
[55] 马中飞，闫强，曹化朋．影响水气旋转射流吸除尘器性能的参数研究．矿山机械，2011.
[56] Ma Zhong fei, Lin Guang Rong, Zhang Zhen, et al. Experimental study of self-suction spraying with pressure gas and water. Applied Mechanics and Materials, 2014：2508-2512.
[57] Ma Zhong fei, Zhang Zhen, Ge Zhi lin. Numerical simulation on self-priming spray and conventional spray characteristics. Applied Mechanics and Materials, 2013.
[58] Ma Zhong fei, Jin Peng gang, Zhao Fen. Test on characteristics of the high-pressure secondary rotary water jet ventilation. Advanced Materials Research, 2012.
[59] Ma Zhong fei, Chen Li, Wang Fu qin. Tests on high-pressure water rotational jetting ventilation cooling characteristic. Advanced Materials Research, 2012.
[60] 杨秀莉，等．"三软煤层"工作面煤壁中深孔动压注水技术．煤矿安全，2006.
[61] 李强民．置换通风原理、设计及应用．暖通空调，2000.
[62] 蒋裕平．磁化水除尘的研究．科学技术与工程，2004.
[63] 颜士华，等．对磁化水喷雾除尘机理的认识．煤炭工程师，1997.
[64] 蒋仲安，等．泡沫除尘机理与泡沫药剂配方的要求．中国矿业，1995.
[65] 齐金彦，等．陶瓷质微孔管过滤式除尘器的研究．环境工程，1999.
[66] 王开德．球型阀门自动喷雾降尘技术在转载点上的应用．煤炭科学技术，1999.
[67] 吴桂香．极性基湿润剂与矿岩类粉尘颗粒的作用机理．工业安全与环保，2005.
[68] 李保群，等．J型湿润剂在喷射混凝土除尘中的应用研究．建井技术，1999.
[69] 李德文．预荷电喷雾降尘技术的研究．矿业安全与环保，1994.
[70] 王银生，等．静电喷雾除尘适于微细粉尘的理论分析．东北大学学报（自然科学版），1996.
[71] 吴琨，等．荷电水雾振弦栅除尘技术机理研究．金属矿山，2004.
[72] 余战桥，等．用荷电水雾控制敞开空间粉尘污染．工业安全与环保，1997.
[73] 张明江，等．高压静电抑制尘源技术在水泥厂中的应用．吉林建材，1999.
[74] 龚光彩，等．自然通风的应用与研究．建筑热能通风空调，2003.
[75] 金龙哲，等．煤层注水中添加粘尘棒降尘试验．北京科技大学学报，2001.
[76] 侯志远，等．营运公路隧道通风系统的选择．河南交通科技，1995.
[77] 李永生．隧道施工通风方式的选择．西部探矿工程，2004.
[78] 李强民．置换通风在我国的应用．暖通空调新技术，1999.
[79] 刘霖．露天矿汽车运输路面扬尘防治技术的研究．武汉：武汉理工大学，2003.